现代水声工程系列教材

水声系统设计中的最优化理论和方法

（第2版）

王英民　王　奇　诸国磊　等著

西北工業大學出版社

西　安

【内容简介】 本书是在《水声系统设计中的最优化理论和方法》(西北工业大学出版，王英民等著)的基础上修订而成的，主要讨论水声系统设计中的最优化方法和技术，内容包括基于导数的最优化方法、直接无约束最优化方法、线性规划问题、非线性规划的动态规划技术和随机规划技术等，重点讨论最优化技术的最新研究进展，包括模拟退火算法、改进的模拟退火算法、Taboo寻优算法、遗传算法及其改进、机器学习等智能算法；重点研究有关技术在水声系统设计中的最新应用，如波束优化设计、运动目标跟踪、匹配场处理和不规则阵设计、水下图像处理和目标分类等，对最优化技术的发展历史也做了简要的总结。有关技术和算法对雷达信号处理、地震信号处理等领域有重要参考价值。

图书在版编目(CIP)数据

水声系统设计中的最优化理论和方法 / 王英民等著
.— 2版. — 西安 ：西北工业大学出版社，2023.7
ISBN 978-7-5612-8834-4

Ⅰ. ①水… Ⅱ. ①王… Ⅲ. ①水声工程-最优化算法
-高等学校-教材 Ⅳ. ①TB56

中国国家版本馆CIP数据核字(2023)第131912号

SHUISHENG XITONG SHEJI ZHONG DE ZUIYOUHUA LILUN HE FANGFA
水声系统设计中的最优化理论和方法
王英民 王奇 诸国磊 等著

责任编辑：王 静 **策划编辑：**杨 军
责任校对：孙 倩 **装帧设计：**赵 烨
出版发行：西北工业大学出版社
通信地址：西安市友谊西路127号 **邮编：**710072
电 话：(029)88491757，88493844
网 址：www.nwpup.com
印 刷 者：陕西奇彩印务有限责任公司
开 本：787 mm×1 092 mm 1/16
印 张：17
字 数：446千字
版 次：2013年4月第1版 2023年7月第2版 2023年7月第1次印刷
书 号：ISBN 978-7-5612-8834-4
定 价：58.00元

第 2 版前言

《水声系统设计中的最优化理论和方法》自 2013 年 4 月出版以来,受到船舶与海洋工程专业相关读者的热烈欢迎,是国内高等学校水声工程专业的重要教材和参考书。随着数字化、智能化技术的高速发展,最优化技术在各个行业得到了深入的应用,笔者认为有必要进行修订。本次修订共增加四章(第 19～22 章)内容,补充了智能优化算法的最新进展和应用案例,使得内容更充实、更完善。

全书由王英民、王奇、诸国磊等著,滕舵、王成、郁彦利、甘甜、朱婷婷、刘若辰、任笑莹等也参与了撰写工作,在此对他们的工作表示感谢。

本书以笔者在水声工程领域的研究成果为工作基础,因此要感谢相关研究工作的主要资助机构:海军装备研究院、国家自然科学基金委和西北工业大学等。本书中的应用研究成果主要是在西北工业大学航海学院声呐中心团队的研究成果基础上总结完成的,因此要感谢声呐团队的全体教师和学生。感谢西北工业大学教材和专著出版基金的资助。

由于学识和水平所限,书中难免存在缺点,恳请广大的读者给予批评指正。

著　者

2022 年 10 月

第 1 版前言

由于较强的军事背景，水声工程是相对比较封闭的学科，有关水声工程的专著或教材相对较少，对于水声工程中常用的设计方法的介绍等也相对缺乏。最优化理论是水声工程设计中经常用到的设计方法。本书尝试对水声系统设计中的最优化方法和技术进行系统的分析总结，通过水声工程领域的最新应用成果的展示，读者可掌握水声工程中基本的优化设计方法和技术，同时进一步加深对水声工程设计技术的理解和掌握。

本书讨论的传统优化技术包括基于导数的最优化方法、直接无约束最优化方法、线性规划问题、非线性规划的动态规划技术和随机规划技术等，对最近几十年发展起来的智能优化算法，如模拟韧化算法、遗传算法和相关改进算法做了较为深入的分析。涉及的水声工程应用包括声呐波束设计、换能器设计、水声通信系统、水声通道特性分析、匹配场处理和多基地声呐系统设计等。书中许多内容是笔者多年来从事科研和教学实践的总结，有关结果和讨论对从事声呐信号处理、雷达信号处理和地震信号处理等领域的科技工作者、专业技术人员以及高等学校的师生有一定参考价值。

本书是根据笔者多年来在最优化和水声工程领域的研究成果、为研究生开设的最优化理论课程讲义、水声工程学科前沿讲座讲稿以及有关声呐系统技术的最新研究成果积累，经过多次修改补充而完成的。

全书由王英民等著，第 1～10 章由王英民撰写，第 11，12 章由郁彦利撰写，第 13 章由甘甜撰写，第 14 章由朱婷婷撰写，第 15 章由王奇撰写，第 16 章由张争气和滕舵撰写，第 17，18 章由刘若辰撰写，张争气负责全文的审校。

本书以笔者在水声工程领域的研究成果为工作基础，因此要感谢相关研究工作的主要资助机构：总装预研局、总装海军局、海军装备研究院、海军装备部、国家自然基金委员会、总装预研基金委员会和西北工业大学等。本书中的应用研究成果主要是在西北工业大学航海声呐中心团队的研究成果基础上总结完成的，因此要感谢声呐团队的全体老师和学生。感谢西北工业大学教材和专著出版基金的资助，也感谢西北工业大学出版社的辛勤工作。

由于学识和水平所限，书中难免存在缺点，恳请广大的读者给予批评指正。

著　者

2012 年 9 月

第1版前言

[illegible]

目　　录

第1章 绪　论

毫无疑问，水声工程是水声学和现代科学(如信息学、控制论、计算机技术)相结合的产物。水声工程的基础是声学(水声学)，从基本的声场理论到实际的应用装置均受声学原理的制约和指导。我们必须按照声学理论设计水声设备，如换能器、水听器阵等，研究其传播、传输规律，设计预估水声设备的基本性能。但是就水声工程最近50年的发展历史来看，声学理论本身的发展并不快，我们现在所使用的基本理论在许多年前就已经存在了，即使近50年来根据水声领域的特殊应用背景，出现了一些新的模型理论，如浅海声学理论等。相对应的信息论、控制论和计算机技术领域却有了飞速发展，尤其是计算机技术，这主要得益于超大规模集成电路制造技术的超高速发展，使得各种先进的数据处理技术和算法的实现成为可能。可以毫不夸张地说，近50年来水声工程领域任何进步和成就，都和这些学科领域发展的技术成果密不可分，尤其是信号处理理论及其实现技术。从最原始的水下监听装置到今天的多媒体数字图像声呐，我们可以看到相关检测、FFT技术、匹配场理论等新技术的逐渐引入过程，为水声工程领域带来了一场革命性的演变。当然水声工程领域的强烈需求也为相关技术的发展提供了原动力。这就是为什么信号处理领域的许多理论和技术出自水声工程领域。作为水声工程领域的研究者，必须关注这种学科的交互发展，这种交互促进作用是新理论、新算法、新技术滋长的最佳土壤。这也正是本书要研究最佳化理论和技术在水声信号处理应用的主要原因。

所谓最优化就是对特定的问题找到最佳或最好的解决方案，或者说找到最优值。从数学意义上讲，就是找到一个多变量函数的最小值或最大值，这个函数或变量可能受到某些条件的约束，比如不能为负值或更为复杂的数学关系，这主要取决于特定的应用对象。最优化有着非常广阔的应用范围，无论是在科学研究或者在实际工程领域，如VLSI设计工程师，应用最优化设计电路分布，达到最小能耗、最小电磁辐射等设计目的；物理学家可能利用最优化处理实验数据以发现新的最优匹配模型；经济学家利用最优化分析经济规律，并给出优化结论等。有名的推销员问题就是典型的最优化问题。一个推销员从家里出发，访问某个特定区域的每一个可能客户，然后再回到家里。那么怎样设计他的访问路线才能使他的行走路程最少呢？这就涉及待访问区域的客户分布情况，推销员是步行、开车或者是骑自行车，路况如何等，是一个典型的多参数最优化问题。最优化技术已有相当长的发展史，它应该属于数学、统计学、运筹学和计算机技术的交叉范畴。为什么这么说呢？是因为最优化应用在应用数学和统计学的各个分支，尤其是运筹学。那么最优化是否属于运筹学呢？运筹学是研究如何决策的科学，需要在诸多可能方案里挑选最为有利的，分析有利之处、不利之处等。如何分析呢？就需要数学模型。通过数学模型更好地表示所关心问题的特征，然后进行优化进行决策，所以要用到最优化。统计学是研究未知世界在许多随机现象条件下什么可能发生，什么不可能发生的学科，就是大量统计数据条件下的模型、规律研究，同样用到最优化技术。在实际应用中更为重要的是如何量化计算这些模型，以确定、评估决策的优劣，这就需要计算机技术的支持。总之，正是在三种学科的土壤中才孕育出最优化技术，并带来从传统的数学极值问题到模拟优化、离散和数值最优化以及混合统计优化的发展，从而使最优化技术在工程实践中获得了更多的应用。

本书主要论述、分析最优化处理理论和算法及其在水声信号中的应用问题，重点是最近若干年发展起来的以数字计算机技术为实现手段的模拟退火技术和遗传算法，通过对这些新技术的理论、方法和计算机实现研究，发展新的优化技术，并探讨相关技术在水声信号处理中的应用问题，包括水下通信的信道估计、均衡技术、动目标跟踪和海洋地质水声反演等。

模拟退火和遗传算法是最近十几年得到重视的最新的优化技术，它们是从人工智能、混沌理论、人工神经网络等领域产生的新的优化方法，在化工、能源、VLSI 制造和经济规划等方面应用相当广泛。对这些技术和方法的深入研究，有可能为水声工程领域提供新的设计手段，找得新的发展方向。

本书的内容按以下顺序安排，第 2 章从最基本理论入手，分析、介绍有关优化理论的基础知识；第 3 章从极值问题入手，分析、介绍传统的优化技术；第 4 章重点分析线性规划问题，给出了单纯型方法及其修正算法，分析探讨了线性编程问题的对偶性解法；第 5 章研究、分析非线性规划问题，主要包括数值优化方法、无约束最优化、约束最优化和集合编程算法等；第 6 章研究模拟退火技术，对模拟退火技术的理论基础、优化机理和实现方法等进行了较深入的研究；第 7 章给出了模拟退火技术的三种修正算法，并讨论了这些算法以及模拟退火技术本身在实际工程应用中需要注意的问题；第 8 章研究、分析遗传算法的基础理论和方法，探讨了遗传算法收敛特性的数学和试验表述，深入分析了遗传算法的三个优化要素，并给出了若干实现方式，介绍、分析了 LGA；第 9 章论述了几种修正的遗传算法，包括归一化 GA、混合式 GA 和变结构 GA 等，详细介绍了利用测试函数进行算法评估的方法，给出了实际测试仿真算例。

从第 10 章开始主要研究、探讨最优化技术在水声系统设计中的应用问题，包括换能器设计、波束设计、水声信道特征提取、盲均衡算法和多基地声呐分析等，并给出了模拟退火算法在水声信道参数提取中的应用和最新研究成果；第 11～13 章给出了声呐波束设计的模拟退火方法、遗传算法、二阶锥方法、聚焦变换方法和模态分解方法等，并给出了详细的设计结果；第 14 章分析、研究最优化方法在水声通信系统中的应用，包括盲均衡技术的原理、典型的盲均衡算法、基于小样本重用技术的 GACMA 算法和基于 Cadzow 定理的优化盲均衡算法等；第 15 章分析最优化技术在匹配场信号处理的应用问题，通过对匹配场技术的简单介绍给出了最优化技术的可能应用方法，给出了一个简单匹配场的仿真设计实例；第 16 章分析、介绍水声换能器的优化设计分析方法，分析了常用的等效网络法(Equivalent Circuit Method)、传输矩阵法(Cascade Matrix Method)、有限元法(Finite Element Method)和边界元法(Boundary Element Method)等，给出了部分设计实例；第 17 章和第 18 章分析优化技术在多基地声呐定位分析中的应用问题，给出了最小二乘多基地声呐定位分析方法和相应的仿真分析结果；第 19 章介绍了人工智能的最新研究进展，给出了机器学习算法在水下图像处理和水声测量中的应用实例；第 20 章分析了差分进化、人工神经网络、深度学习等智能优化算法的原理，给出了智能优化算法在声呐波束优化设计方面的应用；第 21 章分析了小尺度特殊容器内的短基线定位优化问题，建立了定位优化模型，给出了水池试验的定位结果；第 22 章分析了吊放声呐所涉及的自动控制领域的优化问题，给出了常用的控制方法及仿真结果。

第 2 章　最优化理论基础

本章讨论最优化理论的基础问题，主要包括最优化的基本定义、最优化的历史、最优化技术的分类以及最优化处理中涉及的基本数学概念等。

2.1　最优化的基本定义

人类追求完美的天性是人类发展的原动力，也是人类文明的基础，这过程中包含了社会、文化、经济和科技等多方面，我们所研究的最优化技术只是这个伟大过程中的一个小小的技巧而已，属于应用数学和数值分析的范畴。字面上讲，最优化过程就是对于一个给定的问题，在设定的条件下，找出最好的解决办法(答案)。那么我们如何用数学方法来表述最优化问题呢?

假定对于向量或变量(以后在未加说明时，均以向量形式表达变量)$\boldsymbol{x}$，$\boldsymbol{x} \in \boldsymbol{S}$，$\boldsymbol{S}$ 是向量 $\boldsymbol{x}$ 的集合；存在函数 $\boldsymbol{y}=f(\boldsymbol{x})$，$f \in F$，$F=\{f_1, f_2, \cdots, f_N\}$，称之为目标函数，$\boldsymbol{R}$ 为 N 维向量空间，$\boldsymbol{y} \in \boldsymbol{R}$；$\boldsymbol{x}_{op}$ 是 $\boldsymbol{S}$ 向量空间的最佳向量，那么，最优化问题可以表述如下：

定义 2.1(最优化问题)　在向量空间 $\boldsymbol{S}$ 中，根据目标函数 f，寻找最佳向量 $\boldsymbol{x}_{op}$ 的过程。

同样可以定义目标函数如下：

定义 2.2(目标函数)　如果存在 $f \in F$，$F=\{f_1, f_2, \cdots, f_N\}$，$\boldsymbol{y}=f(\boldsymbol{x})$，$\boldsymbol{y} \in \boldsymbol{R}$ 是最优化问题的目标函数。

在实际最优化过程中，我们通常用最大或最小来更为具体地表达最优化问题，最优化问题就是寻找变量 $\boldsymbol{x}_{opt} \in \boldsymbol{S}$，满足

$$f(\boldsymbol{x}_{op}) \leqslant f(\boldsymbol{x})，对于所有\ \boldsymbol{x} \in \boldsymbol{S} \tag{2.1}$$

或

$$f(\boldsymbol{x}_{op}) \geqslant f(\boldsymbol{x})，对于所有\ \boldsymbol{x} \in \boldsymbol{S} \tag{2.2}$$

我们称式(2.1)为最优化问题中的最小化(最小值)问题，式(2.2)为最大化(最大值)问题。因为求 $f(\boldsymbol{x})$ 的最大化(数值)就是求 $-f(\boldsymbol{x})$ 的最小值问题，所以在不引起误会的情况下，所指的是最优化问题中的最小值问题。无论最小或最大，我们称 $f(\boldsymbol{x}_{opt})$ 为最优值(最小代价)，$\boldsymbol{x}_{op}$ 称之为 $f(\boldsymbol{x})$ 的一组最优解。

2.1.1　局部(Local)最优和系统(Global)最优

式(2.1)和式(2.2)所定义的最优化问题称为系统优化。在实际应用中，存在着局部最优化的问题，定义如下：

定义 2.3　假设 ε 是一个很小的正数，如果存在一个 $\boldsymbol{x}_{op}$，对所有 $\|\boldsymbol{x}_{op}-\boldsymbol{x}\|<\varepsilon$，$\boldsymbol{x} \in \boldsymbol{S}$，

满足

$$f(\boldsymbol{x}_{\mathrm{op}}) \leqslant f(\boldsymbol{x}) \tag{2.3}$$

$f(\boldsymbol{x}_{\mathrm{op}})$ 称为局部最优值(最小值),$\boldsymbol{x}_{\mathrm{op}}$ 称为最小值点。

将式(2.3) 中的小于号换为大于号同样可以定义局部最大值。

$\|\cdot\|$ 是范数操作,表示一种距离量度,根据不同的应用对象存在不同的量化方式和物理意义。比如可以采用欧式矩(Euclidean)

$$\|\boldsymbol{x}\| = (\sum_j x_j)^{\frac{1}{2}} \tag{2.4}$$

局部最小值是最优化遇到的比较难处理的问题之一。很多最优化算法,在遇到局部极值问题时,要么性能退化,要么根本不能用。也正是为了解决这个问题,才出现了诸多的新算法来克服局部极值问题。

2.1.2 目标函数(代价函数)和约束条件

1. 目标函数

因为在每个应用中都要用到目标函数的概念,所以有必要详细说明一下。目标函数意味着优化的准则,这个准则就是根据不同的应用对象,在各种可以采用的方案中选取最优的,这个准则用数学函数来表示就是目标函数。目标函数的选择与应用对象有关。比如,在飞行器等设计中,可能把质量作为目标,而在商业零售行业,则可能是如何降低成本等。但在某些应用中,可能对每个参数需要不同代价函数,而这些代价函数之间又是互相矛盾的,在这种情况下就需要适当的折中,使用联合目标函数,即

$$\boldsymbol{\Omega}(\boldsymbol{x}) = \sum_k \alpha_k f_k(\boldsymbol{x}) \quad (k=1,2,\cdots,K) \tag{2.5}$$

不难看出,式(2.5) 的定义也可以看作一个目标函数,式(2.5) 的写法主要是为了说明联合优化目标函数的概念。目标函数的选取非常重要,有时候直接关系到最优化问题能否解决。和目标函数相关的另一个量就是目标函数面,满足 $\boldsymbol{\Omega}(\boldsymbol{x}) = c\boldsymbol{w}_{k+1} = \boldsymbol{w}_k + 2\mu\varepsilon_k \boldsymbol{x}_k$ 的所有 $\boldsymbol{x}$ 在设计空间中形成一个超平面,这个超平面就称为目标函数面。不难想象,对无约束情况,当目标函数超平面趋近于一个点时,这个点就是最优值,所对应的变量参数就是最优点(所要寻求的)。在约束优化情况下,最优值点必定在约束表面和目标函数超平面的相交点。同样,在凸空间 $\mathbf{R}$ 内的凹函数的局部值点就是系统最大值点。

2. 约束最优化

为了清楚地说明这个问题,重新将优化问题写成如下形式:

$$\text{最小化 } f(\boldsymbol{x}),\text{满足条件}\begin{cases} g_j(\boldsymbol{x}) \leqslant 0, & j=1,2,\cdots,M \\ h_j(\boldsymbol{x}) = 0, & j=M+1,M+2,\cdots,P \end{cases} \tag{2.6}$$

$g_j(\boldsymbol{x}),h_j(\boldsymbol{x})$ 称为不等式和等式约束条件。当 $P=0$ 时,称式(2.6) 为无约束最优化问题;当 $P \neq 0$ 时,称式(2.6) 为约束最优化问题。

3. 约束条件

在寻求最优化解的过程中,某些最优化问题,必须满足特定的约束条件,即最优化参数必须满足某些要求,我们称之为约束条件。通常情况下,约束条件可以从数学上表示为上述 $g(\boldsymbol{x}),h(\boldsymbol{x})$ 的形式。

2.1.3　算法及收敛性定义

1. 算法

所谓算法，顾名思义就是计算方法，这样类似求解过程、新的解方程办法都可以称之为算法。但是，我们常说某某算法研究，其实，实际意义已经发生变化。现在谈到的算法和前面的计算方法的定义已相去很远了，这里所指的算法其实已狭义为采用计算机编程计算的计算流程。下面给出定义。

定义 2.4　算法是对特定问题给出的适合计算机运行的处理流程或迭代过程。

这样，算法就是一个过程，是迭代过程，即在编程操作中从目前点到下一点的操作方法，例如，B. Widrow 的 LMS 算法[1]

$$\boldsymbol{w}_{k+1}=\boldsymbol{w}_k+2\mu\varepsilon_k\boldsymbol{x}_k \tag{2.7}$$

$$y_k=\boldsymbol{x}_k^{\mathrm{T}}\boldsymbol{w}_k,\varepsilon_k=d_k-y_k \tag{2.8}$$

式中，$\boldsymbol{x}_k$ 是周期信号加宽带干扰；$\boldsymbol{w}_k$ 是自适应滤波器的权系数；y_k 是期待响应；ε_k 是比较误差；μ 是一个用于控制自适应速度和稳定性的增益常数；k 是时间进程因子。在线谱增强器 ALE 应用中，$\boldsymbol{x}_k$ 即经过 Δ 延时后的噪声加信号，d_k 为原始信号加噪声。从 k 点出发，按照式(2.7)、式(2.8) 的计算方法，求得 $\boldsymbol{w}_{k+1}$，由 $k+1$ 代替 k，重复以上过程，产生一系列 $\boldsymbol{w},\boldsymbol{y},\boldsymbol{x}$，直至收敛，完成整个算法。因此，可以给出一个更为笼统的数学定义。

定义 2.5　算法 Λ 是在空间 $\boldsymbol{\Phi}$ 中点到集的映射，对于每一个点 $\boldsymbol{x}\in\boldsymbol{\Phi}$，都存在一个子集 $\Lambda(\boldsymbol{x})\subset\boldsymbol{\Phi}$。

在某些最优化分析中经常会用到解集合的概念，所谓解集合就是可能解的总汇。可以从不同的层面理解解集合的概念。首先，从全局最优化的角度，优化问题存在许多局部最优解，那么这些解的总汇可以看作解集合。其次，算法过程大多是迭代过程，那么每一步的迭代都会有新解产生，先不管这些解是否最佳，这样寻优过程中，会产生大量中间解，这些解的汇总也可看作解集合。另外，在基于计算机的渐进性优化过程中(基于微积分的确定性求解方法除外)，最后所得到的解不可能是最优解，只能接近最优的次优解，无论是基于计算量的考虑还是实际工程应用的要求，这些接近最优的解应该存在很多，因此形成了解的集合。

2. 收敛性

收敛性是表征算法迭代或搜寻到最优点或者最佳值的能力。某个算法的收敛性表达多层含义：其一，有最优解存在，无论何种寻优方法，找到最佳解的前提是最佳解先要存在；其二，算法或寻优策略适当，能够按照设定的步骤找到最优解；其三，既然是迭代算法那就存在解的集合，在解的集合中存在最优解集(次优组合)，说明解集合中的解序列在极限上趋于最佳解。

定义 2.6(算法收敛性)　假定算法为 Λ，解集合为 $\boldsymbol{Q}$，利用迭代关系 $\boldsymbol{x}_{k+1}=\Lambda(\boldsymbol{x}_k)$，产生序列 $\boldsymbol{x}_k,k=1,2,3,\cdots,\boldsymbol{x}_k\in\boldsymbol{Q}$，存在最佳解 $\boldsymbol{x}_{\mathrm{op}}$，如果下式成立，

$$\lim_{k\to\infty}\{\boldsymbol{x}_k\}\to\boldsymbol{x}_{\mathrm{op}} \tag{2.9}$$

则称算法 Λ 收敛。

正像前面指出的那样，在实际工程应用中，算法收敛并不专指解序列在极限意义上等于最佳值，趋近于最佳值也认为是可以接受的，即存在一个可能被接受的最佳解集合 $\boldsymbol{Q}_{\mathrm{op}}$，$\boldsymbol{x}_{\mathrm{op}}\in\boldsymbol{Q}_{\mathrm{op}}$，因此式(2.9) 可以改写为

$$\lim_{k\to N}\{\boldsymbol{x}_k\}\to\boldsymbol{x}_{\mathrm{op}}^N,\quad \boldsymbol{x}_{\mathrm{op}}^N\in Q_{\mathrm{op}} \tag{2.10}$$

式中，N 为实际的迭代次数。

3. 算法停止准则

关于算法的另一个问题是收敛准则，在基于确定数值极值的优化中，设定算法，计算出准确最优值，算法自然收敛，停止迭代。但是在实际算法操作中，由于计算结果趋于最佳区域或者收敛于次最佳，因此算法继续运算，需要人工干预才能停止，这样就需要设计一个停止准则。停止准则和收敛准则不同，收敛准则是指设计算法时给出的目标函数，类似维纳滤波器设计的准则，是在均方误差最小的准则下。但是实际工程实践中，在不产生混淆的情况下，也可以把停止准则说成收敛准则。

实际操作中的算法停止准则大致有以下三种。

准则 1：当搜寻变量的变化充分小时，有下式成立：

$$\| \boldsymbol{x}_{k+1} - \boldsymbol{x}_k \|^p \leqslant \varepsilon \tag{2.11}$$

或者

$$\frac{\| \boldsymbol{x}_{k+1} - \boldsymbol{x}_k \|^p}{\| \boldsymbol{x}_{k+1} \|^p} \leqslant \varepsilon \tag{2.12}$$

式中，ε 是充分小的正数；p 为范数阶数，实际操作中可直接取二阶范数。

准则 2：当目标函数的变化充分小时，有下式成立：

$$| f(\boldsymbol{x}_{k+1}) - f(\boldsymbol{x}_k) | \leqslant \varepsilon \tag{2.13}$$

或者

$$\frac{| f(\boldsymbol{x}_{k+1}) - f(\boldsymbol{x}_k) |}{| f(\boldsymbol{x}_{k+1}) |} \leqslant \varepsilon \tag{2.14}$$

准则 2 有许多推广类型，比如采用梯度优化时，可以利用梯度是否趋近于零作为停止准则。

准则 3：在利用梯度优化或目标函数存在梯度时，当目标函数的梯度趋近于零时，作为停止准则，有下式成立：

$$\| \nabla f(\boldsymbol{x}_{k+1}) \|^p \leqslant \varepsilon \tag{2.15}$$

4. 算法的收敛速度

收敛速度是算法设计时的另一个考量，收敛速度快慢是算法的重要因素之一，尤其是在实时动态优化的应用中。我们给出收敛速度的定义如下：

定义 2.7(算法收敛速度)　假定算法为 Λ，解集合为 $\boldsymbol{Q}$，利用迭代关系 $\boldsymbol{x}_{k+1} = \Lambda(\boldsymbol{x}_k)$，产生序列 $\boldsymbol{x}_k, k=1,2,\cdots,\boldsymbol{x}_k \in \boldsymbol{Q}$，存在最佳解 $\boldsymbol{x}_{\mathrm{op}}$，序列 $\boldsymbol{x}_k$ 收敛于 $\boldsymbol{x}_{\mathrm{op}}$，定义算法的 N 阶速度

$$\eta_N = \frac{\| \boldsymbol{x}_{k+N} - \boldsymbol{x}_{\mathrm{op}} \|^p}{\| \boldsymbol{x}_k - \boldsymbol{x}_{\mathrm{op}} \|^p} \tag{2.16}$$

N 是算法的 N 个迭代间隔，代表算法的进程。收敛速度有许多定义方式，式(2.16) 只是其中之一。在实际算法研究中，可以按照式(2.16) 的内涵定义简单的速度算法，比如可以直接取 $N=1$ 计算算法的收敛速度。更简单的情况是在许多研究报告中，仅仅给出不同算法情况下，目标函数随时间的变化关系图，就可以说明收敛得快慢。

2.2 最优化的历史

最优化问题有相当长的发展历史，最早可以追溯到牛顿、拉格朗日时代。牛顿等对微积分的重要贡献，才使得差分方程法解决最优化问题成为可能。这其中的先锋者包括伯努利(Bernouli)、欧拉(Euler)和拉格朗日[2]等。拉格朗日提出了著名的拉格朗日乘积原理。柯西

(Canchy)首先提出了最速下降法(解决无约束最小化问题)。尽管有这些早期的成果,但最优化的发展相当缓慢,一直到 20 世纪 50 年代高速计算机的出现。20 世纪 50 年代后,最优化的发展进入旺盛期,出现了大量的新算法。Dantzig[3] 提出了解决线性规划问题的 Simplex 方法(1947),Bellman[4] 提出了动态规划最优化的基本原理,使得约束最优化成为可能。Kuhn 和 Tucker[5] (1951)提出的最优化规划问题的充分和必要条件奠定了非线性规划优化技术的基础。在这之后,Zoutendijk 和 Rosen[6] 又进一步发展了非线性规划技术。几何规划优化由 Duffin,Zener 和 Peterson[7] 在 20 世纪 60 年代提出,Gomory[8] 同时提出了积分规划技术。随机(或统计)规划技术最早由 Danzig 和 Charnes 提出,Cooper[10] 发展了该技术。网络分析技术在 20 世纪 50 年代逐渐发展起来。博弈理论(Game Theory)的基础是 1928 年 Von Neumann 提出的,之后首先被应用到经济学和军事方面,20 世纪 70—80 年代才广泛应用于工程设计领域。

构成现代优化理论的相关技术是模拟退火(Simulated Annealing,SA)算法、遗传算法(Genetic Algorithm,GA)[13][5,7] 等现代统计方法均是从 20 世纪 60 年代发展起来的。SA 算法是一种组合优化算法,是模拟材料加工中的退火处理(Annealing)而得名的优化算法。退火是材料加工的一种处理方式,即首先将固体加工到融化状态,再逐渐冷却,直到材料达到结晶状态。在这个过程中,固体内的自由能量被降低到最小状态。在实践中,冷却过程必须非常小心控制,以防止固体结晶到局部最小能量状态,即局部晶体状态,从而影响材料的强度等各种性能。模拟退火算法模拟这样的物理过程,将组合最小化能量状态模拟为最终晶体状态,并设计一个类似的处理过程,达到优化的目的。这种方法的主要优点是其通用性,可以任意逼近最优值。该方法和 Boltzmann 结构处理机相结合可实现智能搜寻。同样,遗传算法是采用生物自然生长的基本机理而设计出的寻优算法,特别适应于参数可以数字量化的最优化问题。混合式寻优算法可看作遗传算法的一种改进,它除沿用遗传算法中自然淘汰原则之外,又加入了智能替换技术,可以更有效地增加算法收敛速度,提高收敛性能。

值得提出的是,虽然是由于计算机技术的进步推动了最优化理论的进步,使其有可能应用到各种数学、经济、工程设计等领域,并产生了大量的应用算法。但本质上讲,之所以会有这样多的技术,主要是因为到目前为止还没有找到一种理论或技术可以应用到所有的优化问题。总体上讲,每种理论或技术均在某些领域、一定程度上解决所对应的问题。因此,人们一直努力试图找到一种通用的算法。因此,可以这样说,这种现象引发了大量不同算法的出现。我们的目的是通过研究这些算法和技术,找到解决所面临的工程问题的新途径。

2.3　最优化技术的分类

在最优化理论和技术中,由于算法提出的途经不同,对同一个问题中有许多不同的称谓,经常产生混淆,因此有必要把最优化的分类进行简单说明,各种分类方法之间有一定的重叠。我们不评价每种方法的优劣,也不强调每种分类的局限性,仅仅给以罗列说明,主要目的是让读者了解各种不同的分类方法。

1. 约束优化和无约束优化

优化技术有许多分类方法,首先可以按是否有约束条件,简单地将最优化分为两类,即约束优化和无约束优化。顾名思义,具有各种约束条件的优化问题称为约束优化;而不含有约束条件的优化问题称为无约束优化。

2. 静态(参数)最优化与动态最优化

这种分类是根据所涉及变量的性质分类。当最优化问题涉及多个参数变量时,我们称之为静态优化。如果这些参数同时又是其他变量的函数的话,我们称这类优化为动态优化。

3. 实时优化和后置优化

假如我们面对的是设计问题,即不需要实时自适应跟踪,比如在基阵设计、波束设计、建筑物设计、电站的水坝设计等应用中,我们把这一类优化称为后置优化。在这一类设计中,算法的收敛速度,即计算时间降为次要问题。另一类为实时优化问题,这类优化问题需要实施参数跟踪,根据事先设计的优化准则修正优化参数,并实时给出优化结果,例如在自适应阵设计中,就需要根据环境场(参数)的变化等,及时修正自适应参数,并及时调整,在自适应干扰抵消中,就要实时调整基阵指向,确保在噪声方向基阵响应最小。

4. 最优控制问题和非最优控制问题

最优控制问题是指某优化问题可以由多个阶段来实现,这样最终的优化可以用每一阶段的状态量和控制变量来表示,这类优化问题称为最优控制问题,否则,就称为非最优控制问题。数学表示为

$$f(\boldsymbol{x})=\sum_{j=1}^{L}f_j(\boldsymbol{x},\boldsymbol{y}) \tag{2.17}$$

约束条件为

$$\boldsymbol{y}=g_j(\boldsymbol{x}),\quad q_j(\boldsymbol{x})\leqslant 0,\quad j=1,2,\cdots,L \tag{2.18}$$

式中,L 就是 L 个阶段;$\boldsymbol{x}$ 为控制变量;$\boldsymbol{y}$ 为状态变量;f_j 是第 j 个阶段对整个目标函数的贡献;g_j,q_j 分别是对 $\boldsymbol{x}$,$\boldsymbol{y}$ 在不同阶段的约束条件[14]。

另外一种重要的分类问题是按照内部方程的类型分类,即根据目标函数表达式的性质分类,分为线性、非线性、几何、函数规划问题等类型。

5. 非线性规划问题

任何目标函数和约束函数为非线性的最优化问题称为非线性规划问题。

6. 几何规划问题

在解释几何规划问题之前,首先定义正项式(Posynomial) 函数。如果一个单变量函数 $h(x)$ 可以表示为

$$h(x)=\sum_{i=0}^{N-1}c_i x^i,c_i\ \text{为常数} \tag{2.19}$$

该函数就称为正项式函数。可以扩展为多变量(向量) 方式,即

$$h(\boldsymbol{x})=\sum_{k=1}^{M}c_k\prod_{i,j}^{N}x_i^{a_{ij}}x_j^{b_{ij}},c_k\ \text{为常数},a_{ij},b_{ij}(j=1,2,\cdots,N)\ \text{为非负的整数} \tag{2.20}$$

在实际应用中,如果式(2.20) 中没有交叉项,我们称之为严格正项式函数;存在交叉项时称之为泛正项式函数。

几何规划优化问题就是目标函数和约束函数均为严格正项式函数的优化问题,即

$$f(\boldsymbol{x})=\sum_{k=1}^{M}c_k\prod_{i}^{N}x_i^{a_i},c_k\ \text{为常数},a_i(i=1,2,\cdots,N)\ \text{为非负的整数} \tag{2.21}$$

约束条件为

$$g(\boldsymbol{x}) = \sum_{k=1}^{P} d_k \prod_{i}^{N} x_i^{b_i} \leqslant 0 \tag{2.22}$$

式中，d_k 为常数；$b_i(i=1,2,\cdots,N)$ 为非负的整数。

7. 二次规划问题(Quadratic Programming Problem)

二次规划问题是指具有一个二次目标函数和线性约束的最优化问题，即

$$f(\boldsymbol{x}) = c + \sum_{i=1}^{N} q_i x_i + \sum_{i=1}^{N} \sum_{j=1}^{N} a_{ij} x_i x_j \tag{2.23}$$

约束条件为

$$\sum_{i=1}^{N} b_{ij} x_i = d_j,\quad j=1,2,\cdots,M \tag{2.24}$$

$c, q_i, a_{ij}, b_{ij}, d_j$ 均为常数。

8. 线性规划问题

如果一个优化问题的目标代价函数和约束条件函数均为线性，则该优化问题称为线性规划问题，定义

$$f(\boldsymbol{x}) = \sum_{i=1}^{N} c_i x_i \tag{2.25}$$

约束条件

$$\sum_{i=1}^{N} a_{ij} x_i = b_j,\quad j=1,2,\cdots,M \tag{2.26}$$

式中，$x_i \geqslant 0, i=1,2,\cdots,N$；$c_i, a_{ij}, b_j$ 均为常数。

如果变量只允许取整数，则称之为整数规划问题；如果可以取任何值，就称之为真实值规划问题。同样也可以按照所涉及变量的确定性进行分类，如果所涉及的变量是确知量不是随机量，称之为非随机规划，反之，则称为随机规划问题。

2.4　最优化处理中涉及的一些数学概念

2.4.1　凸面空间、凸函数和凹面空间、凹函数

为便于说明极值问题，我们先定义凸面空间、凸函数和凹面空间、凹函数。对于空间 $\boldsymbol{Z}$，有 $\boldsymbol{x}_1, \boldsymbol{x}_2 \in \boldsymbol{Z}$，如果有 $\boldsymbol{x}$，满足 $\boldsymbol{x} = (1-\zeta)\boldsymbol{x}_1 + \zeta\boldsymbol{x}_2, 0 \leqslant \zeta \leqslant 1$ 总是在 $\boldsymbol{Z}$ 空间内，即 $\boldsymbol{x} \in \boldsymbol{Z}$，那么 $\boldsymbol{Z}$ 就称为凸面空间。反之，则称为凹面空间，$\boldsymbol{x} = (1-\zeta)\boldsymbol{x}_1 + \zeta\boldsymbol{x}_2$ 称为 $\boldsymbol{x}_1$ 和 $\boldsymbol{x}_2$ 的凸组合。

如果存在函数 $f(\boldsymbol{x})$，当 $\boldsymbol{x} = (1-\zeta)\boldsymbol{x}_1 + \zeta\boldsymbol{x}_2 (0 \leqslant \zeta \leqslant 1)$ 时，下式成立：

$$f(\boldsymbol{x}) \leqslant (1-\zeta) f(\boldsymbol{x}_1) + \zeta f(\boldsymbol{x}_2) \tag{2.27}$$

则称 $f(\boldsymbol{x})$ 为凸函数。当去掉等号时，称以上定义为严格凸函数。

凹空间和凹函数的定义刚好相反。如果 $f(\boldsymbol{x})$ 是凸函数，那么 $-f(\boldsymbol{x})$ 必定是凹函数；如果 $f(\boldsymbol{x})$ 是严格凸函数，则 $-f(\boldsymbol{x})$ 为严格凹函数。

不难发现，一个二阶可微的单变量函数 $g(z)$，当 $g''(z) \geqslant 0$ 时，$g(z)$ 是凸函数。对于一个二阶可微的 N 变量函数 $h(\boldsymbol{x})$，如果它的二阶偏微分矩阵是半正定的，则 $h(\boldsymbol{x})$ 是凸函数，即对于对于所有不等于零的向量 $\boldsymbol{s}$，如果有

$$\boldsymbol{s}^{\mathrm{T}} \boldsymbol{A} \boldsymbol{s} \geqslant 0 \tag{2.28}$$

$$\boldsymbol{A}=\begin{bmatrix} \frac{\partial^2 h}{\partial x_1^2} & \frac{\partial^2 h}{\partial x_1 \partial x_2} & \cdots & \frac{\partial^2 h}{\partial x_1 \partial x_N} \\ \frac{\partial^2 h}{\partial x_2 \partial x_1} & \frac{\partial^2 h}{\partial x_2^2} & \cdots & \frac{\partial^2 h}{\partial x_2 \partial x_N} \\ \vdots & \vdots & & \vdots \\ \frac{\partial^2 h}{\partial x_N \partial x_1} & \frac{\partial^2 h}{\partial x_N \partial x_2} & \cdots & \frac{\partial^2 h}{\partial x_N^2} \end{bmatrix}$$

式(2.28)中，去掉等号后，$h(\boldsymbol{x})$就成为严格凸函数，相应的$\boldsymbol{A}$为正定矩阵。

凸函数的重要意义在于以下定理：

定理 2.1　如果$\boldsymbol{Z}$是凸空间，$\boldsymbol{x}\in\boldsymbol{Z}$，$f(\boldsymbol{x})$是空间$\boldsymbol{Z}$中的凸函数，则$f(\boldsymbol{x})$的任何局部最小值点就是$f(\boldsymbol{x})$的系统最小值点。

2.4.2　有关矩阵的一些特殊量

1. 矩阵的秩

设$\boldsymbol{A}$为$M\times N$矩阵，$\boldsymbol{A}=(a_{ij})_{M\times N}$，任意选取$k$行、$k$列，位于这些行、列相交处的元素按原有位置排列而成一个k阶行列式，称为矩阵$\boldsymbol{A}$的k阶子式。矩阵中值不为零的子式的最高阶数称为矩阵的秩，记作$R_{\boldsymbol{A}}$。

矩阵秩的性质如下：

(1) 当$\boldsymbol{A}$为方阵时，假如$|\boldsymbol{A}|\neq 0$，则称$\boldsymbol{A}$为满秩方阵；

(2)$\boldsymbol{A}$的行秩等于列秩，且都等于$\boldsymbol{A}$的秩。

2. 函数矩阵及其微分和积分

设$a_{ij}(t)$，$i=1,2,\cdots,M$，$j=1,2,\cdots,N$，是单变量t的函数，则称以$a_{ij}(t)$为元素的矩阵为函数矩阵，即

$$\boldsymbol{A}(t)=\begin{bmatrix} a_{11}(t) & \cdots & a_{1N}(t) \\ \vdots & & \vdots \\ a_{M1}(t) & \cdots & a_{MN}(t) \end{bmatrix}=[a_{ij}(t)]_{M\times N} \tag{2.29}$$

如果式(2.29)中的每一元素$a_{ij}(t)$都是t的可微函数，则以$a'_{ij}(t)$为元素的矩阵是$\boldsymbol{A}(t)$的导数，即

$$\frac{\mathrm{d}\boldsymbol{A}(t)}{\mathrm{d}t}=\begin{bmatrix} a'_{11} & \cdots & a'_{1N} \\ \vdots & & \vdots \\ a'_{M1} & \cdots & a'_{MN} \end{bmatrix}=[a'_{ij}(t)]_{M\times N} \tag{2.30}$$

按照式(2.30)的定义，同样可以给出和矩阵、乘积矩阵的导数表达式，当然也可以给出矩阵积分的表达式，这里不再赘述。

3. 二次型多项式(函数)和矩阵的特征值

如果有N个变量$x_1,x_2,\cdots,x_N$和一组数a_{ij}，$i,j=1,2,\cdots,N$，则称这N个变量的二次齐次多项式

$$\begin{aligned} Q(x_1,x_2,\cdots,x_N)=&a_{11}x_1^2+a_{22}x_2^2+\cdots+a_{NN}x_N^2+ \\ &2a_{12}x_1x_2+2a_{13}x_1x_3+\cdots+2a_{1N}x_1x_N+ \\ &2a_{23}x_2x_3+2a_{24}x_2x_4+\cdots+2a_{2N}x_2x_N+\cdots+ \end{aligned}$$

$$2a_{N-1,N}x_{N-1}x_N \tag{2.31}$$

为 $x_1,x_2,\cdots,x_N$ 的二次型多项式(函数)或二次齐式。如果 $a_{ij}=a_{ji},i,j=1,2,\cdots,N$,则式(2.31)可写为

$$Q(x_1,x_2,\cdots,x_N)=\sum_{i,j=1}^{N}a_{ij}x_ix_j \tag{2.32}$$

如果,当 $i\neq j$ 时的 a_{ij} 系数全为零,则

$$Q=a_{11}x_1^2+a_{22}x_2^2+\cdots+a_{NN}x_N^2 \tag{2.33}$$

成立,式(2.33)成为二次型的标准形式或法式。

二次型也可以用矩阵表示,即

$$Q=\boldsymbol{X}^{\mathrm{T}}\boldsymbol{A}\boldsymbol{X} \tag{2.34}$$

其中

$$\boldsymbol{A}=\begin{bmatrix}a_{11} & \cdots & a_{1N}\\ \vdots & & \vdots\\ a_{M1} & \cdots & a_{MN}\end{bmatrix},\quad \boldsymbol{X}=\begin{bmatrix}x_1\\ x_2\\ \vdots\\ x_N\end{bmatrix} \tag{2.35}$$

$\boldsymbol{A}$ 的秩就是二次型的秩,如果 $\boldsymbol{A}$ 是满秩的,则称二次型函数为满秩的,否则称为降秩的。

如果式(2.33)可以写为

$$Q=x_1^2+x_2^2+\cdots+x_P^2-x_{P+1}^2-\cdots-x_R^2 \tag{2.36}$$

其中,$0\leqslant P\leqslant R\leqslant N$,则此二次型称为正规形式或正规法式,$P$ 称为正惯性指数,$R-P$ 称为负惯性指数。

假定 P 称为正惯性指数,R 为二次型的秩,对于正规二次型式(2.36),有如下类型的定义:

(1) 若 $P=R=N$,即正规形式的 N 个项全是正,则称 Q 为正定二次型;

(2) 若 $P=0,R=N$,即正规形式的 N 个项全是负,则称 Q 为负定二次型;

(3) 若 $P=R,R<N$,即正规形式由小于 N 的 R 个正项组成,则称 Q 为准正定二次型或半正定;

(4) 若 $P=0,R<N$,即正规形式由小于 N 的 R 个负项组成,则称 Q 为准负定二次型或半负定;

(5) 若 $0<P<R\leqslant N$,则称 Q 为不定二次型。

有定二次型的判别方法:

(1)$Q=\boldsymbol{X}^{\mathrm{T}}\boldsymbol{A}\boldsymbol{X}$ 是正定二次型的充要条件是对于任一组不全为0的数 $a_1,a_2,\cdots,a_N$,恒有 $Q(a_1,a_2,\cdots,a_N)>0$;负定二次型时,$Q(a_1,a_2,\cdots,a_N)<0$。

(2)$Q(x_1,x_2,\cdots,x_N)=\sum\limits_{i,j=1}^{N}a_{ij}x_ix_j$ 是正定二次型的必要条件是 $a_{11},a_{22},\cdots,a_{NN}$ 全是正数;负定二次型时,$a_{11},a_{22},\cdots,a_{NN}$ 全是负数。

4. 矩阵的特征值、特征方程、特征多项式

我们知道在线性代数中,可以通过正交变换,使二次型函数(2.34)成为标准形式,即可以找到正交变换 $\boldsymbol{Z}$,使得 $\boldsymbol{Z}^{\mathrm{T}}\boldsymbol{A}\boldsymbol{Z}$ 成为对角形矩阵 $\boldsymbol{B}$。

假定

$$\boldsymbol{Z}=\begin{bmatrix} z_{11} & \cdots & z_{1N} \\ \vdots & & \vdots \\ z_{N1} & \cdots & z_{NN} \end{bmatrix},\quad \boldsymbol{B}=\begin{bmatrix} \lambda_1 & 0 & \cdots & 0 \\ 0 & \lambda_2 & \cdots & 0 \\ \vdots & \vdots & & \vdots \\ 0 & 0 & \cdots & \lambda_N \end{bmatrix}$$

则有

$$\boldsymbol{AZ}=\boldsymbol{ZB}=\begin{bmatrix} z_{11} & \cdots & z_{1N} \\ \vdots & & \vdots \\ z_{N1} & \cdots & z_{NN} \end{bmatrix}\begin{bmatrix} \lambda_1 & 0 & \cdots & 0 \\ 0 & \lambda_2 & \cdots & 0 \\ \vdots & \vdots & & \vdots \\ 0 & 0 & \cdots & \lambda_N \end{bmatrix}=$$

$$\begin{bmatrix} \lambda_1 z_{11} & \lambda_2 z_{12} & \cdots & \lambda_N z_{1N} \\ \lambda_1 z_{21} & \lambda_2 z_{22} & \cdots & \lambda_N z_{2N} \\ \vdots & \vdots & & \vdots \\ \lambda_1 z_{N1} & \lambda_2 z_{N2} & \cdots & \lambda_N z_{NN} \end{bmatrix}$$

用 $\boldsymbol{z}_j$ 表示 $\boldsymbol{Z}$ 的第 j 列向量，即

$$\boldsymbol{z}_j=\begin{bmatrix} z_{1j} \\ z_{2j} \\ \vdots \\ z_{Nj} \end{bmatrix},\quad j=1,2,\cdots,N$$

上式可写为

$$\boldsymbol{Az}_j=\lambda_j \boldsymbol{z}_j,\quad j=1,2,\cdots,N \tag{2.37}$$

或者

$$(\lambda_j \boldsymbol{I}-\boldsymbol{A})\boldsymbol{z}_j=\boldsymbol{O},\quad j=1,2,\cdots,N \tag{2.38}$$

其中 $\boldsymbol{I},\boldsymbol{O}$ 分别为1矩阵和0矩阵。由矩阵性质知道，满足式(2.38)的条件是该方程组的系数行列式等于零，即对所有 $\lambda(\lambda_j,j=1,2,\cdots,N)$，有

$$\begin{vmatrix} \lambda-a_{11} & -a_{12} & \cdots & -a_{1N} \\ -a_{21} & \lambda-a_{22} & \cdots & -az_{2N} \\ \vdots & \vdots & & \vdots \\ -a_{N1} & -a_{N2} & \cdots & \lambda-a_{NN} \end{vmatrix}=|\lambda \boldsymbol{I}-\boldsymbol{A}|=0 \tag{2.39}$$

式(2.39)称为矩阵 $\boldsymbol{A}$ 的特征方程，$|\lambda \boldsymbol{I}-\boldsymbol{A}|$ 称为矩阵 $\boldsymbol{A}$ 的特征多项式，$\lambda \boldsymbol{I}-\boldsymbol{A}$ 称为矩阵 $\boldsymbol{A}$ 的特征矩阵，特征方程的根 $\lambda(\lambda_j,j=1,2,\cdots,N)$ 称为 $\boldsymbol{A}$ 的特征值，每个 $\lambda(\lambda_j,j=1,2,\cdots,N)$ 对应的非零向量 $\boldsymbol{z}_j=\begin{bmatrix} z_{1j} \\ z_{2j} \\ \vdots \\ z_{Nj} \end{bmatrix}$，$j=1,2,\cdots,N$ 称为矩阵 $\boldsymbol{A}$ 属于 λ 的特征向量。

2.4.3 范数

范数 $\|\cdot\|$ 是最优化处理中常用的数学概念，这里一般是指向量的范数。向量 $\boldsymbol{x}=[x_1,x_2,\cdots,x_N]^{\mathrm{T}}$，它的 L_q 范数定义为

$$\| \boldsymbol{x} \|^{q} = \left(\sum_{n=1}^{N} |\boldsymbol{x}_n|^{q}\right)^{\frac{1}{q}}$$

典型的范数是 $q = 1, 2$ 或 ∞。L_2 范数称之为欧几里德(Euclidean) 范数,可以简写为 L。L_∞ 称为切比雪夫(Chebyshev) 范数。

范数的等价性:设 $\|\cdot\|^{\alpha}$ 和 $\|\cdot\|^{\beta}$ 是 $\mathbf{R}$ 空间上任意两个范数,如果存在正数 c_1, c_2,有下式成立:

$$c_1 \|\boldsymbol{x}\|^{\alpha} \leqslant \|\boldsymbol{x}\|^{\beta} \leqslant c_2 \|\boldsymbol{x}\|^{\alpha} \tag{2.40}$$

则范数 $\|\boldsymbol{x}\|^{\alpha}$ 和 $\|\boldsymbol{x}\|^{\beta}$ 等价。

矩阵的范数:设 $\boldsymbol{A}$ 为 $M \times N$ 矩阵,$\boldsymbol{A} = (a_{ij})_{M \times N}$,$\|\cdot\|^{\alpha}$ 和 $\|\cdot\|^{\beta}$ 是 $\mathbf{R}^M$ 和 $\mathbf{R}^N$ 空间上的向量范数,那么矩阵 $\boldsymbol{A}$ 的范数定义为

$$\|\boldsymbol{A}\| = \max_{\|\boldsymbol{x}\|^{\beta}=1} \|\boldsymbol{A}\boldsymbol{x}\|^{\alpha} \tag{2.41}$$

矩阵范数的性质有以下几种:

$$\|\boldsymbol{A}\boldsymbol{x}\|^{\alpha} \leqslant \|\boldsymbol{A}\| \, \|\boldsymbol{x}\|^{\beta} \tag{2.42}$$

$$\|\gamma \boldsymbol{A}\| - |\gamma| \, \|\boldsymbol{A}\|, \gamma \text{ 为常数} \tag{2.43}$$

$$\|\boldsymbol{A} + \boldsymbol{B}\| \leqslant \|\boldsymbol{A}\| + \|\boldsymbol{B}\| \tag{2.44}$$

$$\|\boldsymbol{A}\boldsymbol{D}\| \leqslant \|\boldsymbol{A}\| \, \|\boldsymbol{D}\| \tag{2.45}$$

式中,$\boldsymbol{B}$,$\boldsymbol{D}$ 分别为 $M \times N$ 和 $N \times P$ 矩阵。

常用的矩阵范数有一阶、二阶和无穷阶,分别定义如下:

(1) 一阶范数:$\|\boldsymbol{A}\|^{1} = \max\limits_{j} \sum\limits_{i=1}^{M} |a_{ij}|$。

(2) 二阶范数或谱范数:$\|\boldsymbol{A}\|^{2} = \sqrt{\lambda_{\max}}$,$\lambda_{\max}$ 是 $\boldsymbol{A}^{\mathrm{T}}\boldsymbol{A}$ 的最大特征值。

(3) 无穷阶范数:$\|\boldsymbol{A}\|^{\infty} = \max\limits_{i} \sum\limits_{j=1}^{N} |a_{ij}|$。

2.4.4　梯度和 Hessian 矩阵

函数 $f(\boldsymbol{x})$ 的梯度定义为

$$\nabla f(\boldsymbol{x}) = \left[\frac{\partial f(\boldsymbol{x})}{\partial x_1}, \frac{\partial f(\boldsymbol{x})}{\partial x_2}, \cdots, \frac{\partial f(\boldsymbol{x})}{\partial x_N}\right]^{\mathrm{T}} \tag{2.46}$$

它的 Hessian 矩阵为 $N \times N$ 矩阵,它的第 i 行第 j 列元素为

$$[\nabla f(\boldsymbol{x})]_{ij} = \frac{\partial^2 f(\boldsymbol{x})}{\partial x_i \partial x_j}, \ 1 \leqslant i, j \leqslant N \tag{2.47}$$

当 $f(\boldsymbol{x})$ 为二次函数时,$f(\boldsymbol{x})$ 可写为如下形式:

$$f(\boldsymbol{x}) = \frac{1}{2}\boldsymbol{x}^{\mathrm{T}}\boldsymbol{A}\boldsymbol{x} + \boldsymbol{b}^{\mathrm{T}}\boldsymbol{x} + c \tag{2.48}$$

式中,$\boldsymbol{A}$ 为 N 阶对称矩阵;$\boldsymbol{b}$ 为 N 维列向量;c 为常数。可以求得 $f(\boldsymbol{x})$ 的梯度和 Hessian 矩阵为

$$\nabla f(\boldsymbol{x}) = \boldsymbol{A}\boldsymbol{x} + \boldsymbol{b} \tag{2.49}$$

$$\nabla^2 f(\boldsymbol{x}) = \boldsymbol{A}$$

另外,我们经常会遇到向量值函数和雅克比行列式。所谓的向量函数或向量值函数是指该函数由 M 个函数组成,每一个函数由 N 个变量组成,这些函数构成一个函数组向量,即

$$f(x) = [f_1(x), f_2(x), \cdots, f_M(x)]^{\mathrm{T}} \tag{2.50}$$

该函数组定义为向量值函数。假如对所有的 i, j，偏导数 $\frac{\partial f_i(x)}{\partial x_j}$ 都存在，那么可以求出 $f(x)$ 在 x 的导数为

$$f'(x) = \nabla f(x) = \begin{bmatrix} \frac{\partial f_1}{\partial x_1} & \frac{\partial f_1}{\partial x_2} & \cdots & \frac{\partial f_1}{\partial x_N} \\ \frac{\partial f_2}{x_1} & \frac{\partial f_2}{\partial x_2} & \cdots & \frac{\partial f_2}{\partial x_N} \\ \vdots & \vdots & & \vdots \\ \frac{\partial f_M}{\partial x_1} & \frac{\partial f_M}{\partial x_2} & \cdots & \frac{\partial f_M}{\partial x_N} \end{bmatrix} \tag{2.51}$$

该导数矩阵定义为 $f(x)$ 在 x 处的雅克比矩阵，记为 $J[f(x)]$ 或者 $J(f)$。

参考文献

[1] WIDROW B, STEAMS S D. Adaptivesignal processing[M]. Upper Saddle River: Prentice-Hall, 1985.

[2] GILL P E, MURRAY W, WRIGHT M H. Practical optimization[M]. London and New York: Academic Press, 1981.

[3] WERNER J. Optimizationtheory and applications[M]. New York: McGraw-Hill Inc., 1984.

[4] BELLMAN R. Dynamicprogramming[M]. Princeton: Princeton University Press, 1957.

[5] HAROLD W K, ALBERT W T. Contributions to the theory of games[M]. Princeton: Princeton University Press, 1950.

[6] ZOUTENDIJK G. Mathematical programming methods[M]. Amsterdam: Elsevier Science & Technology, 1976.

[7] DUFFIN R J, PETERSON E L, ZENER C. Geometric programming: theory and application[M]. Hoboken: John Wiley & Sons Inc, 1967.

[8] WOLSEY L A. Integer programming[M]. State of New Jersey: Wiley-Interscience, 1998.

[9] PAPADIMITRIOU C H, STEIGLITZ K. Combinatorial optimization: algorithms and complexity[M]. New York: Dover Publications, 1998.

[10] BALAKRISHNAN N. Advances in combinatorial methods and applications to probability and statistics [M]. Boston: Birkhäuser, 1997.

[11] NEUMANN J V, MORGENSTERN O. Theory of games and economic behavior [M]. 2nd ed. Princeton: Princeton University Press, 1947.

[12] VAN LAARHOVEN J M, AARTS E H L. Simulated annealing: theory and applications[M]. Delft: D Reidel Publishing Company, 1987.

[13] MITCHELL M. An introduction to genetic algorithms[M]. Cambridge: MIT Press, 1996.

[14] BRYSON A E. Applied optimal control: optimization, estimation and control[M]. London: Taylor & Francis, 2018.

第3章　传统的优化理论：极值问题

传统的优化方法，即数学中的极值问题，所涉及的都是连续和可微分函数，虽然这些方法在大多数的实际工程应用中无法使用，但是这些方法是形成其他方法的基础，通过了解其基础知识，有利于对其他现代方法的掌握，下面让我们重新回忆一下熟悉的极值问题[1]。

3.1　基本的极值问题

1. 单变量函数极值问题

对于函数 $f(x)$，存在一个充分小的常量 ξ，对所有 ξ，有下式成立：

$$f(x^*) \geqslant f(x^* + \xi) \tag{3.1}$$

称 $f(x)$ 有一个极大值点 x^*（极小值时取 $\leqslant$ 号即可）。

定理3.1　如果一个函数 $f(x)$，具有一个极值 $x=x^*$，$a<x^*<b$，那么 $f'(x^*)=0$（如果这一点存在的话）。

定理3.2　如果 $f'(x^*)=f''(x^*)=\cdots=f^{(n-1)}(x^*)=0$，$f^{(n)}(x^*)\neq 0$，那么

(1) 如果 n 为偶数，$f^{(n)}(x^*)>0$，则 $f(x^*)$ 是 $f(x)$ 的最小值；

(2) 如果 n 为偶数，$f^{(n)}(x^*)<0$，则 $f(x^*)$ 是 $f(x)$ 的最大值；

(3) 如果 n 为奇数，则 $f(x^*)$ 既不是 $f(x)$ 的最大值也不是最小值。

2. 多变量函数极值问题

假定函数 f 为 $\boldsymbol{x}$ 的多变量函数 $f(\boldsymbol{x})$，$\boldsymbol{x}=[x_1,\cdots,x_n]^{\mathrm{T}}$，如果其所有偏微分存在并连续，那么其在 $\boldsymbol{x}^*$ 处的 r 阶差分定义为

$$\mathrm{d}^r f(\boldsymbol{x}^*)=\underbrace{\sum_{i=1}^{N}\sum_{j=1}^{N}\cdots\sum_{k=1}^{N}}_{r} c_i c_j\cdots c_k \frac{\partial^r f(\boldsymbol{x}^*)}{\partial x_i \partial x_j\cdots\partial x_k},\quad c_i,c_j,\cdots,c_k\ \text{为常数} \tag{3.2}$$

定理3.3　如 $f(\boldsymbol{x})$ 在 $\boldsymbol{x}=\boldsymbol{x}^*$ 有极值，并且 $f(\boldsymbol{x})$ 在 $\boldsymbol{x}^*$ 处的一阶偏导存在，那么，

$$\frac{\partial f}{\partial x_1}(\boldsymbol{x}^*)=\frac{\partial f}{\partial x_2}(\boldsymbol{x}^*)=\cdots=\frac{\partial f}{\partial x_n}(\boldsymbol{x}^*)=0 \tag{3.3}$$

定理3.4　$\boldsymbol{x}^*$ 是 $f(\boldsymbol{x})$ 的极值点的充分条件是 $f(\boldsymbol{x})$ 的二阶偏微分矩阵 $\boldsymbol{A}$ 为黑塞(Hessian)矩阵，并且有：当 $\boldsymbol{A}$ 是正定时，$\boldsymbol{x}^*$ 是最小值点；当 $\boldsymbol{A}$ 是负定时，$\boldsymbol{x}^*$ 是最大值点。

3. 马鞍点问题

假如有一个两变量函数 $f(x,y)$，如果在某一点 (x^*,y^*)，Hessian 矩阵 $\boldsymbol{A}$ 既不是正定，也不是负定，而且 $\frac{\partial f(x^*,y^*)}{\partial x}=\frac{\partial f(x^*,y^*)}{\partial y}=0$，那么这个点就称之为马鞍点

(Saddle Point)。

马鞍点的意义在于点(x^*, y^*)既是$f(x,y)$的最大值点也是最小值点。对于$f(x, y^*)$，x^*是最大值点，而对于$f(x^*, y)$，y^*是最小值点，反之亦然。

3.2 等式约束条件下的多变量极值问题

该问题定义为

$$\min\{f = f(\boldsymbol{x})\} \tag{3.4}$$

约束条件为 $g_j(\boldsymbol{x}) = 0$，$j = 1, 2, \cdots, M$，$\boldsymbol{x} = [x_1, \cdots, x_N]^{\mathrm{T}}$，$M \leqslant N$

该类问题主要通过三种方法求解，即替代法、约束变量法和拉格朗日方法。

1. 替代法

替代法的基本思路是在约束情况下，由于一个约束方程至少减少了一个方程的自由度，这样M个约束方程，就只可能有$N-M$个独立变量方程，$N-M$个变量被选定后，剩余的变量由M个约束方程来确定。这时可以构成新的目标代价函数，并且重新优化，此时已经没有任何约束条件，变成了无约束最优化(极值)问题。这种所谓的直接替代法并不实用，因为在实际工程中，约束条件等常常为非线性方程，不太可能由已知$N-M$个变量来从数学上表示剩余的M个变量。

2. 约束变量法

约束变量法的基本思路是找到一个一阶微分的闭合表达式$Q(\mathrm{d}f)$，在这些点上满足约束条件$g_j(\boldsymbol{x}) = 0, j = 1, 2, \cdots, M$，然后通过设定微分$\mathrm{d}f$为零，找到希望的极值点。

来看一个简化例子：$N=2, M=1$，即最小化$f(x_1, x_2)$，条件为$g(x_1, x_2)=0$。假定x_2可以由约束条件表示为$x_2 = h(x_1)$，代入$f(x_1, x_2)$，则f成一个单变量函数$f = f[x_1, h(x_1)]$。这样取得极值点的必要条件就是

$$\mathrm{d}f(x_1, x_2) = \frac{\partial f}{\partial x_1}\mathrm{d}x_1 + \frac{\partial f}{\partial x_2}\mathrm{d}x_2 = 0 \tag{3.5}$$

定义　任何变量取值在(x_1^*, x_2^*)周围，称为(x_1^*, x_2^*)的可接受变量，即$X = (\Delta + x_1^*, x_2^* + \Delta)$，$\Delta$为充分小的数。

这样，$(x_1^* + \mathrm{d}x_1, x_2^* + \mathrm{d}x_2)$即$(x_1^*, x_2^*)$的可接受变量。根据约束条件，有

$$g(x_1^* + \mathrm{d}x_1^*, x_2 + \mathrm{d}x_2) = 0$$

进行泰勒级数展开，经过简单推导得到：

$$\left.\frac{\partial f}{\partial x_1}\frac{\partial g}{\partial x_2} - \frac{\partial f}{\partial x_2}\frac{\partial g}{\partial x_1}\right|_{(x_1^*, x_2^*)} = 0 \tag{3.6}$$

结合$g(x_1, x_2) = 0$，即可求得极值点，方程(3.6)称为必要条件。

对于多变量多个约束条件的情况，必要条件为

$$J\left(\frac{f, g_1, g_2, \cdots, g_M}{x_k, x_1, x_2, \cdots, x_M}\right) = \begin{vmatrix} \dfrac{\partial f}{\partial x_k} & \dfrac{\partial f}{\partial x_1} & \cdots & \dfrac{\partial f}{\partial x_M} \\ \dfrac{\partial g_1}{x_k} & \dfrac{\partial g_1}{\partial x_1} & \cdots & \dfrac{\partial g_1}{\partial x_M} \\ \vdots & \vdots & & \vdots \\ \dfrac{\partial g_M}{\partial x_k} & \dfrac{\partial g_M}{\partial x_1} & \cdots & \dfrac{\partial g_M}{\partial x_M} \end{vmatrix} = 0 \tag{3.7}$$

式(3.7) 为雅可比行列式,$k=M+1,M+2,\cdots,N$。结合约束条件:

$$g_j(x_1,x_2,\cdots,x_N)=0,\quad j=1,2,\cdots,M \tag{3.8}$$

即可求得 $\boldsymbol{x}$ 为极值点的充分条件为

$$\begin{bmatrix} \dfrac{\partial^2 f}{\partial x_{M+1}^2} & \dfrac{\partial^2 f}{\partial x_{M+1}\partial x_{M+2}} & \cdots & \dfrac{\partial^2 f}{\partial x_{M+1}\partial x_N} \\ \vdots & \vdots & & \vdots \\ \dfrac{\partial^2 f}{\partial x_N\partial x_{M+1}} & \dfrac{\partial^2 f}{\partial x_N\partial x_{M+2}} & \cdots & \dfrac{\partial^2 f}{\partial x_N^2} \end{bmatrix} \tag{3.9}$$

为正定或负定矩阵。

不难发现计算这些矩阵是相当困难的,或者是几乎不可能的,这正是这些方法包括后边介绍拉格朗日方法等,虽然在理论上求解并不困难,但在处理实际工程问题时,却很难采用的原因。

3. 拉格朗日方法

对于等式约束的最优化问题,定义拉格朗日函数:

$$L(x_1,x_2,\cdots,x_N,\lambda_1,\lambda_2,\cdots,\lambda_M)=f(x_1,\cdots,x_N)+\sum_{j=1}^{M}\lambda_j g_j(x_1,x_2,\cdots,x_M) \tag{3.10}$$

如果定义 $\boldsymbol{\lambda}=[\lambda_1,\lambda_2,\cdots,\lambda_M]^{\mathrm{T}}$ 为拉格朗日常数向量,则式(3.10) 可重写为

$$L(\boldsymbol{x},\boldsymbol{\lambda})=f(\boldsymbol{x})+\sum_{j=1}^{M}\lambda_j g_j(\boldsymbol{x}) \tag{3.11}$$

拉格朗日方法或称之为拉格朗日乘数法基于以下两个定理:

定理 3.5　函数 $f(\boldsymbol{x})$,在约束 $g_j(\boldsymbol{x})=0,j=1,2,\cdots,M$ 条件下,在 $\boldsymbol{x}=\boldsymbol{x}^*$ 具有极值(最小值) 的必要条件,是拉格朗日函数 $L=L(\boldsymbol{x},\boldsymbol{\lambda})$ 对所有变量的偏微分为零,即

$$\frac{\partial f}{\partial x_i}+\sum_{j=1}^{M}\lambda_j\frac{\partial g_j}{\partial x_i}=0,\quad i=1,2,\cdots,N \tag{3.12}$$

定理 3.6　函数 $f(\boldsymbol{x})$ 在 $\boldsymbol{x}=\boldsymbol{x}^*$ 点有极值的充分条件是对所有满足约束条件($g_j(\boldsymbol{x})=0$,$j=1,2,\cdots,M$) 的 $\boldsymbol{x}$,$Q=\left\{\sum_{i=1}^{N}\sum_{j=1}^{M}\dfrac{\partial^2 L}{\partial x_i\partial x_j}\mathrm{d}x_i\mathrm{d}x_j\right\}$,$i=1,2,\cdots,N;j=1,2,\cdots,M$ 为正定[4]。

3.3　不等式约束条件下的多变量最优化

在不等式约束条件下,此时的问题可写为

$$\min\{f=f(\boldsymbol{x})\} \tag{3.13}$$

约束条件为

$$g_j(\boldsymbol{x})\leqslant 0,j=1,2,\cdots,M,\quad \boldsymbol{x}=[x_1,x_2,\cdots,x_N]^{\mathrm{T}},M\leqslant N$$

这类最优化问题可以通过引入松弛(Slack) 变量,使其转化为等式约束问题,即引入变量 y_j^2,使得:

$$g_j(\boldsymbol{x})+y_j=0,\quad j=1,2,\cdots,M \tag{3.14}$$

我们就可以利用前面介绍的等式约束求解方法,解决不等式约束的最优化问题,构造约束条件:

$$G_j(\boldsymbol{x},\boldsymbol{y})=g_j(\boldsymbol{x})+y_j^2=0,\quad j=1,2,\cdots,M \tag{3.15}$$

$\boldsymbol{y}=[y_1,y_2,\cdots,y_M]^{\mathrm{T}}$ 是松弛向量。定义拉格朗日函数为

$$L(\boldsymbol{x},\boldsymbol{y},\boldsymbol{\lambda})=f(\boldsymbol{x})+\sum_{j=1}^{M}\lambda_j G_j(\boldsymbol{x},\boldsymbol{y}),\quad \boldsymbol{\lambda}=[\lambda_1,\lambda_2,\cdots,\lambda_M]^{\mathrm{T}} \tag{3.16}$$

利用定理 3.5、定理 3.6 和式(3.12) 的充分必要条件,可得如下方程式:

$$\frac{\partial L(\boldsymbol{x},\boldsymbol{y},\boldsymbol{\lambda})}{\partial x_i}=\frac{\partial f(\boldsymbol{x})}{\partial x_i}+\sum_{j=1}^{M}\lambda_j\frac{\partial g_j(\boldsymbol{x})}{\partial x_i}=0,\quad i=1,2,\cdots,N \tag{3.17}$$

$$\frac{\partial L(\boldsymbol{x},\boldsymbol{y},\boldsymbol{\lambda})}{\partial \lambda_j}=G_j(\boldsymbol{x},\boldsymbol{y})=g_j(\boldsymbol{x})+y_j^2=0,\quad j=1,2,\cdots,M \tag{3.18}$$

$$\frac{\partial L(\boldsymbol{x},\boldsymbol{y},\boldsymbol{\lambda})}{\partial y_j}=2\lambda_j y_j=0,\quad j=1,2,\cdots,M \tag{3.19}$$

利用式(3.17) ~ 式(3.19),可以求得最小值点(极值点)。从式(3.19) 不难发现,要么 λ_j 为 0,要么 y_j 为 0。如果 $y_j=0$,意味着 $g_j=0$。我们称这样的点为主动约束点,反之称之为不主动约束点。因此可以把约束空间分为主动约束和被动约束空间两部分,假定 $\mathfrak{I}_1$ 指主动约束空间,$\mathfrak{I}_2$ 为被动约束空间。以上三式可重写为

$$\frac{\partial f}{\partial x_i}+\sum_{j\in\mathfrak{I}_2}\lambda_j\frac{\partial g_j}{\partial x_i}=0,\quad i=1,2,\cdots,N \tag{3.20}$$

$$g_j(\boldsymbol{x})=0,\quad j\in\mathfrak{I}_1 \tag{3.21}$$

$$g_j(\boldsymbol{x})+y_j=0,\quad j\in\mathfrak{I}_2 \tag{3.22}$$

一个特殊情况是当所有 λ_j 均大于零时,上述三式称为 Kuhn-Tucker[5] 条件,该条件在凸规划问题中很重要,可以保证最优点为系统最小值点。

本节简单回顾了基本的最大值、最小值问题,介绍了传统的最优求解方法(极值),这些单变量的连续函数极值问题是优化技术的最早数学形式,构成基本优化技术的基础。这些问题概念上容易理解,但对函数和约束条件等的严格要求,使得这些技术和方法在实际应用中几乎无法使用。从下一节开始,我们将介绍工程应用中经常采用的最优化方法。

需要再一次指出的是,之所以存在这样多的不同类别的技术方法,是因为没有一个通用的方法,可以应用到所有的情况。在后面几章的分析讨论中,我们特别介绍了 SA,GA 等较新的优化技术,这些技术可以说是试图向通用化迈进的尝试。

参考文献

[1] 同济大学数学系编. 高等数学(上)(下)[M]. 6 版. 北京:高等教育出版社,2007.

[2] 程云鹏,张凯院,徐仲. 矩阵论[M]. 4 版. 西安:西北工业大学出版社,2013.

[3] 同济大学数学系. 工程数学:线性代数[M]. 5 版. 北京:高等教育出版社,2007.

[4] RAO S S. Optimization: theory and applications [M]. New Delhi: Wiley Eastern Ltd,1978.

[5] KUHN H W, TUCKER A W. Contributions to the theory of games[M]. Princeton: Princeton University Press, 1953.

第 4 章　线性规划问题

4.1　线性规划的基本定义

线性规划问题及其优化办法，是从 20 世纪 30 年代发展起来的。George B. Dantzig[1] 是其应用先驱者之一，最早将其应用于空军给养的最优分布。之后 Kuhn 和 Tucker 给出了双重性条件(Duality)，Charnes 和 Cooper[2] 将其引入到其他工业应用领域，如石油开采、炼油工业、工业产品调配以及食品工业等。

根据第 2 章的定义，线性规划问题可写为

$$\min\{f(x_1, x_2, \cdots, x_N) = c_1x_1 + c_2x_2 + \cdots + c_Nx_N\} \tag{4.1}$$

约束条件：

$$\left.\begin{aligned} & a_{11}x_1 + a_{12}x_2 + \cdots + a_{1N}x_N = b_1 \\ & a_{21}x_1 + a_{22}x_2 + \cdots + a_{2N}x_N = b_2 \\ & \cdots\cdots \\ & a_{M1}x_1 + a_{M2}x_2 + \cdots + a_{MN}x_N = b_M \end{aligned}\right\} \tag{4.2}$$

当然也可以用更简练的形式表示为

$$\left.\begin{aligned} & f(\boldsymbol{x}) = \boldsymbol{c}^{\mathrm{T}}\boldsymbol{x} \\ & \boldsymbol{A}\boldsymbol{x} = \boldsymbol{b} \\ & \boldsymbol{x} \geqslant \boldsymbol{0} \end{aligned}\right\} \tag{4.3}$$

其中

$$\boldsymbol{x} = [x_1, x_2, \cdots, x_N]^{\mathrm{T}}, \quad \boldsymbol{c} = [c_1, c_2, \cdots, c_N]^{\mathrm{T}}, \quad \boldsymbol{b} = [b_1, b_2, \cdots, b_M]^{\mathrm{T}}, \quad \boldsymbol{0} = [0, 0, \cdots, 0]^{\mathrm{T}}$$

$$\boldsymbol{A} = \begin{bmatrix} a_{11} & a_{12} & \cdots & a_{1N} \\ a_{21} & a_{22} & \cdots & a_{2N} \\ \vdots & \vdots & & \vdots \\ a_{M1} & a_{M2} & \cdots & a_{MN} \end{bmatrix} \tag{4.4}$$

满足式(4.3)、式(4.4)的线性规划称为严格线性规划问题，即满足最小化、约束为等式和变量为非负三条件的线性规划问题。

其他的优化问题，可以经简单的变换或引入松弛变量，变为式(4.3)的标准形式。通常情况下 $M < N$。如果 $M > N$，那么 $M - N$ 个方程将会是多余的，通过简单的变换即可以被删除。如果 $M = N$，那么式(4.3)将只有唯一的解，所谓的优化就没有意义了。只有当有 $M < N$ 个解存在时，我们需要从中找出最优解，这才是所要求的。那么怎么才算是最优解呢？下面的

定理和算法可解决这个问题。在给出标准的线性规划问题解决方案单纯形法之前，定义相关的几个术语。

(1) 容许解(Feasible Solution)：任何满足下式的 $\boldsymbol{x}^*$ 就是容许解，即

$$\left.\begin{aligned}\boldsymbol{Ax}=\boldsymbol{b}\\ \boldsymbol{x}\geqslant\boldsymbol{0}\end{aligned}\right\}\tag{4.5}$$

(2) 基础解(Basic Solution)：将式(4.3) 中 $N-M$ 个变量设为零所得到的解。

(3) 基础：式(4.3) 中，未被设为零的变量称为对应基础解的基础。

(4) 基本容许解(Basis Feasible)：满足非负条件的基本解。

(5) 最佳解(Optimal Solution)：使目标函数最优化的容许解，称为最佳解。

(6) 最佳基本解(Optimal Basic Solution)：使目标函数最优化的基本容许解。

有了以上定义，我们给出线性规划问题的求解方法。

4.2 单纯形法

单纯形法(Simplex Algorithm)将目标代价函数和约束条件组合成为一组方程，然后找出使目标函数最小化的 $\boldsymbol{x}^*$。首先构造方程组

$$\left.\begin{aligned}&x_1+0\cdot x_2+\cdots 0\cdot x_M+a''_{1,M+1}x_{M+1}+\cdots+a''_{1N}x_N=b''_1\\&0\cdot x_1+x_2+\cdots+0\cdot x_M+a''_{2,M+1}x_{M+1}+\cdots+a''_{2N}x_N=b''_2\\&\cdots\cdots\\&0\cdot x_1+0\cdot x_2+\cdots+x_M+a''_{M,M+1}x_{M+1}+\cdots+a''_{MN}x_N=b''_M\\&0\cdot x_1+0\cdot x_2+\cdots+0\cdot x_M-f+c''_{M+1}x_{M+1}+\cdots+c''_{MN}x_N=-f''_0\end{aligned}\right\}\tag{4.6}$$

其中，a''_{ij}，c''_j，b''_i，f''_0是常数。可以得到式(4.6) 的基础解是

$$\left.\begin{aligned}&x_i=b''_i,\quad i=1,2,\cdots,M\\&f=f''_0\\&x_i=0,\quad i=M+1,M+2,\cdots,N\end{aligned}\right\}\tag{4.7}$$

由于 x_i 必须是容许解，因此 $b''_i\geqslant 0, i=1,2,\cdots,M$。

定理 4.1 如果存在最优值点的话，线性规划问题的最优解一定是上述方程的基本容许解之一(线性函数的最小值点一定是空间 S 的极值点)。

单纯形法分为两步，第一步是得到一组基本容许解，判断它们是否是最佳解，如果是，则问题解决，如果不是，进入第二步寻找。那么如何判断所得到的解是否是最优解，利用以下定理：

定理 4.2 一个基本容许解是最优解的条件是所有的目标函数系数在该点均不为负值，即 $c_j\geqslant 0, j=M+1,M+2,\cdots,M+N$，最优值是 f''_0。

假如此时没有找到最优解，那么重写目标函数为

$$f=f''_0+\sum_{i=1}^{M}c''_ix_i+\sum_{j=M+1}^{N}c''_jx_j\tag{4.8}$$

观察式(4.8)，对于 $c''_j<0$ 的 x_j，如果不让其等于0，而使其大于0的话，那么目标函数的值就可以被降低；如果不止一个 $c''_j<0$，那么使 f 降低最多的，应该是对应最小 c''_j 的那一个 x_j。假如这个 c 是 c''_s，则有

$$c''_s=\min c''_j<0\tag{4.9}$$

这样在下一步操作之前，确定不让 x_s 等于 0。结合式(4.7) ～ 式(4.9)，有

$$\left.\begin{aligned} &x_1=b''_1-a''_{1s}x_s, \quad b''_1\geqslant 0\\ &x_2=b''_2-a''_{2s}x_s, \quad b''_2\geqslant 0\\ &\cdots\cdots\\ &x_M=b''_M-a''_{Ms}x_s, \quad b''_M\geqslant 0\\ &f=f''_0+c''_s x_s, \quad c''_s<0 \end{aligned}\right\} \tag{4.10}$$

不难发现，由于 $c''_s<0$，因此为使 f 降低，x_s 越大越好。但是 x_s 的增加又受到 $\boldsymbol{x}\geqslant\mathbf{0}$ 的约束。当然如果 $a''_{is}\leqslant 0, i=1,2,\cdots,M$，那么 x_s 可以取无限大，线性规划问题成为一个无界问题。只要有一个 a''_{is} 是正的，x_s 的取值就受到约束，其最大取值为

$$x_s=\frac{b''_r}{a''_{rs}}=\min_{a''_{is}>0}\left(\frac{b''_i}{a''_{is}}\right) \tag{4.11}$$

如果存在 $b''_i(a''_{is}>0)=0$ 的话，x_s 将不能增加任何量，我们称此时的解为退化解(Degenerated)。正常情况下，可以得到下式：

$$\left.\begin{aligned} &x_s=x_s\\ &x_i=b_i-a_{is}x_s\geqslant 0, \quad i=1,2,\cdots,M, \quad i\neq r\\ &x_r=0\\ &x_j=0, \quad j=M+1, \quad M+2,\cdots,N, \quad j\neq s\\ &f=f''_0+c''_0x^*_s\leqslant f''_0 \end{aligned}\right\} \tag{4.12}$$

至此，又得到一组新解。此时可进行检测，看是否为最优值。如果是，那么优化结束。如果不是，重复以上过程，直到发现最优值。算法流程图如图 4.1 所示。

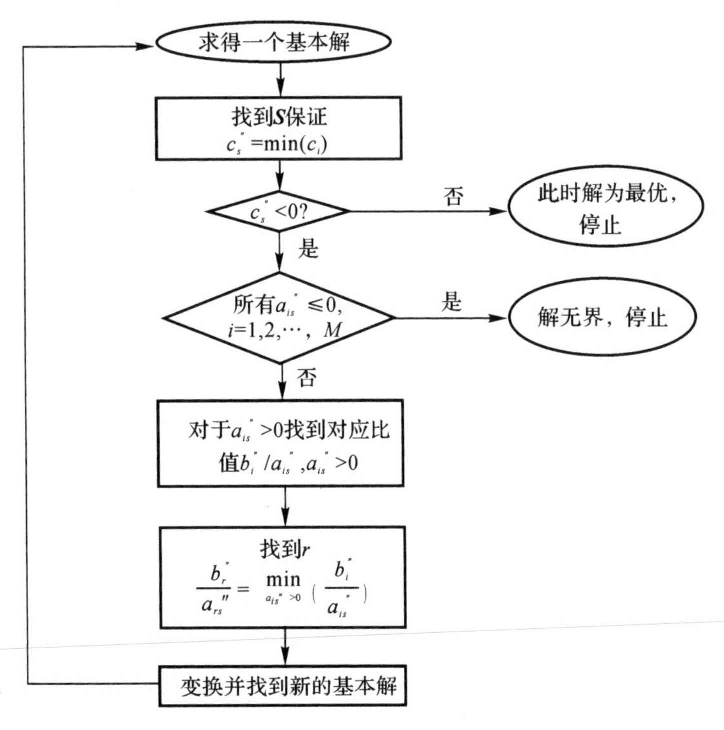

图 4.1　单纯形法流程图

4.3 修正的单纯形方法

从上一节的介绍不难发现,标准单纯形方法涉及大量的中间数据存储和中间变量的计算,在这一节我们分析讨论几种改进的单纯形方法,使用这些方法的目的就是增加算法有效性,提高计算速度。

观察标准的单纯形方法,在每一循环,都需要存储计算整个方程系数,而实际上,仅仅部分系数需要修正,大部分的系数不需要修正。改进的方法就是仅计算需要修正的系数,从而提高计算效率。在每一步的算法中,我们需要计算:

(1) 相对代价系数为

$$c_s = \min(c''_j) \tag{4.13}$$

c_s 决定 x_s 的选择。

(2) 假定 $c_s < 0$,需计算 $\boldsymbol{A}''_S = [a''_{1s}, a''_{2s}, \cdots, a''_{ms}]^{\mathrm{T}}$,$\boldsymbol{X}''_B = [b''_1, b''_2, \cdots, b''_m]^{\mathrm{T}}$,然后用下式来决定变量 x_r。

$$\frac{b''_r}{a''_{rs}} = \min_{\bar{a}_{is}>0}\left\{\frac{b''_j}{a''_{is}}\right\} \tag{4.14}$$

然后对 x_r 完成一个以 a''_{rs} 为基准的标准转换。仅仅需要将与非基础解有关的 $\boldsymbol{A}''_s$ 找出 x_r。

修正的单纯形方法的基本思路就是,计算修正的 c''_j 和 $\boldsymbol{A}''_s$。从上一步的原始方程阵中,利用基础矩阵的逆来计算该循环所需要的量,具体算法如下。

线性编程问题的标准式可重写为

$$\left.\begin{aligned} f(\boldsymbol{x}) &= c_1x_1 + c_2x_2 + \cdots + c_Nx_N \\ \boldsymbol{A}\boldsymbol{x} &= \boldsymbol{A}_1x_1 + \boldsymbol{A}_2x_2 + \cdots + \boldsymbol{A}_Nx_N = \boldsymbol{b} \end{aligned}\right\} \tag{4.15}$$

其中,$\underset{N\times1}{\boldsymbol{X}} \geqslant \underset{N\times1}{\boldsymbol{0}}$,$\boldsymbol{A}$ 的第 j 列为 $\boldsymbol{A}_j = [a_{1j}, a_{2j}, \cdots, a_{Mj}]^{\mathrm{T}}$。

定义 $\boldsymbol{B}$ 矩阵为前 M 个线性方程的一个基础矩阵,$\boldsymbol{B} = [\boldsymbol{A}_{j1}, \boldsymbol{A}_{j2}, \cdots, \boldsymbol{A}_{jM}]$,$\boldsymbol{A}_j = [a_{1j}, a_{2j}, \cdots, a_{Mj}]^{\mathrm{T}}$,$\boldsymbol{A}_{ji} = [a_{1ji}, a_{2ji}, \cdots, a_{Mji}]$,$\underset{M\times1}{\boldsymbol{X}_B} = [x_{j1}, x_{j2}, \cdots, x_{jM}]^{\mathrm{T}}$,$\underset{M\times1}{\boldsymbol{C}_B} = [c_{j1}, c_{j2}, \cdots, c_{jM}]^{\mathrm{T}}$,$\boldsymbol{X}_B$ 满足:

$$\boldsymbol{B}\boldsymbol{X}_B = \boldsymbol{b} \tag{4.16}$$

当把 $-f$ 当作第 $M+1$ 个变量时,以上关系可以扩展为

$$\sum_{j=1}^{M}\boldsymbol{P}_jx_j + \boldsymbol{P}_{M+1}(-f) = \boldsymbol{q} \tag{4.17}$$

其中,$\boldsymbol{P}_j = [a_{1j}, a_{2j}, \cdots, a_{Mj}]^{\mathrm{T}}$,$j = 1, 2, \cdots, N$;$\boldsymbol{P}_{M+1} = [0, 0, \cdots, 0, 1]^{\mathrm{T}}$,$\boldsymbol{q} = [b_1, b_2, \cdots, b_M]^{\mathrm{T}}$。

定义 $\boldsymbol{D}$ 为

$$\underset{(M+1)\times(M+1)}{\boldsymbol{D}} = [\boldsymbol{P}_{j1}\boldsymbol{P}_{j2}\cdots\boldsymbol{P}_{jM}\boldsymbol{P}_{M+1}] = \begin{bmatrix} \boldsymbol{B} & 0 \\ \boldsymbol{C}_B^{\mathrm{T}} & 1 \end{bmatrix} \tag{4.18}$$

$\boldsymbol{D}$ 将是方程(4.17)的一个容许解。不难发现,$\boldsymbol{D}^{-1} = \begin{bmatrix} \boldsymbol{B}^{-1} & 0 \\ -\boldsymbol{C}_B^{\mathrm{T}}\boldsymbol{B} & 1 \end{bmatrix}$。

定义 $\boldsymbol{\psi}$ 为

$$\boldsymbol{\psi}=[\psi_1,\psi_2,\cdots,\psi_M]=(\boldsymbol{C}_B^{\mathrm{T}}\boldsymbol{B}^{-1})^{\mathrm{T}} \tag{4.19}$$

为相对于 f(目标函数) 的 Simplex 乘数。同样,对于虚拟变量方程 $\boldsymbol{D}$,定义其 Simplex 乘数 $\boldsymbol{\sigma}$ 为

$$\boldsymbol{\sigma}=(\boldsymbol{D}_B^{\mathrm{T}}\boldsymbol{B}^{-1})^{\mathrm{T}} \tag{4.20}$$

用 $\boldsymbol{D}^{-1}$ 乘式(4.17) 两边,可以得到下式:

$$\left.\begin{array}{llllll}
x_{j1} & & & & +\sum\limits_j \boldsymbol{A}''_j x_j & = & b''_1 \\
 & x_{j2} & & & +\sum\limits_j \boldsymbol{A}''_j x_j & = & b''_2 \\
 & & \ddots & & \vdots & \vdots & \vdots \\
 & & & x_{jM} & +\sum\limits_j \boldsymbol{A}''_j x_j & = & b''_M \\
 & & & -f & +\sum\limits_j \boldsymbol{C}''_j x_j & = & f_0
\end{array}\right\} \tag{4.21}$$

$\sum\limits_j$ 仅限于非基础变量。

$$\begin{bmatrix}\boldsymbol{A}''_j \\ \boldsymbol{C}''_j\end{bmatrix}=\boldsymbol{D}^{-1}\boldsymbol{P}_j=\begin{bmatrix}\boldsymbol{B}^{-1} & 0 \\ -\boldsymbol{\psi}^{\mathrm{T}} & 1\end{bmatrix}\begin{bmatrix}\boldsymbol{A}_j \\ \boldsymbol{C}_j\end{bmatrix} \tag{4.22}$$

这样修正的列 $\boldsymbol{A}''_j$ 就是

$$\boldsymbol{A}''_j=\boldsymbol{B}^{-1}\boldsymbol{A}_j \tag{4.23}$$

修正系数 $\boldsymbol{C}''_j$ 为

$$\boldsymbol{C}''_j=\boldsymbol{C}_j-\boldsymbol{\psi}^{\mathrm{T}}\boldsymbol{A}_j \tag{4.24}$$

对于每一个循环,式(4.23) 和式(4.24) 是主要的计算公式。

至此,a''_{rs} 就可以利用式(4.13) 和式(4.14) 确定了,进而确定 x_r,按照标准单纯形方法的操作步骤,下一步就是用新的 $\boldsymbol{P}_s$ 作为基础,删除 $\boldsymbol{P}_{jr}$。

以 a''_{rs} 为中心作标准变换,得到新的 $\boldsymbol{D}$ 即可。算法的基本流程如下:

第一步,将有关问题通过增加虚拟变量 $x_{N+1},x_{N+2},\cdots,x_{N+M}$ 标准化为线性编程问题,得到如下方程:

$$\left.\begin{array}{llllllllll}
a_{11}x_1 & +a_{12}x_2 & + & \cdots & +a_{1N}x_N & + & x_{N+1} & & & =b_1 \\
a_{21}x_1 & +a_{22}x_2 & + & \cdots & +a_{2N}x_N & + & & +x_{N+2} & & =b_2 \\
\cdots\cdots & & & & & & & & & \\
a_{M1}x_1 & +a_{M2}x_2 & + & \cdots & +a_{MN}x_N & + & & & +x_{N+M} & =b_M \\
c_1x_1 & +c_2x_2 & + & \cdots & +c_Nx_N & + & & & -f & =0 \\
d_1x_1 & +d_2x_2 & + & \cdots & +d_Nx_N & + & & & -w & =w_0
\end{array}\right\} \tag{4.25}$$

$b_i\geqslant 0,i=1,\cdots,M,-f,-w$ 作为两个变量处理,由于 $x_{N+1},x_{N+2},\cdots,x_{N+M}$ 虚拟量的引入,所以最后的方程称为虚拟方程。式(4.25) 中,

$$w=x_{N+1}+x_{N+2}+\cdots+x_{N+M} \tag{4.26}$$

然后,将式(4.25) 的前 M 个方程相加,减式(4.26),就是方程式(4.25) 中最后一个方程,即

$$d_j=-\sum_{i=1}^{M}a_{ij},\quad w_0=\sum_{i=1}^{M}b_i \tag{4.27}$$

第二步，当循环开始时，将 $x_{N+1},x_{N+2},\cdots,x_{N+M},-f,-w$ 设为基础变量，可以利用表格更清楚地说明算法的执行过程。表 4.1 和表 4.2 说明在初始阶段的参数值分布情况。

表 4.1　原始系统方程

原始变量	虚拟变量	目标函数变量	常数
$x_1\quad x_2\quad\cdots\quad x_j\quad\cdots\quad x_N$ $\left.\begin{matrix}a_{11}\\a_{21}\\\vdots\\a_{M1}\end{matrix}\right\}\mathbf{A}_1\quad\left.\begin{matrix}a_{12}\\a_{22}\\\vdots\\a_{M2}\end{matrix}\right\}\mathbf{A}_2\quad\cdots\quad\left.\begin{matrix}a_{1j}\\a_{2j}\\\vdots\\a_{Mj}\end{matrix}\right\}\mathbf{A}_j\quad\cdots\quad\left.\begin{matrix}a_{1N}\\a_{2N}\\\vdots\\a_{MN}\end{matrix}\right\}\mathbf{A}_N$	$x_{N+1}\quad x_{N+2}\quad\cdots\quad x_{N+M}$ 基本量 $\begin{matrix}1&&&\\&1&&\\&&\ddots&\\&&&1\end{matrix}$	$-f\quad -w$	b_1 b_2 $\vdots$ b_M
$c_1\quad c_2\quad\cdots\quad c_j\quad c_N$	$0\quad 0\quad\cdots\quad 0$	$1\quad 0$	0
$d_1\quad d_2\quad\cdots\quad d_j\quad d_N$	$0\quad 0\quad\cdots\quad 0$	$0\quad 1$	$-w$

表 4.2　第一个循环

基础变量	标准形式	基础变量的值	x_s^*
x_{N+1} x_{N+2} $\vdots$ x_{N+r} $\vdots$ x_{N+M}	$x_{N+1}\quad x_{N+2}\quad\cdots\quad x_{N+r}\quad\cdots\quad x_{N+M}\quad -f\quad -w$ 基本量的逆 $\begin{matrix}1&&&\\&1&&\\&&\ddots&\\&&&1\end{matrix}$	b_1 b_2 $\vdots$ b_r $\vdots$ b_M	
$-f$ $-w$	$0\quad 0\quad\cdots\quad 0\quad\cdots\quad 0\qquad 1$ $0\quad 0\quad\cdots\quad 0\quad\cdots\quad 0\qquad\quad 1$	0 $-w_0=-\sum_{i=1}^{M}b_i$	

* 在循环开始时，x_s 的值为零

$\boldsymbol{B}=\boldsymbol{I}$，这样 $\boldsymbol{B}^{-1}=[B_{ij}]=\boldsymbol{I}$，$\boldsymbol{C}_B=\boldsymbol{d}_B=\boldsymbol{0}$，$\boldsymbol{\psi}^{\mathrm{T}}=\boldsymbol{0}$，$\boldsymbol{\sigma}^{\mathrm{T}}=\boldsymbol{0}$。假定在第 k 个循环，$d_j''=d_j-\boldsymbol{\sigma}^{\mathrm{T}}\boldsymbol{A}_j$，$C_j''=C_j-\boldsymbol{\psi}^{\mathrm{T}}\boldsymbol{A}_j$。首先确认是否所有的 $d_j''\geqslant 0$，$w_0''>0$。如果是，那么该问题没有容许解，停止寻优过程。如果 $d_j\geqslant 0$，$w_0''=0$，此时解为基本解，可以进入单纯形法的第二步（阶段）重新开始。如果某些 $d_j<0$，那么找出 $d_s''=\min\,(d_j''<0)$；如果此时所有的 $c_j''\geqslant 0$，则此时为最优解，停止循环；如果不是，那么可以确定 c_s''，$c_s''=\min(c_j''<0)$。

第三步，计算 x_s 对应的列 $\boldsymbol{A}_s''=\boldsymbol{B}^{-1}\boldsymbol{A}_s=[\boldsymbol{B}_{ij}]\boldsymbol{A}_s$。

$$
\begin{cases}
a''_{1s}=\beta_{11}a_{1s}+\beta_{12}a_{2s}+\cdots+\beta_{1M}a_{Ms} \\
a''_{2s}=\beta_{21}a_{1s}+\beta_{22}a_{2s}+\cdots+\beta_{2M}a_{Ms} \\
\cdots\cdots \\
a''_{Ms}=\beta_{M1}a_{1s}+\beta_{M2}a_{2s}+\cdots+\beta_{MM}a_{Ms}
\end{cases}
$$

第四步，检查所有的 a''_{is}，$i=1,2,\cdots,M$，如果 $a''_{is}\leqslant 0$，那么 x_s 取任意值，f 有无界解，循环结束。如果某些 $a''_{is}>0$，那么计算下式，找出 x_r。

$$
\frac{b''_r}{a''_{rs}}=\min_{a''_{is}>0}\left(\frac{b''_i}{a''_{is}}\right) \tag{4.28}
$$

该式有多个相同值时，可任意选其中一个。

第五步，用 x_s 取代 x_r 作为基础变量，以 a''_{rs} 对中心进行变换，得到新的方程式和相应的参数值。

第六步，返回到第二步进行下一个 $k+1$ 循环，直到获得最佳解。

修正的单纯形方法以表格形式表示其循环过程见表 4.3 至表 4.5。

表 4.3　目标代价因子 d''_j 和 c''_j 的计算

循环次数	变量 x_j
0	x_1　x_2　$\cdots$　x_N　x_{N+1}　x_{N+2}　$\cdots$　x_{N+M} d_1　d_2　$\cdots$　d_N　0　0　$\cdots$　0 $\begin{cases} d''_i=d_j-(\sigma_1 a_{1j}+\sigma_2 a_{2j}+\cdots+\sigma_M a_{Mj}) \\ c''_j=c_j-(\psi_1 a_{1j}+\psi_2 a_{2j}+\cdots+\psi_M a_{Mj}) \end{cases}$
	挑选 $d''_s=\min d''_j$，$c''_s=\min c''_j$ 代入方程式作相应的标准转换

表 4.4　第 k 个循环

基础变量	$x_{N+1}\cdots x_{N+M}$	$-f$	$-w$	基础变量值	x_s^+
x_{j1}	β_{11}　$\cdots$　β_{1M}			b''_1	$a''_{1s}=\sum_{i=1}^{M}\beta_{1i}a_{is}$
$\vdots$	$\vdots$　　$\vdots$			$\vdots$	
x_{jr}	β_{r1}　$\cdots$　β_{rM}			b''_r	$a''_{rs}=\sum_{i=1}^{M}\beta_{ri}a_{is}$
$\vdots$	$\vdots$　　$\vdots$			$\vdots$	
x_{jM}	β_{M1}　$\cdots$　β_{MM}	1		b''_M	$a''_{Ms}=\sum_{i=1}^{M}\beta_{Mi}a_{is}$
$-f$	$-\psi_1$　$\cdots$　$-\psi_M$				
$-w$	$(-\psi_j=c''_{N+j})$		1	$-f_0$	$c''_s=c_s-\sum_{i=1}^{M}\pi_i a_{is}$
	$-\sigma_1$　$\cdots$　$-\sigma_M$				
	$(-\sigma_j=d''_{N+j})$			$-w''_0$	$d''_s=d_s-\sum_{i=1}^{M}\sigma_i a_{is}$
x_s^+ 在 k 循环的最后获得以上数值					

表 4.5　第 $k+1$ 个循环

基础变量	$x_{N+1} \cdots x_{N+M}$	$-f$	$-w$	基础变量值	x_s^{++}
x_{j1}	$\beta_{11}-a''_{1s}\beta^*_{r1}$ $\cdots$ $\beta_{1M}-a''_{1s}\beta^*_{rM}$			$b''_1-a''_{1s}b''_r$	
$\vdots$	$\vdots$ $\vdots$			$\vdots$	
x_{jr}	β_{r1} $\cdots$ β^*_{rm}			b''_r	
$\vdots$	$\vdots$ $\vdots$			$\vdots$	
x_{jM}	$\beta_{M1}-a''_{Ms}\beta^*_{r1}$ $\cdots$ $\beta_{MM}-a''_{Ms}\beta^*_{rM}$			$b''_M-a''_{Ms}b''_r$	
$-f$	$-\pi_1-c''_s\beta^*_{r1}$ $\cdots$ $-\psi_M-c''_s\beta^*_{rM}$	1		$-f''_0-c''_s b''_r$	
$-w$	$-\sigma_1-d''_s\beta^*_{r1}$ $\cdots$ $-\sigma_M-d''_s\beta^*_{rM}$		1	$-w''_0-d''_s b''_r$	

x_s^{++} 的值在 k 循环结束获得下一循环值，计算方法和 k 时相同。

$$\beta_{ri}=\frac{\beta_{ri}}{a''_{rs}} \quad i=1,2,\cdots,M, \quad b''_r=\frac{b''_r}{a''_{rs}}$$

4.4　线性编程问题对偶性解法

从线性编程问题的讨论可以看出，尽管找出了一种解决办法，但实际的算法是相当复杂的，对偶性关系的引入就是试图通过对偶性关系，找到一种更为简单的解决方法或者说简化线性编程问题。

假定一个线性编程(LP)问题如下所示：

$$\left.\begin{array}{l} a_{11}x_1+a_{12}x_2+\cdots a_{1N}x_N \geqslant b_1 \\ a_{21}x_1+a_{22}x_2+\cdots a_{2N}x_N \geqslant b_2 \\ \cdots\cdots \\ a_{M1}x_1+a_{M2}x_2+\cdots a_{MN}x_N \geqslant b_M \\ c_1x_1+c_2x_2+\cdots+c_Nx_N=f \end{array}\right\} \tag{4.29}$$

$x_i \geqslant 0, i=1,2,\cdots,N$。$f$ 是目标函数，那么其对偶式定义为

$$\left.\begin{array}{l} a_{11}y_1+a_{21}y_2+\cdots+a_{M1}y_M \leqslant c_1 \\ a_{12}y_1+a_{22}y_2+\cdots+a_{M1}y_M \leqslant c_2 \\ \cdots\cdots \\ a_{1N}y_1+a_{2n}y_2+\cdots+a_{MN}y_N \leqslant c_N \end{array}\right\} \tag{4.30}$$

即通过行、列转换，大于、小于转换和最小化、最大化转换，以偶合变量 $\boldsymbol{y}=[y_1,\cdots,y_M]^{\mathrm{T}}$ 和目标函数 υ 取代 $\boldsymbol{x}$ 和 f。$y_i \geqslant 0, i=1,2,\cdots,M$，$\upsilon$ 是要被最大化的目标函数。我们称以 $\boldsymbol{x}$ 为变量的优化问题和以 $\boldsymbol{y}$ 为变量的优化问题是对偶关系。主要对偶关系如下：

$$\min f=\sum_{i=1}^{N} e_i x_i$$

约束条件：

$$\begin{cases}\sum_{j=1}^{M} a_{ij}x_j = b_i, i=1,2,\cdots,M^* \\ \sum_{j=1}^{N} a_{ij}x_j \geqslant b_i, i=M^*+1,M^*+2,\cdots,M \\ x_i \geqslant 0, i=1,2,\cdots,N^*, \text{当 } i=N^*+1,N^*+2,\cdots,N \text{ 时}, x_i \text{ 无符号约束}\end{cases}$$

$$\max \upsilon = \sum_{i=1}^{M} b_i y_i$$

约束条件：

$$\begin{cases}\sum_{i=1}^{M} y_i a_{ij} = c_j, j=N^*+1,N^*+2,\cdots,N \\ \sum_{i=1}^{M} y_i a_{ij} \leqslant c_j, j=1,2,\cdots,N^* \\ y_i \geqslant 0, i=M^*+1,M^*+2,\cdots,M, \text{当 } i=1,2,\cdots,M^* \text{ 时}, y_i \text{ 无符号约束}\end{cases}$$

如果$M^*=M$，$N^*=N$，那么以上所列的一般对偶关系即成为标准对偶关系，以矩阵形式表示如下：

$$\begin{cases}\min f = \boldsymbol{C}^{\mathrm{T}}\boldsymbol{x} \\ \boldsymbol{A}\boldsymbol{x} = \boldsymbol{B} \\ \boldsymbol{x} \geqslant \boldsymbol{0}\end{cases} \qquad \begin{cases}\max \upsilon = \boldsymbol{y}^{\mathrm{T}}\boldsymbol{B} \\ \boldsymbol{A}^{\mathrm{T}}\boldsymbol{y} \leqslant \boldsymbol{C}\end{cases}$$

几个重要关系归纳如下：

(1)$\boldsymbol{x}$，$\boldsymbol{y}$ 互为对偶关系(或称为主LP和对偶LP)；

(2) 任何主LP问题给出的容许解均大于或等于其对偶LP问题给出的容许解；

(3) 如果主LP和对偶LP都有容许解，那么它们均有最佳解，并且$f_{\min}=\upsilon_{\max}$；

(4) 如果LP问题是无界的，那么其对偶LP无容许解。

以上4个关系是对偶单纯形算法的关键。依靠这些关系，我们可以将比较难解决的线性规划问题转化为解它的对偶线性规划问题。

不难发现，单纯形方法并不是一个计算有效的求最优解的方法，改进的单纯形方法，对偶性关系法等修正方法在实际中显得更为有用。

参考文献

[1] SINGIRESU S R. Optimization: theory and applications[M]. 2nd ed. New York: Halsted Press, 1984.

[2] LEON C. Introduction to methods of optimization [M]. Philadelphia: W B Saunders Co, 1970.

第 5 章　非线性编程问题

前面我们介绍分析了基于微积分和矩阵变换的优化求解方法和线性规化问题，这些方法从数学意义上更容易理解，但并不实用，只能作为优化问题的入门训练。因为实际工程中遇到的问题不可能有那么清晰的数学表示，比如可微分性、线性等。因此这一章我们介绍、分析更为实用的非线性编程问题。

5.1　数值方法

在许多工程设计问题中，目标函数、约束条件和变量之间没有明确的函数表示，但对于每一个特定的变量值，可以估计出相应的约束条件和目标函数，此时必须采用数值方法，即用数值表形式取代数学表达式。大部分的数值方法采用以下步骤(以单变量为例)：

(1) 从任意一个数值变量取值 x_0 开始；

(2) 寻找一个合适的变化方向，s_i 可以使目标代价趋于最小；

(3) 设定一个合适步长 λ_i，控制每次 x_i 的变化量；

(4) 得到新的变量值 $x_{i+1}=x_i+\lambda_i s_i$；

(5) 测试 x_{i+1} 是否最佳，如果是就停止寻找，如果不是，则从步骤(2) 开始继续寻找。

以上所列的 5 个步骤构成了典型的数值方法，后边介绍很多的优化方法大部分采用这种形式。可以看出，数值方法的有效性取决于量 λ_i 和 s_i，如何找到 λ_i 和 s_i 成为许多方法的关键。

如果 $f(x)$ 是目标函数，当 x_i，s_i 取固定值时，寻找最佳 x^* 就成为寻找 λ^*，目标函数为

$$f(x_{i+1})=f(x_i+\lambda_i s_i) \tag{5.1}$$

目标函数成为 λ_i 的单变量函数，也就是在这种意义上，这些优化方法称为一维最优化问题。

定义 5.1　如果 x^* 是 f 的最小值点，当 $x_1<x_2$ 时下式成立：

$$\left.\begin{aligned} f(x_2)<f(x_1), \quad x_2<x^* \\ f(x_1)<f(x_2), \quad x_1>x^* \end{aligned}\right\} \tag{5.2}$$

则 $f(x)$ 被称为 x 的单峰值函数。单峰值函数的意义在于如果给定两个点，当它们处于最优点的同一侧时，靠近最优点的函数值总是小于远离最优点的函数值。

下面介绍一维最优化问题的几个典型解法。

5.1.1　排除法(Elimination Method)

在排除法中，最常用的是固定步长法和加速步长法。

1. 固定步长法

其算法流程如下：

(1) 算法从一个猜测点 x_1 开始；

(2) 计算 $f_1(x_1)$；

(3) 假定一个固定步长 s，找到 $x_2=x_1+s$；

(4) 计算：$f_2=f(x_2)$；

(5) 如果 $f_2<f_1$，那么最优点处于 $x>x_2$ 区域，继续测试 $x_3,x_4,\cdots$，直到某一点 $x_i=x_1+(i-1)s$，$f(x_i)>f(x_{i-1})$；此时，算法停止，取 x_i 或者 x_{i-1} 为其最小值点；

(6) 如果 $f_2>f_1$，那么寻优过程应该在相反一侧进行，即 $x_{-2},x_{-3},\cdots$ 直到 $x_{-j}=x_1-(j-1)s$；

(7) 如果 $f_2=f_1$，那么最优值点处于 x_1,x_2 之间，最优值点取 x_1 或者 x_2；

(8) 如果 f_2,f_{-2} 都大于 f_1，说明最优值点处于 $x_{-2}<x<x_2$ 之间。

值得指出的是，s 为固定值，限制了准确最优值的寻找，取得太大找不到准确解，取得太小会使计算量增大。其次，函数 f 必须是单峰值函数。

2. 加速步长法

对固定步长的明显改进就是采用变步长法，就是逐渐增加步长，直到最佳值被圈定，此时可以采用减小步长的办法，最终找到最优值。流程图如图 5.1 所示。

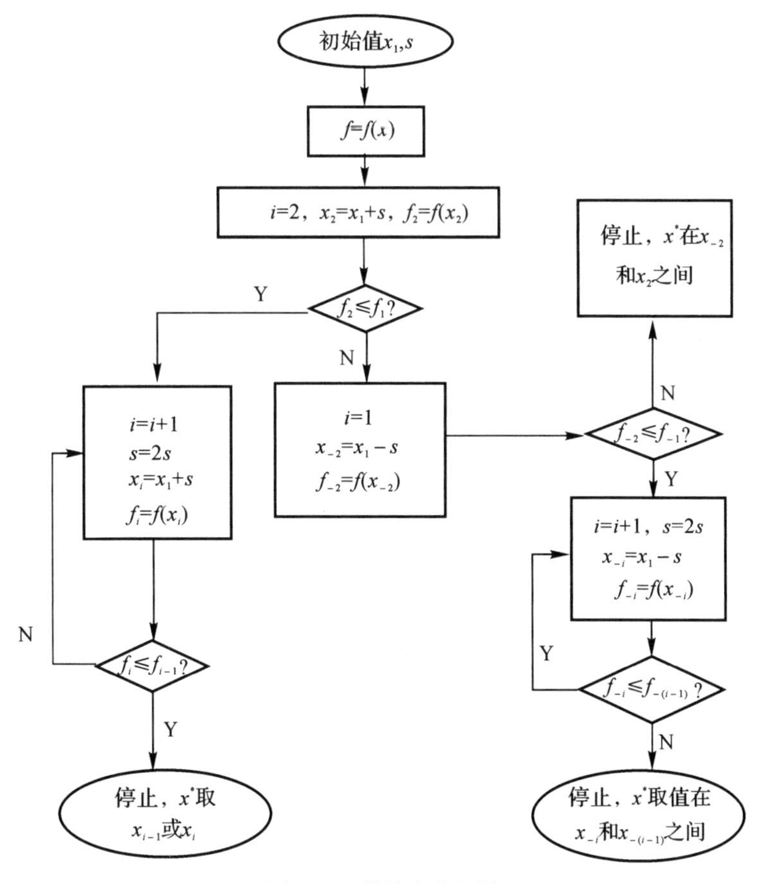

图 5.1　排除法流程图

5.1.2　穷举法(Exhaustive Search)

穷举法是一种非常直观的方法。假定知道函数 $f(x)$ 的最优值点处于$[x_s, x_f]$之间。那么首先把 x_s, x_f 分为N 份，比较每一点的 f，即 $f_i, i=0,1,\cdots,N$，那么最优值点必定处于两个较小 f 值的点之间，比如 x_i, x_{i+1}，那么接下来以 $x_s = x_i, x_f = x_{i+1}$ 重复以上的过程最终找 $f_i \approx f_{i+1}$ 的点即为最优值点。

假定 $L_0 = x_j - x_s$，假定 j 点为下一分区点，那么最优值点的模糊区

$$L_i = x_{j+1} - x_j = \frac{2}{N+1} L_0 \tag{5.3}$$

最终 x^* 点的选定，取决于特定问题所需要的模糊度 L_f。

5.1.3　二分法(Dichotomous Search)

穷举法在每一阶段，均检测全部数值点 $f_0, f_1, \cdots, f_N$，而二分法不需要计算每一个数值点。在每一步寻优中，二分法只检测两点，每一步均可有效地删除一半的非最优值点区域。具体算法如下：

$$L_0 = x_j - x_s$$

令 $x_1 = \frac{L_0}{2} - \frac{\delta}{2}, x_2 = \frac{L_0}{2} + \frac{\delta}{2}$，$\delta$ 是很小的一个正数。比较 f_1, f_2，缩小区域长度到$\frac{L_0}{2} \pm \frac{\delta}{2}$。下一步寻优将基于$\frac{L_0}{2} \pm \frac{\delta}{2}$ 区域。经过 N 步之后，最优区域长度减少到：

$$L_N = \frac{L_0}{2^{\frac{N}{2}}} + \delta\left(1 - \frac{1}{2^{\frac{N}{2}}}\right) \approx L_0 2^{-\frac{N}{2}}$$

5.1.4　Fibonacci 方法

Fibonacci 方法是排除法的一种，它采用了 Fibonacci 系数作为每一步的控制量。Fibonacci 系数

$$\left.\begin{aligned} &F_0 = F_1 = 1 \\ &F_n = F_{n-1} + F_{n-2}, \quad n = 2,3,4,\cdots \end{aligned}\right\} \tag{5.4}$$

产生 Fibonacci序列 1,1,2,3,5,8,13,21,34,55,… 假定最优点区域原始长度为 L_0，$a \leqslant x \leqslant b$，$L_0 = b - a$，$N$ 是要求的试验次数(需事先给定)。这样就确定了对应的 F_N序列。

定义

$$L_2^* = \frac{F_{N-2}}{F_N} L_0 \tag{5.5}$$

假定测试点 x_1, x_2 如下：

$$\left.\begin{aligned} &x_1 = a + L_2^* \\ &x_2 = b - L_2^* = a + \frac{F_{N-1}}{F_N} L_0 \end{aligned}\right\} \tag{5.6}$$

利用单峰值特性，排除非最优值区，得到新的最优值区

$$L_2 = L_0 - L_2^* = L_0\left(1 - \frac{F_{N-2}}{F_N}\right) = \frac{F_{N-1}}{F_N}L_0 \tag{5.7}$$

那么此时测试两点即一端长度为

$$L_2^* = \frac{F_{N-2}}{F_N}L_0 = \frac{F_{N-2}}{F_{N-1}}L_2 \tag{5.8}$$

另一端长度为

$$L_2 - L_2^* = \frac{F_{N-3}}{F_{N-1}}L_2 \tag{5.9}$$

以新的区间 L_2 确定第 3 点

$$L_3^* = \frac{F_{N-3}}{F_{N-1}}L_2 \tag{5.10}$$

同样,利用单峰值特性,删除不含最优化值的区间。这个过程重复到设定值为止。在第 j 个阶段,区域长度将是

$$L_j = \frac{F_{N-(j-1)}}{F_N}L_0 \tag{5.11}$$

最终区域为

$$j = N,\quad L_N = \frac{L_0}{F_N} \tag{5.12}$$

Fibonacci 方法不能给出最优值点,但可以把其缩小到一个非常窄的领域(模糊区)。需要注意的是,在 Fibonacci 方法开始前,必须首先定义模糊区,即 N 值。

5.1.5　黄金分割(Golden Section)方法

黄金分割方法本质上是 Fibonacci 方法。Fibonacci 方法需事先确定 N 值,而黄金分割方法在寻优过程中选择 N 值,在最初设定 N 为无穷大。各阶段的模糊长度(区间)为

$$L_2 = \lim_{N\to\infty}\left(\frac{F_{N-1}}{F_N}\right)L_0 \tag{5.13}$$

$$\lim_{N\to\infty}\left(\frac{F_{N-1}}{F_N}\right)' L_0 \tag{5.14}$$

$$L_3 = \lim_{N\to\infty}\left(\frac{F_{N-2}}{F_N}\right)L_0 = \lim_{N\to\infty}\frac{F_{N-2}}{F_{N-1}}\frac{F_{N-1}}{F_N}L_0 \approx \lim_{N\to\infty}\left(\frac{F_{N-1}}{F_N}\right)^2 L_0 \tag{5.15}$$

即

$$L_k = \lim_{N\to\infty}\left(\frac{F_{N-1}}{F_N}\right)^{k-1} L_0 \tag{5.16}$$

定义 Golden 系数为

$$\gamma = \lim_{N\to\infty}\left(\frac{F_N}{F_{N-1}}\right) \tag{5.17}$$

因此,有

$$L_k = \left(\frac{1}{\gamma}\right)^{k-1} L_0 \tag{5.18}$$

之所以称之为黄金分割方法就是因为参数 γ。γ 在几何学中表示将一个线段分成不均匀

两段时，如果总长与较长段之比等于较长段和较短段之比时，称为黄金分割，γ 由此得名。

5.1.6　内插方法

从前面介绍我们知道，一维最佳化的问题，就是试图找到一个最小 λ^*（一个非常小的正数）满足

$$f(\lambda^*)=f(x+\lambda^* s) \tag{5.19}$$

式中，s 为步长区间。这里介绍三种内插法。

1. 二次内插法

二次内插法分为两个步骤。第一步首先对 s 标准化，即找出最大值，然后其他值均除以最大值。

$$\Delta=\max\{s_i\},\quad s_{\text{nom}}=\frac{s}{\Delta} \tag{5.20}$$

第二步将 $f(\lambda)$ 用一个二次函数 $h(\lambda)$ 进行逼近。然后求出二次函数的最小值 λ^*。如果 λ^* 满足充分小条件式(5.20)，则接受 λ^*，否则，进行第二次函数 $h(\lambda)$ 拟合，直到发现满意的 λ^* 为止。二次函数 $h(\lambda)=a+b\lambda+c\lambda^2$ 取得极小值点的必要条件是

$$\frac{\mathrm{d}h}{\mathrm{d}\lambda}=b+2c\lambda=0,\quad \lambda^*=-\frac{b}{2c} \tag{5.21}$$

充分条件是

$$\left.\frac{\mathrm{d}^2h}{\mathrm{d}\lambda^2}\right|_{\lambda^*}>0,\text{即 } c>0 \tag{5.22}$$

为了找到 a,b,c 必须对 $f(\lambda)$ 进行拟合操作。假如在 $\lambda=A,B,C$ 三点，有

$$\left.\begin{aligned} f_A&=a+bA+cA^2\\ f_B&=a+bB+cB^2\\ f_C&=a+bC+cC^2\end{aligned}\right\} \tag{5.23}$$

从而解出 a,b,c，以及 λ^*。

$$\lambda^*=\frac{-b}{2c}=\frac{f_A(B^2-C^2)+f_B(C^2-A^2)+f_C(A^2-B^2)}{2[f_A(B-C)+f_B(C-A)+f_C(A-B)]} \tag{5.24}$$

对于 A,B,C 的选取，实际操作中需要相当多的技巧，这里不再赘述。

2. 三次内插法

三次内插法有三个步骤，与二次内插法相同，首先对 s 进行标准化，然后找出 λ^* 的基本范围，最后用一个三次函数拟合 $f(\lambda)$ 找出 λ^*，如果对 λ^* 不满意，则进行下一个拟合。

第一步：对 s 标准化。$\Delta=\max\{s_i\}$，$s_{\text{nom}}=\dfrac{s}{\Delta}$。

第二步：找出 λ^* 的上、下限。采用微分 $f'(\lambda)=\dfrac{\mathrm{d}f}{\mathrm{d}\lambda}=\dfrac{\mathrm{d}}{\mathrm{d}\lambda}f(x-\lambda s)$。也就是找出两点，在这两点 $\dfrac{\mathrm{d}f}{\mathrm{d}\lambda}$ 符号相反。如果找到 A 点满足 $\left.\dfrac{\mathrm{d}f}{\mathrm{d}\lambda}\right|_{\lambda=A}<0$，然后再找出 B 点满足 $\left.\dfrac{\mathrm{d}f}{\mathrm{d}\lambda}\right|_{\lambda=B}>0$，最终确定 λ 的范围 $A\leqslant\lambda\leqslant B$。

第三步：利用函数

$$h(\lambda)=a+b\lambda+c\lambda^2+\mathrm{d}\lambda^3 \tag{5.25}$$

来拟合 $f(\lambda)$。

$$f_A = f(\lambda = A),\quad f_B = f(\lambda = B) \tag{5.26}$$

$$f'_A = \frac{\mathrm{d}f}{\mathrm{d}\lambda}(\lambda = A),\quad f'_B = \frac{\mathrm{d}f}{\mathrm{d}\lambda}(\lambda = B) \tag{5.27}$$

利用式(5.25)的必要条件是

$$\frac{\mathrm{d}h}{\mathrm{d}\lambda} = 0 \tag{5.28}$$

充分条件是

$$\left.\frac{\mathrm{d}^2 h}{\mathrm{d}\lambda^2}\right|_{\lambda^*} = 2c + 6\mathrm{d}\lambda^* > 0 \tag{5.29}$$

进而解得 λ^*。

第四步：利用下式判断 λ^* 是否满足要求。

$$\left.\begin{aligned} \left|\frac{h(\lambda^*) - f(\lambda^*)}{f(\lambda^*)}\right| \leqslant \varepsilon_1 \\ \left|\left.\frac{\mathrm{d}f}{\mathrm{d}\lambda}\right|_{\lambda=\lambda^*}\right| = \left|S^{\tau}\Delta f\,|_{\lambda=\lambda^*}\right| \leqslant \varepsilon_2 \end{aligned}\right\} \tag{5.30}$$

式中，ε_1，ε_2 为很小的正数，其值由所要求的精度确定。

3. 直接内插法

为了克服三次内插法的大计算量问题，我们可以用线性函数来拟合 $f(\lambda)$，算法过程与三次内插法的 4 个步骤相同，这种方法称为直接内插法。直接内插法的优点是收敛快，但精度不易控制得很精细。

本节介绍的单变量优化问题均为数值方法，可看作数值优化方法的基础。

5.2　无约束最优化方法

本节介绍、分析非线性编程技术及相应的优化技术。所谓非线性编程，是指目标函数和约束条件是非线性的或无法由线性关系表示，这更符合实际应用情况。无约束问题是指针对目标函数 $f(x)$ 的最小化，所要寻求的 $\boldsymbol{x}^*$ 可以不受任何约束，即可以任意取值。这在实际应用中是不可能的，但分析、介绍这种无约束的各种方法的意义在于：首先，某些设计问题可以由无约束优化来近似；其次，约束最优化问题均涉及无约束最优化，无约束最优化方法是约束优化方法的基础，通过对无约束问题的分析，可以更好地理解、掌握更为复杂的约束最优化方法。

无约束优化方法可以广义地分为直接优化法和间接优化法(梯度方法)。前者不需要知道目标函数的多阶微分，仅仅需要对目标函数评估，比较适合相对简单、没有许多变量的情况；而梯度法则相反，梯度法需要用到目标函数的微分，甚至多阶微分，由于需要这些先验知识当然效率高，但在某些微分不存在的情况下就无法使用了。另外需要指出的是，无论是直接法还是梯度法，它们均为递推形式(见图 5.2)。它们大体上都涉及初始值选取、产生新的递推变量、评估目标函数和判断是否互为最佳值点等多个步骤。这里主要介绍最常使用的直接法和梯度法，包括随机搜寻法、定向模态均匀变化法、Powell 方法和共轭梯度法等。

5.2.1 随机搜寻法

1. 随机跳变法

假定寻找 $f(\boldsymbol{x})$ 的最小值，在 N 维向量空间内，有 $l_i \leqslant x_i \leqslant u_i, i=1,2,\cdots,N,(l_i,u_i)$ 是 x_i 的变化区间。随机跳变法首先产生一组随机数 $(r_1,r_2,\cdots,r_N)$，r_i 均匀分布在 $(0,1)$ 区间内。那么 $\boldsymbol{x}$ 以以下方式取值：

$$\boldsymbol{x}=\begin{bmatrix} x_1 \\ x_2 \\ \vdots \\ x_N \end{bmatrix}=\begin{bmatrix} l_1+r_1(u_1-l_1) \\ l_2+r_2(u_2-l_2) \\ \vdots \\ l_N+r_N(u_N-l_N) \end{bmatrix} \tag{5.31}$$

通过产生大量的随机数，评估每一个 $f(x_i)$，直到找到最小值点。虽然这种方法简单易行，但效率很低，在实践中可能要试大量的数据才能找到满意的结果。较为有效的方法是利用上一次的 $\boldsymbol{x}_i$，确定下一个 $\boldsymbol{x}_{i+1}$ 可以明显地提高效率，这就是随机交叉方法(Random Walk)。

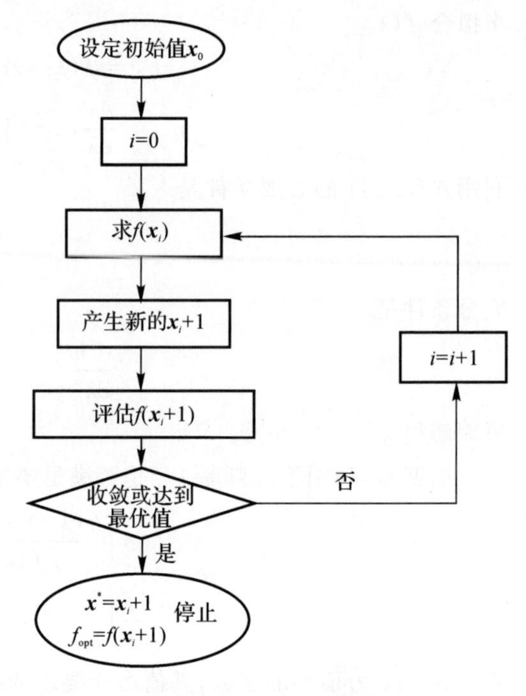

图 5.2　无约束优化方法的递推过程

2. 随机交叉法

随机交叉法除了和跳变法一样用到大量随机数之外，每一步的 x_{i+1} 取值，均和上一步的变量值 x_i 有关，以单变量为例，即

$$x_{i+1}=x_i+\lambda u_i \tag{5.32}$$

式中，λ 是步长；u 是(0,1)之间的随机数。迭代过程如下：

(1) 以一个原始值，x_0 开始，取较大的步长 λ。

(2) 设定 $i=1$。

(3) 产生 N 个随机数，计算 $f(x_i)$。

(4) 产生新的变量值 x_{i+1}。

(5) 计算 $f(x_{i+1})$，比较 $f(x_{i+1})$ 和 $f(x_i)$，如果 $f(x_{i+1})<f(x_i)$，取 $x_{i+1}=x_i+\lambda u_i, i=1,2,\cdots,N$；如果 $f(x_{i+1})<f(x_i)$，则回到(3)，重复(3)～(5)，直到得到满意的 x_{i+1}。

(6)$i=i+1$。

(7) 如果 i 足够大之后，仍不能得到满意的 $f(x_{i+1})$，则减小 λ，重复以上过程。直到得到满意的 $f(x_{i+1})$，或者 $f(x_{i+1})$ 趋于不变时，算法停止。

随机交叉法虽然效率提高了一些，但仍不能满足要求，更为有效的方法是在每次修正 x_{i+1} 时，按照某种变化方式来修改，这就是所谓的具有指向性的随机交叉法。

3. 定向随机交叉法

定向随机交叉法是让每一步的变量变化按特定的方向取值，这样做的目标是使随机方法更为有效，使 x 向着 $f(x)$ 减少最快的方向前进。因此，前面讲到的各种一维变量搜寻法，均可以应用到 x_{i+1} 的取值中，以单变量为例，即

$$x_{i+1} = x_i + \lambda_i u_i, \quad i = 1, 2, \cdots, N \tag{5.33}$$

式中，u_i 是变化方向；λ_i 是沿该方向的最优步长。在随机交叉法中，λ_i 的取值根据 $f(x_{i+1})$ 值逐渐减小，而定向随机法以某方向的最佳步长，作为下一取值的步长。其基本过程如图 5.3 所示。

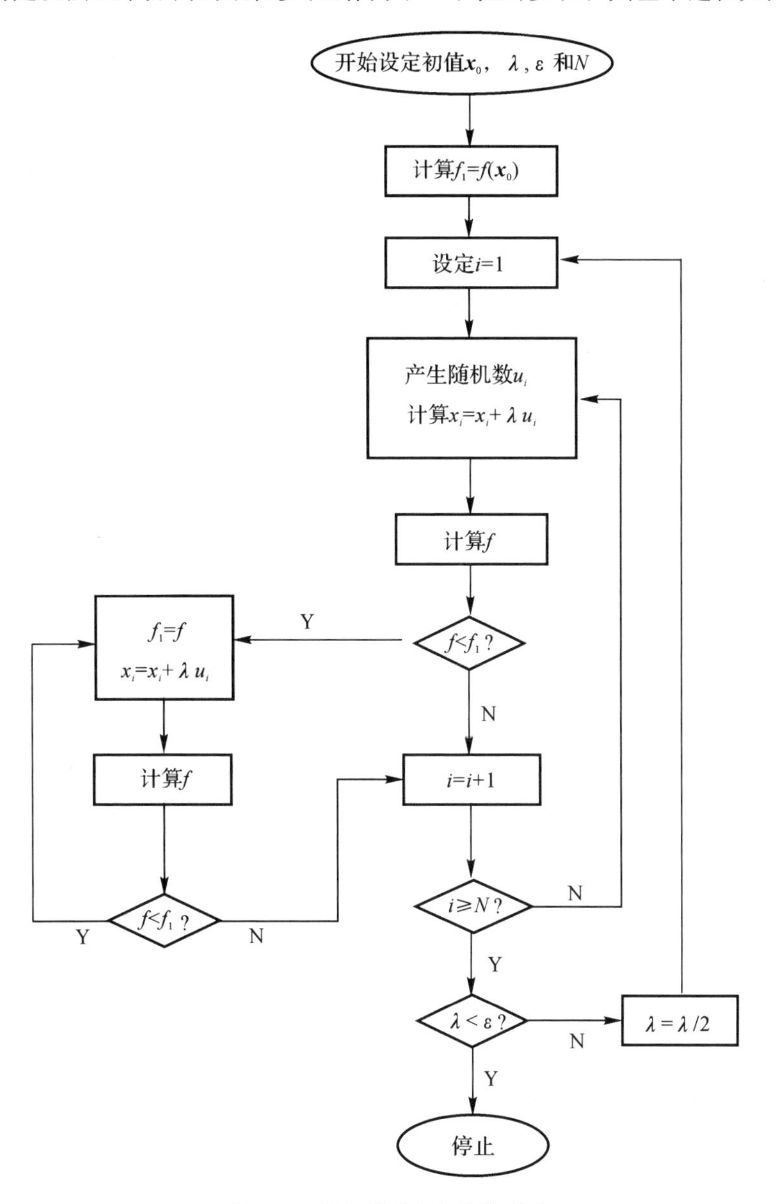

图 5.3　定向随机交叉法流程图

不难发现，定向随机交叉法将步长的选取和 $f(x)$ 的变化相联系，如果某一个步长使 f 减小，则计算以此步长搜寻，直至 f 不再减小，再选用下一个 1/2 步长。当然，如果微分存在的话，我们也可以选择一维寻优方法中的微分方向。

总的来讲，随机法的优点在于简单、易实现，对目标函本身无要求，可以在某种程度上克服局部极小值问题。其缺点是效率相对较低，可以和其他优化方法配合使用，如之后要介绍的混合优化算法一样。

5.2.2 单变量循环变化法(Univariate Method)

循环变化法的原理非常简单。假定我们共涉及 N 个变量,那么循环变化法首先从 x_1 开始按一定方式变化,而固定其他 $N-1$ 个变量;x_1 变化完成后,再改变 x_2,此时固定其他 $N-1$ 个变量值。这样直到所有变量均变化完毕,即完成第一循环,如果得到满意结果,则停止循环,如未能得到理想结果,则重复以上过程,直到发现最优点。

单变量循环变化法的最大缺点是可能无法达到最优值,而在最优值附近振荡,它的改进型就是模态搜寻法(Pattern Search)。

1. 模态搜寻法

模态搜寻法在每次完成 N 个循环法变化的中间,加入重要的一步调整,即搜索方向不像在通常的循环变化法中按照特定的方向,而且按照模态方向,即按照 $s_i=x_i-x_{i-m}$ 方向变化。x_i 是在 i 个阶段的 x 值,x_{i-m} 是 i 个阶段中第 m 个变量变化时的值。当 s_i 的方向保持不变时,说明已达到最优点,停止循环。模态搜寻法中最为有名的是 MJ (Mooke & Jeeves)[1] 方法和 Powell 方法[2]。

2. MJ 方法

MJ 方法包含局部调整和模态搜寻两个过程,其工作过程如下:

(1) 以任一初值 $\boldsymbol{x}_0=[x_1,x_2,\cdots,x_N]^{\mathrm{T}}$ 开始,对每一个 x_i,设定步长为 Δx_i,u_i 是 x_i 的轴向方向,$i=1,2,3,\cdots,N$,设定 $k=1$。

(2) 计算 $f_k=f(x_k)$,设定局部调整指针 $i=1$ 和中间参数 $x'_k=x_k$,开始局部调整;

(3) 改变 x_i,产生 x'_{k+1},

$$x'_{k,i}=\begin{cases}x'_{k,i-1}+\Delta x_i\mu_i, & f^+=f(x'_{k,i-1}+\Delta x_i\mu_i)<f=f(x'_{k,i-1})\\ \cdots\cdots & \\ x'_{k,i-1}-\Delta x_i\mu_i, & f^-=f(x'_{k,i-1}-\Delta x_i\mu_i)<f=f(x'_{k,i-1})<f^+(x_{k,i-1})+\Delta x_i\mu_i)\\ \cdots\cdots & \\ x'_{k,i-1}, & f=f(x'_{k,i-1})<\min(f^+,f^-)\end{cases} \tag{5.35}$$

直至所有 x_i 均完成变化,找到 $x'_{k,N}$ 为止(见图 5.3)。

(4) 如果此时 $x'_{k,N}$ 保持和 x_k 一样,则减小 Δx_i,设定 $i=1$,回到(3) 继续。如果 $x'_{k,N}$ 不同于 x_k,则得到新值 $x_{k+1}=x'_{k,N}$。

(5) 进行模态变化 $s=x_{k+1}-x_k$,计算 $x'_{k+1,0}=x_{k+1}+\lambda s$,$\lambda$ 为模态变化步长,此时可以利用一维最小化方法,找出最优 λ^*。

(6) 设定 $k=k+1$,$f_k=f(x_{k,0})$,$i=1$,重复第(3) 步;如果 $f(x'_{k,N})<f(x_k)$,那么令 $x_{k+1}=x'_{k,N}$,回到(5);否则设定 $x_{k+1}=x_k$,减小 Δx_i,$k=k+1$ 回到(2)。

(7) 直到得到满意结果,或者 Δx_i 变得非常小为止。

MJ 方法有许多修正形式,如Rosenbroc 方法等,详细算法可参考文献[2]。

3. Powell 方法

在所有模态搜态寻方法中,Powell 方法是最为有效和最为流行的一种模态搜寻法。Powell 方法的基本思想就是在每一次模态寻找中,抛弃旧的搜索方向,以模态方向和其中一个轴向向量均成新的模态方向，从而增加收敛速度。按照模态搜寻法 MJ 的流程图，参量的轴向 μ_1 和 μ_2 决定了模态方向 s_1，在下一次搜寻中，沿 μ_1 方向，以 s_1 和 μ_2 为模态方向，对函数最小化，得到下一点，新的模态方向就是 s_2。而在下一个循环中，去掉 μ_2，利用 s_1，s_2，可以得到其他中间点。等到去掉了所有的轴向(μ_1，μ_2)后，下一个循环重新开始，沿和轴向平行的新的 μ'_1，μ'_2 开始下一个循环，直到找到最优值点为止。一个简化的 N 变量的 Powell 方法运算流程如图 5.4 所示。搜寻过程将是 s_N；s_1，s_2，s_3，…，s_{N-1}，s_N；$s_p^{(1)}$；s_2，s_3，…，s_{N-1}，s_N；$s_p^{(1)}$；$s_p^{(2)}$；s_3，s_4，…，s_{N-1}，s_N，$s_p^{(2)}$；$s_p^{(3)}$… 直到发现最优值点。在流程图 5.4 中，上一次的基础点存储在 Z 中，模态方向取块 B 中的方向和基础点的差；模态方向作为块 C 和块 D 的最小化方向。在下一个循环中，第一个方向被抛弃，从而不断修正寻优方向。因此，$\boldsymbol{z}$ 和 $\boldsymbol{x}$ 沿各个不同方向指向最优值点，即首先 s_N，然后 $s_p^{(1)}$，$s_p^{(2)}$，…

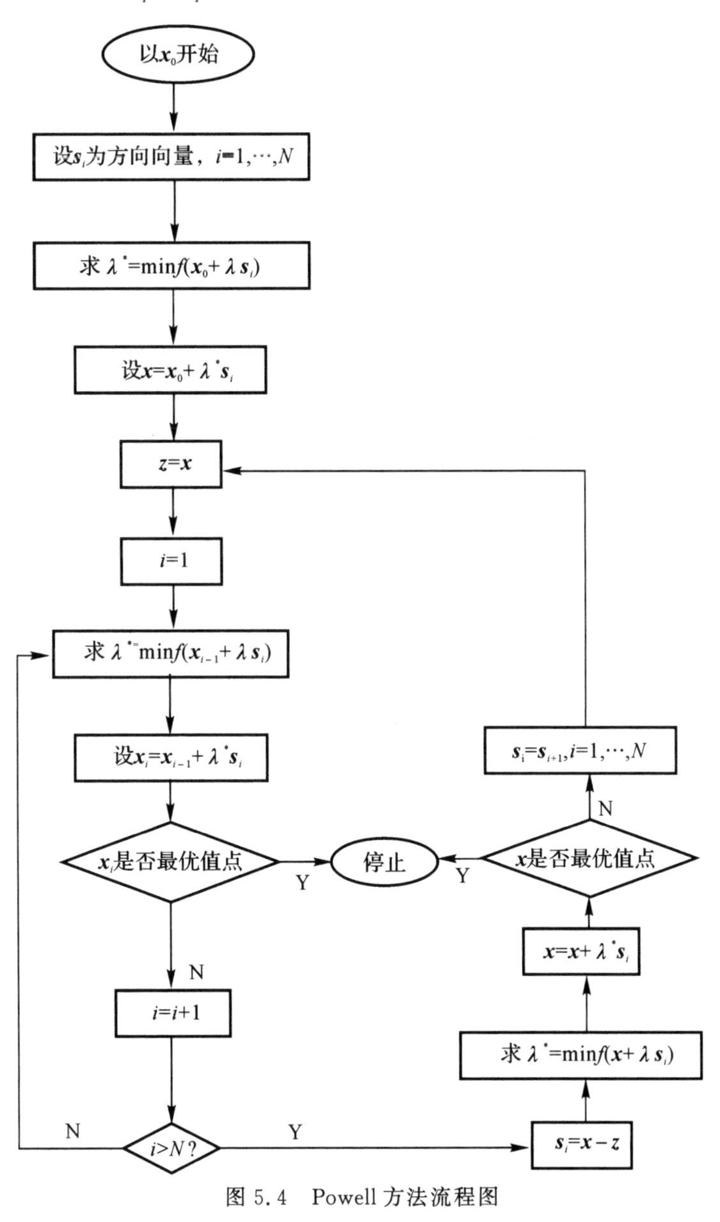

图 5.4　Powell 方法流程图

5.2.3　梯度法

下面介绍、分析非线性编程技术中的另一重要技术——Descent 方法（下降法）或者叫梯度法。一个 N 维变量函数 $f(\boldsymbol{x})$ 的梯度定义为

$$\nabla f=\begin{bmatrix}\partial f/\partial x_1\\ \partial f/\partial x_2\\ \vdots\\ \partial f/\partial x_N\end{bmatrix}\tag{5.35}$$

∇f 是一个 N 维向量。梯度向量的一个重要特性就是，如果变量沿梯度方向变化，函数 $f(\boldsymbol{x})$ 的值增加最快，负梯度方向为最速下降方向。因此，如果利用负梯度方向作为寻优的方向，可以想象能够得到较好的收敛速度和其他收敛特性。这种利用梯度（直接或间接）进行最优值搜寻的方法称为下降法或梯度法。

5.2.4　最速下降法（Steepest Descent Method）

柯西（Cauchy）首先提出了这一方法（1847）。首先以初始值 $\boldsymbol{x}_0$ 开始，利用迭代关系：

$$\boldsymbol{x}_{i+1}=\boldsymbol{x}_i+\lambda_i^*\boldsymbol{s}_i=\boldsymbol{x}_i-\lambda_i^*\nabla f_i\tag{5.36}$$

λ_i^* 是在$s_i=-\nabla f_i$ 方向搜寻时的最佳步长。其流程图如图 5.5 所示。最速下降法利用代价函数下降最激烈的方向完成迭代，应该是最有效的方法。但是由于实际的代价函数变化较多，最速下降法的搜寻轨迹则大部分为锯齿形方式，在某些情况下，会导致极慢的收敛速度。

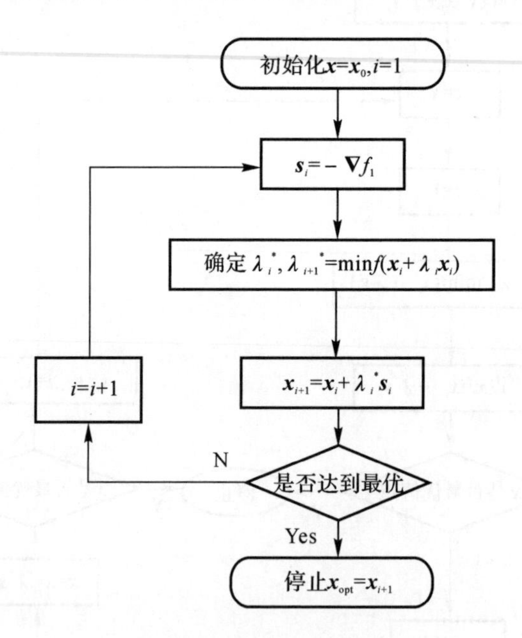

图 5.5　最速下降法流程图

我们可以利用以下 3 个准则来制定最速下降法是否已收敛。

(1) $\left|\dfrac{f(\boldsymbol{x}_{i+1})-f(\boldsymbol{x}_i)}{f(\boldsymbol{x}_i)}\right|\leqslant\varepsilon_1$。

(2) $\left|\frac{\partial f}{\partial x_i}\right| \leqslant \varepsilon_2, i=1,2,\cdots,N$。

(3) $|\boldsymbol{x}_{i+1}-\boldsymbol{x}_i| \leqslant \varepsilon_3$。

式中,$\varepsilon_1,\varepsilon_2,\varepsilon_3$ 是极小的正数。

由于数字计算机技术的飞速发展,为许多优化方法提供了强有力的实现手段,利用数字处理技术对最速下降法进行修正,可以实现更好的收敛性能,并能将其应用到更多的数值计算领域。

一个典型的修正是用数值微分方式取代梯度计算,如用 $\boldsymbol{s}_i=\boldsymbol{x}_i-\boldsymbol{x}_{i-2}, i \geqslant 2$,代替 $-\nabla f(\boldsymbol{x}_i)$。这种方法由 Forsythe 和 Motzkin[3] 提出,相对标准梯度法有更高的收敛速度。

另一种修正方法是 Shah[3] 修正,即交替使用梯度方向和差分方向,即其搜寻方向为

$$\boldsymbol{x}_i=\begin{cases}-\nabla f(\boldsymbol{x}_i), & i=4,6,8,\cdots,2k \\ \boldsymbol{x}_i-\boldsymbol{x}_{i-2}, & i=5,7,9,\cdots,2k-1\end{cases} \tag{5.37}$$

$$\boldsymbol{x}_{i+1}=\boldsymbol{x}_i+\lambda_i^* \boldsymbol{s}_i \tag{5.38}$$

5.2.5　共轭梯度法(Conjugate Gradient Method)

共轭梯度法首先由 Fletcher 和 Reeves[3,4] 提出,所以也称之为 FR 方法。共轭梯度法的基本思想是将梯度下降法的最小化过程转化为沿共轭梯度方向搜寻的二次函数最小化,它可以保证在 N 个步骤内或小于 N 个步骤,达到最优值。它的基本考虑是任何一个最小化问题,在最优值附近都可以近似地用一个二次函数来拟合。然后可以采用二次函数的特性寻求最优点。共轭梯度法用到下面的基本定理[3]:

定理　假定 $\boldsymbol{x}_{i+1}$ 是第 i 步后的变量值,目标函数是

$$f(\boldsymbol{x})=\frac{1}{2}\boldsymbol{x}^{\mathrm{T}}\boldsymbol{A}\boldsymbol{x}+\boldsymbol{B}^{\mathrm{T}}\boldsymbol{x}+C \tag{5.39}$$

如果每一步的搜寻方向是$\boldsymbol{s}_1,\boldsymbol{s}_2,\cdots,\boldsymbol{s}_i$,它们对于 $\boldsymbol{A}$ 相互共轭,那么有

$$\boldsymbol{s}_k^{\mathrm{T}} \nabla f_{i+1}=0, k=1,2,\cdots,i \tag{5.40}$$

利用该定理就可以推导共轭梯度法。目标函数为

$$f(\boldsymbol{x})=\frac{1}{2}\boldsymbol{x}^{\mathrm{T}}\boldsymbol{A}\boldsymbol{x}+\boldsymbol{B}^{\mathrm{T}}\boldsymbol{x}+C \tag{5.41}$$

利用相互共轭的方向来实现对 f 的最小化目的。假定,从 $\boldsymbol{x}_1$ 开始,以最速下降方向为搜寻方向,则有

$$\boldsymbol{s}_1=-\nabla f_1=-\boldsymbol{A}\boldsymbol{x}_1-\boldsymbol{B},\quad \boldsymbol{x}_2=\boldsymbol{x}_1+\lambda_1^* \boldsymbol{s}_1 \tag{5.42}$$

式中,λ_1^* 为步长。此时

$$\boldsymbol{s}_1^{\mathrm{T}} \nabla f_2=0 \tag{5.43}$$

式(5.43) 可以重写为

$$\boldsymbol{s}_1^{\mathrm{T}}[\boldsymbol{A}(\boldsymbol{x}_1+\lambda_1^*+\boldsymbol{s}_1)+\boldsymbol{B}]=0 \tag{5.44}$$

则

$$\lambda_1^*=\frac{\boldsymbol{s}_1^{\mathrm{T}}\Delta f_1}{\boldsymbol{s}_1^{\mathrm{T}}\boldsymbol{A}\boldsymbol{s}_1} \tag{5.45}$$

下一个搜寻方向为 $\boldsymbol{s}_2=-\nabla f_2+\beta_2\boldsymbol{s}_1$,$\beta_2$ 是一个刻意选择的量,目的是使 $\boldsymbol{s}_1,\boldsymbol{s}_2$ 共轭,即

$$\boldsymbol{s}_1^{\mathrm{T}}\boldsymbol{A}\boldsymbol{s}_2=0 \tag{5.46}$$

由式(5.44) ～ 式(5.46),并利用 $\boldsymbol{A}$ 的对称性可以推得

$$(\nabla f_2 - \nabla f_1)^{\mathrm{T}}(\nabla f_2 - \beta_2 \boldsymbol{s}_1) = 0 \tag{5.47}$$

由于 $\nabla f_1^{\mathrm{T}} \nabla f_2 = 0, \boldsymbol{s}_1^{\mathrm{T}} \nabla f_2 = 0$,因而有

$$\beta_1 = \frac{\nabla f_2^{\mathrm{T}} \nabla f_2}{\nabla f_1^{\mathrm{T}} \nabla f_1} \tag{5.48}$$

那么下一个搜寻方向 $\boldsymbol{s}_3$ 为

$$\boldsymbol{s}_3 = -\nabla f_3 + \beta_3 \boldsymbol{s}_2 + \delta_3 \boldsymbol{s}_1 \tag{5.49}$$

引入 β_3,δ_3 的目标是使 $\boldsymbol{s}_3$ 与 $\boldsymbol{s}_1,\boldsymbol{s}_2$ 共轭,可以推导出

$$\delta_3 = \frac{1}{\lambda_1^*} \frac{[-\boldsymbol{s}_2 + (1+\beta_2)\boldsymbol{s}_1]^{\mathrm{T}} \nabla f_3}{\boldsymbol{s}_1^{\mathrm{T}} \boldsymbol{A} \boldsymbol{s}_1}, \quad \boldsymbol{s}_3 = -\nabla f_3 + \beta_3 \boldsymbol{s}_2 \tag{5.50}$$

利 $\boldsymbol{s}_2,\boldsymbol{s}_3$ 的共轭关系,可以得到

$$\beta_3 = \frac{\nabla f_3^{\mathrm{T}} \nabla f_3}{\nabla f_2^{\mathrm{T}} \nabla f_2} \tag{5.51}$$

这样,在第 i 个循环,

$$\boldsymbol{s}_i = -\nabla f_i + \beta_i \boldsymbol{s}_{i-1}, \quad \beta_i = \frac{\nabla f_i^{\mathrm{T}} \nabla f_i}{\nabla f_{i-1}^{\mathrm{T}} \nabla f_{i-1}} \tag{5.52}$$

可以证明,这样选择的 $\boldsymbol{s}_i, i=1,2,\cdots$,是相互共轭的。在确定了搜寻方向之后,我们就可以完整地写出算法如下:

(1) 以初始值 $\boldsymbol{x}_1$ 开始。

(2) 设定搜寻方向 $\boldsymbol{s}_1 = -\nabla f(\boldsymbol{x}_1) = -\nabla f_1$。

(3) 找到下一点 $\boldsymbol{x}_2 = \boldsymbol{x}_1 + \lambda_1^* \boldsymbol{s}_1$。

(4) 计算 $\nabla f_i = \nabla f(\boldsymbol{x}_i), \boldsymbol{s}_i = -\nabla f_i + \frac{|\nabla f_i|^2}{|\nabla f_{i-1}|^2} \boldsymbol{s}_{i-1}$。

(5) 沿 $\boldsymbol{s}_i$ 方向,找出最佳步长 λ_i^*,然后得到下一个值 $\boldsymbol{x}_{i+1} = \boldsymbol{x}_i + \lambda_{1i}^* \boldsymbol{s}_i$。

(6) 评估 $\boldsymbol{x}_{i+1}$ 是否最佳点,如果是,则停止,如果不是,则计算 $i = i+1$,重复第(4)(5) 和 (6) 步,直到达到最优点。

共轭梯度法的优点是对于能够用二次函数近似的目标函数,可以在 N 个步骤达到最优点,但是对于较难的由二次函数拟合的目标函数,可能需要更多的迭代步骤才能达到最优点,而且共轭梯度法会受到误差传递效应的影响,严重时会导致算法不收敛。

5.2.6 牛顿法和伪牛顿法(Newton & Quasi-Newton Method)

对于连续函数 f,它的所有局部最小值点 $\boldsymbol{x}^*$ 均应满足:

$$g(\boldsymbol{x}^*) = \nabla f(\boldsymbol{x}^*) = 0 \tag{5.53}$$

式(5.53) 实际上构成了 N 个非线性方程,如果想找到 $\boldsymbol{x}^*$,就必须解 N 个非线性方程。牛顿方法就是这样的一种解法。牛顿解法首先给出 $\boldsymbol{x}$ 的初始点来趋近最优值点 $\boldsymbol{x}^*$。假如在第 i 个阶段,有

$$\boldsymbol{x}^* = \boldsymbol{x}_i + \boldsymbol{s}, \quad g(\boldsymbol{x}^*) = g(\boldsymbol{x}_i + s) = g(\boldsymbol{x}_i) + \boldsymbol{J}_{\boldsymbol{x}_i} \boldsymbol{s} + \cdots \tag{5.54}$$

式(5.54) 是 $g(\boldsymbol{x})$ 的泰勒级数展开。$\boldsymbol{J}_{\boldsymbol{x}_i}$ 是 $\boldsymbol{x}_i$ 的雅克比矩阵,也可记为 $\boldsymbol{J}_i$ 或 $\boldsymbol{J}|_{\boldsymbol{x}_i}$。如果忽略高阶项,则有

$$g(\boldsymbol{x}^*)=g(\boldsymbol{x}_i)+\boldsymbol{J}_{x_i}s=\boldsymbol{G}_i+\boldsymbol{J}_i\boldsymbol{s} \tag{5.55}$$

这里,$\boldsymbol{G}_i=g(\boldsymbol{x}_i)$,$\boldsymbol{J}_i=\boldsymbol{J}_{x_i}=\boldsymbol{J}|_{x_i}$。如果 $\boldsymbol{J}_i$ 是非奇异的,那么令式(5.55)为零,可以求得

$$\boldsymbol{s}=-\boldsymbol{J}_i^{-1}\boldsymbol{G}_i \tag{5.56}$$

进而求得

$$\boldsymbol{x}^*=\boldsymbol{x}_i+\boldsymbol{s} \tag{5.57}$$

但是,当高阶量不能忽略时,可以采用迭代法,即

$$\boldsymbol{x}_{i+1}=\boldsymbol{x}_i+\boldsymbol{s}_i=\boldsymbol{x}_i-\boldsymbol{J}_i^{-1}\boldsymbol{G}_i \tag{5.58}$$

可以证明,只要 $\boldsymbol{J}_1$ 是非奇异的,那么经式(5.58)的迭代,$\boldsymbol{x}_1,\boldsymbol{x}_2,\cdots,\boldsymbol{x}_{i+1},\cdots,\boldsymbol{x}_\infty$ 可以收敛于 $\boldsymbol{x}^*$。但是,这个条件通常不能满足,从而导致牛顿法不收敛。另外,牛顿法需要计算矩阵 $\boldsymbol{J}_i$ 和求逆操作,这需要非常大的计算量,况且,这些量在许多情况下并不存在。针对这个问题的改进就是伪牛顿法。

伪牛顿法的基本思路就是以两次函数值的不同代替一阶微分,即用微分函数的两点之差,代替微分。

假如 $\boldsymbol{x}_i$ 和 $\boldsymbol{x}_{i+1}$ 是相邻两次循环的变量取值,则有

$$g(\boldsymbol{x}^*)=g(\boldsymbol{x}_i+\boldsymbol{s})=\boldsymbol{G}_i+\boldsymbol{J}_i\boldsymbol{s} \tag{5.59}$$

其中 $\boldsymbol{x}^*=\boldsymbol{x}_i+\boldsymbol{s}$,以 $\boldsymbol{x}_{i+1}$ 取代 $\boldsymbol{x}^*$,有

$$\boldsymbol{G}_{i+1}-\boldsymbol{G}_i=\boldsymbol{J}_i\boldsymbol{s}=\boldsymbol{J}_i(\boldsymbol{x}_{i+1}-\boldsymbol{x}_i) \tag{5.60}$$

定义 $\boldsymbol{D}_i=\boldsymbol{G}_{i+1}-\boldsymbol{G}_i$,$\boldsymbol{s}_i=\boldsymbol{x}_{i+1}-\boldsymbol{x}_i$,有

$$\boldsymbol{D}_i=\boldsymbol{J}_i\boldsymbol{s}_i,\quad \boldsymbol{x}_i=\boldsymbol{J}_i\boldsymbol{D}_i$$

通过引入 $\boldsymbol{J}_i$ 的近似值 $\boldsymbol{H}_i$,我们可以得到伪牛顿法的递推公式:

$$\left.\begin{aligned}\boldsymbol{s}_i&=\boldsymbol{H}_i\boldsymbol{G}_i,\quad i=1,2,\cdots,k\\ \boldsymbol{s}_{k+1}&=\boldsymbol{H}_{k+1}\boldsymbol{D}_{K+1}=\boldsymbol{H}_{k+1}(\boldsymbol{G}_{k+2}-\boldsymbol{G}_{K+1})\end{aligned}\right\} \tag{5.61}$$

令 $\boldsymbol{G}_{k+2}=0$,求得下一步的搜寻方向:

$$\boldsymbol{s}_{k+1}=-\boldsymbol{H}_{k+1}\boldsymbol{G}_{k+1} \tag{5.62}$$

以此方向,找到下一点 $\boldsymbol{x}_{k+2}$,

$$\boldsymbol{x}_{k+2}=\boldsymbol{x}_{k+1}+\boldsymbol{s}_{k+1} \tag{5.63}$$

$$\boldsymbol{s}_{k+1}=-\lambda_{k+1}^*\boldsymbol{H}_{k+1}\boldsymbol{G}_{k+1} \tag{5.64}$$

式(5.61)～式(5.64)构成了伪牛顿法的基本迭代公式。不难发现,通过引入 $\boldsymbol{H}_k$,可以完全删除微分计算 $\boldsymbol{J}$。λ_{k+1}^* 是最小化步长,当 $\boldsymbol{x}$ 超近于最优值点 $\boldsymbol{x}^*$ 时,$\boldsymbol{H}_k$ 收敛于 $\boldsymbol{J}^{-1}$。

下一节,我们将讨论非线性编程问题中的约束优化方法。

5.3 约束最优化方法

非线性编程技术中的另一个重要优化类别就是约束最优化问题。它可以概括如下:

$$\min\{f(\boldsymbol{x})\}=\min f(\boldsymbol{x}),\quad q_j(\boldsymbol{x})\leqslant 0,j=1,2,\cdots,M \tag{5.65}$$

$q_j(\boldsymbol{x})\leqslant 0,j=1,2,\cdots,M$ 为约束条件,该约束条件可以是方程或不等式。总而言之,通过一些附加条件,限制变量的变化空间。对于这样的优化问题,根据不同的应用对象,同样也存在许多不同的寻优技术,主要有直接递推方法和转化法,前者将约束直接融合在递推算法的每一步

中，从而获得满足约束条件的最优值；后者将约束优化问题以变量替换或函数变换等方式将约束优化问题转化分解为无约束优化问题，采用前面介绍的无约束优化问题来解决。

总的来讲，约束条件的引入，增加了优化问题的复杂性，有可能使无约束情况下的最优点转化为非最优点，或使非最优点成为最优点。下面介绍、分析几种比较流行的非线性约束优化技术，包括启发迭代法、容许方向迭代法、转化法和代价函数法等。

5.3.1 启发迭代方法(Box 方法)

启发迭代法解决的优化问题是：

$$\min\{f(\boldsymbol{x})\}\quad q_j(\boldsymbol{x})\leqslant 0,j=1,2,\cdots,M \tag{5.66}$$

$$x_i^A\leqslant x_i\leqslant x_i^B,i=1,\cdots,N \tag{5.67}$$

式中，x_i^A，x_i^B 是 x_i 的上、下界；x_i 是 x 的第 i 个变量。迭代算法如下：

第一步：首先找到 $k\geqslant N+1$ 个变量值，满足式(5.66)的约束条件(称为容许点)。通常情况下，$k\approx 2N$，可以先选一组变量 $\boldsymbol{x}_1$，其他 $k-1$ 组，由以下方式获得：

$$x_{i,j}=x_{i,1}+r_{i,j}(x_i^A-x_i^B),\quad i=1,2,\cdots,N,j=2,3,\cdots,k \tag{5.68}$$

式中，$x_{i,j}$ 是点 $\boldsymbol{x}_j$ 的第 i 个元素；$r_{i,j}$ 是在(0,1)之间均匀分布的随机数。这样，由式(5.68)产生的 $\boldsymbol{x}_j$，$j=2,3,\cdots,k$，满足式(5.67)的约束，但并不一定满足式(5.66)的约束。对这 $k-1$ 个点进行测试，看是否满足式(5.66)。如果不满足，则向中心点移动一半距离。中心点是已满足式(5.66)的变量的中心点，定义为

$$\boldsymbol{x}_{0,j}=\frac{1}{j-1}\sum_{l=1}^{i-1}\boldsymbol{x}_l \tag{5.69}$$

这样有

$$\boldsymbol{x}_j=\frac{1}{2}(\boldsymbol{x}_{0,j}+\boldsymbol{x}_j) \tag{5.70}$$

假如新的 $\boldsymbol{x}_j$ 仍然不能满足式(5.66)，则继续以上过程，直到找到新的容许点 $\boldsymbol{x}_j$。最后可以找到所有 $k-1$ 个可容许点(只有在容许区域为凸空间时，才能保证都能找到容许点)。

第二步：在第 k 个点，评估其目标函数。假如 $\boldsymbol{x}_h$ 为最小值点，那么一个所谓的映射过程将被引入，即以下式

$$\boldsymbol{x}_r=(1+\alpha)\boldsymbol{x}_0-\alpha\boldsymbol{x}_h \tag{5.71}$$

找到一个新点 $\boldsymbol{x}_r$。这里 $\alpha\geqslant 1$，Box 推算出取 $\alpha=1.3$ 为合适值，$\boldsymbol{x}_0$ 为所有容许点的中心($\boldsymbol{x}_h$ 除外)，即

$$\boldsymbol{x}_0=\frac{1}{k-1}\sum_{k}\boldsymbol{x}_l \tag{5.72}$$

第三步：测试 $\boldsymbol{x}_r$ 是否满足式(5.66)、式(5.67)，不满足的话，同样以新值 $\boldsymbol{x}_r=\frac{1}{2}(\boldsymbol{x}_0+\boldsymbol{x}_r)$ 代替，直至发现容许值 $\boldsymbol{x}_r$。找到容许点 $\boldsymbol{x}_r$ 之后，比较 $f(\boldsymbol{x}_r)$ 和 $f(\boldsymbol{x}_h)$，如果 $f(\boldsymbol{x}_r)<f(\boldsymbol{x}_h)$，那么以 $\boldsymbol{x}_r$ 取代 $\boldsymbol{x}_h$，回到第二步。如果 $f(\boldsymbol{x}_r)\geqslant f(\boldsymbol{x}_h)$，则减小式(5.71)中的 α 值，比如取 $\frac{1}{2}\alpha$，得到一个新的 $\boldsymbol{x}_r$，同样进行容许性测试和与 $f(\boldsymbol{x}_h)$ 的比较操作。直到找到 $\boldsymbol{x}_r$ 满足

$f(\boldsymbol{x}_r) < f(\boldsymbol{x}_h)$ 或者 α 变得非常小为止。

第四步：经第二步、第三步的不断重复，不断取代 $\boldsymbol{x}_h$，当满足以下条件时，我们认为算法已经收敛，收敛条件为

(1)k 个向量之间的距离变得足够小；

(2) 目标函数的标准方差变得足够小，即

$$\left\{\frac{1}{k}\sum_{i=1}^{k}[f(\boldsymbol{x}_{0,k}) - f(\boldsymbol{x}_j)]^2\right\}^{\frac{1}{2}} \leqslant \varepsilon \tag{5.73}$$

式中，$\boldsymbol{x}_{0,k}$ 为 k 个变量的中心；ε 为非常小的正数。

启发迭代方法实现起来比较容易，主要缺点是：① 需要一个凸容许空间，这在实践中，往往得不到满足；② 其基本思想来源于单纯形方法，不能处理非线性等式约束问题；③ 当变量数 N 很大时，该方法的效率会变得很低。

5.3.2　容许方向迭代法

容许方向迭代法，类似于无约束最小化方法中的定向搜寻法，只是附加了不等式约束，其基本迭代公式为

$$\boldsymbol{x}_{i+1} = \boldsymbol{x}_i + \lambda \boldsymbol{s}_i \tag{5.74}$$

式中，$\boldsymbol{x}_i$ 是第 i 个循环的起始点；$\boldsymbol{s}_i$ 是下一循环的方向；λ 为下一循环的步长。$\boldsymbol{s}_i$ 方向的选取基于两个原则，即 ① 在 $\boldsymbol{s}_i$ 方向的微小变化不会超出约束范围；② 目标函数沿 $\boldsymbol{s}_i$ 方向逐渐变小。步长 λ 的选取同样也要保证 $\boldsymbol{x}_{i+1}$ 不超出约束范围，这样 $\boldsymbol{x}_{i+1}$ 将成为下一个循环的起始点，这个过程不段重复，至到找到最优点。由这种准则选取的方向，我们称之为容许方向，这就是为什么这类方法称之为容许方向迭代法的原因。微分和梯度同样可被选为下一阶段的容许方向。在实际应用中有许多改进方法，这里只给出一个典型的迭代算法——Zoutendijk[5] 方法。

容许方向迭代法的典型算法——Zoutendijk 方法的迭代过程如下：

(1) 以容许点 $\boldsymbol{x}_0$ 开始，选择 $\varepsilon_1, \varepsilon_2, \varepsilon_3$ 作为收敛测试常数，$i=1$，计算 $f(\boldsymbol{x}_0)$ 和 $q_j(\boldsymbol{x}_0)$，$j=1,2,\cdots,M$。

(2) 如果 $q_j(\boldsymbol{x}_i) < 0, j=1,2,\cdots,M$，设定方向为

$$\boldsymbol{s}_i = -\nabla f(\boldsymbol{x}_i) \tag{5.75}$$

前进到第(5) 步；如果有 $q_j(\boldsymbol{x}_i) = 0$ 的话，转入下一步。

(3) 引入参数 α，寻找满足下式的最小 α 所对应的 $\boldsymbol{s}$。

$$\left.\begin{array}{ll} \boldsymbol{s}^{\mathrm{T}} \nabla q_j(\boldsymbol{x}_i) + \theta_j \alpha \leqslant 0, & j=1,2,\cdots,M \\ \boldsymbol{s}^{\mathrm{T}} \nabla f + \alpha \leqslant 0, & -1 \leqslant s_i \leqslant 1, i=1,2,\cdots,N \end{array}\right\} \tag{5.76}$$

式中，s_i 是 $\boldsymbol{s}$ 的第 i 个分量。

(4) 假定在第(3) 阶段发现的最小 α 为 α^*，如果 $\alpha^* \leqslant \varepsilon_1$，取 $\boldsymbol{x}_{\mathrm{opt}} = \boldsymbol{x}_i$。否则，取 $\boldsymbol{s}_i = \boldsymbol{s}$，转到下一步。

(5) 设定合适步长 λ_i，得到 $\boldsymbol{x}_{i+1} = \boldsymbol{x}_i + \lambda_i \boldsymbol{s}_i$。

(6) 计算 $f(\boldsymbol{x}_{i+1})$，判断是否收敛。如果

$$\left|\frac{f(\boldsymbol{x}_i - f(\boldsymbol{x}_{i+1})}{f(\boldsymbol{x}_i)}\right| \leqslant \varepsilon_2, \quad |\boldsymbol{x}_i - \boldsymbol{x}_{i+1}| \leqslant \varepsilon_3 \tag{5.77}$$

成立，则 $\boldsymbol{x}_{\text{opt}}=\boldsymbol{x}_{i+1}$，循环结束，否则，设定 $i=i+1$，转到(2)，继续循环。

有关 $\boldsymbol{s}_i$ 和步长 λ_i 的选取问题，请参考[5]，这里不再赘述。

5.3.3 转化法

转化法的思路非常简单，即通过简单的变量形式转换，将约束最小化问题转化为无约束最小化问题，这样就可以使用无约束最小化技术来解决约束最小化问题了。例如，通常形式的上、下界约束问题：

$$l_i \leqslant x_i \leqslant \mu_i \tag{5.78}$$

令

$$x_i = l_i + (\mu_i - l_i)\sin^2(y_i) \tag{5.79}$$

如果用新变量 y_i 取代 x_i，y_i 就可以任意取值了，可以成功地把约束优化问题转化为无约束优化问题。几个常见的转化方式如下：

(1)(0,1) 约束。x_i 可以转化为 $x_i=\sin^2 y_i$，$x_i=\cos^2 y_i$，$x_i=\dfrac{y_i^2}{(1+y_i^2)}$。

(2)(−1,1) 约束。x_i 可以转化为 $x_i=\sin y_i$，$x_i=\cos^2 y_i$，$x_i=\dfrac{2y_i}{1+y_i^2}$。

(3)$x_i>0$ 约束。x_i 可以转化为 $x_i=\text{abs}(y_i)$，$x_i=y_i^2$，$x_i=e^{y_i}$。

转化法的主要缺点在于：

(1) 只能适用于 $q_i(\boldsymbol{x})$ 为简单函数的情况，否则会导致更为复杂的最小化问题。

(2) 在有些情况下，难以找到转化方法。

(3) 通常情况下，不可能删除全部约束条件。

5.3.4 代价函数转换法

另一个重要的转化方法是代价函数方法(Penalty Function Method)，不是仅做简单的变量代换，而是引入新的代价函数，重写约束优化形式如下：

$$\min\{f(\boldsymbol{x})\}=\min f(\boldsymbol{x}),\quad q_j(\boldsymbol{x})\leqslant 0, j=1,2,\cdots,M \tag{5.80}$$

$q_j(\boldsymbol{x})\leqslant 0, j=1,2,\cdots,M$ 为约束条件，引入代价函数 φ：

$$\varphi_k=\varphi(\boldsymbol{x},r_k)=f(\boldsymbol{x})+r_k\sum_{j=1}^{M}\Phi_j\left[q_j(\boldsymbol{x})\right] \tag{5.81}$$

式中，Φ_j 是 q_j 的某种函数；r_k 是正常数，称之为代价因子。这样，可以将约束优化问题式(5.80)转化为代价函数是 φ_k 的无约束最小化。

代价函数转化法可以分为内部代价函数法和外部代价函数法，它们采用不同转换函数。内部代价函数法采用的转换函数是：

$$\Phi_j=-\frac{1}{q_j(\boldsymbol{x})}\quad 或者\quad \Phi_j=\log[-q_j(\boldsymbol{x})]$$

外部代价函数法，采用的转换函数是：

$$\Phi_j=\max[0,q_j(\boldsymbol{x})]\quad 或者\quad \Phi_j=\max[0,q_j(\boldsymbol{x})]$$

不难发现，内部代价函数法所得到的任一个最小值点均处在容许区域，而外部代价函数法，所有的最小值点均处于非容许范围之外。但无论内部法或者外部法，在 r_k 以某种特殊方式变化时，总可以以某种方式收敛于式(5.80) 所要求的最小值点。下面介绍两种特殊的代价函数法。

1. 内部代价函数法

定义代价函数 φ：

$$\varphi(\boldsymbol{x},r_k)=f(\boldsymbol{x})-r_k\sum_{i=1}^{M}\frac{1}{q_j(\boldsymbol{x})} \tag{5.82}$$

算法流程如下：

(1) 以初始值 $\boldsymbol{x}_0$ 开始，$\boldsymbol{x}_0$ 满足所有约束条件 $q_j(\boldsymbol{x}_0)\leqslant 0, j=1,2,\cdots,M$。设定 r 的初值为 $r_1, k=1$。

(2) 利用无约束最小化技术，最小化代价函数 $\varphi(\boldsymbol{x},r_k)$，求出 $\boldsymbol{x}_k^*$。

(3) 测试 $\boldsymbol{x}_k^*$ 是否是 f 的最优值点，如果是，则停止循环；如不是，继续到下一步。

(4) 设定代价因子 $r_{k+1}=cr_k$，c 是大于 1 的正数。

(5)$k=k+1, \boldsymbol{x}_0=\boldsymbol{x}_k^*$，回至(2) 重新开始。

值得指出的是，虽然以上步骤看上去简单，但其中涉及多个参数的选取问题，如初始容许值，代价因子 r_k 和相应的变化系数 c，以及最终收敛准则等，每一项都影响到算法的性能，在参考文献[5] 中，对此给出了详细的分析讨论。

2. 外部代价函数法

定义代价函数 φ：

$$\varphi(\boldsymbol{x},r_k)=f(\boldsymbol{x})+r_k\sum_{j=1}^{M}\langle q_j(\boldsymbol{x})\rangle^q \tag{5.83}$$

q 是非负的常数，符号〈 • 〉定义为

$$\langle x\rangle=\max[0,x]=\begin{cases}x, & x>0\\0, & x\leqslant 0\end{cases} \tag{5.84}$$

观察式(5.83) 定义的代价函数，当变量满足原始的约束条件时，后一项为 0；而当 x 不满足约束条件时，后一项会变得很大，这正是代价因子的意义所在。总的来讲，$\varphi(\boldsymbol{x},r_k)$ 在非容许区域内有一个最小值点，当 k 趋于无穷大时，r_k 趋于无穷大，$\boldsymbol{x}_k^*$ 趋近于 $f(\boldsymbol{x})$ 的最优值点，具体算法如下：

(1) 从初始点 $\boldsymbol{x}_0$ 开始，$k=1, r_k=r_1$。

(2) 最小化函数 $\varphi(\boldsymbol{x},r_k)=f(\boldsymbol{x})+r_k\sum_{j=1}^{M}\langle q_j(\boldsymbol{x})\rangle^q$，找到最小值点 $\boldsymbol{x}_k^*$。

(3) 测试 $\boldsymbol{x}_k^*$ 是否满足约束条件，是否是最优值点，如果是，停止运算，$\boldsymbol{x}_{\rm opt}=\boldsymbol{x}_k^*$；否则转到下一步。

(4)$k=k+1$，选择 r_{k+1}，满足 $r_{k+1}>r_k$，返回(2)，重新开始。

代价函数转换法的收敛性分析可以在参考文献[5] 中找到，在实际应用中根据不同的应用对象，存在许多修正算法，如内部代价函数方法中的外插方法、无代价因子内部代价函数法等。

5.4 几何编程方法

几何编程方法[6] 是一种特殊的非线性最优化方法，它所处理的优化问题（目标函数和约束条件）是所谓的正向式（Posynomial）函数。它不同于其他优化方法的重要一点是它并不首先寻求最优变量值，而是直接寻求最优目标函数值。几何编程法所处理正向式目标函数定义如下：

$$\left.\begin{aligned} f(\boldsymbol{x}) &= \sum_{i=1}^{P} u_i \\ u_i &= c_i x^{a_{1i}} x_2^{a_{2i}} \cdots x_N^{a_{Ni}} \end{aligned}\right\} \tag{5.85}$$

式中，c_i 为正的常数；a_{ji} 为实常数，$x_1, x_2, \cdots, x_N$ 是正变量。由式（5.85）定义的 $f(\boldsymbol{x})$ 称为正向式函数。不难发现，这类函数非常特殊，由此可以推断其应用领域受到很大限制。但是在实际应用当中，人们往往以正向式函数来拟合实际的目标函数。根据有无约束条件，几何编程技术可分为约束几何编程技术和无约束几何编程技术两类，下面分别介绍。

5.4.1 无约束几何（Geometric Programming）编程方法

无约束几何编程最小化问题，可以归纳为下式：

$$\left.\begin{aligned} &\boldsymbol{x} = [x_1, x_2, \cdots, x_N]^{\mathrm{T}} \\ &\min f(\boldsymbol{x}) \\ &f(\boldsymbol{x}) = \sum_{i=1}^{P} u_i(\boldsymbol{x}) = \sum_{i=1}^{P} [c_i x_1^{a_{1i}} x_2^{a_{2i}} \cdots x_N^{a_{Ni}}] \end{aligned}\right\} \tag{5.86}$$

无约束几何编程最小化问题，有两种基本的解法，第一种方法是直接采用前面介绍的微分方法，第二种方法是利用柯西不等式求解。

1. 微分方法

根据无约束最小化问题的必要条件，可得：

$$\frac{\partial f}{\partial x_k} = \sum_{i=1}^{P} \frac{\partial u_i}{\partial x_k} = \sum_{i=1}^{P} (c_i x_1^{a_{1i}} x_2^{a_{2i}} \cdots x_{k-1}^{a_{k-1,i}} x_k^{a_{ki}} x_{k+1}^{a_{k+1,i}} \cdots x_N^{a_{Ni}}) = 0, k = 1, 2, \cdots, N \tag{5.87}$$

两边乘以 x_k：

$$x_k \frac{\partial f}{\partial x_k} = \sum_{i=1}^{P} a_{ki} u_i(\boldsymbol{x}) = 0, \quad k = 1, 2, \cdots, N \tag{5.88}$$

为了找到 $\boldsymbol{x}_{\mathrm{opt}}$，我们必须解式（5.88）的 N 个方程组。

$\boldsymbol{x}_{\mathrm{opt}}$ 存在的充分条件是海瑟（Hessian）矩阵：

$$\boldsymbol{H}_{x_{\mathrm{opt}}} = \left[\frac{\partial^2 f}{\partial x_k \partial x_l}\right] \Big| \boldsymbol{x}_{\mathrm{opt}}$$

为正定矩阵，x_k, x_l 是 $\boldsymbol{x}$ 的第 k, l 项变量。假定 f^* 为目标函数的最小值，以 $1/f^*$ 乘式（5.88）两边得

$$\sum_{i=1}^{P} \Delta_i^* a_{ki} = 0 \tag{5.89}$$

$$\Delta_i^* = \frac{u_i(\boldsymbol{x}_{\text{opt}})}{f^*} = \frac{u_i^*}{f^*} \tag{5.90}$$

$$\sum_{i=1}^{P} \Delta_i^* = \Delta_1^* + \Delta_2^* + \cdots \Delta_P^* = \frac{1}{f^*}(u_1^* + u_2^* + \cdots + u_P^*) = 1 \tag{5.91}$$

式(5.89) 称为正交条件，式(5.90) 表示第 i 个项对目标函数的贡献，式(5.91) 称为标准条件。那么如何求得 f^* 呢？观察以下变换：

$$f^* = (f^*)^{\sum_{i=1}^{P}\Delta_i} = (f^*)^{\Delta_1^*}(f^*)^{\Delta_2^*}\cdots(f)^{\Delta_P^*}$$

因为

$$\Delta_i^* = \frac{u_i^*}{f^*}$$

所以

$$f^* = \frac{u_i^*}{\Delta_i^*}, i = 1, 2, \cdots, P$$

$$f^* = \left(\frac{u_1^*}{\Delta_1^*}\right)^{\Delta_1^*}\left(\frac{u_2^*}{\Delta_2^*}\right)^{\Delta_2^*}\cdots\left(\frac{u_P^*}{\Delta_i^*}\right)^{\Delta_P^*}$$

$$f^* = \left(\frac{u_1^*}{\Delta_1^*}\right)^{\Delta_1^*}\left(\frac{u_2^*}{\Delta_2^*}\right)^{\Delta_2^*}\cdots\left(\frac{u_P^*}{\Delta_i^*}\right)^{\Delta_P^*}$$

以 $u_i^* = c_i \prod (\boldsymbol{x}_j^*)^{a_{ji}}, i = 1, 2, \cdots, P$ 代入上式，经简化可得

$$f^* = \prod_{i=1}^{P}\left(\frac{c_i}{\Delta_i^*}\right)^{\Delta_i^*} \tag{5.92}$$

这样利用式(5.89)，(5.90)，(5.91) 求得 $\Delta_i^*, i = 1, 2, \cdots, p$，就可以由式(5.92) 求得 f^*。

2. 柯西不等式转化解法

几何编程技术的另一种算法就是利用柯西(Cauchy) 不等式，将目标函数最小化问题转化为另一种形式来求解。假如 $x_1, x_2, \cdots, x_N$ 为 N 个非负数，那么有以下不等式成立：

$$\frac{1}{N}\sum_{i=1}^{N} x_i \geqslant \left(\prod_{i=1}^{N} x_i\right)^{\frac{1}{N}} \tag{5.93}$$

等式关系在 $x_1 = x_2 = \cdots = x_N$ 时成立。式(5.93) 称为柯西不等式，柯西不等式的一个扩展形式为

$$x_1 y_1 + x_2 y_2 + \cdots x_N y_N \geqslant x_1^{y_1} x_2^{y_2} \cdots x_N^{y_N} \tag{5.94}$$

其中 $y_1 + y_2 + \cdots + y_N = 1$。利用式(5.94)，可以将式(5.86) 定义的最小化问题转化为

$$\begin{cases} u_1 + u_2 + \cdots u_P \geqslant \left(\dfrac{u_1}{\Delta_1}\right)^{\Delta_1}\left(\dfrac{u_2}{\Delta_2}\right)^{\Delta_2}\cdots\left(\dfrac{u_P}{\Delta_P}\right)^{\Delta_P} \\ \Delta_1 + \Delta_2 + \cdots + \Delta_p = 1 \end{cases} \tag{5.95}$$

考虑式(5.89) 和式(5.91)，式(5.95) 还可以进一步简化为

$$f(\boldsymbol{x}) = \sum_{i=1}^{P} u_i \geqslant \prod_{i=1}^{P}\left(\frac{c_i}{\Delta_i}\right)^{\Delta_i} \tag{5.96}$$

这样式(5.86) 定义的最小化问题实际上转化为式(5.96) 右边的最大化问题，反之亦然。当然我们寄希望于式(5.96) 右侧的新函数优化问题相对 f 的最小化最好要简单一些。

总的来讲，几何编程方法所处理的问题非常特殊，其优化过程也是相当复杂的，而且要求函数可微分，这就限制了它的实际工程应用。几何编程技术也同样存在约束优化问题，其解决

方法同样是，首先转化其特殊的正向式约束到一般的约束条件，如线性约束，然后再进一步最小化，或者将整个最小化问题转化为更为简单的最优化问题，这里不再进一步讨论。

5.4.2 动态编程技术(Dynamic Programming)

动态编程技术是一系列优化方法的总称，它所处理的问题是多阶段优化问题，或者称为序列(系列)优化问题，这种问题是实际工程中常常遇到的问题，比如超市在某个城市的最优配置问题，不仅只考虑超市网点之间的最佳布放，同时还要考虑地理现状、治安环境、居民收入等多个因素，这就需要在市场规划的各个步骤中分步、分区、分类进行优化，然后再进行总体效益的优化。因为各个子系统处于调整变化之中，某部分的输出成为另一部分的输入，变成了一个连续系列优化过程，这类问题称为动态优化。处理这种问题的优化技术或者采用分解总体优化到子系统优化的技术称为动态编程技术。

动态编程技术实际上已经逐渐发展成为专门的学科，在控制论、信息学、运筹理论中有相当多的应用。由于动态编程技术起源于优化理论，因而这里把它当作优化技术的一种，进行简单分析和讨论。

总的来说，动态编程技术就是一个多步骤、多阶段的优化过程。如将整个优化过程分为 P 个阶段，对于每一个阶段，如第 i 个阶段，它有阶段优化的输入(输入状态)$\boldsymbol{s}_i$、输出 $\boldsymbol{o}_i$、决策变量 $\boldsymbol{x}_i$，以及阶段目标函数因子 $\boldsymbol{r}_i$。这些阶段之间，前一个的输出就是下一个的输入，从而互相关联。图 5.6 所示是一个 P 阶段动态编程过程。如果以函数表示状态转换和目标函数因子，则有下式：

$$\left.\begin{aligned} \boldsymbol{s}_i &= v_i(\boldsymbol{s}_{i+1}, \boldsymbol{x}_i), \quad i=1,2,\cdots,P \\ \boldsymbol{r}_i &= r_i(\boldsymbol{s}_{i+1}, \boldsymbol{x}_i), \quad i=1,2,\cdots,P \end{aligned}\right\} \tag{5.97}$$

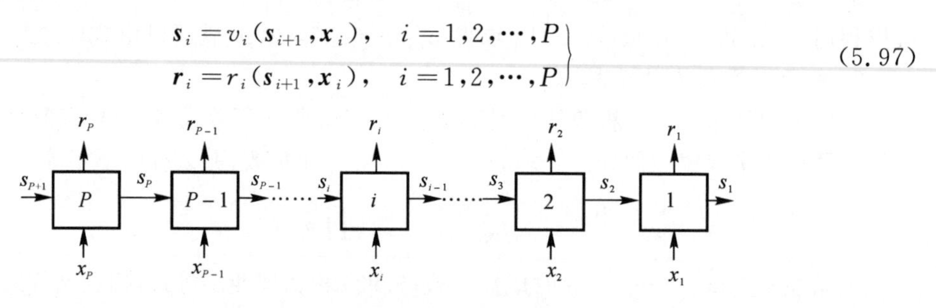

图 5.6 动态编程技术的工作过程图

v_i 为 i 阶段的传输函数，r_i 为 i 阶段目标函数子传输函数。这样一个过程的目的是寻找一组最佳变量 $\boldsymbol{x}_{\text{opt}}$，使总的目标函数 f 为最小，即 $f(\boldsymbol{r}_1, \boldsymbol{r}_2, \cdots, \boldsymbol{r}_P)$ 最小。很明显，动态编程需要目标函数具有阶段可分离性，因此，由动态编程方法解决的优化问题必须能够将目标函数表示为各个单阶段目标函数或因子的组合，即是以下形式：

$$f = \sum_i r_i(\boldsymbol{x}_i, \boldsymbol{s}_{i+1}) \tag{5.98}$$

或者

$$f = \prod_i r_i(\boldsymbol{x}_i, \boldsymbol{s}_{i+1}) \tag{5.99}$$

此外，目标函数还必须是单调函数。这实际上限制了动态编程技术的应用范围，所幸的是，实际应用中有许多优化问题具备以上特性或者可以由以上函数来近似。这样，动态编程问题可归纳为

$$\left.\begin{array}{l} \boldsymbol{x}_i=(\boldsymbol{x}_1,\boldsymbol{x}_2,\cdots,\boldsymbol{x}_P) \\ \min f(x)=\min\sum_i r_i=\min\sum_i r_i(\boldsymbol{s}_{i+1},\boldsymbol{x}_i) \\ \boldsymbol{s}_i=v_i(\boldsymbol{s}_{i+1},\boldsymbol{x}_i),i=1,2,\cdots,P \end{array}\right\} \tag{5.100}$$

动态编程优化过程基于一个最基本的次最佳假设，即 Bellman 假定。

Bellman 假定　一个多阶段优化过程在任一阶段，均可以由剩余的阶段形成一个优化点，该优化点对剩余阶段的变量而言总是最优的，而与前一阶段的输出无关。

下面通过一个多阶段动态编程技术的算法过程，来解释 Bellman 假定的真实含义。假定要优化的问题是式(5.100)，如果从最后一个阶段开始，此时 $i=1$。选择 $\boldsymbol{x}_1$ 来优化$\boldsymbol{r}_1$，即以 $\boldsymbol{s}_2$ 为输入，$\boldsymbol{x}_1$ 为变量来优化 $\boldsymbol{r}_1$，得到：

$$f_1^*(\boldsymbol{s}_2)=\min_{\boldsymbol{x}_1}[r_1(\boldsymbol{x}_1,\boldsymbol{s}_2)] \tag{5.101}$$

这样 $\boldsymbol{r}_1,\boldsymbol{x}_1,\boldsymbol{s}_1$ 全部被确定。下一步就是把最后两阶段合成为一个组，即以 $\boldsymbol{s}_3$ 为输入，$\boldsymbol{x}_2$ 为变量，优化 $\boldsymbol{r}_1+\boldsymbol{r}_2$，得到：

$$f_2^*(\boldsymbol{s}_3)=\min_{\boldsymbol{x}_2}[r_2(\boldsymbol{x}_2,\boldsymbol{s}_3)+r_1(\boldsymbol{x}_1+\boldsymbol{s}_2)] \tag{5.102}$$

这个过程不断重复，直到发现所有的 $\boldsymbol{x}$。

Bellman 假定是动态编程技术的基础，所以必须非常小心地配置各个阶段，使其满足 Bellman 假定才行。而在实际应用中是很难划分一个优化问题的各个阶段的，由于一般的阶段划分不能完全满 Bellman 假定，利用动态编程技术会导致达不到最优解或根本不能收敛。顺便指出的是，前面介绍的线性编程问题，经适当地阶段划分，也可以看作一个特殊的动态编程技术。

5.4.3　随机编程技术(Stochastic Programming)

所谓随机编程优化问题，是指在最优化问题的目标函数和约束条件中，存在随机变量，而在这之前介绍的优化技术都仅涉及确定性变量。可以想象，随机变量的引入会增加优化问题的复杂性，但随机编程在许多工程实践中，如飞机制造、设计，鱼雷、导弹控制研究等领域经常碰到。这类问题的解决方法，大多数是想办法将其转化为一般的确定性变量优化问题，从而可以用常规的线性编程、非线性编程、动态编程等方法来解决。这里我们简单介绍几种常用的随机编程优化技术。

1. 随机线性编程问题的两步解法

一个随机线性编程问题，可以写为

$$\min f(\boldsymbol{x})=\min[\boldsymbol{c}^{\mathrm{T}}\boldsymbol{x}]=\min\sum_{j=1}^{N}c_jx_j \tag{5.103}$$

约束条件为

$$\left.\begin{array}{l} \boldsymbol{a}_i^{\mathrm{T}}\boldsymbol{x}=\sum_{j=1}^{N}a_{ij}x_j\geqslant b_i,i=1,2,\cdots,M \\ x_j\geqslant 0,j=1,2,\cdots,N \end{array}\right\} \tag{5.104}$$

这里，c_j,a_{ij},b_i 是随机变量，x_j 是确定性变量(也可以是随机量)。c_j,a_{ij},b_i 的概率分布已知。为了描述方便，我们暂时假定式(5.103)、式(5.104)中仅 b_i 为随机量，其均值为 $\bar{b}_i$。观察约束条件式(5.104),b_i 是不确定的随机量,因 b_i 处在变化之中,无法确定 $\boldsymbol{x}$ 来满足式(5.103),实际式(5.104) 两边的差,同样构成一个随机量,重写式(5.104) 如下:

$$b_i - \boldsymbol{a}_i^{\mathrm{T}}\boldsymbol{x} \leqslant 0 \tag{5.105}$$

令 $y_i = b_i - \boldsymbol{a}_i^{\mathrm{T}}\boldsymbol{x}, i=1,2,\cdots,M$,式(5.105) 成为

$$y_i \leqslant 0, \quad i=1,2,\cdots,M \tag{5.106}$$

该式左端为随机变量,其概率分布与 $\boldsymbol{x}$ 的取值有关。对于每一个不满足约束条件式(5.106) 的情况,我们可以选择一个惩罚因子或代价因子 p_i,那么对应 M 个约束条件的所有代价为

$$\boldsymbol{p} = \sum_{i=1}^{M} E(p_i y_i) \tag{5.107}$$

$E(\cdot)$ 表示取均值操作。我们可以构成一个总的目标函数

$$F = \boldsymbol{c}^{\mathrm{T}}\boldsymbol{x} + E(\boldsymbol{p}^{\mathrm{T}}\boldsymbol{y}), \ \boldsymbol{y} = [y_1, y_2, \cdots, y_M]^{\mathrm{T}} \tag{5.108}$$

式(5.103)、式(5.104) 优化问题转化为

$$\min[\boldsymbol{c}^{\mathrm{T}}\boldsymbol{x} + E(\boldsymbol{p}^{\mathrm{T}}\boldsymbol{y})] \tag{5.109}$$

约束条件为

$$\left.\begin{aligned} \boldsymbol{Ax} + \boldsymbol{Iy} = \boldsymbol{b} \\ \boldsymbol{x} \geqslant \boldsymbol{0}, \boldsymbol{y} \geqslant \boldsymbol{0} \end{aligned}\right\} \tag{5.110}$$

这里,$\boldsymbol{I}$ 为 $M\times N$ 阶1矩阵,$\boldsymbol{b}=[b, b_2, \cdots, b_M]^{\mathrm{T}}$,$\boldsymbol{p}=[p_1, p_2, \cdots, p_M]^{\mathrm{T}}$,$\boldsymbol{y}=[y_1, y_2, \cdots, y_M]^{\mathrm{T}}$。式(5.108) 是一个确定量函数,均值取代了随机变量。假如 b_i 均匀分布在区间$[\bar{b}_i - m_i, \bar{b}_i + m_i]$,那么可以推得:

$$E(p_i y_i) = \frac{p_i}{4m_i}(m_i - \bar{y}_i)^2 - p_i \bar{y}_i \tag{5.111}$$

$\bar{\cdot}$ 代表均值。但是式(5.110) 中仍然不能排除$\{b_i\}$。解决办法就是,首先估计一个确定值 b'_i,代入式(5.109)、式(5.110),求出相应的 $\boldsymbol{x}'$。然后由已知的 $\boldsymbol{x}'$ 和 b',求解以下最小化问题:

$$\left.\begin{aligned} &\min \ \boldsymbol{p}^{\mathrm{T}}\boldsymbol{y} \\ &y'_i = b'_i - \boldsymbol{a}_i^{\mathrm{T}}\boldsymbol{x}', i=1,2,\cdots,M \\ &y_i \geqslant 0, i=1,2,\cdots,M \end{aligned}\right\} \tag{5.112}$$

求得此时的 y'_i。这个过程可能要重复多次,才可能把一个随机变量优化问题真正转化为确定性量的优化问题。比较简单的随机优化问题,可以经过很少的步骤将其转化;但对于很复杂的问题,如涉及多个随机变量的问题,采用两步法会使问题变得更为复杂而无法求解。

2. *概率约束方法*

随机线性编程技术中的另一方法是概率约束方法。也就是说,对式(5.103)、式(5.104) 这样的优化问题,可以将其约束条件转化为概率分布的形式,进而采用概率约束优化技术。重写式(5.103)、式(5.104) 如下:

$$\min f(\boldsymbol{x}) = \min \sum_{j=1}^{N} c_j x_j \tag{5.113}$$

约束条件为

$$\left.\begin{aligned} P\Big[\sum_{j=1}^{N} a_{ij} x_j \leqslant b_i\Big] \geqslant p_i, \quad i=1,2,\cdots,M \\ x_j \geqslant 0, \quad j=1,2,\cdots,N \end{aligned}\right\} \tag{5.114}$$

式中，$P[\cdot]$ 代表概率操作；c_j，a_{ij}，b_i 是随机变量；p_i 是对应的概率。与式(5.103)、式(5.104)不同的是，其约束条件替换为一个概率表达式。对于 c_j，a_{ij}，b_i 均是随机变量的情况，解法相当复杂，所以这里仅考虑单变量为随机变量的情况，例如假定 b_i 为随机变量，其均值为$\bar{b}_i$，方差为 $\sigma(b_i)$ 的正态分布。这样，式(5.114) 可以重写为

$$P\left[\sum_{j=1}^{N} a_{ij}x_j \leqslant b_i\right] = P\left[\frac{\sum_{j=1}^{N} a_{ij}x_j - \hat{b}_i}{\sqrt{\sigma(b_i)}} \leqslant \frac{b_i - \hat{b}_i}{\sqrt{\sigma(b_i)}}\right] =$$

$$P\left[\frac{b_i - \hat{b}_i}{\sqrt{\sigma(b_i)}} \geqslant \frac{\sum_{j=1}^{N} a_{ij}x_j - \hat{b}_i}{\sqrt{v_{ar}(b_i)}}\right] \geqslant p_i, i = 1,2,\cdots,M \tag{5.115}$$

观察式(5.115)，$\frac{b_i - \hat{b}_i}{\sqrt{\sigma(b_i)}}$ 是一个标准正态分布，所以式(5.115) 还可进一步写为

$$1 - P\left[\frac{b_i - \hat{b}_i}{\sqrt{\sigma(b_i)}} \leqslant \frac{\sum_{j=1}^{N} a_{ij}x_j - \hat{b}_i}{\sqrt{\sigma(b_i)}}\right] \geqslant p_i,\ i = 1,2,\cdots,M \tag{5.116}$$

即

$$P\left[\frac{b_i - \hat{b}_i}{\sqrt{\sigma(b_i)}} \leqslant \frac{\sum_{i=1}^{N} a_{ij}x_j - \hat{b}_i}{\sqrt{\sigma(b_i)}}\right] \leqslant 1 - p_i, i = 1,2,\cdots,M \tag{5.117}$$

从式(5.117) 不难看出，$1 - p_i$ 的概率，实际上表示$\frac{b_i - \hat{b}_i}{\sqrt{\sigma(b_i)}}$在某个位置，如 z_i 点的取值。通过标准正态分布图可以求得 z_i，$i = 1,2,\cdots,M$。所以式(5.117) 实际上与下式等同：

$$\frac{\sum_{i=1}^{N} a_{ij}x_j - \hat{b}_i}{\sqrt{\sigma(b_i)}} \leqslant z_i,\quad i = 1,2,\cdots,M \tag{5.118}$$

即

$$\sum_{j=1}^{N} a_{ij}x - \hat{b}_i - Z_i\sqrt{\sigma(b_i)} \leqslant 0,\quad i = 1,2,\cdots,M \tag{5.119}$$

这样式(5.113)、式(5.114) 定义的随机线性编程问题，转为以下具有确定性变量的线性编程问题：

$$\min f(\boldsymbol{x}) = \min \sum_{j=1}^{N} c_j x_j \tag{5.120}$$

约束条件为

$$\left.\begin{aligned} &\sum_{j=1}^{N} a_{ij}x_j - \hat{b}_i - z_i\sqrt{\sigma(b_i)} \leqslant 0,\quad i = 1,2,\cdots,M \\ &x_j \geqslant 0,\quad j = 1,2,\cdots,N \end{aligned}\right\} \tag{5.121}$$

此时，可以采用线性编程技术中的任一个方法来求解上式的优化问题。

可以想象，对于涉及随机变量的随机编程优化问题，同样也会有非线性、动态编程等多种

解决形式。其解法的根本思路，仍然是利用各种已有的或假设的特殊条件，将其转化为对应的确定性问题，再利用已有的确定性变量的求解方法进行优化。由于这些解法均相当复杂，在工程实践中的应用机会很少。

至此，我们已对传统的大部分最优化技术进行了分析讨论。当然，在某些特殊的工程应用中，确实还存着其他的一些优化方法，如在工程管理、项目预算中应用的关键路线法 CPM(Critical Path Method)，项目评估修正技术 PERT(Programme Evaluation Review Techniques)，以及在商业、经济领域中应用的 Game 理论等，由于篇幅所限，这里就不再介绍和讨论了。

以上这些分析讨论的目标，是将比较分散的各种优化理论，形成一个整体，从而对优化理论有一个整体的了解。通过这些了解，能够根据实际工程的应用要求，选择最佳的优化方法。从下一章开始，我们将分析讨论最近几年在信号处理领域获得重要应用的最新优化技术，如模拟韧化法(Simulated Annealing)、遗传算法(Genetic Algorithm) 等，这是我们的主要研究工作所在。在后面的各章中，除了介绍、分析这些算法，我们同时也给出修正算法。在这之后，介绍这些技术和方法应用到水声信号处理领域的主要研究成果。

参考文献

[1] RAO S S. Optimization: theory and applications[M]. New York: Halsted Press, 1978.

[2] RAO S S. Applied numerical methods for engineers and scientists[M]. Princeton: Prentice Hall, 2001.

[3] OLVI L. Nonlinear programming (classics in applied mathematics)[M]. Philadelphia: Society for Industrial and Applied Mathematics, 1987.

[4] GILL P E, MURRAY W, WRIGHT M H. Practical optimization[M]. New York: Academic Press, 1981.

[5] ZOUTENDIJK G. Mathematical programming methods[M]. Berlin: Elsevier Science & Technology, 1976.

[6] WERNER J. Optimization: theory and applications[M]. Boston: McGraw-Hill Inc., 1984.

第6章 现代优化技术——模拟退火技术

本章主要分析、研究最近几十年发展起来的优化技术——模拟退火(Simulated Annealing, SA)算法。首先引入局部最小点问题,然后通过和物理过程的对比引入模拟退火算法,分析其基本特性,利用均匀马尔可夫链渐进分析其收敛性。

6.1 引 论

退火是材料处理过程中的一种方法,即把材料加热到一定温度并保持一定时间,然后使其慢慢冷却达到结晶状态。在这个过程中,固体内部的自由能量达到最小。这个过程必须非常小心地进行,以防止固体凝固到局部晶体状态,此时固体内部形成了局部网络状态,总能量没有达到最小。而所谓的模拟退火方法就是模拟该过程的优化算法。在组合优化问题中,设计这样一个过程,对于多参数的组合优化,将相应的目标函数看作固体内的自由储能,设定一个人为的温度参数,使其首先取较大值(相当于加热到某个温度),然后按一定规律慢慢减小,就像退火过程的温度慢慢降低一样。通过适当地控制这个过程,使目标函数达到最小或次最小,这样的方法叫模拟退火方法。在本章中,我们将重点研究、分析模拟退火算法的基本特性,通过与物理过程的对比和均匀马尔可夫链渐进分析其收敛性。

6.2 组合优化问题的局部最小值

利用解向量空间重写优化问题。假定 f 为目标函数,S 为解空间,$\boldsymbol{x}$ 为解空间向量,$\boldsymbol{x}_{\text{opt}}$ 为最优解,那么优化问题(或称为组合优化)可写为

$$f(\boldsymbol{x}_{\text{opt}}) \leqslant f(\boldsymbol{x}), \quad 对所有\ \boldsymbol{x} \in S \tag{6.1}$$

式(6.1)是以最小化为特例的。式(6.2)定义的 $\boldsymbol{x}_{\text{opt}}$ 是指对整个解空间,因此被称为全局最优值点。在实际问题的处理过程中,经常会遇到局部最优值点的问题,其定义如下:

局部最优值点 $\boldsymbol{x}_{\text{Loc}}$ 满足下式

$$f(\boldsymbol{x}_{\text{Loc}}) \leqslant f(\boldsymbol{x}), \quad \boldsymbol{x} \in S_L, S_L \in S \tag{6.2}$$

即 $\boldsymbol{x}_{\text{Loc}}$ 仅在解空间内的某个子集成区域是最小的。局部最优点会导致算法不能收敛到全局最优点。但是,如果局部最优点构成一个子集 δ,$\boldsymbol{x}_L \in \delta$,那么,$\boldsymbol{x}_{\text{opt}}$ 一定属于 δ,也就是说,全局最优点肯定存在于局部最优点中。这样,最优化问题成为在 δ 空间寻找 $\boldsymbol{x}_{\text{opt}}$,满足:

$$f(\boldsymbol{x}_{\text{opt}}) \leqslant f(\boldsymbol{x}_L), \boldsymbol{x}_L \in \delta) \tag{6.3}$$

局部最小点的形成,妨碍了全局最优值点的获得,不同的初始值选取和搜寻方法导致收敛

于不同的局部最小点。但是，正像上面所指出的，首先，所有的局部最小值点构成了另一个子集，全局最优点必定存在于这个子集中，这实际上也为全局优化找到了一个突破点。因此，对于一些具体的应用，某些条件（边界条件）确定后，局部最小点也就转化为实际问题的全局最优点。

在实际的全局优化中，为避免算法进入局部最小点，必须注意以下三点：

(1) 尽量使算法能够最大限度地从所有的可能初始值开始，避免一开始就进入局部点，或者近似地以较大概率选择所有初始值；

(2) 引入更为复杂的区域搜寻方法，使算法可以搜寻所有的解空间，而不会在某一点冻结；

(3) 允许在某一阶段、某一过程中代价函数值有所增加，而不是一味减低，这样为算法提供从局部最小值区域跳出的机会。

SA 算法刚好紧扣以上注意事项，可以近似地称为全局优化方法。

6.3 SA 算法的发展简史

SA 算法首先由 Kirkpatrick[1] 在 1982 年提出，Gelat 和 Vecchi[2]（1983 年）紧随其后，这构成了传统的 SA 方法。之后 SA 方法经许多研究者的积极探索，又逐渐发展出快速 SA 方法（Hsu）和其他变形算法，如多结构 SA 方法 Wang[3]（1994 年）等。SA 算法的名称是因为其和材料热处理过程 Annealing（退火）的相似性而来，但在发展过程中也有人称之 Monte Carlo Annealing（蒙特卡罗退火）（Jepsen 和 Gelatt[3]，1983 年），随机爬坡（Romeo 和 Sangiovanni-Vincentelli[4]，1985）和随机松弛法（Geman，1984 年[4]）等。

由于 SA 算法的有效性和稳健性表现在它并不依赖于初始值的选取，而且在某些情况下还可以给出明确上限计算时间，因此，其本身是一个总的全局优化算法，吸引了大量的研究者，其应用领域已渗透到工程领域的各个方面，如 VLSI 制造、市场规划、经济宏观控制、海洋声学等。

6.4 Metropolis 过程

在介绍 SA 算法之前，首先介绍 Metropolis 过程。在固态物理学中，退火是固体材料的热处理过程，该过程包含以下两个步骤：将固体加热到足够高的温度并保持一定时间。然后非常小心、缓慢地降低温度，使固体内分子自由排列到晶体状态。

当材料处于液态时，材料内部的分子可以自由活动，而在晶体状态分子各自处于自己特定晶体结构中，不具备能量或势能，从而使系统总能量降到最小状态。材料达到这种状态的前提是温度充分高，可以使分子处于自由活动状态，而且冷却过程必须充分慢。不然的话，材料就有可能“冻结”到非晶体状态。退火对应的相反处理方式是强制冷却，即将温度突然降到很低，这样导致材料处于非晶体状态。

早在 1953 年，Metropolis，Rosenbluth 和 Teller[5] 等引入了一个简单的算法来模拟这样一个过程。该算法基于蒙特卡罗技术，以下列方式产生一系列的模拟固体材料状态。首先，给出一个特定状态 i，其能量是 E_i，然后利用扰动的方法，替换某一个分子，得到下一个状态 j，能

量为 E_j。如果 E_j 比 E_i 小的话，那么接受 E_j 作为现在的能量状态 E_i；E_j 比 E_i 大的话，也可以作为下一步的初始状态，只不过此时是按照一定的概率来决定是否保留 E_j，该概率为

$$\exp\left[\frac{E_i - E_j}{\beta T}\right]$$

式中，T 为当时状态的温度；β 是常数，称之为 Boltzman 常数。以上接受 E_j 的准则被称为 Metropolis 准则，这样的一个过程被称之为 Metropolis 过程。

如果温度充分降低的话，那么在每一个温度点，材料均处于热平衡状态。Metropolis 过程通过在每一个温度点大量地转换来达到这样热平衡状态，该状态被描述为 Boltzman 分布，该分布给出了材料在状态 i，具有能量 E_i 时的概率，

$$P_T\{\boldsymbol{x} = \boldsymbol{x}_i\} = \frac{1}{Z(T)}\exp\left(\frac{-E_i}{\beta T}\right) \tag{6.4}$$

式中，$\boldsymbol{x}$ 是一个随机变量，表示材料的目前状态；$Z(T)$ 是分区函数，定义为

$$Z(T) = \sum_j \exp\left(\frac{-E_j}{\beta T}\right) \tag{6.5}$$

式中，$\sum$ 是对所有可能的状态求和。Boltzman 分布在 SA 算法中扮演着重要角色。

6.5　模拟退火算法

可以利用 Metropolis 过程，将优化问题看作求取一系列可能的解，我们假定一个多参数优化过程和一个物理多分子结构有以下类似：

多参数优化问题的可能解，相对于材料多分子结构的一个状态；代价函数对应于材料的状态能量。设定温度为控制参数，这样 SA 算法可看作在控制参数逐渐降低条件下 Metropolis 过程的循环迭代。

定义 6.1　假定(S,f)代表一个优化问题，i，j 是其两个解，代价因子为 $f(i)$ 和 $f(j)$，从 i 到 j 转换的接受准则由以下接受概率决定：

$$P_c\{\text{接受 } j\} = \begin{cases} 1, & f_{(j)}^{x} \leqslant f_{(i)}^{x} \\ \exp\left[\dfrac{f_{(i)}^{x} - f_{(j)}^{x}}{c}\right], & f_{(j)}^{x} > f_{(i)}^{x} \end{cases} \tag{6.6}$$

式中，c 为控制参数，很明显该接受准则来源于 Metropolis 过程，相当于它的扰动操作。那么，转换是从现在的状态到下一个状态的过程，包含两个步骤：① 应用状态产生机理产生新的状态；② 使用接受准则。

假定 c_k 表示在第 k 个阶段的控制参数，ε 是在$(0,1)$区间均匀分布的随机数，L_k 表示在 k 个阶段 Metropolis 完成变换的次数，那么模拟退火方法可以用如图 6.1 所示流程图表示。

SA 算法的一个典型特点是对新变量的接受，不仅仅是在新变量使代价函数降低时接受，即使是在新变量不能使代价函数降低情况下，也同样以一定的概率接受该变量。这个特性意味着 SA 算法不同于其他局部搜寻算法，它可以从局部最小值点跳出搜寻全局最小点。从接受概率计算公式不难发现，是与接受新变量与控制参数 c 有关，当 c 很大时，接受概率大，当 c 很小时，接受概率变小。这说明 c 大时给变量更多的跳变空间，相当于温度极高时激活所有分子，使其充分活跃，变量可以自由地在空间内变化，而随 c 的变小，相当于温度的逐渐减小，变量

逐渐接近最优值点，为了获得精确值，接受概率会很低，最终只接受使代价函数变小的变量。

在(0,1)区间内均匀分布的随机量ε的引入，更加强调了对初始分阶段变量变化空间的容许度，进一步保证了变量在足够的自由空间内选取。可以想象，SA算法的收敛速度主要由 L_k 和 c_k 来决定，所以它们的参数选取非常重要，以后将详细介绍这些参数的选取原则。

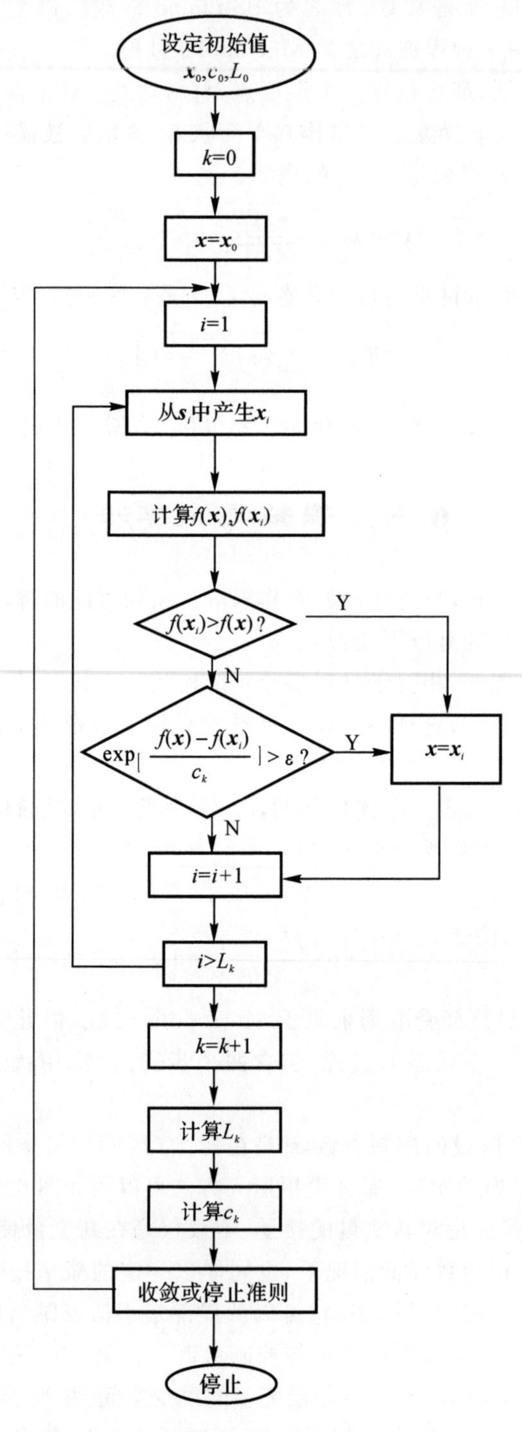

图 6.1 SA 算法流程图

6.6　SA 算法的基本特性分析

在分析 SA 算法和基本特性之前，首先引入一个基本的假定。假定在前面介绍的 Metropolis 过程中，存在各态历经性，即时间平均可以代替系统平均，或者说沿时间轴的统计特性可以代表系统总的统计特性，并且，系统的统计过程是一个稳态状态，其概率就是 Boltzman 分布。也就是说，系统在 $\boldsymbol{x}=\boldsymbol{x}_i$，具有能量 E_i 这样一个平衡状态的概率是式(6.4)。在此统计假定基础上，我们可以给出两个重要推论：

推论 6.1　给定一个多参数优化问题(f,S)，对于每一个固定的控制参数 c，我们总可以利用 SA 算法，采用充分多的变换操作，用接受概率：

$$P_c(\boldsymbol{x}=\boldsymbol{x}_j)=\begin{cases}1, & f(\boldsymbol{x}_j)\leqslant f(\boldsymbol{x}_i)\\ \exp=\left(\dfrac{f_i-f_j}{c}\right), & f(\boldsymbol{x}_j)>f(\boldsymbol{x}_i)\end{cases}\tag{6.7}$$

以一定的概率

$$P'_c\{\boldsymbol{x}=\boldsymbol{x}_i\}\overset{\text{def}}{=\!=}q_{\boldsymbol{x}i}(c)=\frac{1}{N_0(c)}\exp\left(-\frac{f_i}{c}\right)\tag{6.8}$$

找到 x 的一个解 x_i。其中 $N_o(c)=\sum\limits_{j\in s}\exp\left(-\dfrac{f_j}{c}\right)$ 是一个标准化常数。式(6.8) 有时候被称为均衡分布式稳态分布。

推论 6.2　给定一个多参数优化问题(f,S)，稳态分布是式(6.8)，那么有

$$\lim_{c\to 0}q_{\boldsymbol{x}_i}(c)\overset{\text{def}}{=\!=}q^*_{\boldsymbol{x}_i}=\frac{1}{|S_{\text{opt}}|}\lambda(S_{\text{opt}})^{(\boldsymbol{x}_i)}\tag{6.9}$$

S_{opt} 表示所有全局最优解的集合。$\lambda(A)^{(a)}$ 为特征函数，定义如下：

$$\lambda(A)(a)=\begin{cases}1, & a\in A\\ 0, & a\notin A\end{cases}\tag{6.10}$$

式(3.9) 的证明可以根据函数 $\mathrm{e}^{\frac{b}{x}}$ 的特性(当 $b\leqslant 0$ 时)

$$\lim_{x\to 0}\mathrm{e}^{\frac{b}{x}}=\begin{cases}1, & b=0\\ 0, & b<0\end{cases}$$

$$\lim_{c\to 0}q_{\boldsymbol{x}_i}(c)=\lim_{c\to 0}\frac{\exp\left[-\dfrac{f(\boldsymbol{x}_i)}{c}\right]}{\sum\limits_{j\in S}\exp\left[-\dfrac{f(\boldsymbol{x}_j)}{c}\right]}$$

假定 f_{opt} 为最小值，那么有 $f_{\text{opt}}<f(\boldsymbol{x}_i)$，$f_{\text{opt}}<f(\boldsymbol{x}_j)$，故

$$\lim_{c\to 0}q_{\boldsymbol{x}_i}(c)=\lim_{c\to 0}\frac{\exp\left[\dfrac{f_{\text{opt}}-f(\boldsymbol{x}_i)}{c}\right]}{\sum\limits_{j\in S}\exp\left[\dfrac{f_{\text{opt}}-f(\boldsymbol{x}_j)}{c}\right]}\tag{6.11}$$

将 S 分为两个集合，S_{opt} 为全局最优值点集合(近邻)，S_n 为去除 S_{opt} 之后的剩余集，那么根据式(6.10) 定义的特征函数性质，式(6.11) 可分拆为

$$\lim_{c\to 0} q_{\boldsymbol{x}_i}(c) = \lim_{c\to 0}\frac{1}{\sum_{j\in S}\exp\left[\frac{f_{\mathrm{opt}}-f(\boldsymbol{x}_i)}{c}\right]}\lambda(S_{\mathrm{opt}})^{(\boldsymbol{x}_i)} + \lim_{c\to\infty}\frac{\exp\left[\frac{f_{\mathrm{opt}}-f(x_i)}{c}\right]}{\sum_{j\in s}\exp\left[\frac{f_{\mathrm{opt}}-f(x_j)}{c}\right]}\lambda(S_n)^{(\boldsymbol{x}_i)} =$$

$$\frac{1}{|S_{\mathrm{opt}}|}\lambda(S_{\mathrm{opt}})^{(\boldsymbol{x}_i)} + 0 \tag{6.12}$$

式(6.12)对于SA算法的收敛性有重要意义。它从侧面说明如果对于每一个控制变量值c,都可以得到或达到式(6.8)的稳态分布状态的话,SA算法渐进收敛到一组全局最优解。

为后面说明问题方便,我们定义几个平衡状态的量如下:

(1) 预期代价因子$E_c(f)$。

$$E_c(f) \overset{\mathrm{def}}{=\!=\!=} \langle f\rangle_c = \sum_{\boldsymbol{x}_i\in S} f(\boldsymbol{x}_i)P_c\{\boldsymbol{x}=\boldsymbol{x}_i\} = \sum_{\boldsymbol{x}_i\in S} f(\boldsymbol{x}_i)q_{\boldsymbol{x}_i}(c) \tag{6.13}$$

(2) 预期平方代价因子$E_c(f^2)$。

$$E_c(f^2) \overset{\mathrm{def}}{=\!=\!=} \langle f^2\rangle_0 = \sum_{\boldsymbol{x}_i\in S} f^2(\boldsymbol{x}_i)P_c\{\boldsymbol{x}=\boldsymbol{x}_i\} = \sum_{\boldsymbol{x}_i\in S} f^2(\boldsymbol{x}_i)q_{\boldsymbol{x}_i}(c) \tag{6.14}$$

(3) 代价因子方差。

$$V_c(f) \overset{\mathrm{def}}{=\!=\!=} \sigma_c^2 = \sum_{\boldsymbol{x}_i\in S}[f(\boldsymbol{x}_i)-E_c(f)]^2 P_c\{\boldsymbol{x}=\boldsymbol{x}_i\} =$$

$$\sum_{\boldsymbol{x}_i\in S}[f(\boldsymbol{x}_i)-\langle f\rangle_c]^2 q_{\boldsymbol{x}_i}(c) = \langle f^2\rangle_c - \langle f\rangle_c^2 \tag{6.15}$$

(4) 平衡状态的熵Φ_c。

$$\Phi_c = -\sum_{\boldsymbol{x}_i\in S} q_{\boldsymbol{x}_i}(c)\ln q_{\boldsymbol{x}_i}(c) \tag{6.16}$$

平衡状态的熵代表系统在平衡状态的信息,是平衡状态对系统无序状态的表征。高熵值意味着系统处于极无序状态,低熵值表明系统趋于有序状态。

有了这些定义,我们可以给出其他3个重要推论:

推论 6.3 根据平衡方程式(6.8)有以下关系成立:

$$\frac{\partial}{\partial c}\langle f\rangle_c = \frac{\sigma_c}{c^2} \tag{6.17}$$

$$\frac{\partial}{\partial c}\Phi_c = \frac{\sigma_c}{c^3} \tag{6.18}$$

这两个关系式,可以根据以上定义直接推得。

推论 6.4 根据式(6.4),可以推出以下关系式

$$\lim_{c\to\infty}\langle f\rangle_c \overset{\mathrm{def}}{=\!=\!=} \langle f\rangle_\infty = \frac{1}{|S|}\sum_{\boldsymbol{x}_i\in S} f(\boldsymbol{x}_i) \tag{6.19}$$

$$\lim_{c\to 0}\langle f\rangle_c = f_{\mathrm{opt}} \tag{6.20}$$

$$\lim_{c\to\infty}\sigma_c \overset{\mathrm{def}}{=\!=\!=} \sigma_\infty^2 = \frac{1}{|S|}\sum_{\boldsymbol{x}_i\in S}[f(\boldsymbol{x}_i)-\langle f\rangle_\infty]^2 \tag{6.21}$$

$$\lim_{c\to 0}\sigma_c^2 = 0 \tag{6.22}$$

$$\lim_{c\to\infty}\Phi_c \overset{\mathrm{def}}{=\!=\!=} \Phi_\infty = \ln|S| \tag{6.23}$$

$$\lim_{c\to 0}\Phi_c \xlongequal{\text{def}} \Phi_0 = \ln|S_{\text{opt}}| \tag{6.24}$$

式(6.17)和(6.18)说明在 SA 算法的执行过程中,预期代价因子和熵均是单调减小的。

推论 6.5　当 $S_{\text{opt}} \neq S$ 时,可以推得:

(1) $\forall x_i \in S_{\text{opt}}$, $\frac{\partial}{\partial c}q_{x_i}(c) < 0$; (6.25)

(2) $\forall x_i \notin S_{\text{opt}}$, $f(x_i) \geqslant \langle f\rangle_\infty$, $\frac{\partial}{\partial c}q_{x_i}(c) > 0$; (6.26)

(3) $\forall x_i \notin S_{\text{opt}}$, $f(x_i) < \langle f\rangle_\infty$, $c_i > 0$,则

$$\frac{\partial}{\partial c}q_{x_i}(c)\begin{cases} >0, & c < c_i \\ =0, & c = c_i \\ <0, & c > c_i \end{cases} \tag{6.27}$$

推论 6.5 说明找到最佳解的概率随着 c 的逐渐减小而单调增加。

6.7　SA 算法特性的基本定量讨论

我们通过预期代价因子和代价方差来讨论 SA 算法的基本稳态性能,首先定义解密度函数 $\omega(f)$ 如下:

$$\omega(f)\mathrm{d}f = \frac{1}{|S|}\left|\{\boldsymbol{x}_i \in S \mid f \leqslant f(\boldsymbol{x}_i) < f + \mathrm{d}f\}\right| \tag{6.28}$$

这样在 SA 算法中的稳态分布概率可重写为

$$\Omega(f,c)\mathrm{d}f = \frac{\omega(f)\exp\left(\frac{f_{\text{opt}} - f}{c}\right)\mathrm{d}f}{\int_{f_{\min}}^{f_{\max}}\omega(f')\exp\left(\frac{f_{\text{opt}} - f'}{c}\right)\mathrm{d}f'} \tag{6.29}$$

$\Omega(f,c)\mathrm{d}f$ 表示在 c 参数时的特定观察概率,$f_{\min}$ 和 $f_{\max}$ 是代价函数的最小和最大值,很明显 $f_{\min} = f_{\text{opt}}$,因此

$$\langle f\rangle_c = \int_{f_{\min}}^{f_{\max}} f'\Omega(f'_1 c)\mathrm{d}f' \tag{6.30}$$

$$\sigma_c^2 = \int_{f_{\min}}^{f_{\max}}[f' - \langle f\rangle_c]^2\Omega(f',c)\mathrm{d}f' \tag{6.31}$$

精确估计 $\omega(f)$ 是相当困难的,因为对于不同的优化问题,会有不同的 $\omega(f)$。但我们可以定性地分析其性能。

假如 c_t 为某一个阈值点,标志着解从某一个近邻区域跳向另一个解区域的话,那么都反映出观察解密度函数的变化。从统计角度来讲,$\Omega(f,c)$ 可看作 $\omega(f,c)$ 的有限观察集合,因此,我们可以假定由 c_t 可以把代价函数分为 R_1,R_2 两个区域。R_1 代表一个围绕 、具有标准差的区域,而 R 表示围绕或接近于 $f_{\min}$ 的区域。对于典型的多参数优化问题,我们可以认为 $\omega(f)$ 在区域 R_1 是一个正常分布 $\omega_N(f)$,而在 R 为一个指数分布 $\omega_\varepsilon(f)$。那么在 R_1 中解的数量应该远大于在 R 区域内的解的数量。结合以上假设,从式(6.29),可以认为对于较大的 c 值,$\Omega(f,c)$ 主要由 $\omega_N(f)$ 决定,对于较小的 c 值,$\Omega(f,c)$ 主要由 $\omega_\varepsilon(f)$ 决定。现在就可以分析 $\omega(f)$ 在两个区域的特性。

在区域 R_1：

$$\omega_N(f) \approx \exp\left[-\frac{(f-\langle f\rangle_\infty)^2}{2\sigma_\infty^2}\right] \tag{6.32}$$

对于 $c \in \mathbf{R}$，有

$$\Omega(f,c) \approx \frac{\exp\left\{-\frac{\left[f-\left(\langle f\rangle_\infty-\frac{\sigma_\infty^2}{c}\right)\right]^2}{2\sigma_\infty^2}\right\}}{\int_{f_{\min}}^{f_{\max}} \exp\left\{-\frac{\left[f'-\left(\langle f\rangle_\infty-\frac{\sigma_\infty^2}{c}\right)\right]^2}{2\sigma_\infty^2}\right\} df'} =$$

$$\frac{1}{N(c)} \exp\left\{-\frac{\left[f-\left(\langle f\rangle_\infty-\frac{\sigma_\infty^2}{c}\right)\right]^2}{2\sigma_\infty^2}\right\} \tag{6.33}$$

式中，$N(c)$ 是与 c 有关的积分常数。

观察式(6.27)，其相当于一个正态分布，所以

$$\langle f\rangle_c \approx \langle f\rangle_\infty - \frac{\sigma_\infty^2}{c} \tag{6.34}$$

$$\sigma_c^2 \approx \sigma_\infty^2 \tag{6.35}$$

在区域 R_2，$\omega_\varepsilon(f) \approx \exp\left[(f-f_{\min})\gamma\right]$，$\gamma$ 为常数，$0<\gamma<c^{-1}$，则有

$$\Omega(f,c) \approx \frac{\exp\left[(f_{\min}-f)\left(\frac{1-\gamma c}{c}\right)\right]}{\int_{f_{\min}}^{f_{\max}} \exp\left[(f_{\min}-f')\left(\frac{1-\gamma c}{c}\right)\right] df'} =$$

$$\frac{1}{M(c)}\left(\frac{1-\gamma c}{c}\right)\exp\left[(f_{\min}-f)\left(\frac{1-\gamma c}{c}\right)\right] \tag{6.36}$$

$$M(c) = 1-\exp\left[(f_{\min}-f_{\max})\left(\frac{1-\gamma c}{c}\right)\right] \tag{6.37}$$

如果假定 $f_{\max} \gg f_{\min}$，则有

$$\langle f\rangle_c - f_{\min} \approx \frac{c}{1-\gamma c} = c\left[1+\gamma c+(\gamma c)^2+\cdots\right] \tag{6.38}$$

$$\sigma_c \approx \left(\frac{c}{1-\gamma c}\right)^2 = c^2\left[1+2\gamma c+3(\gamma c)^2+\cdots\right] \tag{6.39}$$

不难发现，对于较大值的 c，$\langle f\rangle_c$ 与 c^{-1} 成正比，σ_c^2 趋近于常数，对于较小的 c，$\langle f\rangle_c$ 与 c 成正比，σ_c^2 趋近于 c^2。

至此，通过设定一个门限值 c_t，可以把解空间分为两个区域 R_1 和 R_2，得出期望代价因子和代价方差如下式：

$$\langle f\rangle_c = \begin{cases} f_{R_1} = f_{\min} + N_t\left[\langle f\rangle_\infty - f_{\min} - \frac{\sigma_\infty^2}{c_t}\right]\left(\frac{c}{1-\gamma c}\right), & c \leqslant c_* \\ f_{R_2} = \langle f\rangle_\infty - \frac{\sigma_\infty^2}{c}, & c > c_* \end{cases} \tag{6.40}$$

$$\sigma_c = \begin{cases} \sigma_{R_1} = N_t^2 \sigma_\infty^2 \left(\dfrac{c}{1-\gamma c}\right)^2, & c \leqslant c_* \\ \sigma_{R_2} = \sigma_\infty^2, & c > c_* \end{cases} \tag{6.41}$$

这里，

$$N_* = \frac{1-\gamma c}{c_*} \tag{6.42}$$

$$c_* = \frac{2\sigma_\infty^2}{\langle f \rangle_\infty - f_{\min}} \tag{6.43}$$

式(6.40) ~ 式(6.43) 比较精确地反映了 SA 算法的特点，虽然这样的结论来自对某些参数的假设，已经有了大量的实验结果证明了以上特性的正确性[10]。

6.8　SA 算法的收敛性分析

在上一节我们借用材料热处理中的退火过程，引入了 SA 算法，并且假想在 SA 算法中同样存在一个和材料热处理中热平衡方程类似的统计平稳过程，并以此为基础，简单探讨了 SA 算法的稳态性能。这一节引入马尔可夫链的概念来近似分析 SA 的收敛性。

我们首先回顾一下有关马尔可夫链的基本概念(Markov Chain)。

定义 6.2　一组随机变量，其中任一个给定变量的出现概率取决于前一次出现的变量，例如在第 k 次测量中，假定 $x(k)$ 代表此次出现的随机变量，此时如果其前一次取值是 x_i，即

$$x(k-1) = x_i$$

那么，此次出现 $x(k) = x_j$ 的概率，称为 x_i 和 x_j 的瞬态概率。

$$P_{ij}(k) = P\{x(k) = x_j \mid x(k-1) = x_i\} \tag{6.44}$$

定义瞬态矩阵 $\boldsymbol{P}(k)$：

$$\boldsymbol{P}(k) = \{P_{ij}(k)\}$$

以 $a_i(k)$ 表示在 k 次出现 x_i 的概率：

$$a_i(k) = P\{x(k) = x_i\} \tag{6.45}$$

那么有下式成立：

$$a_i(k) = \sum_l a_l(k-1) P_{li}(k) \tag{6.46}$$

马尔可夫链的一些特性和基本定义如下：

(1) 有限马尔可夫链：如马尔可夫链中的变量是有限的，称为有限马尔可夫链。

(2) 均匀马尔可夫链：瞬态概率与测量次数 k 无关。

(3) 非均匀马尔可夫链：瞬态概率与测量次数 k 有关。

(4) 随机向量 $\boldsymbol{a}$：如果该向量的每一元素，满足 $a_i \geqslant 0$，$\sum_i a_i = 1$，则称该向量为随机向量。

(5) 随机矩阵 $\boldsymbol{Q}$：如果矩阵 $\boldsymbol{Q}$ 的元素满足 $Q_{ij} \geqslant 0$，$\sum_j Q_{ij} = 1$，对所有的 i，则该矩阵称为随机矩阵。

对于 SA 算法来讲，每一个瞬态即相当于每一个变换，瞬态取值的结果就是一组有限解的

集合。很明显，对于上一节介绍的SA算法，每一个瞬态或变换的结果完全取决于上一次瞬态或变换的结果。因此，SA算法每一变换的取值序列实际上构成了一个有限马尔可夫链。引入马尔可夫链之后，就可以定义与SA算法相关的几个参数。

1. 瞬态概率(或称之为转换概率)

假如(f,S)是多参数优化问题，SA算法在第k次变换的瞬态概率定义如下：

$$P_{ij}(k)=P_{ij}(k)=\begin{cases}G_{ij}(c_k)A_{ij}(c_k), & x_i\neq x_j\\ 1-\sum_{l}P_{il}(c_k), & x_i=x_j,x_l\neq x_i,x_l\in S\\ \forall x_i,x_j\in S\end{cases}\tag{6.47}$$

式中，$G_{ij}(c_k)$表示产生概率，即从x_i产生x_j的概率；$A_{ij}(c_k)$称为接受概率，即一旦从x_i产生x_j时，接受x_j的概率。这两个参数均为条件概率，以它们为元素，可以构成产生矩阵$\boldsymbol{G}(c_k)=\{G_{ij}(c_k)\}$和接受矩阵$\boldsymbol{A}(c_k)=\{A_{ij}(c_k)\}$。

在前面介绍SA算法时，仅是相对于材料处理过程给出的算法流程，并未给出具体的产生和接受算式，R. L. Graham给出了更明确的定义，其他实用的算法均由Graham定义简化而来，这里我们给出Graham定义，后面收敛的证明均以此为基础。

2. SA算法的产生概率

$$G_{ij}(c_k)=G_{ij}=\frac{1}{|S_i|}\lambda(S_i)^{(x_j)}\tag{6.48}$$

式中，$|S_i|$表示所有x_i的近邻，根据式(6.48)λ函数的定义可知，如果x_i有10个这样的近邻，那产生概率说明，x_j在x_i的每一个近邻中的取值概率均为1/10，说明x_j在x_i的所有近邻中均匀取值，与c_k无关。

3. SA算法的接受概率

$$A_{ij}(c_k)=\exp\left\{-\frac{[f(x_j)-f(x_i)]^+}{c_k}\right\}\tag{6.49}$$

$[\cdot]^+$定义为

$$[a]^+=\begin{cases}a, & a>0\\ 0, & a\leqslant 0\end{cases}\tag{6.50}$$

式(6.50)直接来自式(6.5)的接受准则。有了式(6.48)和式(6.49)的定义，下面就采用渐进的方法证明SA算法收敛，即经过足够多次数的变换后，变换获得最优值的概率为1。

$$P\{x(k)\in S_{\text{opt}}\}=1$$

或者写为

$$\lim_{k\to\infty}P\{x(k)\in S_{\text{opt}}\}=1\tag{6.51}$$

为了方便讨论，我们假定控制参数c_k与变换次数无关，即$c_k=c$。对于有限均匀马尔可夫链，具有瞬态矩阵$\boldsymbol{Q}$，我们定义其稳态分布为向量$\boldsymbol{q}$，$\boldsymbol{q}$的第i个元素为

$$q_i=\lim_{k\to\infty}\boldsymbol{P}\{x(k)=x_i\mid x(0)=x_j\}\tag{6.52}$$

对所有的x_j均成立。

假如存在这样一个稳态分布$\boldsymbol{q}$，那么，根据式(6.48)有

$$\lim_{k\to\infty}a_i(k)=\lim_{k\to\infty}P\{x(k)=x_i\}=\lim_{k\to\infty}\sum_{j}P\{x(k)=x_i\mid x_{(0)}=x_j\}\cdot$$

$$P\{x_{(0)}=x_j\}=q_i\lim_{k\to\infty}P\{x_{(0)}=x_j\} \tag{6.53}$$

因为是有限马尔可夫链，所以$\lim\limits_{k\to\infty}P\{x_{(0)}=x_j\}=1$，式(6.53)可重写为

$$\lim_{k\to\infty}a_i(k)=q_i \tag{6.54}$$

比较式(6.48)和式(6.54)，因为 $a_i(k)$ 表示在第 k 个时刻取值时选中 x_i 的概率，所以上式说明，在测量或变换次数趋于无限大时，定义的稳态分布的形式和解集合的概率分布相同。

更进一步，利用式(6.49)有

$$a_i(k)=\sum_{\iota}a_{\iota}(k-1)P_{\iota i}(k)$$

运用均匀性假设 $P(k)=P$，对所有的 k，上式可写成

$$a_i(k)=\sum_{\iota=1}^{k}a_{\iota}(k-1)P=P\sum_{\iota=1}^{k-1}a_{\iota}(k-1)=Pa_i(k-1)=\cdots=P^k a_i(0) \tag{6.55}$$

$$\boldsymbol{q}^{\mathrm{T}}=\{\lim_{k\to\infty}a_i(k)\}^{\mathrm{T}}=\{\lim_{k\to\infty}P^k a_i(0)\}^{\mathrm{T}}=\{\lim_{k\to\infty}\boldsymbol{a}^{\mathrm{T}}(0)P^k\}$$

$$\boldsymbol{a}(0)=\{a_i(0)\}$$

$$\boldsymbol{q}^{\mathrm{T}}=\lim_{k\to\infty}[a^{\mathrm{T}}(0)P^{k-1}]P=\boldsymbol{q}^{\mathrm{T}}P \tag{6.56}$$

$\boldsymbol{q}$ 成为瞬态矩阵 $\boldsymbol{P}$ 的特征向量，特征值为 1。对于 SA 来讲，$\boldsymbol{q}$ 和 $\boldsymbol{P}$ 均和控制参数 c 有关。

4. 不可恢复马尔可夫链

如果一个马尔可夫链的瞬态变换矩阵是 $\boldsymbol{Q}$，对于每一对$(x_i,x_j)\in S$，经有限数量的测试，x 总能以一定的概率从 x_i 转向 x_j，那么这个马尔可夫链称为不可恢复马尔可夫链。即

$$\text{对于任意 } x_i,x_j\text{，存在 } n\geqslant 1,(\boldsymbol{Q}^n)_{ij}>0 \tag{6.57}$$

5. 非周期马尔可夫链

以 D_i 表示指向解 x_i 的所有有限变换次数的集合，gcd (D_i) 表示这些次数的最大公约数。这样如果一个马尔可夫链的瞬态变换矩阵是 $\boldsymbol{Q}$，对于所有 $x_i\,x_i\in S$，满足

$$\gcd(D_i)=1,\quad (\boldsymbol{Q}^n)_{ii}>0 \tag{6.58}$$

则该马尔可夫链被称之为非周期马尔可夫链，也可以称 $\gcd(D_i)$ 为 x_i 的周期。

定理 6.1　如果一个马尔可夫链满足：

存在

$$j,\ x_j\in S,\ \boldsymbol{Q}_{jj}>0 \tag{6.59}$$

那么这个马尔可夫链既是不可恢复的也是非周期的。

我们可以利用式(6.57)和式(6.58)证明该定理。由不可恢复性有，对于任意 $x_i,x_j\in S$，存在 $k,\iota\geqslant 1$，$(\boldsymbol{Q}^k)_{ij}>0$，$(\boldsymbol{P}^{\iota})_{ji}>0$。

令 $n=k+\iota$，则

$$(\boldsymbol{Q}^n)_{ii}\geqslant(\boldsymbol{Q}^k)_{ij}(\boldsymbol{Q}^{\iota})_{ji}>0$$

故

$$(\boldsymbol{Q}^{n+1})_{ii}\geqslant(\boldsymbol{Q}^k)_{ij}\boldsymbol{Q}_{jj}(\boldsymbol{Q}^{\iota})_{ji}>0$$

$$n,n+1\in D$$

$$1\leqslant\gcd(D_i)\leqslant\gcd(n,n+1)$$

因为

$$\gcd(n,n+1)=1$$

所以

$$\gcd(D_i)=1$$

满足式(6.58)，证明完毕。

Feller[3] 在1950年给出了关于存在一个稳态分布的定理，即Feller定理。

定理6.2 如果一个有限均匀马尔可夫链是不可恢复和非周期的，那么一定存在一个随机向量 $\boldsymbol{q}$，它的分量由下式决定：

$$q_i = \sum_j q_j p_{ji} \quad (\text{对所有属于 } S \text{ 的 } x_i, x_j \text{ 均成立}) \tag{6.60}$$

这样，由于由上式定义的 $\boldsymbol{q}$ 满足式(6.56)，因而 $\boldsymbol{q}$ 就是该马尔可夫链的稳态分布。

定理6.3 一个瞬态矩阵为 $\boldsymbol{Q}$ 的不可恢复、非周期和有限均匀马尔可夫链，如果有一个分布 $\boldsymbol{q}$，其分量满足：

$$q_i p_{ij} = q_j p_{ji} \quad (\text{对所有属于 } S \text{ 的 } x_i, x_j \text{ 均成立}) \tag{6.61}$$

那么这个分布就是该马尔可夫链的稳态分布。

证明 只要证明式(6.61)相当于式(6.60)就可以了。由于是随机矩阵，则有

$$q_i p_{ij} = q_j p_{ji} \Rightarrow \sum_{j \in s} q_u p_{ij} = \sum_{j \in s} q_i p_{ji} \Rightarrow q_i = \sum_{j \in s} q_j p_{ji} \tag{6.62}$$

有时候把式(6.61)称为系统平衡方程，式(6.62)称为局部平衡方程。

回到SA算法来证明，对于SA算法存在一个稳态分布，就是在SA算法过程中形成的马尔可夫链的稳态分布。

观察由式(6.47)定义的SA算法瞬态矩阵 $\boldsymbol{P}(c)$。首先证明其不可恢复性。

假如满足条件：① 对于任意 $i, j, x_i, x_j \in s$；② 存在 $p \geqslant 1$；③ 存在 $l_0, l_1, \cdots, l_p, x_{l0} x_{l1}, \cdots x_{lp} \in S$。当 $l_0 = i, l_p = j$ 时，有

$$G_{l_k l_{k+1}} > 0, \quad k = 0, 1, \cdots, p-1 \tag{6.63}$$

那么

$$(Q^p)_{ij}(c) = \sum_{k_1 \in s} \sum_{k_2 \in s} \cdots \sum_{k_{p-1} \in s} Q_{ik_1}(c) Q_{k_1 k_2}(c) \cdots Q_{k_{p-1} j}(c) \geqslant$$
$$G_{il_1} A_{il_1}(c) G_{l_1 l_2} A_{l_1 l_2}(c) \cdots G_{l_{p-1} j} A_{l_{p-1} j}(c)$$

因为 $A_{ij} > 0$，对所有的 $i, j, x_i, x_j \in S$，所以 $(Q^p)_{ij}(c) > 0$。

满足式(6.57)，不可恢复性成立。

下面证明其非周期性。

根据(6.63)，总存在一对 (i, j) $x_i, x_j \in S$，满足：

$$f(x_i) < f(x_j), \quad G_{ij} > 0, \quad A_{ij} < 1$$

这样

$$Q_{ii}(c) = 1 - \sum_{\substack{l \neq i \\ x_l \in s}} G_{il} A_{il}(c) = 1 - G_{ij} A_{ij}(c) - \sum_{\substack{l \neq i, j \\ x_l \in s}} G_{il} A_{il}(c) >$$
$$1 - G_{ij} - \sum_{\substack{l \neq i, j \\ x_l \in s}} G_{il} = 1 - \sum_{\substack{l \neq i \\ x_l \in s}} G_{il} = 0$$

即 $Q_{ii}(c) > 0$。满足式(6.59)，非周期性成立。

因此，根据Feller定理，SA算法存在一个稳态分布 $\boldsymbol{q}(c)$。

定理6.4 在SA算法过程中定义的瞬态矩阵为 $\boldsymbol{P}(c)$ 的马尔可夫链是非周期的和不可恢复的，因此存在一个稳态分布 $\boldsymbol{q}(c)$，它的分量由下式决定：

$$q_i(c) = \frac{1}{N_0(c)} \exp\left[-\frac{f(x_i)}{c}\right], \quad \text{对于任意 } x_i \in S \tag{6.64}$$

$$N_0(c)=\sum_{x_j\in s}\exp\left[-\frac{f(x_j)}{c}\right] \tag{6.65}$$

证明　根据 Feller 定理，我们只要证明式(6.64)、式(6.65) 定义的分布满足式(6.56)即可。

观察式(6.48)，有 $G_{ij}=G_{ji}$，故

$$\begin{aligned}q_i(c)A_{ij}(c)=&\frac{1}{N_0(c)}\exp\left[-\frac{f(x_i)}{c}\right]\exp\left[-\frac{[f(x_i)-f(x_i)]^+}{c}\right]=\\&\frac{1}{N_0(c)}\exp\left[\frac{-f(x_j)}{c}\right]\exp\left[-\frac{f(x_i)-f(x_j)+[f(x_j)-f(x_i)]^+}{c}\right]=\\&\frac{1}{N_0(c)}\exp\left[\frac{-f(x_j)}{c}\right]\exp\left[-\frac{[f(x_i)-f(x_j)]^+}{c}\right]=\\&q_j(c)A_{ji}(c)\end{aligned}$$

证毕。

至此，我们已经证明对于 SA 算法存在一个稳态分布 $\boldsymbol{q}(c)$，其分量由式(6.64)、式(6.65)决定，这和前一节我们估计的情况类似。根据该稳态分布的特性，我们可以得到：

$$\lim_{c\to 0}\boldsymbol{q}(c)=\boldsymbol{q}^*$$

其分量为

$$q_i^*=\frac{1}{|S_{\text{opt}}|}\lambda(S_{\text{opt}})^{(x_i)} \tag{6.66}$$

同样有

$$\lim_{c\to 0}\lim_{k\to\infty}P_c\{x(k)=x_i\}=\lim_{c\to 0}q_i(c)=q_i^* \tag{6.67}$$

$$\lim_{c\to 0}\lim_{k\to\infty}P_c\{x(k)\in S_{\text{opt}}\}=1 \tag{6.68}$$

也就是说，SA 算法渐进收敛于最佳解，注意其前提是要满足式(6.63) 的条件。

6.9　SA 算法收敛性的几点讨论

在上一节中，我们用有限均匀马尔可夫链的概念，证明了 SA 算法渐进收敛于最优解。但这种渐进收敛性的前提是一个无限次数的变换，这样，在实现 SA 算法时就必须产生一系列无限长的均匀马尔可夫链，这显然是不实用的。鉴于此，我们可以用一组在不同控制参数下的有限长度的均匀马尔可夫链来描述，这样 SA 算法就成为一个整体不均匀无限长度，但分段均匀有限长度的非均匀马尔可夫链。可用数学表示如下：

假设 c'_l 是第 l 个均匀马尔可夫链的控制参数，λ 表示均匀马尔可夫链的长度，c_k 表示 SA 算法在第 k 次变换时的控制参数，我们可以把 c_k 用 c'_l 表示：

$$c_k=C'_l,\quad lL<k<(l+1)L \tag{6.69}$$

这意味着 SA 算法的控制参数成为一个分段常数，即在每一个变换时取不同值，形成一个控制参数序列 $\{c_k\}$，$k=1,2,\cdots$。c'_l 参数满足下式：

$$c'_{l+1}\leqslant c'_l,\quad l=0,1,\cdots \tag{6.70}$$

$$\lim_{l\to\infty}c'_l=0 \tag{3.71}$$

在这种情况下，我们同样可以证明

$$\lim_{k\to\infty} P\{x(k)=x_i\}=q_i^*=\frac{1}{|S_{\text{opt}}|}\lambda(S_{\text{opt}})^{(x_i)} \tag{6.72}$$

即由式(6.72)知道,存在一个稳态分布 $\boldsymbol{q}^*$,也就是说SA算法渐进收敛于最佳解。

所以式(6.69)~式(6.72)是一个近似表示,其意义在于找到了一种物理可实现的方法。Anily和Geman[4]对以上近似进行了详细的证明,收敛的前提是SA算法的控制参数,每个阶段的减小必须足够慢。

经过以上的讨论,我们可以得出结论,只要允许无限次的变换,SA算法是一个收敛的最优化方法。这个要求严格限制了SA的应用,所以给出了分段均匀马尔可夫链的近似表示,可以将SA算法进一步推向实用。在下一节进一步简化算法收敛要求,给出各种实用算法,这些算法都是对上一节介绍的严格SA算法近似,可以预测的是,优化结果只能是次最佳或准最佳解。

6.10 有限时间实现SA算法

从上一节的分析,我们知道,SA算法收敛于其最佳解需要无限次的变换操作,而这在实际操作中是不可能的。因此,我们需要适当地近似,来保证算法的物理可实现性。这一节我们重点讨论SA的有限时间实现问题,由于篇幅所限,我们省去烦琐的数学证明,仅给出一些算法要素的选择规则和基本结论。

所谓有限时间实现是指对于不断下降的有限控制参数系列,产生有限长度的均匀马尔可夫序列,为了达到这样的要求,我们必须规定一组控制算法过程的参数,这些参数组合成退火规则或叫冷却规则,这是整个算法的关键。

退火规则主要定义如下两个方面:

(1) 控制参数 c 的有限时间值,包括初始值 c_0,控制 c 值不断下降的递减函数,控制算法停止的最终控制参数值。

(2) 在每一个控制参数 c,所需要的有限变换次数,即每一个均匀马尔可夫链的长度。

假定 L_k 表示第 k 个马尔可夫链(第 k 次操作),c_k 是相应的控制参数,$\boldsymbol{a}(L_k,c_k)$ 是此时的解分布概率,$\boldsymbol{q}(c_k)$ 是在 c_k 时的稳态分布概率,当 $\boldsymbol{a}(L_k,c_k)$ 充分接近 $\boldsymbol{q}(c_k)$ 时,即

$$|\boldsymbol{a}(L_k,c_k)-\boldsymbol{q}(C_k)|<\varepsilon \tag{6.73}$$

ε 是一个小的正数,如果 ε 足够小的话,我们称SA算法达到伪平衡状态。伪平衡状态是相对于前面介绍的稳态结果而讲的。不难看出,该平衡状态是最终优化状态的近似。下面利用伪平衡方程来建立退火规则。

利用前面定义的接受概率概念,如果 $c\to\infty$,那么稳态分布就变成了解空间的均匀分布,即

$$\lim_{c\to\infty}\boldsymbol{q}(c)=\frac{1}{|S|}\boldsymbol{I} \tag{6.74}$$

"$\boldsymbol{I}$"表示每一分量均为1的向量。说明当 c 非常大时,此时的平衡状态分布近似于解空间的均匀分布。所以,我们首先可以选择充分大的 c_k;其次选取马尔可夫链的长度、控制参数及其递减函数等。必须在每一段均匀马尔可夫链的最终,保证达到伪平衡状态。为了保证达到伪平衡状态,从直觉上看,c_k 的大幅度减小必定需要一个较长的马尔可夫链,所以为了保证其

可实现性，我们必须选择不太长的马尔可夫链，也就说不太大的 c_k，这种折中有时候是很难达到的，也因此产生了大量的选取方法，Kirkpatrick 方案[5] 应该说是最原始和最早的选取方案，其他方案大体上是由 Kirkpatrick 方案演变而来，下面具体介绍该方案的退火规则。

1. Kirkpatrick 方案

选取充分大的控制参数初始值，保证开始时的接受概率趋近于 1。

递降函数

$$c_{k+1}=\alpha c_k,\quad k=1,2,\cdots \tag{6.75}$$

α 是一个小于 1 但接近于 1 的正常数。

停止规则：如果目标代价函数在多个变换中均保持不变或变化很小的话，终止操作。

马尔可夫链长度的选取是要保证在每个 c_k 值均能达到伪平衡状态。由于随着 c_k 的降低，接受概率逐渐减小，当 $c_k \to 0$ 时 $L_k \to \infty$，所以设定一个固定值 L_m，避免出现无限长的马尔可夫链。

2. Aarts & Van Laarhoven[6] 规则

另一个重要的退火规则是 Aarts & Van Larhoven 规则，简称 AVL 规则。AVL 规则给出了更为明确的参数选择方案，而且具有实际可操作性。

(1) 初始控制参数 c_0 的选取。

控制参数的初始值选取同样要保证每个变换都可以接受，即接受概率近似为 1。如果在控制参数为 c 时，从 x_i 到 x_j，假如建议的变换数 m，其中 $f(x_j)\leqslant f(x_i)$ 为 m_1，$f(x_j)>f(x_i)$ 为 m_2，$m=m_1+m_2$，由于 m_2 个变换导致的平均代价函数增加为 $\Delta f^{(t)}$，这样可以计算出接受率 β 为

$$\beta \approx \frac{m_1+m_l\exp\left(-\dfrac{\Delta f^{(t)}}{c}\right)}{m} \tag{6.76}$$

可以计算出：

$$c=\frac{\Delta f^{(t)}}{\ln\left[\dfrac{m_2}{m_2\beta-m_1(1-\beta)}\right]} \tag{6.77}$$

根据以上两式，可以用实验的办法求出 c_0。比如，首先对 $c_0=0$ 试验，产生 m_0 个值，可以计算出 m_1 和 m_2，这样从式(6.77) 可以计算出新的 c_0 值，作为初始控制参数值。

(2) 递减函数。

从状态 c_k 到 c_{k+1}，即从一个伪平衡状态到另一个伪平衡状态，如果 c_k 到 c_{k+1} 的变化非常小(这是退火的基本要求)，那么下式应该成立

$$|\boldsymbol{q}(c_k)-\boldsymbol{q}(c_{k+1})|<\varepsilon,\quad \text{对于任意 } k\geqslant 0 \tag{6.78}$$

ε 为正的常数。也就是说，需要相邻的伪平衡状态充分接近，可以量化为

$$\frac{1}{1+\delta}<\frac{q_i(c_k)}{q_i(c_{k+1})}<1+\delta,\quad \text{对于任意 } x_i\in S,k=0,1,\cdots \tag{6.79}$$

$q_i(c_k)$，$q_i(c_{k+1})$ 是 $q(c_k)$，$q(c_{k+1})$ 的分量，δ 为引入的非常小的正常数，称之为距离参数。从式(6.79) 可以进一步推出下式[6]

$$\frac{\exp(-\dfrac{\delta_i}{c_k})}{\exp(-\dfrac{\delta_i}{c_{k+1}})}<1+\delta,\quad k=0,1,\cdots,\text{对于任意 } x_i\in S \tag{6.80}$$

其中 $\delta_i = f(x_i) - f_{\text{opt}}$。经适当变换可得下式：

$$c_{k+1} > \frac{c_k}{1 + \dfrac{c_k \ln(1+\delta)}{f(x_i) - f_{\text{opt}}}}, \quad k = 0,1,\cdots, \text{对于任意 } x_i \in S \tag{6.81}$$

为了进一步得出 c 的变换公式，Aarts 引入标准公差 σ_{ck}，σ_{ck} 是 c 参数在所有代价函数分布范围内的标准差，利用平衡状态方程，得到下式

$$c_{k+1} = \frac{c_k}{1 + \dfrac{c_k \ln(1+\delta)}{3\sigma_{ck}}}, k = 0,1,\cdots \tag{6.82}$$

(3) 终止准则。

Aarts 给出的终止准则为

$$\frac{c_k}{\langle f \rangle_\infty} \left. \frac{\partial \langle f \rangle_c}{\partial c} \right|_{c=c_k} < \varepsilon_s \tag{6.83}$$

式中，$\langle f \rangle_c$ 是在控制参数为 c 的平衡状态下代价函数的期望值；$\langle f \rangle_\infty$ 是在控制参数为无穷大的平衡状态下代价函数的期望值；ε_s 是一个非常小的正数。

(4) 马尔可夫链的长度。AVL 选择

$$L_k = L = \Theta, k = 0,1,\cdots \tag{6.84}$$

式中，Θ 为在 c_k 参数下，x_i 的近邻区间值。

至此，我们介绍了两种参数选择原则，无论 Kirkpatrick 规则或者是 AVL 规则，其实都只给出了基本的参数原则，并不一定有实际操作价值，如 AVL 中的递减函数，AVL 给出了表达式，但是 σ_{ck} 是 c_k 的标准差，我们是无法知道的。但不管怎么说，这些准则对实用参数的选择有一定意义。

经过以上分析，我们不难对 SA 算法的性能给出以下的预估：

(1)算法具有收敛至最优解的潜力，但基本代价是大量的计算。

(2)算法整体上是稳健的，最终结果并不依赖于初始值的选择。

(3)算法的最终性能主要依赖于算法参数的选取。这些参数决定了算法的收敛速度和算法收敛于最优解的精度。

参考文献

[1] KIRKPATRICK S, GELIAT C D, VECCHI M P. Optimization by simulated annealing[J]. science, 1983, 220(4598): 671 - 680.

[2] VAN LAARHOVEN J M, AARTS E H L. Simulated annealing: theory and applications[M]. Delft: D Reidel Publishing Company, 1987.

[3] 王英民，刘建民，马远良. 应用模拟韧化算法设计传感器阵方向图[J]. 西北工业大学学报，1993, 11(1):19 - 23.

[4] GEMAN S. Gibbs distribution and the Bayesian restoration of images[J]. IEEE Transactions on Pattern Analysis and Machine Intelligence, 1984, 6: 774 - 778.

[5] METROPOLIS N, ROSENBLUTH A W, ROSENBLUTH M N, ET AL. Equation

of state calculations by fast computing machines[J]. The journal of chemical physics, 1953, 21(6): 1087 - 1092.

[6] MICHALEWICZ Z. Genetic algorithms, numerical optimization and constraints [C]// Proceedings of the Sixth International Conference on Genetic Algorithms. San Mateo: Morgan Kauffman, 1995, 195: 151 - 158.

[7] SHARMAN K C. Maximumlikelihood parameter estimation by simulated annealing [C]//International Conference on Acoustics, Speech, and Signal Processing. Piscataway: IEEE Computer Society, 1988: 2741 - 2744.

[8] KAWAGUCHI T, BABA T, NAGATA R. 3-Dobject recognition using a genetic algorithm-based search scheme[J]. IEICE Transactions on Information and Systems, 1997, 80(11): 1064 - 1073.

[9] SMITH F, FINETTE S. Simulated annealing as a method of deconvolution for acoustic transients measured on a vertical array[J]. The Journal of the Acoustical Society of America, 1993, 94(4): 2315 - 2325.

[10] SZU H, HARTLEY R. Fast Simulated annealing[J]. Physics Letters A, 1987, 122(3 - 4): 157 - 162.

[11] PROAKIS J G. Adaptive equalization techniques for acoustic telemetry channels[J]. IEEE Journal of Oceanic Engineering, 1991, 16(1): 21 - 31.

[12] HSU F M. Data directed estimation techniques for single-tone hf modems[C]// IEEE Military Communications Conference. Piscataway: IEEE, 1985, 1: 271 - 280.

[13] METROPOLIS N, ROSENBLUTH A W, ROSENBLUTH M N, et al. Equation of state calculations by fast computing machines[J]. The Journal of Chemical Physics, 1953, 21(6): 1087 - 1092.

[14] SACHA J R, JOHNSON B L. Aconstrained iterative multiple operator deconvolution technique[J]. The Journal of the Acoustical Society of America, 1994, 96(1): 181 - 185.

第 7 章　实用和修正的 SA 算法

前面我们介绍、分析了 SA 算法的基本特性、收敛原理以及基本的操作流程，这些分析基于渐进统计理论，从理论上讲是完整的，但是，对于工程应用来讲，我们希望得到一种方便、容易实现的实用 SA 算法。本章分析几种被许多研究者修正简化了的 SA 算法，它们虽然从理论上讲不算精确，但简单实用。当然这些修正算法的源头，还是前面分析的 SA 算法的理论基础，只不过进行了适当的近似和简化。本章分析的模拟退火技术的修正算法有三个，即传统的 SA 算法 CSA（Classical Simulated Annealing）、快速 SA 算法 FSA（Fast Simulated Annealing）和多操作结构 SA 算法 MOSSA（Multiple Operation Structure Simulated Annealing）。

7.1　CSA 算法

CSA 由 Kirkpatrick[1] 和 Geman[2] 等提出，它采用玻尔兹曼（Boltzman）概率分布函数作为接收概率计算函数，即

$$P_B = \exp\left(-\frac{\Delta E}{c_k}\right) \tag{7.1}$$

退火规则选择为

$$c_k = \frac{c}{\ln(k+1)} \tag{7.2}$$

式中，ΔE 代表代价（或目标）函数的变化；c_k 是控制参数或称为模拟温度参数（有时用 T 表示）；c 是正常数；k 表示循环基数。

在算法的开始，CSA 对待估计的参数给出一个估计值，以该估计值为初始值，并设定初始控制参数 c。假如 W_k 和 E_k 是算法在第 k 个阶段的估计参数和代价函数值（能量）；为了进入下一步循环，按照一定的概率分布关系或参数选择规则给 W_k 一个扰动，得到新参数 W_{k+1}；计算和新参数相对应的能量 E_{k+1}，然后比较 E_k 和 E_{k+1}，如果 E_{k+1} 小于 E_k，那么接收 E_{k+1} 为下一阶段的参数。但是并不是所有比 E_k 大的参数均被放弃，而是根据式(7.1) 计算接收概率 P_B，如果

$$P_B = \exp\left(-\frac{\Delta E}{c_k}\right) > B \tag{7.3}$$

则同样接收 W_{k+1} 为下一阶段的估计值。$\Delta E = E_{k+1} - E_k$，B 为正常数。就是说，不仅接收使代价函数变小的参数，同样也接收使能量函数变大的参数，条件是只要这个参数对应的 Boltzman 接收概率大于某一个特定值。这基本上和标准 SA 算法的思想相吻合，也正是这个基本思路，才能保证 SA 算法从局部最小点跳出。所以，有时把式(7.3) 称为跳出条件。观察

式(7.3)不难发现,当 c_k 很大时,P_B 接近于 1,而随着 c_k 的减小,式(7.3)被满足的机率愈来愈小。这样在刚开始阶段,算法就有可能搜寻全部解空间;而随着温度的降低,算法逐渐缩小搜寻范围,最终收敛于能量最小的区域。在每一阶段循环中,控制参数都被逐渐降低,当控制参数变得很小或者能量函数变化很小时,算法停止。

从 CSA 的退火规则式(7.2),我们知道控制参数的减小与循环基数的对数成反比,所以 CSA 的控制参数减小比较慢,当然算法收敛速度也就比较慢。H. Szu[3] 给出一个大胆近似,即直接用循环基数 k 取代对数函数,这就是所谓的快速 SA 算法 ——FSA 算法。

7.2 FSA 算法

H. Szu[3] 采用如下新参数选择方法。假如在第 k 个阶段,此时待估计参数为 W_k,那么对 W_k 进行扰动,产生

$$W'_k = W_k + a\Delta W \tag{7.4}$$

式中,a 是一个$(-1,1)$区间均匀分布的随机数;ΔW 为固定常数。接收规则同样采用式(7.3)的概率计算,即

$$P_B = \exp\left(-\frac{\Delta E}{c_k}\right) \tag{7.5}$$

当 $E_{k+1} < E_k$ 时,接收 W'_k 为新参数 E_{k+1};当 $E_{k+1} \geqslant E_k$ 时计算 P_B,有

$$\left.\begin{array}{ll} P_B \geqslant B, & \text{接受 } W'_k \\ P_B < B, & \text{拒绝} \end{array}\right\} \tag{7.6}$$

新参数 W_{k+1} 被选择好后,采用如下退火公式:

$$c_k = \frac{c}{k+1} \tag{7.7}$$

直接以 $k+1$ 取代对数操作。不难想象,对 FSA 算法来讲,c_k 的减小速度要比 CSA 算法快得多,因此收敛速度也就快了。

但是应该指出的是,SA 算法的前提是控制参数的缓慢下降,这是 SA 算法收敛的前提,所以在某些应用情况下,如果一味追求快速会导致算法不收敛或者性能变差。FSA 算法在某些应用情况下,如通信编码设计应用中,确实收敛速度很快,而且性能下降不大。

7.3 MOSSA 算法

从前面对 SA 算法的分析知道,SA 是模拟材料处理的退火过程,即当退火过程足够长时,同类的分子自然地排列于低能量状态,因此,SA 只能在合适退火温度、退火规则和能量函数的前提下收敛。在前面的讨论中,我们只涉及同类参数,因此采用了单一的退火规则,而在实际应用中,会遇到完全不同类型的参数混合在一起优化的情况,针对不同的参数采用不同的退火规则应该比较合理,这就是所谓的多操作结构 SA 算法[4]。

比较 SA 算法和一个实际退火过程,当处理同一种材料时,只要初始温度足够高,使其所有分子处于激活状态,那么利用足够长的、合适的退火规则,就可以达到材料的晶体状态(最小能量状态)。但是,当不同的材料混合在一起时,如果还仅仅采用针对一种材料的退火规则的

话，会导致材料处于局部晶体状态，达不到全局的晶体状态，因此，我们抛开其物理可实现性，可以想象对不同的材料采用不同的退火规则，使它们充分混合，从而达到全局“晶体”。多操作结构 SA 就是基于这样的基本思路提出来的。MOSSA 算法的基本操作过程如下。

假定有 M 组参数，我们设计 M 个控制参数 $c^{(1)}, c^{(2)}, \cdots, c^{(M)}$，$M$ 个退火规则 $FS^{(1)}, FS^{(2)}, \cdots, FS^{(M)}$，以及 M 个参数扰动公式 $FM^{(1)}, FM^{(2)}, \cdots, FM^{(M)}$。这样，MOSSA 对每一类参数给出各自的初值和初始控制参数值。在每一步循环中，算法首先完成对第一组的操作，然后第二组、第三组，一直到所有组全部操作完毕为止。在每组的操作中均完成以下操作：

(1) 利用相应的参数扰动规则对参数扰动，产生新参数；

(2) 计算能量变化；

(3) 按照上面介绍的接收规则判断是否接收新参数；

(4) 接照相应的退火公式，降低控制参数。

当然，相应的退火公式可以采用 CSA 算法也可以采用 FSA 算法。为便于说明问题，我们给出一个 4 组参数的例子。假如均采用 FSA 算法的退火公式，则

$$c_k^{(i)} = \frac{c}{1+k}, \quad i = 1,2,3,4 \tag{7.8}$$

参数扰动规则：

$$W_{k+1}^{(i)} = W_k^{(i)} + a^{(i)} \Delta W^{(i)}, \quad i = 1,2,3,4 \tag{7.9}$$

接收概率：

$$P_B^{(i)} = \exp\left(-\frac{\Delta E_k}{c_k^{(i)}}\right), \quad i = 1,2,3,4 \tag{7.10}$$

后面会结合应用给出实际使用的例子。

7.4 SA 算法在工程领域中的应用

这一节简单介绍一下如何在实际工程中应用 SA 算法以及目前的应用状况。

从前几节对SA算法的分析，我们知道，SA算法的应用本质上包含3个方面，即：① 一个精确的代价函数表示；② 内部变换规则；③ 退火规则。在实际应用中，应注意以下几方面。

1. 适当选择代价函数

适当选择代价函数非常重要，它必须精确地表示所要处理的问题。因为 SA 算法中每一步都要用到代价函数的计算，所以通常应选择简单、容易计算的代价函数。

2. 新参数的产生

新参数的产生需要一个产生规则或称之为扰动规则。该产生规则首先必须便于计算，因为在 SA 算法中，这一部分要重复许多次，所以它必须简单、有效、便于计算；其次要能精确表达参数空间，使新参数覆盖整个解空间，这当然和后面的接收规则有关系，但新参数的产生办法非常重要，尤其是采用减化的 SA 算法，如 FSA 算法时。

3. 接收规则

大部分 SA 算法，均采用 Metropolis 准则，作为新参数接收规则，即

$$P = \begin{cases} 1, & \Delta E < 0 \\ \exp\left(-\dfrac{\Delta E}{c}\right), & \Delta E \geqslant 0 \end{cases}$$

4. 退火规则

这一部分控制SA算法的基本走向，由该准则确定初始控制参数，控制参数减小公式和算法停止规则。

SA算法自从1983年引入后获得了大量的应用，主要包括VLSI设计、编码系统、图像处理、分子物理学和经济学等领域。从目前的应用情况看是令人满意的，其主要特点可以总结如下：

(1)简单、容易实现，尤其适合于计算机编程实现，许多非常复杂的优化问题采用SA算法，只要几十条程序就可以了。

(2)算法适应性强，可以比较方便地进行修正算法，应用范围非常广，适合于各种类型的优化问题，而且SA算法还可以根据应用对象的不同，很方便地修正参数产生方法、退火规则等。

(3)性能较好，SA算法本身虽然是最优方法，但在实际应用中，由于进行较多的修正和简化，实际上，SA算法是一个寻找次最佳或接近最佳的很好的一种方法。

SA算法虽然经过了这么多年的发展，以及众多研究者的探讨，但有许多方面还不是很清晰，例如采用最多的CSA算法和FSA算法，并没有人能够在这种简化方式下证明其收敛性，大部分应用者仅仅是拿来就用，能够解决问题就行，但对其本质的研究还不够。目前仍有较多的学者对SA算法进行比较深入的研究，大致集中于两个方面。一方面是从统计理论、纯数学的角度探讨分析SA算法，探讨其理论性能，估计其最优性能极限、最佳情况等。另一方面主要集中于试验研究，即通过对SA算法的试验分析，来评估其收敛速度、收敛性能、基本误差等。对我们来讲，主要倾向于应用，将其引入到水声工程领域并发挥其作用，才是我们的本意，对遗传算法的研究也同样出于这样的考虑。

参考文献

[1] KIRKPATRICK S, GELIAT C D, VECCHI M P. Optimization by simulated annealing[J]. Science, 1983, 220(4598): 671-680.

[2] GEMAN S. Gibbs distribution, and the Bayesian restoration of images[J]. IEEE Proc Pattern Analysis and Machine Intelligence, 1984, 6: 774-778.

[3] HSU F M. Data directed estimation techniques for single-tone hf modems[C]// IEEE Military Communications Conference. Piscataway: IEEE, 1985, 1: 271-280.

[4] 王英民，马远良．一种修正的多参数模拟韧化算法[J]．信号处理，1996, 12(3): 285-288.

[5] VAN LAARHOVEN J M, AARTS E H L. Simulated annealing: theory and applications[M]. Delft: D Reidel Publishing Company, 1987.

[6] 王英民，刘建民，马远良．应用模拟韧化算法设计传感器阵方向图[J]．西北工业大学学报，1993, 11(1):19-23.

[7] WANG Y M, ATKINS P R. Simulated annealing algorithm for ill-posed or Ill-conditioning deconvolution problem [J]. Chinese Journal of Acoustics, 1996, 12(2): 141-151.

第8章 遗传算法

本章研究分析遗传算法，在对算法历史和机理详细介绍的基础上，研究了遗传算法的实验和分析方法，通过相似群理论的引入，定性探讨了遗传算法的收敛过程。最后，重点讨论了遗传算法的实现方式、特点和使用注意事项。

遗传算法(Genetic Algorithm，GA)是另外一种最近发展起来的最优化方法，其基本思想是模拟自然界进化的“优胜劣汰，适者生存”的自然法则，探索参数空间的最佳搜寻方法，获得最佳或次最佳的优化结果。遗传算法是一种通用优化方法，不像传统的微积分方法，它对求解的问题没有太多要求，它可以应用到各种复杂的工程问题，尤其适合于计算机实现。遗传算法大约在20世纪50年代提出，真正得到发展是在20世纪60年代，John Holland[1]功不可没。Holland在密歇根大学进行自然界进化过程研究和人工智能系统开发时，完整地提出了遗传算法。这之后，遗传算法得到了飞速发展，并被应用到了许多工程领域。John Holland在1975年撰写*Adaption in Natural and Artificial Systems*[2]一书，被认为是遗传算法发展的里程碑。它的应用领域包括图像处理、通信工程、VLSI制造、自动控制、化工、人工智能和城市规划等。

遗传算法的主要特点是模拟自然界的淘汰和遗传法则，通过群组对比搜索，达到对参数空间的快速有效搜寻，可以较为有效地解决多维、多模态的组合参数优化问题。GA采用基础链的编码来表示参数，算法只对基础链的组合群进行操作，通过引入复制、交换、异化等各种基础操作，实现一种新的搜寻信息交换方式，达到对基础参数的优化。与其他传统优化方法相比，GA具有以下特点：

(1)采用集合或群搜寻方式，而不是单个点对点的操作；

(2)直接对源编码进行操作；

(3)盲随机搜寻；

(4)利用随机操作算法而非确定性的固定操作。

GA以源编码的方式来完成参数之间或性能之间的相似性对比，进而控制下一步的操作方式和中间变量，而不像传统方法那样对函数和变量直接操作。这样，GA可以较为方便地解决复杂函数的优化问题。因为GA在码元级进行操作变换，有些类似从基因的角度考虑生物的进化，可以较为容易地实现各种方式的组合，从而较为完整地保留搜寻信息，包括大部分可变换空间，有效降低收敛到局部最小值和错误点的可能性。另外，GA和SA算法一样是一种通用化的方法，而不是那种仅限于处理特定问题的优化技术，这主要是因为GA并不完全依赖某些特定信息，而是全面搜寻优化问题的大部分可用信息。GA算法考虑参数编码的类似性以及相对应的信息，通过其生存能力来对相应的信息级进行打分，并不特别限定信息类型，这样GA算法本质上可以应用于所有优化问题。在中间过程的变换中，GA采用随机搜寻算法，而不是确定性的搜寻算法；GA采用的随机搜寻算法与其他直接随机搜寻方法又有不同，主要表现在GA采用随机概率选择方式，来实现算法中间的各种瞬态转换过程，从而保证算法的有效性和高效率，利用各种机会使算法达到最佳点。D. E. Goldberg[13-15]将GA和其他传统方法做了一个较为完整的比较，详见文献[14]，这里不再赘述。下面从简单的GA入手，介绍分析GA的工作流程和各个变换的实现和改进方法。

8.1 GA

GA，包括三个方面：①复制或选择；②交换；③异化。

复制是一个选择操作，即某些码链(码元组合)会被保留到下一个过程，但这种保留是有选择的，即按照其对应的品质因数或适应性来决定，正因为如此，这个过程有时也称为选择；品质因数有些类似于一般优化算法中的代价或目标函数，但其意义恰恰相反，所以可以把它看作最大化问题的代价函数。某一个特定组合码被选择保留的可能性和它所对应的品质因数相关，品质越高被保留的可能性越大，类似于自然界的优胜劣汰原则。被保留还意味着其(子孙后代)相关代码或遗传信息，会得到进一步的延续和繁殖。经过复制选择操作后，紧跟着进行交换或变叉操作；交换操作分两步进行。首先将被保留的链组随机配对；然后相对应的两个链，按照一个随机变量的取值来决定相互交换的码元或组合。交换操作允许链之间的信息或基因交换，相当于自然界动物的交配过程。它存在有多种信息交换方式，最为简单的方法是随机选择一个切断点，被分为4段的两条链，重新进行组合，得到两条新的码链。经过选择、交换操作后，GA完成异化或异化操作，异化是GA的一个重要组成部分；虽然复制、交换操作可以有效地完成搜寻，但是，所产生的链条偶而也会丢失重要的遗传(搜寻)信息，异化可以较好地激活有可能丢失的遗传源码，使算法更具活力。在简单的GA中，异化操作相当于在选择的链条中，随机地将码元由1变为0或由0变为1。在实际操作中，异化发生的概率非常低。异化操作同样可以在自然界进化过程中找到依据。总而言之，异化是GA的一个重要方面，是为了保证重要的搜寻信息不致于丢失。在经过三个阶段的操作后，将会形成一组(群)新的码链，对新的码链仍然按照选择、交换、异化的顺序重新操作并一直循环下去，直到收敛或取得满意结果为止。

8.2 GA的发展历史

GA的发展过程可以追溯到20世纪初，完整地提出GA的基本设计思想是在20世纪60年代，John Holland是第一大功臣，他率先开展了这方面的研究工作，其标志性成果是在1975年出版的*Adaption in Natural and Artificial Systems*一书，直到现在，该书仍然是GA研究者的必选教材之一。Holland[1]提出了相似群(Schema)的概念。相似群的概念在GA的研究中占有重要位置，是有关GA收敛性、动态性能研究的理论基础。同一时期的研究人员还有E. Alperovits，U. Shamir，K. A. De Jong，D. Sherrington和S. Kirkpatrick等[2-9]。进入

20世纪80年代后,更多的研究者注意到GA算法,代表人物有J. E. Baker, L. Booker, K. Dab和D. E. Goldberg等,主要研究工作集中在对GA特性的数学分析、探讨。同一时期De Jong[10,11]提出了利用测试函数法研究改进GA的性能。这一时期最为有名的是D. E. Goldberg[12-15]在1989年的著作*Genetic Algorithms in Search, Optimization and Machine Learning*[12],该书从工程应用角度全面总结、分析了GA,也由此开始了GA算法在多个应用领域的广泛使用。

进入20世纪90年代后,GA发展出了多种变形,在各个领域的应用更为广泛,如L. J. Esherman[7]将GA应用于VLSI设计;Yamamoto[16]等将GA应用于图像处理;H. J. Kim[17]等将GA应用于建筑设计等。总而言之,GA自从20世纪60年代被发明之后,经20世纪七八十年代不断发展,在目前为止,已成为一个应用较为广泛的通用优化方法[18,22]。

8.3 GA的理论和实验基础

讨论GA的基础,实际上是要回答为什么这个算法能够解决优化问题,其数学和实验基础是什么,进而判断算法的应用价值、应用范围,甚至于改进有关算法,来解决我们在实际工程应用中遇到的问题。对算法基础的讨论大致有两种的途径,一是解析方法,即从数学上证明算法收敛于最佳值;另外是实验的方法,即利用实际的应用结果,说明算法能够取得优秀性能。通常对于一种新算法,我们总是希望有一个完整的数学描述,这样可以保证算法在实际问题上的成功应用。类似于SA,GA这样的算法,由于算法过程的特殊性,仅仅从数学角度不能完整描述其收敛机理,应该以统计学和实验方法两个方面才能更好地表述其收敛特点。对于GA,一直存在着两个不同的研究群体致力于算法的收敛性研究。即试图为GA寻找数学基础的理论分析者和利用实验函数测试分析者。作为使用者,我们的目的是探讨GA能否解决实际工程问题,即重在使用和结果。尽管如此,概略了解GA在这两方面的研究进展,对于我们仍然有用,至少可以更深入地了解GA寻优的特点和不足,从而指导我们如何在使用中克服这些弱点,获得优化性能。对于GA收敛性的系统讨论,可以参阅G. Rawlins的*Foundations of Genetic Algorithm*[9],这里我们概略介绍一下对GA理论研究和实验研究两个方面的情况,并定性地分析算法的收敛过程。

8.3.1 GA分析的实验函数方法

实验函数分析方法是实际中经常采用的GA分析方法。从上一节分析中我们已经知道,GA是模拟自然选择的规律进行寻优的算法,在实际应用中,不同的研究者基于不同的需要,给出各种各样的GA,在利用这些算法之前,首先要对拟定的算法进行分析和性能预估,实验函数测试法是常用的分析方法之一。为了保证测试的通用性,通常对测试函数提出以下要求:

(1)维数可调(保证可以应用于任何量级的未知组合优化问题);

(2)必须包含一个连续的单峰值函数(可以测试收敛速度);

(3)包含阶梯函数(可以测试对不连续函数的优化性能);

(4)包含一个多峰值函数。

研究者发明了多种测试函数用于GA分析,De Jong[10]在1975年提出的DJ函数使用最为广泛。DJ函数具备以上4种特性,而且计算方便。DJ函数主要有以下几组函数,即

$$\left.\begin{aligned}&F_1=79-\sum_{j=1}^{3}x_j^2, && -5.12\leqslant x_j\leqslant 5.12\\&F_2=4\,000-100(x_1^2-x_2^2)+(1-x_1)^2, && -2.048\leqslant x_j\leqslant 2.048\\&F_3=26-\sum_{j=1}^{5}\mathrm{INT}(x_j), && -5.12\leqslant x_j\leqslant 5.12\end{aligned}\right\}\tag{8.1}$$

式中,INT 为取整操作。另外两种常用的测试函数是 Davis[24,25] 函数:

$$F_4=0.5-\frac{(\sin\sqrt{x_1^2+x_2^2})^2-0.5}{[1+0.001(x_1^2+x_2^2)]^2},\qquad -100\leqslant x_j\leqslant 100\tag{8.2}$$

和 Baker[26] 函数:

$$F_5=A-\sum_{j=1}^{m(\leqslant 30)}[\mathrm{INT}(x_j+0.5)]^2,\quad -40\leqslant x_j\leqslant 60\tag{8.3}$$

$$F_6=A-20\exp\left[-0.2\sqrt{\frac{1}{m}\sum_{j=1}^{m(\leqslant 30)}x_j^2}\right]-\exp\left[\frac{1}{m}\sum_{j=1}^{m(\leqslant 30)}\cos(2\pi x_j)\right]+20,\quad -20\leqslant x_j\leqslant 20\tag{8.4}$$

图 8.1 分别给出了 F_1,F_2,F_3,F_4 函数图形或剖面。给出了测试函数后,就可以利用这些函数对 GA 的性能进行评估分析,主要有以下几方面。

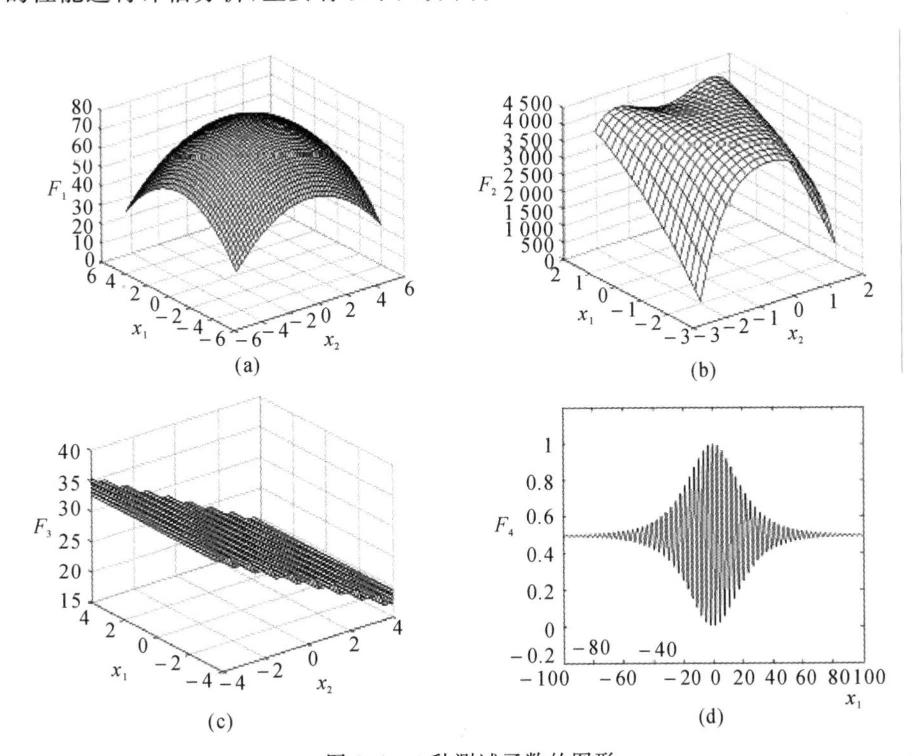

图 8.1　4 种测试函数的图形

(a)(b)(c) 分别是 F_1,F_2,F_3 在两个变量时的图形;(d) 是 F_4 单变量时的图形

De Jong 给出了两种 GA 性能测量表示方法,一种是静态性能,一种是动态性能。静态性能测量 E_{off} 定义为每个循环中的最好品质因数的平均值,即

$$E_{\mathrm{off}}=\frac{1}{G}\sum_{j=1}^{G}f_{\max}(j) \tag{8.5}$$

式中,G 为算法的循环次数;f 函数表示为品质因数动态性能。动态性能测量 E_{on} 用所有品质因数的平均值来表示,即

$$E_{\mathrm{on}}=\frac{1}{g}\sum_{j=1}^{G}\left[\frac{1}{N}\sum_{i=1}^{N}f_i(j)\right] \tag{8.6}$$

式中,N 为每一个循环中的参数个数。另外一个有用的评估参数是收敛速度,即

$$V=\ln\sqrt{\frac{f_{\max}(g=G)}{f_{\max}(g=0)}} \tag{8.7}$$

需要指出的是,由于 GA 收敛于最佳点附近,每一次运行都不可能得出同样的结果,因此以上参数在实际使用中大多采用多次平均的方法。

尽管以上测试参数从某种角度反映了算法的特性,但并不能完全说明算法的全部,很多情况下,这些参数给出的结果,并不完全说明问题。

8.3.2 GA 分析的理论基础

上一节介绍了 GA 分析的实验函数方法,这一节介绍 GA 分析的另一个重要方法 —— 理论分析方法。理论方法从内部过程函数等方面揭示GA的寻优机理,即从内部机理上讨论GA的适应性问题;这是数学家尤其是理论工作者最为关心的问题。下面从相似群(Schema) 理论入手,定性分析 GA。

1. 相似群理论

相似群用来表征一组代码之间的相似性信息,包含相同相似群的代码组意味着这组代码含有相同的遗传信息。以二进制代码为例,可以定义以{0,1,#}为基元的相似群的模板,#的位置可以用 0 或 1 来取代。如相似群模板 1##001 可以派生出

100001, 101001, 110001, 111001

即 1##001 模板可以有效地表示以上 4 种代码,或者说 1##001 表征了以上 4 种代码的集合(群) 信息;反过来,每一组编码组合,都含有多个相似群,也可以用多个相似群来表示。如 1011 可以由 101#,10#1,1#11,#011,…,#### 和 1011 等 16 个相似群来表示。这里,我们称 1##001 为相似群模板,其中的每一个链称为相似群模板的实现或样本。对于长度为 L 的实数码链,可以含有 2^L 个相似群;而对于一个任意码链,由于每一位均有 3 种可能性,因此共有 3^L 个可能相似群组合。例如对于一个长度为 200 的码链,就含有 $3^{200}\doteq10^{80}$ 个可能相似群。这样,如果有 N 个实数链,那么就有 $N\times3^L$ 个相似群。但在实际应用中,由于相似群的重叠,相似群的实际数量远小于以上数额。此外,在实际算法中,当算法接近收敛时,在同一回合循环中的参数本身也可能相同,因而降低了相似群的数额。

2. 相似群的长度和阶数

相似群所表示的搜寻空间由相似群码元 # 的数量和位置来决定,如 1### 和 0### 包含的搜寻空间,远大于由相似群 101# 和 01#0 所包含的搜寻空间,因此,有必要定义相似群的阶数和有效长度来表征这种特性。

(1) 相似群阶数。相似群 S 的阶数定义为,S 中的固定位置数或者说总长度与码元 # 所占位置数之差,即

$$\text{order}(S)=l-m \tag{8.8}$$

式中,m 是 # 元所占位置数。如 #1#0# 的阶数为 2,##### 的阶数为 0。

(2) 有效长度 d。有效长度定义为相似群中第一个固定码元和最后一个固定码元之间的距离。

我们给出了一个简单一维函数来表明相似群的阶数和有效长度是如何表征搜索空间的。考虑函数 $y=f(x)$,$x\in[0,31]$,求函数的最大值(显然是在 x 的最大位置,这里仅用其来说明问题),采用链长度为 5。图 8.2 和图 8.3 所示形象表明了不同相似群所覆盖的搜索空间。不难看出,低阶的相似群比高阶的相似群覆盖更大的搜寻空间,有效长度越短,覆盖的搜寻空间越大。

以上结论虽然是在一维函数情况下得到的,但同样适合于多维情况。具有相同阶数和有效长度的相似群倒不一定表示同样的搜寻空间,从图 8.2 和图 8.3 中可以看得出来。尽管如此,相似群以及其阶数和长度的引入,可以对 GA 算法的寻优过程进行有效表征,因此相似群理论成为了 GA 分析与研究的重要手段之一。

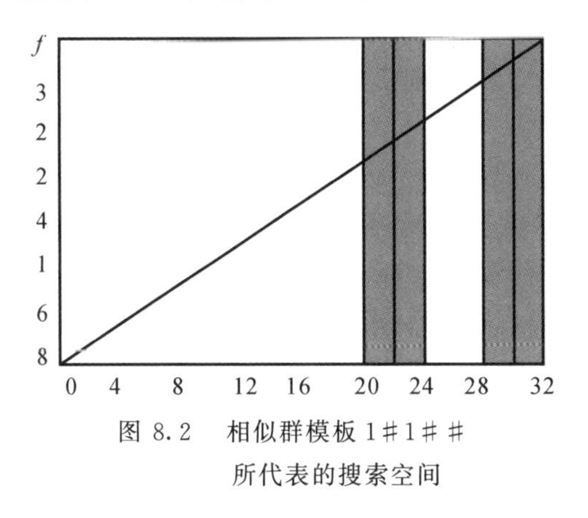

图 8.2 相似群模板 1#1## 所代表的搜索空间

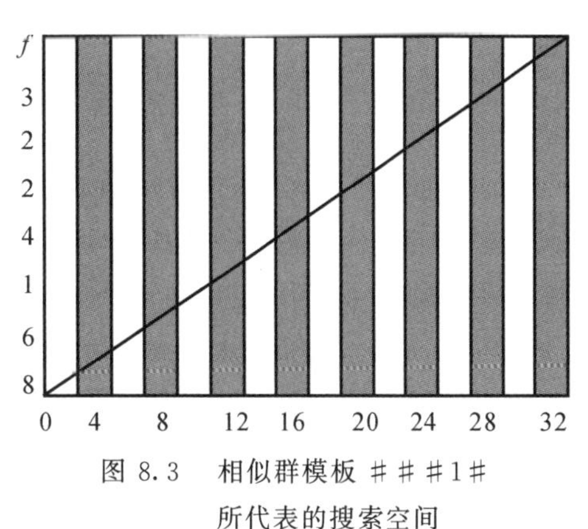

图 8.3 相似群模板 ###1# 所代表的搜索空间

(3) 相似群模板传递方式和 GA 收敛性。在一个完整的 GA 迭代过程中,对于一个特定的编码链,均要经过交叉、异变和选择 3 个过程。任何一个码链均可看作某一个相似群模板的一个样本,对于属于一个特定相似群模板的样本码链,由于样本在以上 3 个过程中可能被淘汰,所以属于某个模板的样本数额也同样是变化的。通过对模板样本数的估计,可以较为有效地考虑分析 GA 的收敛或发散过程,也同样可以说明为什么 GA 对有些问题非常有效,而对其他问题效果却不太明显。由于 GA 中的概率选择因素,以下分析均以估计值为准。

我们用 Φ 来表示在第 g 个迭代(或阶段)中某一个特殊模板 S 的样本数量,即

$$\Phi(S,g)>0 \tag{8.9}$$

这样,如果这个样本的品质因数高于这一阶段中的平均品质因数,则可以估计在下一阶段中这类模板的样本数 Φ 为

$$\Phi(S,g+1)>\Phi(S,g) \tag{8.10}$$

相反,如果这个样本的品质因数低于这一阶段的平均品质因数,那么不难想象有

$$\Phi(S,g+1)<\Phi(S,g) \tag{8.11}$$

以选择过程为例,如果优选过程以轮盘赌的方式来决定下一阶段是否保留某一样本,那么对样本 i 的选取概率为

$$P_i(g)=\frac{f_i(g)}{\sum_{j=1}^{N} f_j(g)} \tag{8.12}$$

式中，$f_i(g)$ 是 i 个样本对应的品质因数；N 为总的试样数。对于这样的一个系统，相似群模板 S 在下一阶段的样本数，取决于其所属样本的平均品质因数与总的品质因数之间的比例，例如，$N(S,g)$ 表示其平均品质因数，那么，可以精确地写出下一阶段中 S 相似群模板对应的样本数量，即

$$\Phi(S,g+1)=\frac{u(S,g)}{f_{\text{ave}}(g)}\Phi(S,g) \tag{8.13}$$

式中，$f_{\text{ave}}(g)$ 是平均品质因数。我们把式(8.13) 定义为相似群增长方程。

对于异化和交叉操作，我们也可以定义同样的方程式。式(8.13) 说明某一特定相似群在一阶段的样本数量，取决于前一阶段中该相似群模板在全部品质因数中的比重。

假定某一特定相似群在第 g 阶段的平均品质因数 $\mu(S,g)$ 其总会高于本阶段中所有样本的平均品质因数

$$\mu(S,g)=(1+k)f_{\text{ave}}(g) \tag{8.14}$$

式中，k 为每次增长比例。如果每次增长比例均相同，那么第 $g+1$ 阶段的样本数即为

$$\Phi(S,g+1)=\frac{f_{\text{ave}}(g)+kf_{\text{ave}}(g)}{f_{\text{ave}}}\Phi(S,g) \tag{8.15}$$

进一步，有

$$\Phi(S,g+1)=(1+k)^{g+1}\Phi(S,g=0) \tag{8.16}$$

式中，$\Phi(S,g=0)$ 为初始阶段的样本数。式(8.16) 说明高于平均品质的特殊相似群的样本，会按指数方式增加；相反，同样可以得出对于低于平均品质因数的相似群，其样本会随着迭代呈指数衰减

$$\Phi(S',g+1)=\alpha^{g+1}\Phi(S',g=0) \tag{8.17}$$

式中，$\alpha<1$。

通过以上分析，我们定性地说明了(非直接证明)GA 的收敛特性，下面就 GA 的另两个操作 —— 异化和交叉来说明其收敛特性。

3. 交叉操作

在 GA 算法的交叉操作中，相似群模板被破坏的概率取决于所涉及的模板本身，如有如下样本

$$A_1=000011100 \tag{8.18}$$

那么，可以直接写出 A_1 相对应的两个相似群模板，$S_1=0\#\#\#\#\#\#\#0$ 和 $S_2=\#\#\#\#11\#\#\#$。假如 A_1 被用来和某一样本 A_2 进行交叉操作(按交叉概率 P_c 选定)，从第 4 位开始交叉，那么不难发现，S_2 相似群模板会成功地保持到下一阶段，而 S_1 则较难保持，除非 A_2 具有 ###0/0### 结构。在大多数情况下，由于 S_2 的有效长度远大于 S_1 的有效长度，S_2 被保持的概率大于 S_1 被保持的概率。对于交叉操作，相似群模板被保持到下一阶段的概率可大致写为

$$P_{S,g+1}=1-P_c\frac{d(S)}{L-1} \tag{8.19}$$

式中，P_c 为交叉概率；L 是码链总长度。由式(8.19)可以推得，该相似群对应的样本数增长关系为

$$\Phi(S,g+1)=\frac{\mu(S,g)}{f_{\text{ave}}(g)}\Phi(S,g)\left[1-P_c\frac{d(S)}{L-1}\right] \tag{8.20}$$

4. 异化操作

下面分析异化操作的影响。假定异化的概率为 P_m，那么单个码元(bit位)不被异化的概率为

$$P_b=1-P_m \tag{8.21}$$

由于相似群模板的阶数取决于模板中固定码元数，因此，对于一个相似群来说，阶数越高，那么整个相似群模块被异化(被破坏)的可能性越大。整个相似群模板被保持的概率可写为

$$P_{s,g+1}=(1-P_m)^{O(S)} \tag{8.22}$$

式中，$O(S)$ 是 S 的阶数。

现在就可以重新给出某一相似群模板的样本数：

$$\Phi(S,g+1)=\frac{\mu(S,g)}{f_{\text{ave}}(g)}\Phi(S,g)\left[1-P_c\frac{d(S)}{L-1}\right](1-P_m)^{O(S)} \tag{8.23}$$

这就是GA的相似群样本数变化方程。将右式展开，省略较小部分可将式(8.23)近似写为

$$\Phi(S,g+1)=\frac{\mu(S,g)}{f_{\text{ave}}(g)}\Phi(S,g)\left[1-P_c\frac{d(S)}{L-1}-O(S)P_m\right] \tag{8.24}$$

同样，考虑品质高于平均品质的相似群模板，不难近似写出其在GA第 g 次迭代后的样本数：

$$\hat{\Phi}(S,g+1)=\left\{(1+k)\left[1-P_c\frac{d(S)}{L-1}-O(S)P_m\right]\right\}^{g+1}\Phi(S,g=0) \tag{8.25}$$

它们的样本数量随GA的次迭代呈指数增长趋势，我们称这一类相似群模板为建设性相似群。正是诸多建设性相似群在GA中作用，才使GA收敛于最佳点。

以上分析说明，只要建设性相似群存在，就可以保证GA收敛，从侧面证明了GA的收敛性。当然同时也说明，GA并不是一个初值独立的寻优方法，初值的选取，有时会对GA收敛性产生较大影响。还需要指出的是，以上分析均是以概率形式进行，因此在实际GA的运行过程中，不可避免地会出现虚假建设性相似群，导致GA走向错误的方向，只不过这种概率较低。这类虚假现象相当于生物进化过程中的“异化”现象。从前面的分析知道，要想避免虚假相似群问题，可以对所研究的问题仔细推敲，建立较好的编码系统，从而避免虚假相似群的发生。但在实际工程研究中这是件很难的事。

有些学者指出，对于长度为 L 的码链组合，GA在每一阶段所搜索的相似群模板大约为 2^L 至 $N\times2^L$ 之间，它们的大部分将会被破坏和丢弃。GA过程的每一步即减少非建设性的相似群的过程。随着算法的深入，保留的相似群模板数量愈来愈少，最终得到最佳或次最佳相似群的模板。

以上从相似群样本数的概念分析了GA的收敛过程，但并未给出收敛的纯数学证明，这正是目前GA研究者要做和正在做的工作[27-30]。

8.4　一个简单GA过程——LGA

8.4.1　LGA算法

在对GA进行特性分析之后，就可以写出一个完整的GA。LGA(Little Genetic Algorithm)是GA的最基本形式。根据上一节介绍的GA三项基本操作方式，我们可以写出LGA如下：

(1) 根据所解决的优化问题，设定目标代价函数，并将其转化为适合GA算法的品质函数F(类似于最大化问题)；

(2) 产生一组随机二进制码链，总长度为$A=\sum_{k=1}^{M} l_k$，M是总的优化参数个数，l_k是对应于第k个未知参数的二进制编码长度，总的来讲，对于通常的优化问题可以设定$l_k \neq l_j, k \neq j$；

(3) 计算码元所对应的未知参数值；

(4) 计算每一个码链对应的品质因数，利用和品质因数成比例的概率选择公式(如轮盘赌方法)，选择进入交叉操作的码链；

(5) 按照交叉概率P_c对选定的码链组进行交叉操作，形成新的码链回到(4)重新选择码链，再进行交叉，(4)(5)交替进行，直到产生出新的N个码链；

(6) 对已形成的码元集合进行异化操作，任一bit位的异化概率(即从1到0或对0到1)为P_m(P_m取值很小)；

(7) 若采用"精英化"操作，将已选择的精英码链并入码链集合中，所谓精英码链是指品质因数最好或较好的码链，这类码链在交叉和异化操作前给予保留，不参加交叉和异化操作，直接进入下一阶段。如果精英的数量为K，那么在已形成的集合中随机去掉K个码链，由K个精英码链代替，共同合成N个码链集合。

(8) 以新的码链集合代替原先的码链集合。考察所对应的未知参数和所对应的品质因数，看是否达到优化要求或保持不变，如连续多项品质因数保持几乎不变，则中止循环，以此时码链对应的参数值作为最优参数。

(9) 将迭代次数加1，从第(3)步继续循环以上(3)～(9)步骤是GA的基本操作过程，所以称之为小GA算法(LGA)。

8.4.2　对LGA的几点说明

1. *初始码链的选取(初始化)*

码链的初始值选择通常采用随机选择方法，这一点和SA算法相同。在一般情况下，我们会随机选择一组码链，选择对应品质因数较大的码链为初始值。

2. *非整数参数的码元分解问题*

如果待优化的参数是整数，那么用二进制码元表示是非常容易的事，但在实际问题中，待优化的参数往往是实数(复数可以用两个实数来表示)，那么如何将其用二进制码元来表示呢？GA算法的研究者提出了许多变换方法，但最基本的还是线性变换法。

假设码链B_j对应的十进制数是z_j，那实数参数可被表示为

$$r = mz_j + c \tag{8.26}$$

m 和c 的取值取决于参数r 的变化范围。如果 r 在$r_{\min}$ 和$r_{\max}$ 之间变化,即$r_{\min} \leqslant r \leqslant r_{\max}$,则可根据以下两式定出 m 和c,

$$r_{\min} = mz_{\min} + c \tag{8.27}$$

$$r_{\max} = mz_{\max} + c \tag{8.28}$$

两式相减,可求出

$$m = \frac{r_{\max} - r_{\min}}{z_{\max} - z_{\min}} \tag{8.29}$$

对于二进制编码来讲,00…0,表示的整数最小即为 0,所以

$$z_{\min} = 0$$

同样,对于长度为 l 的二进制编码,所能表示的最大数为

$$z_{\max} = 2^l - 1$$

因此从式(8.27) 和式(8.28) 可得出:

$$m = \frac{r_{\max} - r_{\min}}{2^l - 1} \tag{8.30}$$

$$c = r_{\min}$$

故

$$r = \frac{r_{\max} - r_{\min}}{2^l - 1} z + r_{\min} \tag{8.31}$$

根据式(8.31) 可以将实数 r 和整数 z 相互转换,进而与码链相互转换。

3. 精度问题

按照以上转换方法,任何未知实数参数都可以采用二进制编码方式的码链来表示,例如参数 r 在[2.2,3.9] 之间取值,10110 对应整数为 22,那么实际参数值是 $r = 3.4065$。如果相应的 10101 为 21,对应的 r 为 3.351 6,因此,r 不能取 3.406 5 和 3.351 6 之间的值,也就是说表示精度小于

$$|3.4065 - 3.3516| = 0.0549$$

这就是此种转换法的精度问题。通常情况下,这种精度是满足要求的(可以采用标准化方法进行二次转换),但当对精度要求高时会存在问题。解决的办法是,要么降低搜索空间的大小,即缩小$r_{\min}$ 和$r_{\max}$ 的间距,或者增加码链长度。对于 GA 来讲,保持适当的码元长度是算法快速收敛的前提,一般不会选择过长的码链长度,如 $l = 20$,即可达到百万分之一的精度,这对一般的优化问题,已经完全满足要求了。对于一些精度要求特别高的情况,还有其他转换方法[25]。

对于工程中经常遇到的复数问题,可以将一个复数当作两个实数来对待,采用同样的编码方式,只不过参数数量增加了 1 倍。

此外,二进制编码的码链表示,仅仅是 GA 常用的编码方式,在实际操作中也已经研究出了基于其他编码方式的 GA 算法,或者干脆采用全实数值的 GA 算法,这些算法在具体的操作形式上有改变,但均不脱离 GA 的原则过程。

4. 多个变量的表示问题

在 LGA 中已经知道,如果有 M 个参数,那么这 M 个参数被分别用l_j 长度的码链来表示,

此时，码链总长度为

$$L=\sum_{j=1}^{M}l_j \tag{8.32}$$

有两点必须说明：一是 l_j 的长度不一定相同，通常会根据参数的精度要求和变化范围确定 l_j 的长度，这类似于我们在上一章提出的多结构 SA 算法中的多结构模型；二是交叉操作不能在参数之间进行，只在某一参数的码链之内进行。

5. 异化操作的实现方式

在 LGA 中已经看到所谓异化操作，就是将码链的某一位由 0 转为 1 或由 1 转为 0，这是采用二进制编码的好处所在。在 LGA 中，所有集合中的码元均参加异化过程。对于被选定的码元，其异化的可能性由异化概率 P_m 来决定。P_m 通常小于10^{-3}。P_m 的取值和所要解决的优化问题有关，并不存在一个通用化的选取方法。由上一节的分析知道，太高的异化概率会影响到算法的最终收敛。

在不同的 GA 变形中有不同的异化方式。如在下一章提出的归一化 GA 算法中，我们将 SA 的参数选择方式引入到异化操作中，即码元是否异化由一个在[0,1]之间取样的随机数来决定。由于在二进制编码方式下，该码被异化的可能性仅为 50%，再加上总的 P_m 概率控制，实际的异化概率为 P_m 的$\frac{1}{2}$。

6. 选择操作的实现方法

在最早提出的GA中，一个想当然的选择操作方式，就像在SA算法中那样，保留品质因数较好的前 50% 个码链产生新的码链，抛弃另外的 50% 码链(此类码链对应的品质因数较小)。但这种方式不能严格区分最好的码链和次最好的码链；另外也容易掩盖只在此次表现不好的码链。比较公正的方法是按品质因数的大小决定码链的进入新码链产生(再生)的可能性。这就是采用轮盘赌的方式。具体做法是计算每一个码链对应的品质因数，并将它们相加，得到总的品质因数 F_{sum}，然后设定一个随机数 ξ 在 $(0,F_{\text{sum}})$ 之间取值，取 ξ 的一个样本，将码链的品质因数一个接一个地相加，当某一个样本加入总和后，如果此时的 $F'_{\text{sum}}<\xi$，则继续累加下一个码链的品质因数，直到某一个样本使 $F'_{\text{sum}}<\xi$ 为止。则此样本码链被保留进入交叉操作；以上过程继续重复，直到所有 N 个码链被选定为止。

7. 精英操作的实现方法

由于轮盘赌方式是以概率方式、按品质因数的大小决定进入下一轮的可能性，并不能保证品质因数最好的码链进入下轮操作。有时候为了保证最好的几个码链进入下一轮，就必须采用精英化的操作方式。所谓精英化的操作方式，就是把品质因数最好的几个，如 P 个完全保留，这 P 个码链不参加选择和异化操作，直接进入下一轮，其他 $N-P$ 个码链的选取，仍然采用标准的异化和交叉运算。

8. 交叉操作的实现方式

交叉操作是指在已选择出的码链组合中，选择一对码链，将其码元分段交换。LGA 采用单点切断交换公式，即将选定某一点，从该点开始将前后两部分进行交核，具体做法如下：

(1) 选定待进行交叉操作的码链；

(2) 设定交叉概率 P_c；

(3) 产生一个$[1,l_j]$之间的随机数确定交叉切断点；

(4) 产生一个[0,1]之间均匀分布的随机数 R_c；

(5) 如果 $R_c \leqslant P_c$，则对选定的码链对进行交叉；

(6) 否则不对选定的码链对进行交叉操作，这两个码链直接进入下一阶段；

(7) 选择下一对码链，重复以上操作，直到处理完所有的码链为止。

交叉操作提供了一个拓宽搜索空间的有效方法。

总的来讲，LGA 已完全具备了 GA 的各个要素，可以用来解决一般的优化问题。但正像前面指出的那样，GA 仅仅提出了一种寻优思想，具体的算法过程是和所要解决的工程问题密切相关的。在实际应用当中，存在许许多多的修正算法，使用者可以根据所要解决的问题，选择相应的算法，或者对现有算法进行修正，我们在下一章提出的混合式 GA、归一化 GA 等，都是针对我们要解决问题的特殊性提出的。

本章对 GA 的原理和实现做了较详细的分析讨论，定性从实验函数方法和相似群理论证明了 GA 的总的收敛性。在介绍 LGA 算法的基础上分析指出了 GA 实现中的具体操作方法、实现方式，并指出了若干注意的问题。

对于 GA 收敛性的严格证明，目前有多种方法，相似群理论是其中的一个分支。到目前为止没有一种方法被普遍接受，GA 的有效性更多的时候是从工程问题中的有效应用间接说明的。

正像本章中已指出的那样，GA 仅仅是指出了一种搜索思想和基本要素，实际的算法是和所应用的工程问题有关的。正因为如此，不同的研究者由于要解决的问题不同，而得出了许多不同的 GA，就像下一章我们指出的 BGA，NGA 和混合 GA 一样。而且这些 GA 过程中的选择、交叉和异化操作，也因算法应用背景的不同而不同。

参考文献

[1] HOLLAND J H. Adaptationin natural and artificial systems[M]. Ann Arbor：University of Michigan Press，1975

[2] MICHALEWICZ Z. Geneticalgorithms，numerical optimization and constraints [C]//Proceedings of the sixth international conference on genetic algorithms. San Mateo：Morgan Kauffman，1995，195：151－158.

[3] KAWAGUCHI T，BABA T，NAGATA R. 3-Dobject recognition using a genetic algorithm-based search scheme[J]. IEICE Transactions on Information and Systems，1997，80(11)：1064－1073.

[4] METROPOLIS M. Equation ofstate calculations by fast computing machines[J]. The Journal of Chemical Physics，1953，21(6)：1087－1092.

[5] SACHA J R，JOHNSON B L. Aconstrained iterative multiple operator deconvolution technique[J]. The Journal of the Acoustical Society of America，1994，96(1)：181－185.

[6] MICHELEVICZ Z. Geneticalgorithms data structures volution programs[M]. 2nd ed. Heidelberg ：Springer-Verlag，1994.

[7] WHITLEY D，MATHIAS K，RANA S. Building better test functions[C]//Proceedings of the Sixth International Conference on Genetic Algorithms. San Mateo：Morgan Kauffman,1995：239－247.

[8] WOOD D J，FUNK J E. Hydraulic analysis of water distribution systems[J]. Computational Mechanics Publications，1993，(24):121－130.

[9] WRIGHT A H. Genetic algorithms for real parameter optimization[M]. San Mateo：Morgan Kaufmann，1999.

[10] DE JONG K A. Genetic algorithms are not function optimizers[M]. San Mateo：Morgan Kaufmann，1993.

[11] DE JONG K A，SARMA J. Generation gaps revisited[M]. San Mateo：Morgan Kaufmann，1993.

[12] DAVID E. Goldberg. Genetic algorithms in search optimization and machine learning. Alabama：Addison-Wesley，1989.

[13] GOLDBERG D E. Sizing populations for serial and parallel genetic algorithms[C]//Proceedings of 3rd International Conference on Genetic Algorithms. San Mateo：Morgan Kaufmann 1989：70－79.

[14] GOLDBERG D E，DEB K. A comparative analysis of selection schemes used in genetic algorithms[M]. Foundations of Genetic Algorithms. San Mateo：Morgan Kaufmann，1991.

[15] GOLDBERG D E，DEB K，KARGUPTA H，et al. Rapid，accurate optimization of difficult problems using messy genetic algorithms[C]//Proceedings of the Fifth International Conference on Genetic Algorithms. San Mateo：Morgan Kaufmann ，1993：59－64.

[16] KIM J H，MAYS L W. Optimal rehabilitation model for water-distribution systems[J]. Journal of Water Resources Planning and Management，1994，120(5)：674－692.

[17] POWELL D. Using genetic algorithms in engineering design optimization with nonlinear constraints[C]//Proceedings of the Fifth International Conference on Genetic Algorithms. San Mateo：Morgan Kauffman，1993：424－430.

[18] RICHARDSON J T，PALMER M R，LIEPINS G E，et al. Some guidelines for genetic algorithms with penalty functions[C]//Proceedings of the 3rd International Conference on Genetic Algorithms. San Mateo：Morgan Kauffman，1989：191－197.

[19] COWAN J D，TESAURO G，ALSPECTOR J. Advances in neural information processing systems[M]. San Mateo：Morgan Kaufmann，1994.

[20] MITCHELL M. An introduction to genetic algorithms[M]. Cambridge：MIT Press，1998.

[21] WRIGHT A H. Genetic algorithms for real parameter optimization[M]. Amsterdam：Elsevier，1991.

[22] DAVIS L. Genetic algorithms and simulated annealing[M]. London：Pitman，1987.

[23] DAVIS L. Handbook of genetic algorithms[M]. New York：Van Nostrand Reinhold，1991.

[24] BAKER J E. Adaptive selection methods for genetic algorithms[C]//Proceedings of the First International Conference On Genetic Algorithms and Their Applications. London：Psychology Press，2014：101－106.

[25] KOZA J R. Genetic programming: on the programming of computers by means of natural selection[M]. Cambridge: MIT Press, 1992.

[26] GREFENSTETTE J J. Optimization of control parameters for genetic algorithms[J]. IEEE Transactions on Systems, Man, and Cybernetics, 1986, 16(1): 122-128.

[27] GREFFENSTETTE J J, BAKER J E. How genetic algorithms work: a critical look at implicit parallelism[C]// Proceedings of the 3rd International Conference on Genetic algorithms. San Mateo: Morgan Kauffman,1989: 20-27.

[28] COLEY D A, WINTERS D. Genetic algorithm search efficacy in aesthetic product spaces[J]. Journal of Complexity, 1997, 3(2): 23-27.

第 9 章　改进的 GA

本章介绍、分析改进的 GA，这些改进算法是根据 GA 的基本机理和水声工程应用的具体环境而研究开发的，主要有归一化 GA、混合式 GA 和变结构 GA 等。

9.1　归一化 GA——NGA

提出 NGA(Normalized Generic Algorithm)的出发点其实非常简单。尽管 GA 在实际应用中有许多变形，但仍有一个通用算法结构，适合大多数的应用环境，如 LGA。我们在 LGA 基础上，结合采用 GA 的经验提出了一种相对通用的 GA——归一化 GA 或标准 GA，NGA 将 GA 的许多操作过程标准化，易于用来解决实际工程问题。

所谓标准化(或归一化)GA 主要是指标准化的参数表示、标准化的操作方式、标准化的品质函数表示。NGA 主要包含如下几点要素。

1. 参数归一化

假定所要优化的参数有 M 个，即 $x_1, x_2, \cdots, x_M$，首先定义标准化的品质函数 F

$$F = C - \varphi \tag{9.1}$$

式中，φ 是传统最小化问题中的代价函数；C 为常数。式(9.1) 的目的是使最小化问题转化为 GA 所需要的品质函数。对于待求参数 $\boldsymbol{x} = [x_1, x_2, \cdots, x_M]^{\mathrm{T}}$，根据实际问题确定出其取值范围(这在实际的应用中是可以办到的)，然后对 $\boldsymbol{x}$ 进行归一化操作。

$$\boldsymbol{x} = \begin{bmatrix} \dfrac{x_1}{x_1^{\max}} \\ \dfrac{x_2}{x_2^{\max}} \\ \vdots \\ \dfrac{x_M}{x_M^{\max}} \end{bmatrix} \tag{9.2}$$

式中，$x_i^{\max}$，$i = 1, 2, \cdots, M$ 是 x_i 的最大值。对 $\boldsymbol{x}$ 进行正数化操作即

$$\boldsymbol{y} = \alpha \boldsymbol{k}^{\mathrm{T}} \boldsymbol{x} \tag{9.3}$$

式中，$\boldsymbol{k}$ 为符号向量，其最值为 -1 或 1，其分量为

$$k_i = \begin{cases} -1, & x_i < 0, \quad i = 1, 2, \cdots, M \\ 1, & x_i > 0, \quad i = 1, 2, \cdots, M \end{cases} \tag{9.4}$$

式中，α 为常数，通常取10^3。

2. 采用 LGA 的变量转换方式

码链长度取为 $L=12$，该取值可以满足大部分的优化问题。

3. 将选择操作简单化

取码链集合前 60% 为下一阶段码链再生的码元，即每次丢掉品质因数较差的后 40% 码链。事实证明，这种方式可以较好地提高运算速度，性能变化不大。此外，这种操作方式可以在大部分情况下省掉精英化操作。

4. 固定精英化操作

若采用精英化操作，仅取表现最好的前 10% 码链直接进入下一阶段。

5. 总的异化概率为 $P_m=10^{-2}$

异化操作采用逐点码元值和随机数对比方式，即对每一个码元，取随机数 $\delta\in[0\quad \text{or}\quad 1]$ 的值，如果 δ 和码元的值相同，则码元保持不变，否则用 δ 的值代替码元。这样的操作简单易实现，实际异化概率 $0.5\times10^{-2}=5\times10^{-3}$。

6. 取交叉概率 $P_c=0.5$

即一半的码链由选择操作决定，另一半由交叉操作完成。交叉操作归一化为单点操作，单点的位置由随机数 $\eta\in[1,2,\cdots,11]$ 来决定。

至此我们可以完整写出标准 GA(NGA) 的算法流程如下：

(1) 参数标准化，品质函数标准化；

(2) 采用随机数法产生所需要的初始码元序列，总数为 $M\times12$；

(3) 利用标准化的转换操作将其折算为实际参数值，并计算相应的品质因数；

(4) 选择前 60% 表现较好的码链进入交叉和异化操作，其中前 10% 直接进入下一阶段；

(5) 对剩余的 50% 码链进行交叉操作 $P_c=0.5$，利用随机数 $\zeta\in[1,2,\cdots,11]$ 决定交叉点位置，直到得全部 M 个码链；

(6) 采用逐点随机比较法，进行异化操作；

(7) 由新的码链组取代原先的(旧的) 码链组；

(8) 回到(3)，重复该过程，直到达到满意的结果或达到设定值。

不难看出，NGA的最大好处是提供了一个实用操作性强的基础GA方法，虽然其性能并不一定最优(后边混合算法中会分析到 GA 在精确点的搜寻上并不占优)，但简单方便，易于实现。

9.2　混合式 GA

所谓混合式 GA(Hybrid GA)，严格意义上讲，并不完全是单纯的遗传算法，实际是其他最优化方法，如传统的微积分方法或随机搜寻方法与遗传算法相结合的算法。那么，为什么要提出混合式 GA？这是因为 GA 总的来讲在寻找精确最佳解方面并不是很好，而在扩展搜寻空间和跟踪准最佳解方面表现优异。经过对 GA 和其他优化方法的分析研究，可以大致用图 9.1 所示较定性地说明各种优化算法有效性的对比关系。图中横坐标是算法适应范围的大小，纵坐标是各种算法的有效性。任何一个最优化方法都存在有效性和适应范围(可以称之为稳健性)的矛盾，对于前面分析的微积分方法，显然最为有效，因为当边界条件满足时，这些方法可以立即给出准确解，这是有效性的极端。当然，现在所考虑的 SA 算法和 GA 要解决的问题的范畴，显然要远比微积分所要解决的问题复杂。尽管如此，仍然存在一个通用性和特殊性的矛盾。对于一个针对解决某个特殊问题所提出的方法来讲，有效性显然要比通用性强，因为在它大多数情况下不适应于其他场合。穷举法适应于任何场合，但有效性太差，是有效性和通用性或稳健性的另一个极端。GA 介于这两者之间。正像前面指出的那样，总的来说，GA 是一个稳健型算法，对其内部的操作方式进行适当调整或较为准确的知道有关先验知识，就可以使其非常有效。当然在实际应用中，充分了解先验知识肯定是困难的，而且还需要有足够的搜索时间。一个大胆的想法就是将以上两种极端相结合，来组合成互相弥补的有效、稳健算法。混合算法就是基于这种考虑提出的。具体来讲，就是利用稳健性较好的优化算法，如 SA 或 GA 等首先接近或选定最优区间，然后利用效率高、计算速度快的优化技术，如传统优化方法或穷举法等，完成优化的最后阶段，确定最优值。这种方法通常情况下可以提高收敛速度。这就是为什么我们说混合式 GA 其实并不完全是 GA 的原因。

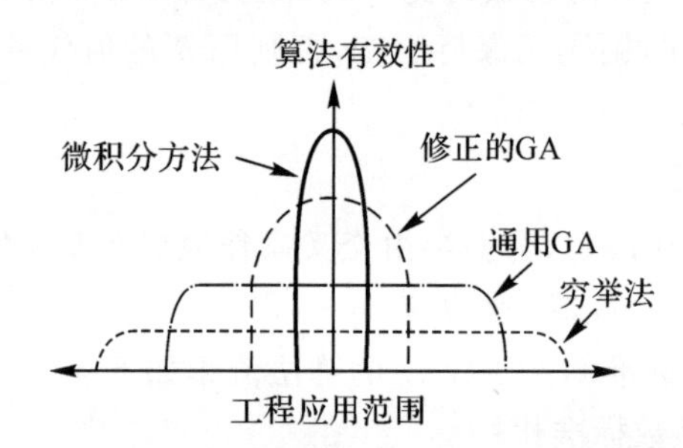

图 9.1 各种优化方法的稳健性和有效性比较

从混合式算法的基本思路不难想象，会有多种组合形式的混合算法。针对后面的应用，我们提出了三种混合 GA，即变结构混合 GA、NGA 加局部码元穷举 GA 和变换式 GA。

9.2.1 变结构混合 GA

变结构混合 GA 也可以称为内部混合 GA。从前面对 GA 的分析知道，GA 实际上是一个相对较为灵活的优化算法，GA 仅仅给出了基本的三步优化操作规则，实际的操作规则可根据应用对象的不同进行调整或重新设定。变结构 GA 的基本思路是在 GA 过程中采用 GA，主要用来解决比较复杂的优化问题。我们建议的变结构算法采用三段结构，即固定迭代数的 GA 初值设定、标准 GA 和约束 GA。

1. 固定迭代数的平滑 GA 初值设定

这一阶段的目的是将 GA 完全简化，通过简化的 GA 或平滑 GA 将 GA 算法的收敛速度和性能进行折中，为下一阶段的搜寻设定初始值。从对 GA 的分析知道，在整个 GA 算法迭代中，计算每个参数的品质函数和对品质函数的评估，占去了 GA 大量的时间，尤其是在参数较多时。那么有没有一种方法可以对品质函数适当简化，提高计算速度，进而加快收敛速度呢？品质函数的设定和整体的性能有关，因为品质函数决定了对待解决问题的刻画程度，如果采用简单的近似表示，则会影响整体性能。这和简化品质函数的要求相矛盾，这其实也是收敛速度和精度的矛盾。在优化的初级阶段，由于品质函数不可能很快达到最佳值，因此对品质函数精度的要求并不高，可以采用较为近似的表示（当然实际操作中，一定要注意不能在优化的最后阶段简化品质函数）。一个简单的办法就是根据参数的关键性，在初始阶段，仅保留部分参数参与评估品质函数计算，这是平滑 GA 的第一个要素。平滑 GA 的另一个简化要素是采用较短的数据长度，如标准为 12，初始阶段仅取 6 位。平滑 GA 的第三个要素是采用所谓的品质函数标定技术，所谓品质函数标定，是指将品质函数的变化范围强制增加或降低，即对 F 完成如下变换：

$$F'=\Gamma(F) \tag{9.5}$$

式中，Γ 为转换函数。进行标定操作的原因是，在某些情况下，品质函数可能覆盖非常小或非常大的范围。例如在算法的初始阶段，如果个别的码链具有远高于平均值的品质因数，那么采用轮盘赌方式选定下一轮的码链时，这几个码链将会占有未来几乎所有的生存机会，导致“近亲繁殖”，使算法收敛到错误点上。另一个特例是品质函数的变化很小，平均值接近最大值，那么在算法的最后阶段，会导致算法停止收敛。简化GA的另一个要素是将迭代次数固定，达到该值时自动停止。

2. 标准GA

利用简化GA的最终码链作为初始值，采用NGA完成后续的优化操作，直到算法收敛，或得到满意结果为止。

3. 直接模态搜寻算法

如果对结果仍不满意，则采用前面介绍的传统优化方法——直接法，如循环变量、模态搜寻算法等，完成最终的精确优化。

至此，我们可以写出变结构混合式GA算法的流程如下：

(1) 运行简化GA或平滑GA；

(2) 运行设定的固定次数；

(3) 扩展码链长度到标准长度；

(4) 运行NGA；

(5) 监视品质函数变化，采用品质函数标定方法；

(6) 对NGA收敛结果评估，决定是否进入第(7)步，否则，算法结束；

(7) 直接搜寻法优化参数，直到满足要求或达到合理结果。

在该算法中，由于含有较多的干预过程，因而比较适合后置数据分析，不适合实时处理。

9.2.2　局部码元穷举激活GA

前面已经指出为了克服GA有时无法收敛到精确解的问题，可以采用混合式算法，如变结构和变换式GA+SA算法等。这些算法均含有一个过程即将码链全部转化为实值参数，这样做的目的是采用传统方法如直接法或者SA方式，但是当这些算法并不能得到理想结果时，重新返回二进制编码形式的GA可能会导致这些实数无法精确表示[1]，从而损失已得到的性能。一个直观的想法就是不采用转换方式，而是在GA编码参数基础上，进行附加操作，局部码元穷举GA就是这一类尝试。

当GA的品质因数变化不大时，采用如下三个操作：

1. 穷举异化法

即对得到码链的每一位进行逐个异化，每异化一个点即评价其品质函数，如果品质函数增加，则保留此异化码元。

2. 加减法

所谓加减法，即对码链进行加1或减1操作，如果加1后品质函数增加，则继续加操作，直到品质函数不再增加为止。对所有的码链都采用这个过程。不难看出，这类似于传统优化理论中的单变量循环算法。

3. 刺激法

刺激是按一定比例增加异化概率,即完成以下操作:

$$P'_m = KP_m, \quad K > 1 \tag{9.6}$$

这样做的目的是进一步扩大参数空间,使 GA 从局部区域中跳出。穷举是这个方法的极端情况,通常情况下,只采用加减法和刺激法。

9.2.3 GMOSSA 变换法

变换法是指 GA 运行到一定程度后(如固定迭代次数),将编码参数全部转换为实值参数,然后采用其他优化方法,我们这里建议的是 GA+SA 算法的变换法,即 GMOSSA 变换法。算法过程是,首先采用 LGA 方法优化待解决的问题,当品质函数变化不大或迭代次数达到一定值时,停止。将编码参数全部转化为实值参数,并将品质函数转化为最小化代价函数,再采用多操作结构 SA 算法完成最后的精确优化。

事实上,混合 GA 的基本出发点就是避开其自身的弱点,发挥其优势,和其他算法相结合,完成对复杂问题的求解。因此在实际应用中,我们可以根据要解决的问题,对算法进行组合,如变结构和变换式算法相结合或直接将传统优化方法中的梯度法等和 NGA 相结合,直接应用于工程问题的优化。

9.3 几种算法对特定测试函数的仿真测试结果

为了分析说明有关算法的有效性,我们利用测试函数对以上几种算法(包括 SA, MOSSA)进行了仿真测试,这里给出部分结果。

1. 测试函数

在第 5 章中已介绍了 De Jong[1,2] 提出的几种测试函数,重写如下:

$$F_1 = 79 - \sum_{j=1}^{3} x_j, \quad -5.12 \leqslant x_j \leqslant 5.12 \tag{9.7}$$

$$F_2 = 4\,000 - 100(x_1^2 - x_2)^2 + (1 - x_1)^2, \quad -2.048 \leqslant x_j \leqslant 2.048 \tag{9.8}$$

$$F_3 = 26 - \sum_{j=1}^{2} \mathrm{INT}(x_j), \quad -5.12 \leqslant x_j \leqslant 5.12 \tag{9.9}$$

$$F_4 = 0.5 - \frac{\left(\sin\sqrt{x_1^2 + x_2^2}\right)^2 - 0.5}{[1 + 0.001(x_1^2 + x_2^2)]^2}, \quad -100 \leqslant x_j \leqslant 100 \tag{9.10}$$

为了仿真方便,对 F_3 我们只取双变量的情况。

除了以上 4 种函数外,我们增加两种测试函数即 Hartman 函数和 Shubert 函数[3],这两种函数也是优化算法测试中的常用函数。

Hartman 函数:

$$\mathrm{HA} = \pm \sum_{i=1}^{4} c_i \exp\left[-\sum_{j=1}^{n} a_{ij}(x_i - P_{ij})^2\right], \quad D \leqslant x_j \leqslant 1 \tag{9.11}$$

取值在文献[3,4]中有详细介绍。Hartman 函数在实际应用中有很多变形,这里我们只采用 $n=3$ 和 $n=6$ 的情况,即 HA_3 和 HA_6。

Shubert 函数：

$$SH=\left\{\sum_{i=1}^{5} i\cos[(i+1)x_1+i]\right\}+\left\{\sum_{i=1}^{5} i\cos[(i+1)x_2+i]\right\} \tag{9.12}$$

其中，$-10\leqslant x_1\leqslant 10$，$-10\leqslant x_2\leqslant 10$。Shubert 函数和 Hartman 函数均有多个极大值和极小值点，如 Schubert 函数有 760 个最小、最大值点，在 $-10\leqslant x_1, x_2\leqslant 10$ 范围内，其全局最小值点有 18 个，最小值为 $SH_{min}=-186.7309$。

2. 测试算法

参加测试的算法共 5 个，即随机搜寻法(交叉法)(RS)、快速模拟退火算法(FSA)、多操作结构 SA 方法(MOSSA)、LGA、BGA(局部码元激活 GA)。

3. 测试规则

对以上 7 种测试函数，我们均知道其全局最小值(或最大值)，因此我们以该值制定算法中止的条件，如 Shubert 函数，最小值为 −186.730 9(或最大值，对应 GA)，那么当品质函数或代价函数达到最小值的 1% 精度内时，就认为算法收敛。算法性能的测试不以能否找到全局最优值入手，而是以最终达到最优值时对应的代价函数或品质函数评估的使用次数为标准，也就是说，以算法的近似迭代次数为标准。这种测试实际上是对算法的效率测试。

4. 几点说明

由于参加测试的算法有 GA 类和最小化类(RS，SA)，它们使用不同的目标函数。对于 GA 类来讲，F_1，F_2，F_3，F_4 中去掉前面的常数项作为代价函数。需要指出的是，最小值(或最大值)同样也要作调整，同时也要调整收敛条件。

考虑到每个算法的随机性特点，所给出的结果均是多次运行的平均值，如 RS 方法采用 4 次结果的平均，SA 类算法采用 20 次平均，GA 类采用 30 次平均。

5. 运行结果和讨论

表 9.1 给出了这些测试函数在各种算法下的运行结果。直接从表 9.1 似乎难看出名堂，我们将对某一个函数所用的次数以直方图的形式，如图 9.2 到图 9.8 所示。这样可以明显看出对同一个函数各种算法的效率情况。大致可以取得如下结论：

(1) 总的来讲，GA 类算法的效率较低；

(2) SA 类算法的效率较高；

(3) 函数越复杂，算法的效率越低。

表 9.1　利用测试函数得出的结果

测试函数＼算法	F_1	F_2	F_3	F_4	HA_3	HA_6	SH
RS	861	753	581	986	5 286	19 102	7 601
FSA	260	291	287	392	3 415	3 976	896
MOSSA	210	299	279	467	1 459	4 647	786
LGA	1 672	992	806	1 239	7 985	8 697	7 899
BGA	2 571	2 767	748	2 267	7 863	9 675	3 671

需要特别强调的是，表 9.1 是一个平均结果，这中间舍去了很多不成功的例子，总体上大

约有10%左右的情况算法不能收敛，尤其是SA类算法，必须重新设定初始值，重新运行。在这一点上GA类算法表现较好。这正好验证了在对SA和GA分析时所给出的结论，即对于随机搜寻类(概率搜寻)算法来讲，目前还无法证明，它们对所有的局部最小化问题均能收敛，尤其是在有限步长内，这正是目前这类算法所急待解决的问题。事实上，即使我们目前正在研究的启发式(Taboo)GA，也无法完全解决这个问题，只是成功的概率较高而已。尽管如此，诸多应用成功的例子仍然证明SA,GA在大多数情况下是可以采用的。

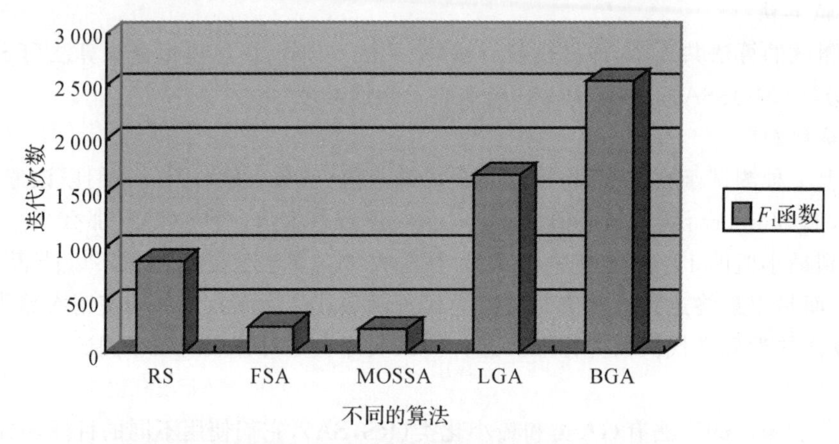

图9.2 对 F_1 函数的处理结果图示

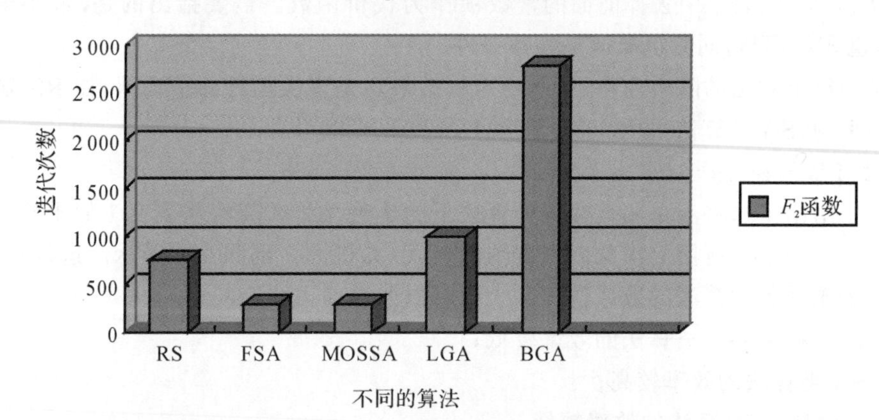

图9.3 对 F_2 函数的处理结果图示

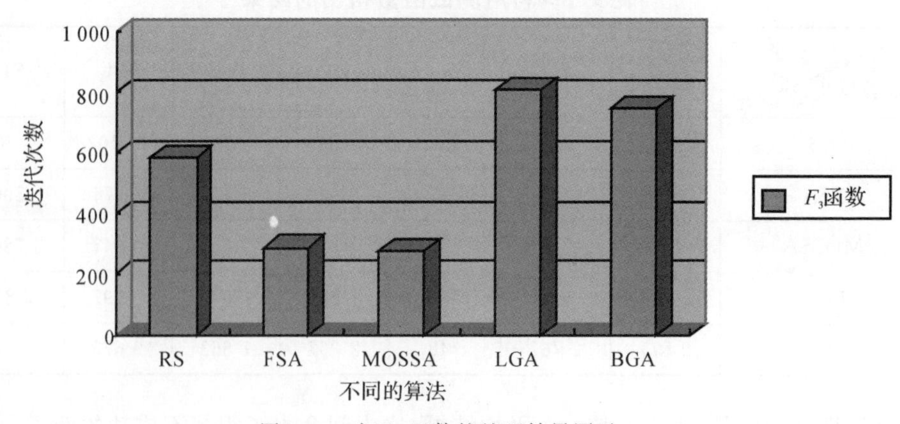

图9.4 对 F_3 函数的处理结果图示

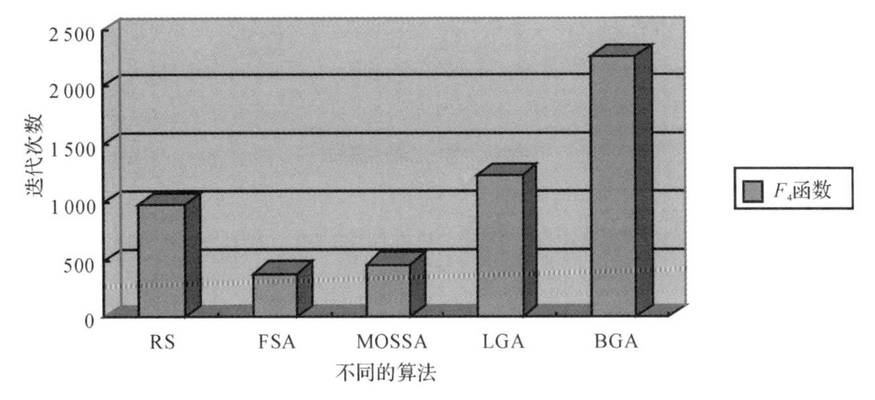

图 9.5　对 F_4 函数的处理结果图示

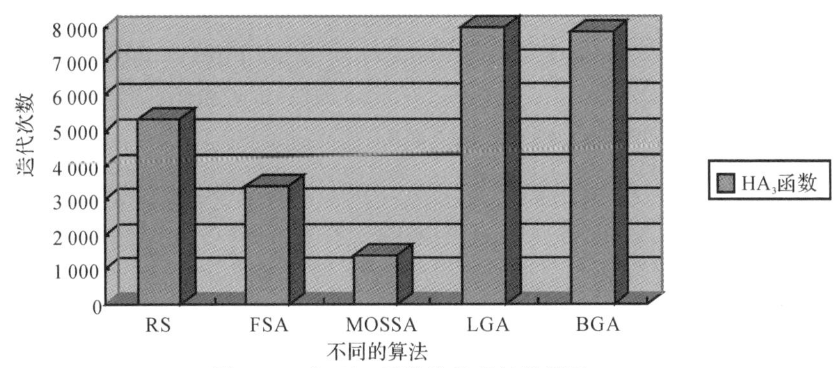

图 9.6　对 HA_3 函数的处理结果图示

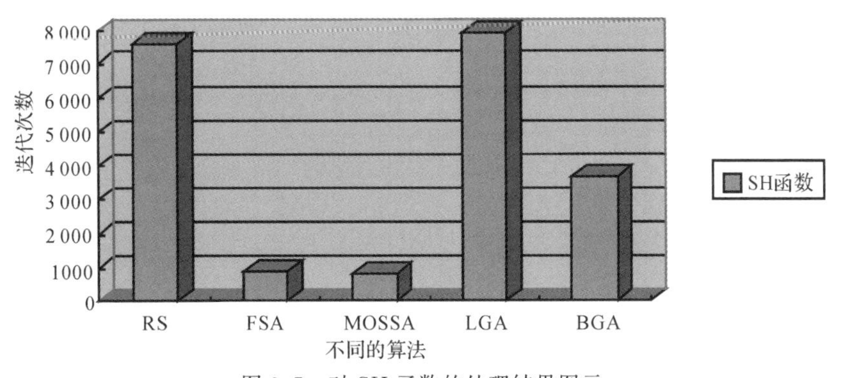

图 9.7　对 SH 函数的处理结果图示

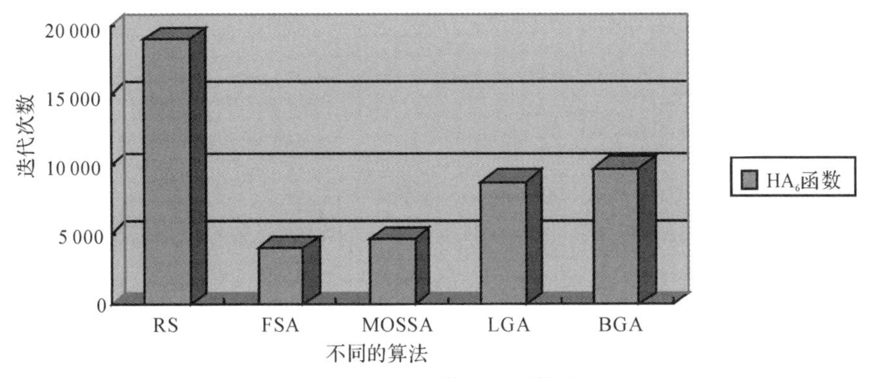

图 9.8　对 HA_6 函数的处理结果图示

本章主要介绍分析了改进的 GA，要有归一化 GA、混合式 GA 和变结构 GA 等。利用 7 种测试函数对这些算法进行了仿真实验，并对结果进行了详细的分析讨论。

参考文献

[1] DE JONG K A. Genetic algorithms are not function optimizers[M]. San Mateo：Morgan Kaufmann，1993，2：5－17.

[2] KOZA J R. Genetic programming：on the programming of computers by means of natural selection[M]. Cambridge：MIT Press，1992.

[3] HOLLAND J H. Adaptation in natural and artificial systems[M]. Ann Arbor：University of Michigan Press，1975.

[4] MICHALEWICZ Z. Genetic algorithms，numerical optimization and constraints [C]//Proceedings of the Sixth International Conference on Genetic Algorithms. San Mateo：Morgan Kauffman，1995，195：151－158.

第10章　多操作结构SA算法应用于反卷积处理

本章介绍用模拟退火算法处理病态或病态条件反卷积问题。通过对直接法和迭代法等的反卷积技术的研究,引入处理病态或病态条件问题的模拟退火算法,着重介绍了模拟退火算法处理病态或病态条件的问题。本章将给出一种特殊的病态或病态条件问题反卷积的例子,用模拟退火算法得到的反卷积结果。本章同时介绍了一些典型的反卷积方法,例如,反向函数滤波器、模糊法和多算子算法等。实践证明,模拟退火算法处理病态或病态条件问题是有效的。

10.1　引　　言

反卷积是某些工程应用的基础,例如,在不破坏物质材料本身条件下,检测它的内部特性,广泛采用无损伤技术(NDET)。NDET通过向被检测物体发射宽带超声脉冲,收集相应的回波信号,然后通过反卷积求取内部响应,采用模式识别技术得到物体的内部特征。反卷积算法也用于目标识别问题中,因为接收机的输出可表示为已知传递信号的自模糊函数与以平均延迟和多普勒平移为特征的传递函数的卷积[1],目标信息包括在目标传递函数里,目标分类就是对传递函数的识别和估计。在地震爆发的探测中,也用到反卷积方法,即通过对估值信道和接收的数据反卷积分析震源。

令 $h(t)$ 表示特征函数或通道响应,$x(t)$ 表示发射信号或参考源,观测信号或回声测量 $r(t)$ 可表示为

$$r(t)=h(t)\otimes x(t) \tag{10.1}$$

式中,"$\otimes$"表示卷积操作算子。多数情况下,$x(t)$ 或者 $h(t)$ 是可测的或已知的。例如,在NDET中,$x(t)$ 可以看作单位脉冲信号 $\delta(t)$ 的冲击响应。另一方面,在地震测量中 $h(t)$ 可以估计。无论已知哪个,都可以通过反卷积得到另一个。不失一般性,我们假设 $x(t)$ 已知,通过反卷积得到 $h(t)$。并假设 $x(t),h(t),r(t)$ 的傅里叶变换分别为 $R(f),H(f),X(f)$。观测信号的傅里叶变换表示为

$$R(f)=H(f)X(f) \tag{10.2}$$

如果 $H(f)$ 对于所有的 f 都不为零,那么 $X(f)$ 可以表示为

$$X(f)=R(f)/H(f) \tag{10.3}$$

如果某些点的 $H(f)$ 为零,则 $X(f)$ 的值就会丢失。这就是所谓的病态问题。这种问题的解决方法是设

$$X(f)=\begin{cases}R(f)/H(f), & H(f)\neq 0\\ 0, & H(f)=0\end{cases} \tag{10.4}$$

反卷积的另一个问题就是病态条件问题。当一些点的 $H(f)$ 很小但不为零时，就会出现这种问题。在实际应用中，就是观测信号被噪声干扰

$$r(t)=h(t)\otimes x(t)+n(t) \tag{10.5}$$

或

$$R(f)=H(f)X(f)+N(f) \tag{10.6}$$

与小值 $H(f)$ 相关的观测数据将由噪声决定，所以对于公式(10.4)是要提高噪声而不是恢复源信号。我们已有很多反卷积的方法处理这些问题，如维纳滤波、谱外插、最小偏差反卷积法、多算子反卷积法等。这些反卷积算法在某种程度上可以解决一些特殊的问题。本章将建议一种新方法，即模拟退火算法处理病态或病态条件的反卷积问题，这种方法可以用做通用反卷积技术，在处理病态条件或病态问题时比一般的方法更有效。

下面首先总结常规的反卷积方法，包括最近由 Sacha[1] 提出的多算子法，并简单评估其性能，然后介绍模拟退火反卷积算法及其具体步骤，最后给出计算机仿真结果，并与常规方法相比较从而得出结论。

10.2 反卷积方法

Sacha[1] 将反卷积方法分为迭代方法和直接方法。直接方法是尝试确定逆算子的形式；而迭代方法是通过迭代来逼近结果。直接算法的优点是效率高，需要的计算时间少，但它不能处理病态或病态条件问题；迭代算法明显优于直接法。

1. 限幅反向滤波器(CIF)

CIF 反卷积法是用一个很小的常数 λ 作为门限对式(10.4)进行修正。

$$X(f)=\begin{cases}R(f)/H(f), & |H(f)|\geqslant\lambda \\ 0, & \text{其他}\end{cases} \tag{10.7}$$

CIF 可以对噪声有放大作用。λ 的值越小，CIF 所得到的结果就越接近于(10.4)，噪声的影响就越大。

2. Wiener 滤波器

本方法是为了找出一种使平方均值误差最小的一种对 $X(f)$ 的最佳估计，可以看作是一种通过运用最佳门限函数的 CIF。标准形式是：

$$X(f)=\frac{R(f)H^*(f)}{|H(f)|^2+P_n/P_x} \tag{10.8}$$

式中，P_n，P_x 是$h(t)$的功率谱密度，当门限为常数时，Wiener方法相当于CIF。从式(10.8)可以看出，维纳滤波器反卷积法必须估计功率谱密度，在实际运用中式(10.8)有许多变形。

3. 迭代 CIF 反卷积方法

这种方法是公式(10.5)和(10.6)的迭代方式。时域迭代公式如下：

$$x_{k+1}(t)=\beta r(t)+(\delta(t)-\beta h(t))\otimes x_k(t) \tag{10.9}$$

式中，$\delta(t)$ 是增量函数；频域公式为

$$X_{k+1}(f)=\beta R(f)+[1-\beta H(f)]X_k(f) \tag{10.10}$$

收敛条件是

$$|1+\beta H(f)|<1$$

4. 模糊迭代方法

这种方法是 CIF 方法的变形，当收敛条件不满足时，用 $h_c(t)\otimes h(t)$ 代替 $h(t)$

$$x_{k+1}(t)=\beta h_c(-t)\otimes r(t)+[\delta(t)-(\beta h_c(t)\otimes h(t))]\otimes x_k(t) \tag{10.11}$$

式中，$h_c(t)$ 是模糊函数，通常选择 $h^*(-t)$。其特征值是非负的，为 $h(t)$ 的平方。这种替代就是通常的模糊方法。

5. 维纳迭代法

维纳反卷积滤波器的近似迭代公式是

$$X_{k+1}(f)=\beta H^*(f)R(f)+\left[1-\beta\left(|H(f)|^2+\theta\left|\frac{p_n}{p_x}\right|\right)\right]X_K(f) \tag{10.12}$$

6. 约束迭代反卷积方法

正如上面所指出，迭代法的优点是在恢复 $x(t)$ 时，容易加入约束条件或先验条件，Sacha 把所有这些近似过程称为约束迭代反卷积方法(CID)。例如，如果考虑约束，式(10.9) 可以写为

$$x_{k+1}(t)=\beta r(t)+[\delta(t)-\beta h(t)]\otimes\mathfrak{I}[x_k(t)] \tag{10.13}$$

式中，$\mathfrak{I}$ 表示约束算子。这种方法本质上是关于反卷积的线性方法，通常是收敛的。然而 ·种“循环”或“高分辨”的现象会出现在某些实际情况中，如在 NDET、分布函数的识别等问题中；也就是说，这种非负函数的估计将产生非负的结果，所以当消除估计函数的非负部分时相关的信息就会丢失。

Sacha 还提出了病态条件或病态问题一种新的多点分布函数算法。这种算法可以处理分散性函数识别的一些特殊问题。先假设存在多个冲击函数 $h_i(t)(i=1,2,\cdots,N)$，相应的观测响应为 $r_i(t)(i=1,2,\cdots,N)$，则

$$r_i(t)=h_i(t)\otimes x(t) \tag{10.14}$$

通过设定一组常数 $u_1,u_2,\cdots,u_N$ 值，并结合多点冲击函数，则有

$$r(t)=\sum_i r_i(t)u_i(t) \tag{10.15}$$

$$r(t)=[\sum_i u_ih_i(t)]\otimes x(t) \tag{10.16}$$

所以，$R(f)$ 可以写作

$$R(f)=[u_1H_1(f)+u_2H_2(f)+\cdots+u_NH_N(f)]X(f) \tag{10.17}$$

反卷积算法为

$$X(f)=\frac{Y(f)}{u_1H_1(f)+u_2H_2(f)+\cdots+u_NH_N(f)} \tag{10.18}$$

式(10.18) 也有相应的迭代、约束和模糊形式，

$$x_{k+1}(t)=\beta r(t)+[\delta(t)-\beta(u_1h_1(t)+u_2h_2(t)+\cdots+u_Nh_N(t)]\otimes x_k(t) \tag{10.19}$$

$$x_{k+1}(t)=\beta r(t)+[\delta(t)-\beta(u_1h_1(t)+u_2h_2(t)+\cdots+u_Nh_N(t)]\otimes\mathfrak{I}[x_k(t)] \tag{10.20}$$

$$x_{k+1}(t)=\beta\sum_i[r_i(t)\otimes h_c(t)]+\left\{\delta(t)-\beta\sum_i[h_i(t)\otimes h_i(t)]\right\}\otimes\mathfrak{I}[x_k(t)] \tag{20.21}$$

这种多算子方法可以有效地将病态问题转化，并能够通过适当地选择 $u_i(i=1,2,\cdots,N)$，

在某种条件下限制病态条件。然而，这种方法本质上是一种线性恢复方法，容易受病态条件影响，我们引入模拟退火方法并给出非线性的方法。这种新的方法能有效地克服病态条件和病态问题，并且不容易受病态条件的影响。

10.3 模拟退火逼近

在这个部分我们将概要地介绍模拟退火方法并且用它来解决反卷积问题。从前面几章分析知道，模拟退火(SA)是一种多变量最佳方法。我们将反卷积转化为多参数最优化问题，就可以采用SA方法。

将反卷积问题重新写成：

$$r(t)=h(t)\otimes x(t)+n(t) \tag{10.22}$$

我们设计一种 $x(t)$ 的虚拟函数 $y(t)$，用它和已知的参考 $h(t)$ 卷积得到一个数据序列 $q(t)$ 为

$$q(t)=h(t)\otimes y(t) \tag{10.23}$$

对比 $q(t)$ 和 $r(t)$ 得到一个能量函数：

$$E=\int[q(t)-r(t)]^2\mathrm{d}t=\int[h(t)\otimes y(t)-h(t)\otimes x(t)]\mathrm{d}t \tag{10.24}$$

可以通过在所有时间间隔内使能量函数达到最小，而实现对 $x(t)$ 最优化的估计。也就是：

$$\min_t\left\{\int[q(t)-r(t)]^2\mathrm{d}t\right\} \tag{10.25}$$

所以，模拟退火算法可以应用于最优化问题，并可以恢复源级数的最佳或次最佳值。这种方法可作为一种通用的反卷积技术，特别适用于病态或病态条件问题或者是反复问题。

假设在 $n=(n-1)\Delta t, 1\leqslant i\leqslant N$ 有 N 点已知数据。能量函数是在$(1,N)$上全部累计，虚拟函数 $y(n)$ 也有 N 点的值。算法开始时任意给定 $y(n)$ 一个初始值。能量的初始形式为

$$E_0=\sum_n[h(n)\otimes y(n)-h(n)\otimes x(n)]^2\Delta t \tag{10.26}$$

设定初始温度值 T_0，每个匹配函数的自由摄动将包括每一点的值。在降温时刻 t，摄动在 l 点的值为

$$y'(l)=y(l)+\Delta y\eta_t^3 \tag{10.27}$$

式中，Δy 是摄动 $y(l)$ 的最大可能值；η_t 是在$(0,1)$间均匀分布的自由变量。能量随新参数变化的函数为

$$\Delta E=E[y'(l)]-E[y(l)] \tag{10.28}$$

如果 $\Delta E<0$，则接受摄动，$y'(l)$ 取代 $y(l)$。如果满足条件

$$\exp\left(\frac{-\Delta E}{KT}\right)>k_t \tag{10.29}$$

摄动也被接受。公式中 k_t 是在$(0,1)$间均匀分布的自由变量。第二种被接受的条件是算法的关键，也就是搜索可以使取值避开最小值点，并取得所有功率函数的最小值中的最大的值。接受新值就意味着摄动是成功的，算法将继续对下一个值进行摄动。被接受的值将保持不变，直到下一个降温时间。如果所有的条件都不能满足，那么算法将返回继续摄动直到条件满足。这个过程将对 $y(l)(l=1,2,\cdots,N)$ 的每一个点重复进行。所有的值都经过摄动后，算法将进

行下一次降温。温度的降低是根据公式：

$$T = C/(1+t) \tag{10.30}$$

通常情况下，信号可以用参数 α_i 来表示。例如在水下声道测量、匹配领域处理和伽玛(Gamma)射线识别等问题中 $y(t)$ 可以表示为

$$y(t) = f(\alpha_i, t) \tag{10.31}$$

其中，$f(\cdot)$ 可以是任何形式的函数，$y(t)$ 可以由一组参数决定。对源信号的恢复变成对参数 α_i 的估计。前面提出的 MOSSA 多操作结构模拟退火算法是一种更快速、更有效的方法，这种算法可以处理上述问题。MOSSA 是模拟某种发生在多个混合材料的人工模拟退火过程并代替多个人工温度因素 k_i，对于单个温度值 $k_i(i=1,2,\cdots,M)$，算法可以简述如下：

(1) 类似于降温公式 $T=C/(1+t)$，对于每一个 α_i 值，有不同的逃逸条件：

$$\left.\begin{array}{l} \Delta E_{it} < 0 \\ \exp\left(\dfrac{-\Delta E_{it}}{k_i T}\right) > \zeta_{it} \end{array}\right\} \tag{10.32}$$

(2) ΔE_{it} 是 t 时刻每个摄动相对应的能量变化；ζ_{it} 是在(0,1)上均匀分布的自由变量。

MOSSA 比通常的算法所用时间少，在我们的仿真中即采用此算法。下面给出计算机仿真的例子，并讨论了 SA 反卷积法和其他算法的不同。

10.4　仿真实验

假设有两个传播函数 $h_1(t)$，$h_2(t)$ 定义为

$$h_i(t) = \begin{cases} 1/(2T_i+1), & |t| \leqslant T_i, \quad i=1,2 \\ 0, & |t| > T_i, \quad i=1,2 \end{cases} \tag{10.33}$$

这是一个典型的病态条件或病态反卷积问题。$h_i(t)$ 的傅里叶变换为 sinc 函数，具有对称零点 $f=n/(2T_i)$，$n=\pm 1, \pm 2, \cdots$ 在以下的仿真中，取 $T_1=7$，$T_2=5$。理想信号为下式：

$$x(t) = \delta(t-50) + 2.5\delta(t-59) + 0.5\delta(t-70) \tag{10.34}$$

这是一个典型的 γ 射线谱估计问题，其形式是脉冲序列函数和正模糊函数的卷积，这种函数经常是高斯型。为了简化和引入病态或病态条件，采用矩形函数。$h_i(t)$，$x(t)$ 的卷积产生序列如下：

$$\left.\begin{array}{l} r_1(t) = h_1(t) \otimes x(t) + n_1(t) \\ r_2(t) = h_2(t) \otimes x(t) + n_2(t) \end{array}\right\} \tag{10.35}$$

噪声是在 $(-\gamma, \gamma)$ 均匀分布的白噪声（仿真时取 $\gamma=0.5$）。图 10.1 所示给出了用 $h_1(t)$ 直接 CIF 反卷积的结果，图 10.2 所示给出了用 $h_2(t)$ 直接 CIF 反卷积的结果。在两例中取 $\lambda=0.1$。从图 10.1 和 10.2 中可以看出，摄动很明显且非负条件不满足。对这种 CIF 可以采用修正的 CID 算法。但因不满足收敛条件，不能直接应用 CID。图 10.3 和 10.4 所示分别给出了用 $h_1(t)$ 和 $h_2(t)$ 的 CID(50 次迭代) 的结果。即使有正定条件约束，该算法也不能完全区分三个脉冲。另一个例子是模糊法，通过模糊函数 $h_c(t)$ 过滤出恢复的信号 $r(t)$ 和 $h(t)$，例如：选择满足条件 $H(f)H_c(f) \geqslant 0$ 的 $h_c(t)$。一个简单的方法是令

$$h_c(t) = h^*(t) \tag{10.36}$$

在这个例子中 $h_c(t)$ 将是 $h_i(t)$。单个迭代方法的算子的模糊形式如下：

$$\left.\begin{aligned}x_{k+1}(t)&=\beta\left[h_1(t)\otimes r_1(t)\right]+\left[\delta(t)-\beta h_{r1}(t)\right]\Im\left[x_k(t)\right]\\x_{k+1}(t)&=\beta\left[h_2(t)\otimes r_2(t)\right]+\left[\delta(t)-\beta h_{r2}(t)\right]\Im\left[x_k(t)\right]\end{aligned}\right\}\tag{10.37}$$

其中：

$$\left.\begin{aligned}h_{r1}(t)&=h_1(t)\otimes h_1(t)\\h_{r2}(t)&=h_2(t)\otimes h_2(t)\end{aligned}\right\}\tag{10.38}$$

图 10.5 给出用 $h_{r1}(t)$ 的恢复结果，图 10.6 所示给出用 $h_{r2}(t)$ 的结果（β 迭代 50 次），可以清楚看出非负的约束保持很好的 3 个冲击。

正如上面所提到的，另一种处理病态条件反卷积问题的算法是多算子反卷积技术（这里用两个算子），令 $u_1=u_2=1$，将病态条件转化为良态条件反卷积问题。

$$X(f)=\frac{H_1(f)R_1(f)+H_2(f)R_2(f)}{\mid H_1(f)^2\mid^2+\mid H_2(f)\mid^2}\tag{10.39}$$

图 10.7 所示是直接用公式得到的结果，可以看出，比单个算子的 CIF 有了一些提高。对比模糊方法 CID 和多算子方法结合就是所谓的模糊双算子约束迭代法：

$$\left.\begin{aligned}x_{k+1}(t)&=\beta[h_1(t)\otimes r_1(t)+h_2(t)\otimes r_2(t)]+[\delta(t)-\beta(h_{r1}(t)\otimes h_{r2}(t)]\Im[x_k(t)]\\\beta&=0.4;x_0(t)=\beta[h_1(t)\otimes r_1(t)+h_2(t)\otimes r_2(t)]\end{aligned}\right\}\tag{10.40}$$

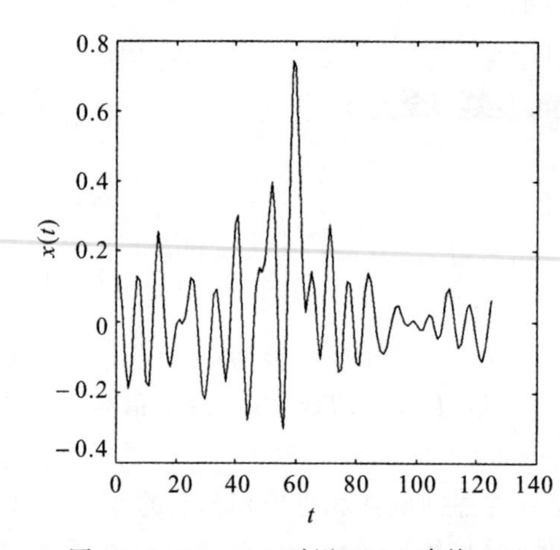

图 10.1　$\lambda=0.1$ 时用 $h_1(t)$ 直接 CIF

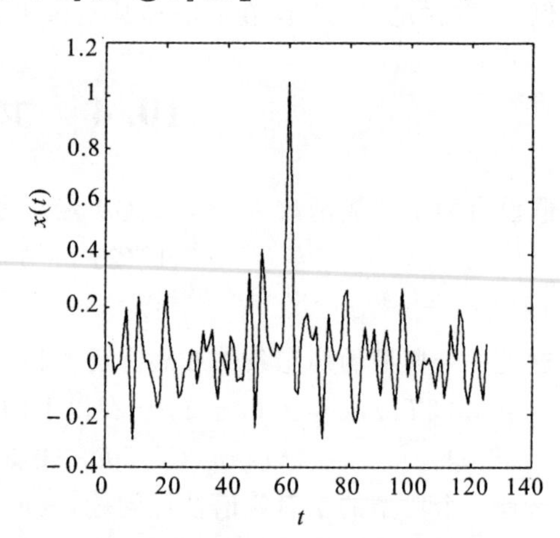

图 10.2　$\lambda=0.1$ 时用 $h_2(t)$ 直接 CIF

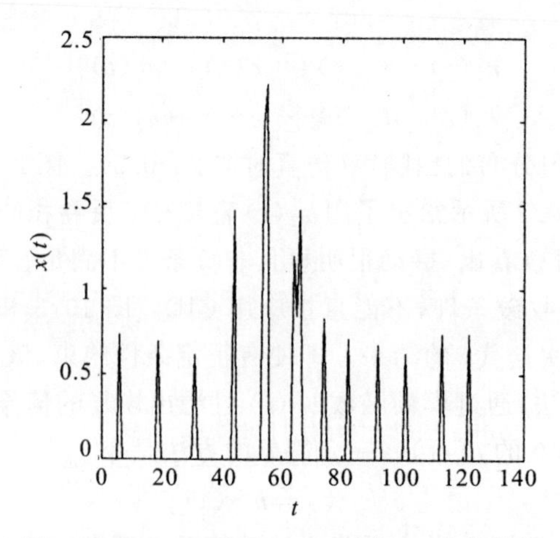

图 10.3　$\beta=2$ 时用 $h_1(t)$ 迭代 50 次的结果

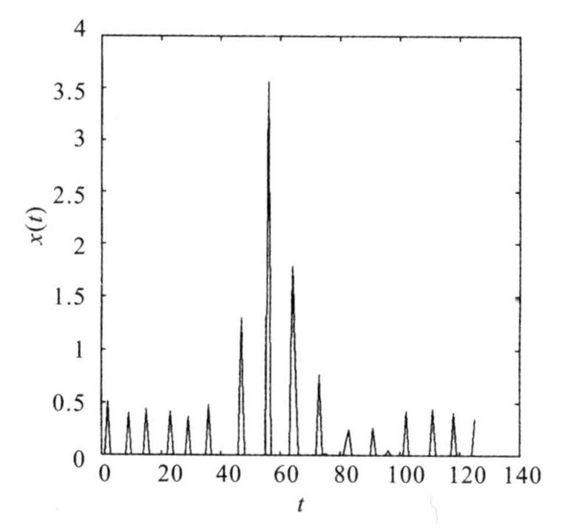

图 10.4　$\beta=2$ 时用 $h_2(t)$ 迭代 50 次的结果

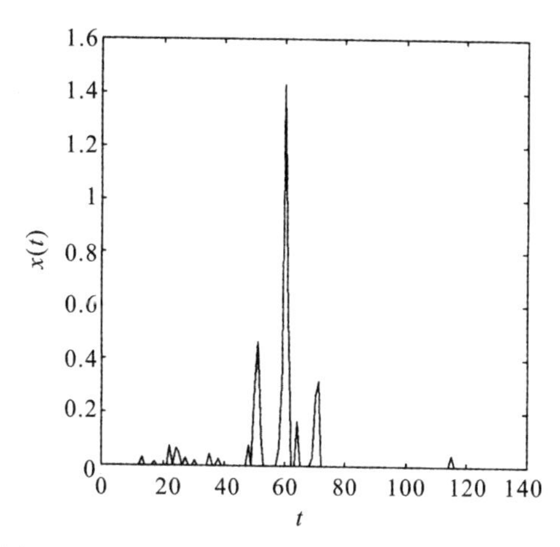

图 10.5　正约束再混合，$h_1(t)$50 次迭代，$\beta=2$

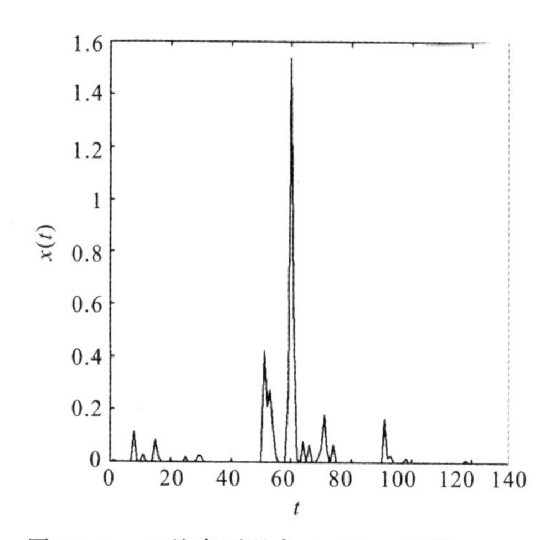

图 10.6　正约束再混合，$h_2(t)$50 迭代，$\beta=2$

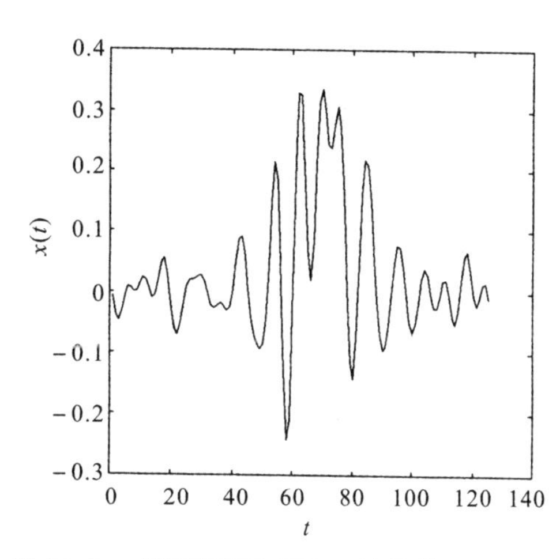

图 10.7　双算子直接 CIF，50 次迭代，$\lambda=0.03$

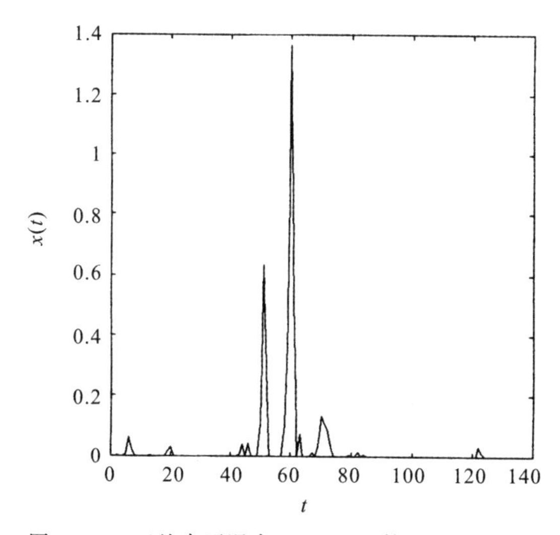

图 10.8　正约束再混合，$\beta=1$，双算子，50 次迭代

图 10.8 所示给出了反卷积的结果,说明逐次算法效果很好。对于模拟退火反卷积方法,我们运用多冷却进程来确定冲击的幅度和相位,并且选择 $T_0=10$,$K_1=100$(脉冲变换),$K_2=1$(脉冲振幅)。图 10.9 和 10.10 分别给出了用传递函数反卷积的结果。通过图 10.11 中冲击相位的摄动以及图 10.12 中脉冲振幅的摄动可以清晰地看出算法的收敛性。

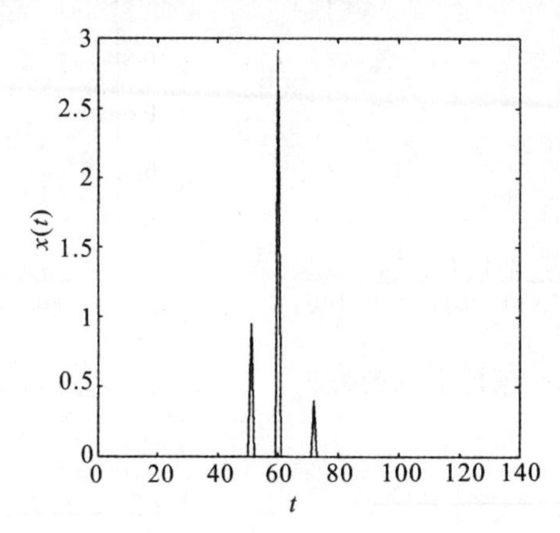

图 10.9　$h_1(t)$模拟退火反卷积,$K_1=100$(脉冲变换),$K_2=1$(脉冲振幅),$T_0=105\ 000$,随机初始值。

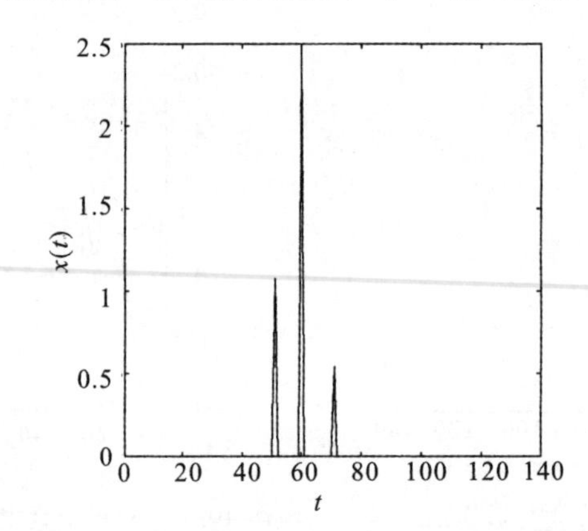

图 10.10　$h_2(t)$模拟退火反卷积,$K_1=100$(脉冲变换),$K_2=1$(脉冲振幅),$T_0=105\ 000$,随机初始值。

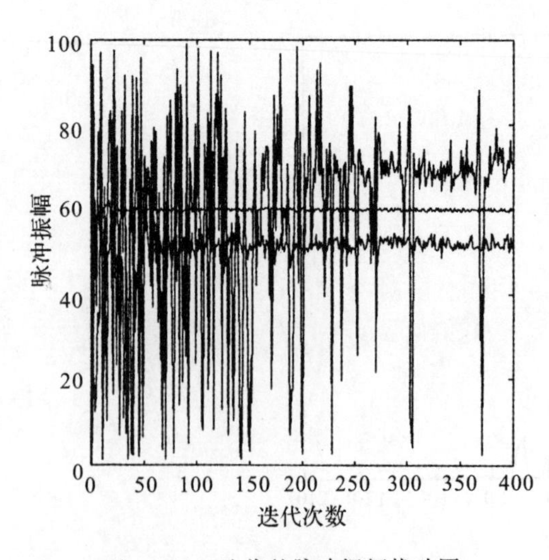

图 10.11　迭代的脉冲振幅扰动图

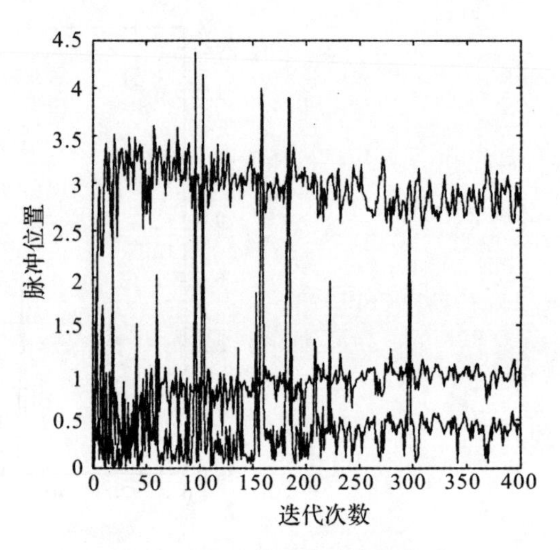

图 10.12　迭代的脉冲变换扰动

从仿真结果可以看出,多算子的约束迭代方法相对于其他反卷积方法有它的优越性,然而它需要多个传递函数和模糊函数。而模拟退火方法不需要模糊函数或多算子,并且在处理病态条件反卷积问题时有很好的效果。这种方法的缺点是计算量很大,这就限制了它在需要高速运算领域里的应用。

本章给出了用模拟退火算法处理病态条件或病态问题的方法;分析比较了一些常见的反卷积方法,例如反向滤波器、维纳滤波器、约束迭代法、模糊方法、多算子约束迭代等。通过一个特殊的病态条件或病态反卷积求解例子,我们给出了计算机仿真结果。结果表明,多算子约束迭代比其他方法要好,模拟退火方法优于所有方法(包括多算子约束迭代)。此外,SA反卷积算法不需要多算子及模糊操作,具有约束和迭代算法的优点,这种方法在匹配领域、宽带信号检测、水下目标定位等领域有很广泛的应用前景。

参考文献

[1] SACHA J R, JOHNSON B L. A Constrained iterative multiple operator deconvolution technique[J]. The Journal of the Acoustical Society of America, 1994, 96(1): 181-185.

[2] 王英民, 马远良, 齐华. 病态条件下的逆卷积问题及其多参数最佳化解[J]. 西北工业大学学报, 1997(2):50-54.

[3] WANG Y M, ATKINS P R. Simulated annealing algorithm for ill-posed or ill-conditioning deconvolution problem [J]. Chinese Journal of Acoustics, 1996, 12(2): 141-151.

[4] 王英民, 刘建民, 马远良. 应用模拟韧化算法设计传感器阵方向图[J]. 西北工业大学学报, 1993, 11(1):19-23.

[5] WANG Y M, ATKINS P R. Simulated annealing algorithm and its extended version for channel estimation and data recovery[C]//Birmingham:Presented in the Meeting of IOA, 1994.

[6] WANG Y M, ATKINS P R. Ill-posed de-convolution problem in data recovery[C]// Birmingham: Acoustics & Sonar Group Report, 1994.

[7] WANG Y M, MA Y L. A new beam pattern optimization method for complicated arrays[C]//Beijing : 14th International Congress on Acoustics, 1992.

[8] WANG Y M, QI H. Non-coherent optimisation technique for ill-posed deconvolution problem[C]//Proceedings of 1996 3rd International Conference on Signal Processing. Beijing: House of Electronics Industry, 1996:79-82.

[9] WANG Y M, QI H. Multiple operation structure simulated annealing algorithm[C]// Singapore: Proceeding of 3rd Annual Meeting of Society of Acoustics, 1997.

第 11 章　模拟退火算法在波束设计中的应用

本章着重研究基于模拟退火算法的优化波束设计方法，其思想是根据特定场合对波束的要求，按照给定的波束优化指标，通过建立目标函数，利用模拟退火算法对波束的加权系数进行全局寻优，从而达到波束优化的目的。本章将在理论分析的基础上，给出均匀线列阵以及任意形状平面阵的波束设计实例，并通过计算机仿真的结果来验证所提方法的可行性和实用性。

11.1　模拟退火算法基本原理

模拟退火（Simulated Annealing，SA）算法最早由 Kirkpatrick 在 1982 年提出，Gelat 和 Vecchi 紧随其后，这是传统的 SA 方法。之后经许多研究者的积极探索，又发展出快速算法和其他变形算法，如多结构 SA 方法等。SA 算法的名称是因为其和材料处理过程退火的相似性而来的，但也有人称之为随机爬坡和随机松弛法。由于 SA 算法的有效性和稳健性表现在它并不依赖于初始值的选取，而且在某些情况下还可以给出明确上限计算时间，因此，其本身是一个总的全局优化算法，吸引了大量的研究者，其应用领域已渗透到工程领域的各个方面，如 VLSI 制造、市场规划、经济宏观控制、海洋声学等。

模拟退火算法是基于蒙特卡罗迭代求解策略的一种随机寻优算法，其出发点是基于物理中固体物质的退火过程与一般组合优化问题之间的相似性。模拟退火算法源于对固体退火过程的模拟，即固体缓慢冷却直至系统达到最低内能的热力学过程。固体退火过程的物理图像和统计特性是模拟退火算法的物理背景。该算法与普通算法的本质区别在于：在温度参量的控制下，除了接受优化解之外，还根据 Metropolis 准则以一定的概率接受非优化解。这使得模拟退火算法既具有局部寻优的能力，又具有从局部最优“陷阱”中跳出的能力。

模拟退火算法作为一种全局优化算法，它可以在一定的控制参数（温度）下以一个马尔可夫链长度对问题寻求最优解。以目标函数作为能量 E，一个特定状态 i 的能量是 E_i，然后利用扰动的方法得到下一个状态 j 的能量为 E_j，而且对于 $E_j < E_i$ 的情况仍然可以以一定的概率进行状态替换，从而避免了算法收敛到局部最优解。具体来说，首先是在解空间中产生一个初解 i，并计算其对应的目标值 $f(i)$。从这个解出发，任意给出一定的扰动 Δi，产生新的解 j 及它的对应目标值 $f(j)$，计算温度 T 下的接受概率为

$$P_T(i \Rightarrow j) = \begin{cases} 1, & f(j) \leqslant f(i) \\ \exp\left[-\dfrac{f(j)-f(i)}{T}\right], & f(j) > f(i) \end{cases} \tag{11.1}$$

其中，T 为控制参数，这个接受准则称为 Metropolis 准则。整个退火算法的有限时间执行进程是由初始温度 T_0、温度衰减函数 $T_{K+1}=\alpha T_K[\alpha \in (0.5,1)]$、马尔可夫链长度 L_k 以及终止准则等参量所构成的冷却进度表的控制下进行的。

在此，我们回顾一下有关马尔可夫链的基本概念。所谓马尔可夫链，是指一组随机变量，其中任一个给定变量的出现概率取决于前一次出现的变量，例如在第 k 次测量中，假定 $x(k)$ 代表此次出现的随机变量，此时如果其前一次取值是 x_i，即 $x(k-1)=x_i$，那么，此次出现 $x(k)=x_j$ 的概率，称为 x_i 和 x_j 的瞬态概率，即

$$P_{ij}(k)=P\{x(k)=x_j \mid x(k-1)=x_i\} \tag{11.2}$$

定义瞬态矩阵 $\boldsymbol{P}(k)$ 为

$$\boldsymbol{P}(k)=\{P_{ij}(k)\} \tag{11.3}$$

以 $a_i(k)$ 表示在 k 次出现 x_i 的概率为

$$a_i(k)=P\{x(k)=x_i\} \tag{11.4}$$

则有下式成立：

$$a_i(k)=\sum_l a_l(k-1)P_{li}(k) \tag{11.5}$$

马尔可夫链的一些特性和基本定义如下：

(1) 有限马尔可夫链：如马尔可夫链中的变量是有限的，称之为有限马尔可夫链；

(2) 均匀马尔可夫链：瞬态概率与测量次数 k 无关；

(3) 非均匀马尔可夫链：瞬态概率与测量次数 k 有关；

(4) 随机向量 $\boldsymbol{a}$：如果该向量的每一元素，满足 $a_i \geqslant 0$，$\sum_i a_i=1$，则称该向量为随机向量；

(5) 随机矩阵 $\boldsymbol{Q}$：如果矩阵 $\boldsymbol{Q}$ 的元素 P_{ij} 对所有的 i 均满足 $q_{ij} \geqslant 0$，$\sum_j q_{ij}=1$，则称该矩阵为随机矩阵。

对于模拟退火算法来讲，每一个瞬态即相当于一个变换，瞬态取值的结果就是一组有限解的集合。很明显，每一个瞬态或变换的结果完全取决于上一次瞬态或变换的结果。因此，每一变换的取值序列实际上构成了一个有限马尔可夫链。整个算法的具体流程如图 11.1 所示。

模拟退火算法的一个典型特点是对新变量的接受准则，不仅仅是在新变量使代价函数减小时接受，即使是在新变量不能使代价函数降低的情况下，也同样以一定的概率接受该变量。这个特性意味着模拟退火算法不同于其他搜寻算法，它可以跳出局部最优点，进而搜寻全局最优点。从接受概率计算公式不难发现，是与接受新变量与控制参数 T 有关，当 T 很大时，接受概率大；当 T 很小时接受概率变小。这说明 T 大时给变量了更多的跳变空间，相当于温度极高时激活所有分子，使其充分活跃，变量可以自由地在空间内变化，而随 T 的变小，相当于温度的逐渐减小，变量逐渐接近最优值点，为了获得精确值，接受概率会很低，最终只接受使代价函数变小的变量。

在 $(0,l)$ 区间内均匀分布的随机量 ε 的引入，更加强调了对初始分阶段变量变化空间的容许度，进一步保证了变量在足够的自由空间内选取。可以想象，算法的收敛速度主要由 L_k 和 c_k 来决定，所以它们的参数选取非常重要。

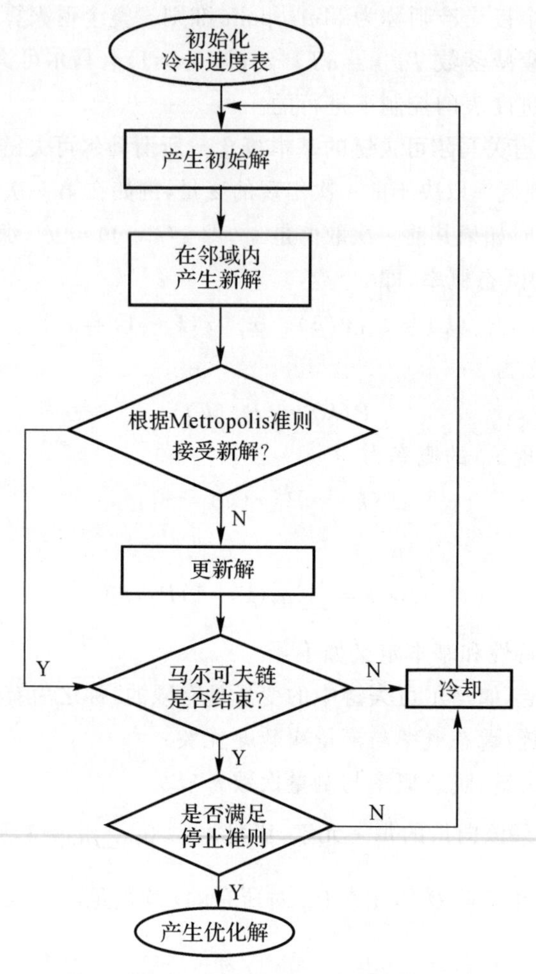

图 11.1 模拟退火算法流程图

11.2 基于模拟退火算法的波束设计

对于任意的波束函数 $G(\boldsymbol{w},\theta)$，切比雪夫方法是采用函数逼近方式，即从 $G(\theta)$ 与 $\boldsymbol{w}$ 的解析式入手，但必须是在等间隔线阵情况下。对复杂阵列要精确分析 $\boldsymbol{w}$ 与 $G(\theta)$ 的变化关系是复杂的，也难以找到相应的函数。这里，不考虑阵元和阵元以及与权系数间的复杂关系，从系统观点处理波束图优化设计问题。为了把模拟退火算法应用到波束的优化设计中，这里给出了一种通用的目标函数。也就是说，选择合适的代价（能量）函数，引入模拟退火算法，使代价函数趋于最小，进而求出相应的权值。

$G_m(\theta)$ 为所希望得到的波束图，定义能量函数为

$$E(\boldsymbol{w},\theta)=E[|G(\theta)-G_m(\theta)|^2] \tag{11.6}$$

为便于计算 θ 取离散值 $\bar{\theta}$，则

$$E(\boldsymbol{w},\bar{\theta})=E[|G(\bar{\theta})-G_m(\bar{\theta})|^2] \tag{11.7}$$

因此，波束图优化设计问题转化为能量函数 $E(\boldsymbol{w},\theta)$ 的最小化问题，也就是说，设法寻找

一组权系数 $\boldsymbol{w}_{opt}$，使 $E(\boldsymbol{w},\theta)$ 最小。算法的执行过程如下：

(1) 设定初始参数 $\boldsymbol{w}_0$，接收概率门限 P_0 和系统温度初始值 T_0。

(2) 按照接受概率密度函数(与系统温度有关) 产生一个 N 维随机扰动向量 $\Delta\boldsymbol{w}_t$。

(3) 用该随机向量修正当前系数 $\boldsymbol{w}_t$，得 $\boldsymbol{w}'_t=\boldsymbol{w}_t+\Delta\boldsymbol{w}_t$。

(4) 计算能量值 $E_t=E(\boldsymbol{w}_t,\theta)$ 和 $E'_t=E(\boldsymbol{w}'_t,\theta)$。

(5) 比较 E_t 与 E'_t 的大小，若 $E'_t<E_t$，则转到(7)。

(6) 若 $E'_t>E_t$，则按照概率分布函数计算接收概率 P_t，若 $P_t>P$ 转到(7)；否则转到(2)，重新选择参数值。

(7) 按照模拟退火过程，降低系统温度 $T_{K+1}=\alpha T_K$，回到(2)。当能量降低到一定程度(小于设定值) 或得到一组稳定的权值时，即可终止算法的执行。

算法的运行时间和最终的收敛性依赖于冷却进度表的选择。冷却进度表是影响模拟退火算法性能的重要因素，其合理选取是算法应用的关键。

11.3　设计实例

11.3.1　基于模拟退火算法的线列阵波束图设计

假设共有 N 个阵元组成的均匀直线阵，阵元间距为 d，接收来自 θ 方位的远场平面波信号，信号有载频为 ω_0、波长为 λ，对线列阵的输出进行波束形成。

波束形成器的一般形式如图 11.2 所示，图中有 $N+1$ 个输入 $x_0(\theta),x_1(\theta),\cdots,x_N(\theta)$，与其相应的一组权系数为 $w_0,w_1,\cdots,w_N$，而输出信号为 $y(\theta)$，θ 为信号入射方向。输入信号用向量的形式表示为 $\boldsymbol{x}=[x_0,x_1,\cdots,x_N]^{\mathrm{T}}$，权向量为 $\boldsymbol{w}=[w_0,w_1,\cdots,w_N]^{\mathrm{T}}$，则基阵总的输出为 $y(\theta)=\boldsymbol{w}^{\mathrm{T}}\boldsymbol{x}$。设基阵在 θ_0 方向具有最大输出 $y(\theta_0)$，则以 $y(\theta_0)$ 为标准归一化，取其模的平方，然后取对数即可得波束函数：

$$G(\theta)=10\lg\frac{|y(\theta)|^2}{|y(\theta_0)|^2}\tag{11.8}$$

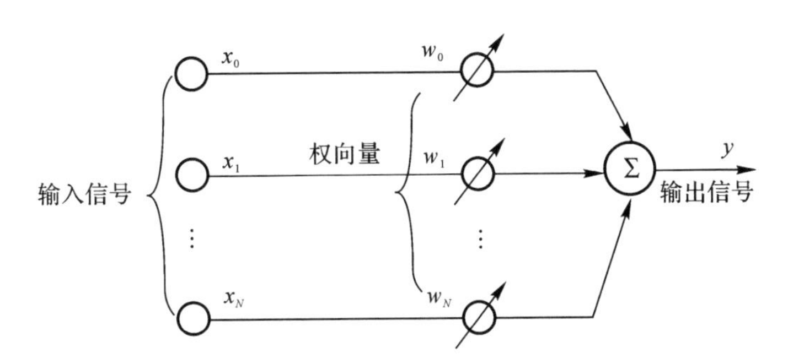

图 11.2　波束形成器模型

由上可知：不同权向量 $\boldsymbol{w}$ 所产生的波束图 $G(\theta)$ 也不同，对于固定形状尺寸的基阵，其波束图完全由 $\boldsymbol{w}$ 决定，波束图的优化设计，就是 $\boldsymbol{w}$ 的优化选择。假定 $G_m(\theta)$ 为所希望得到的波束图，那么波束图设计的任务就是选择一组权系数，使 $G(\theta)$ 逼近于 $G_m(\theta)$。

研究表明,切比雪夫加权系数对于线列阵方向图的设计有很大的帮助,可以通过切比雪夫多项式完成对线列阵方向图的设计。如果已知主旁瓣比和阵元个数,我们就可以计算出切比雪夫加权系数。已经证明切比雪夫加权是最佳权系数,其最佳化意义在于对于给定的次瓣级,可设计出具有最窄主瓣宽度的波束图;而对于给定的主瓣宽度,可设计出具有最低次瓣级的波束图。

对于六元和八元等间隔均匀线列阵,分别运用模拟退火算法进行波束图设计,要求设计波束的旁瓣级为－30 dB。运用模拟退火算法时可以采用不同的期望波束进行设计,这里选取切比雪夫最佳加权波束作为期望波束来进行波束图设计。以 $\sum|[G(\theta)-G_0(\theta)]|$ 作为评判标准,其中 $G_0(\theta)$ 是切比雪夫加权系数的波束图函数,$G(\theta)$ 为我们利用模拟退火算法设计出的加权系数所得出的波束图。

选取马尔可夫链长度为 20 000,以确保新状态的稳定,收敛准则定为 10 个马尔可夫链的结果一致,迭代次数为 300。针对六元等间隔均匀线列阵,通过仿真计算得出其加权系数,如表 11.1 所示,波束图如图 11.3 所示;针对八元等间隔均匀线列阵,通过仿真计算得出其加权系数如表 11.1 所示,波束图如图 11.4 所示。图 11.3 与图 11.4 中实线均为由切比雪夫加权的波束图,虚线均为采用遗传算法的优化波束图。可以看出,利用模拟退火算法设计波束图与切比雪夫最佳加权波束图相差非常小。

表 11.1　不同波束设计方法的权值比较

阵列类型	加权方式	权　值
六元线列阵	切比雪夫加权	0.30, 0.69, 1.00, 1.00, 0.69, 0.30
	优化权	0.32,0.72,1.00,0.98,0.65,0.28
八元线列阵	切比雪夫加权	0.26,0.52,0.81,1.00,1.00,0.81,0.52,0.26
	优化权	0.24,0.46,0.75,1.00,0.11,0.91,0.59,0.28

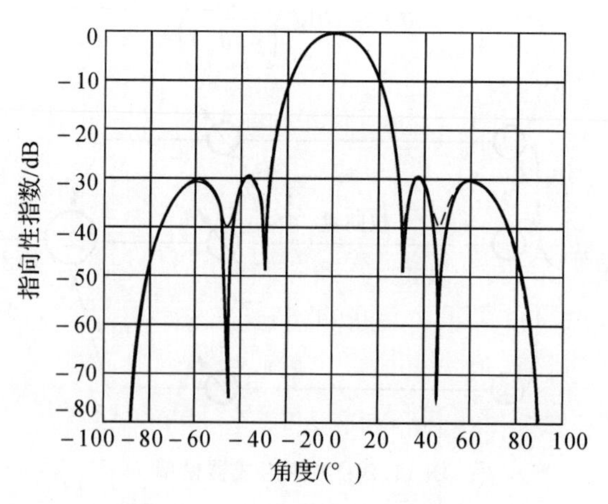

图 11.3　六元线阵设计波束图

针对均匀线列阵的波束图设计,通过比较采用优化算法的仿真结果与采用切比雪夫加权波束图,可以发现基于优化算法的波束图设计结果逼近了切比雪夫加权波束。因此,所提出的算法适用于均匀线列阵波束图设计，并且与常规设计算法相比，设计结果具有一致性。

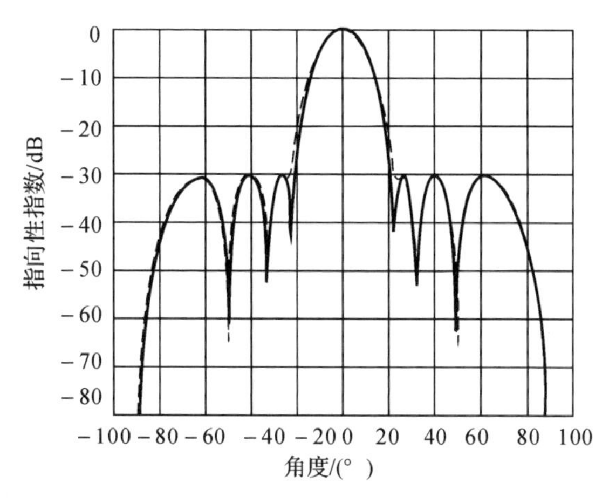

图 11.4　八元线阵设计波束图

11.3.2　基于模拟退火算法的任意阵波束图设计

我们给出的波束优化算法适用于任意结构的基阵，下面以五臂型阵为例加以说明。五臂型阵是一个包含 15 个阵元的五臂阵，基阵结构如图 11.5 所示，其中 $d=\lambda/2$，λ 为波长。定义基阵的几何中心为坐标原点，以 1# 阵元所在的位置为 0° 方向，沿顺时针方向依次为 0° ～ 180°，逆时针方向依次为 0° ～－180°，－180° 与 180° 点重合。

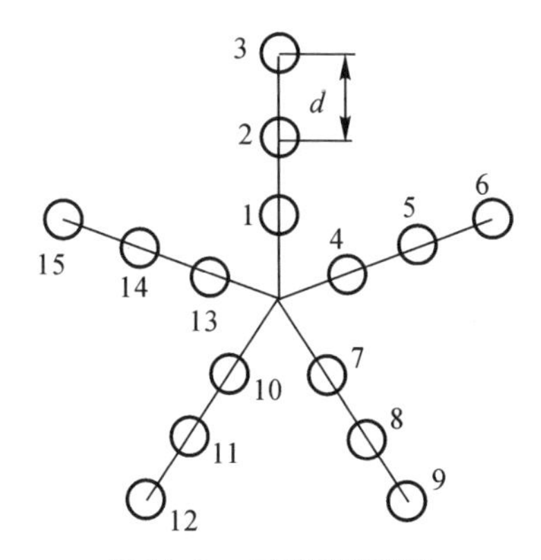

图 11.5　五臂型阵结构

假设信号频率为 1 000 Hz，设计指标：在水平方位形成覆盖 360° 的 16 个波束；主瓣宽度 $\Theta_{-3\text{dB}}\leqslant 30°$；最大旁瓣级不大于－30dB。由于是对波束的优化设计，这里假定期望波束的方向为 11.25°，给出其设计过程，指向其他方位波束的设计过程与其相似。为了说明算法的有效性，我们首先对各阵元进行均匀加权，得到常规波束图如图 11.6 所示。

可以看出，其均匀加权波束的旁瓣级比较高，大约为－8dB 左右，这与我们的设计指标还有很大差距。用模拟退火算法优化此波束，为使设计波束的旁瓣级和主瓣宽度等指标满足设计要求，首先建立理想波束函数：

$$G_m(\theta)=\begin{cases}0 \\ s\end{cases}\quad (\text{单位:dB}) \tag{11.9}$$

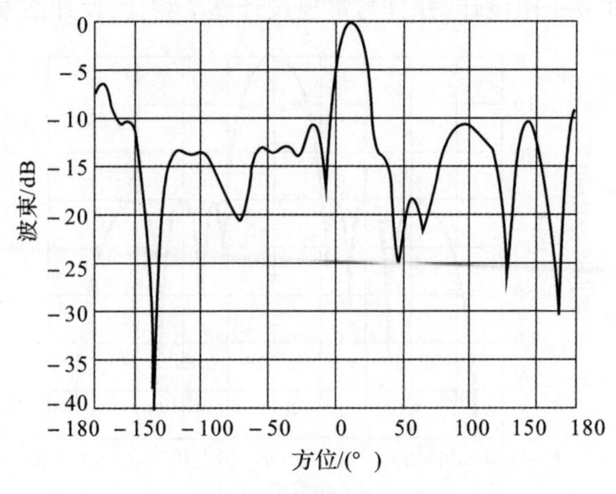

图 11.6 常规波束图

相对于理想波束函数 $G_m(\theta)$，实际的波束函数为 $G(\theta)$，然后我们得到能量函数：

$$E(\boldsymbol{w},\theta)=E[|G(\theta)-G_m(\theta)|^2] \tag{11.10}$$

波束优化的过程实际上就是使能量函数最小化的过程。为了满足设计要求，这里我们设定 $s=-30$ dB，$\theta_w=30°$。同时选择冷却进度表参量为：初始温度 $T_0=2\ 000$；温度衰减系数$\alpha=0.92$；马尔可夫链长度 $L_k=250$；终止条件为一次马尔可夫链搜索完成后最优值无更新。由计算机产生随机初始解，进行仿真实验。经过多次寻优，得到的设计结果如图 11.7 所示。

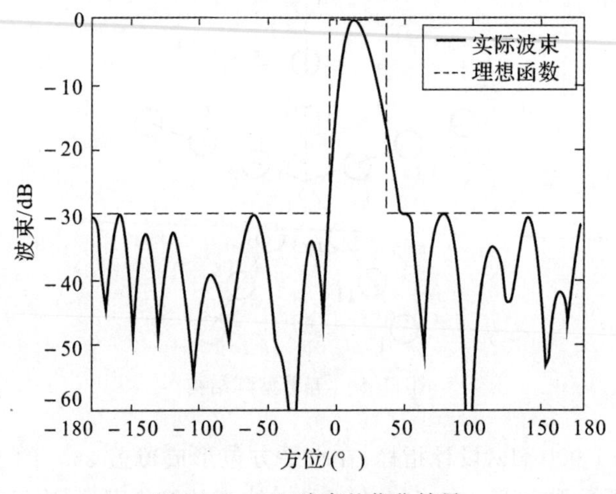

图 11.7 1# 波束的优化结果

可以看到，利用模拟退火算法能够将波束的旁瓣级压缩到 −30 dB 以下，且主瓣宽度很窄。为观察能量函数的变化过程，下面给出了算法在一次退火过程中能量函数的变化曲线，如图 11.8 所示。

从图 11.8 可以看出：我们在本例中建立的能量函数应用模拟退火算法进行波束图优化设计时是收敛的，而且收敛速度和收敛时间是令人可以接受的。与常规波束相比，基于模拟退火算法的波束在主瓣宽度变化不大的情况下，旁瓣级较低，具有更好的波束性能。

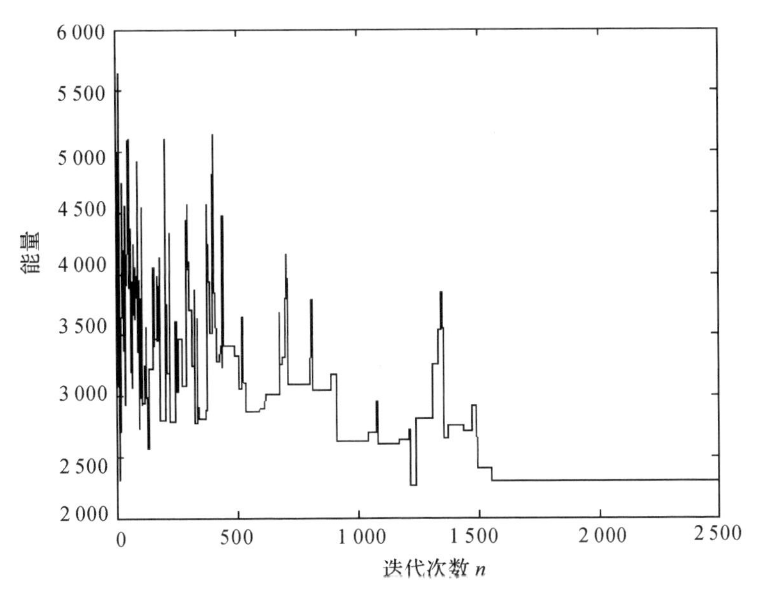

图 11.8　能量函数的变化过程

11.4　算法性能评价

我们已经对模拟退火算法在波束优化中的应用进行了验证和讨论，得到了一部分结果。我们将结合上面内容对模拟退火算法的分析来讨论一下关于模拟退火算法中几点需要注意的地方。模拟退火算法的模型，也即模拟退火算法的实现形式，可以从以下几个方面来描述：

(1) 数学模型：包括解空间、目标函数和初始解三部分解空间。顾名思义，就是所有可能解的集合，如果问题的所有可能的解都是可行解的话。

(2) 目标函数：它是对优化问题所要达到的目标的一个数学的量化描述，是解空间到某个数集的一个映射，通常情况下表示为若干个优化目标的一个和式。目标函数应该能够正确体现优化问题对整体优化的要求，并且比较容易计算。同时，当解空间包含不可行解时，目标函数中还要包括罚函数项。

(3) 初始解：它是算法迭代开始的起点。部分局部搜索算法所求得的最终解的质量很大程度上取决于初始解的选取，这样在不知道最终优化解的情况下无法有目的地选择初始解，也不能保证算法有良好的表现。

(4) 冷却进度表：即(T_0, α, L, s)，应使得 T_0 充分大而且衰减得充分慢、L 足够大，s 为算法的停止准则。冷却进度表是模拟退火算法的重要支柱，对算法的性能有着极为重要的作用。

另外，对于一种新算法，我们不可避免地要讨论它的有限终止性，即算法能否在一个我们可以接受的有限的时间内终止，以及算法能否达到我们的要求，得到我们所需要的解。

关于算法的有限步终止性问题，对于模拟退火算法而言，由于其搜索过程的随机性，就转为讨论其渐进收敛性，即算法按渐进的概率原则是否收敛。由于算法对于恶化解的接受准则是采用Metropolis准则，因此对于恶化解随着 T 值的减小，$\exp(\Delta f/T)$ 趋近于零，故当 T 衰减到一定程度时即不再接受；至于优化解，一般都可以较快地搜索到该邻域的最优解，从而使能量函数不再有进一步明显的优化。因此，算法在有限时间内必定会出现解在连续 M 个马尔可夫链中无任何改变的情况，即完全可以在有限时间内终止，所以算法从概率角度是渐进收敛的。

其次讨论第二个问题，即算法求得的解的好坏。模拟退火算法根据 Metropolis 准则接受新解，因此除了接受优化解外，它还在一定限度内接受恶化解，这也正是模拟退火算法与局部搜索算法的本质区别。开始时 T 值较大，$\exp(-\Delta f/T)$ 也较大，比较容易接受较差的恶化解，随着 t 值的减小，$\exp(-\Delta f/T)$ 也逐渐减小，$\exp(-\Delta f/T)$ 最终趋向于 $1/\infty$，则只能接受较少恶化解，最后在 T 值趋于零时，就不再接受恶化的解了。从而使模拟退火算法能够从局部最优的“陷阱”中跳出来，最后得到全局的最优解。

参考文献

[1] WANG Y M, ATKINS P R. Simulated annealing algorithm for ill-posed or ill-conditioning deconvolution problem [J]. Chinese Journal of Acoustics, 1996, 12(2): 141 - 151.

[2] 王英民，刘建民，马远良．应用模拟韧化算法设计传感器阵方向图[J]．西北工业大学学报，1993，11(1):19 - 23.

[3] WANG Y M, ATKINS P R. Simulated annealing algorithm and its extended version for channel estimation and data recovery[C]//Birmingham: Presented in the Meeting of IOA, 1994.

[4] WANG Y M, ATKINS P R. Ill-posed de-convolution problem in data recovery[C]//Birmingham: Acoustics & Sonar Group Report, 1994.

[5] WANG Y M, YUANLIANG MA. A new beam pattern optimization method for complicated arrays[C]//14th International Congress on Acoustics. Beijing: Acoustica, 1992.

[6] WANG Y M, QI H. Non-coherent optimisation technique for ill-posed deconvolution problem[C]//Proceedings of 1996 3rd International Conference on Signal Processing. Beijing: House of Electronics Industry, 1996:79 - 82.

[7] WANG Y M, QI H. Multiple operation structure simulated annealing algorithm[C]//Singapore: Proceeding of 3rd Annual Meeting of Society of Acoustics, 1997.

第12章 遗传算法在波束图设计中的应用

本章着重研究基于遗传算法的波束图优化设计方法，其思想是根据特定场合对波束的要求，按照给定的波束优化要求，建立目标函数，利用遗传算法对波束的加权系数进行全局寻优，达到波束优化的目的。文中将在理论分析的基础上给出标准线列阵以及多元任意形状平面阵波束图的设计实例，并通过计算机仿真的结果来验证所提方法的有效性和实用性。

12.1 遗传算法基本原理

遗传算法以源编码的方式来完成参数之间或性能之间的相似性对比，进而控制下一步的操作方式和中间变量，而不像传统方法那样对函数和变量直接操作。因为遗传算法在码元级进行操作变换，类似于从基因的角度考虑生物的进化，可以较为容易地实现各种方式的组合，从而较为完整地保留搜寻信息，包括大部分可变换空间，有效减小收敛到局部最小值和错误点的可能性。遗传算法考虑参数编码的类似性以及相对应的信息，这样遗传算法本质上可以应用于所有优化问题。遗传算法采用的随机搜寻算法与其他直接随机搜寻方法又有不同，主要表现在遗传算法采用随机概率选择方式，来实现算法中间的各种瞬态转换过程，从而保证算法的有效性和高效率，利用各种机会使算法达到最佳点。

遗传算法操作包括三个方面：复制(Reproduction)或选择(Selection)、交换(Crossover)和异化(Mutation)。对具体操作而言，首先需要建立适应度函数，又称品质因数，其功能主要是在随机搜索过程中起导向作用。其次是初始群体的选择，初始群体的选择可以是其他优化方法求取的解，如最小均方法、窗函数法(如切比雪夫窗)等。为了保证多样性，初始群体可以随机产生，即初始群体中的每个个体 c 均是由 N 个随机的二进制码串构成，即：$c=\boxed{c_1}\boxed{c_2}\boxed{\cdots}\boxed{c_n}\boxed{\cdots}\boxed{c_N}$ 。再次是复制过程，复制操作是从当前群体中按照规则选取用于产生下一代染色体的父代个体，通常以染色体的适应度函数值，即品质因数为标准，适应度函数值小的染色体，将以较大概率被淘汰，复制操作使群体向着适应度函数增大的方向进化。接着是交叉过程，交叉操作是指在由交叉概率选择出的码链(母体染色体)构成的组合中，选择一对码链，将其码元分段交换。对于LGA(Little Genetic Algorithm)，直接随机选定一交叉点，将两染色体分段交换，从而产生新的一对码链，交叉操作有利于产生品质函数更优的个体，保证算法的全局搜索性，交叉操作示意图如图12.1所示。最后是异化操作，对于父代个体，随机选择染色体编码变异点，保持其他点处的基因不变化，变异点处的基因编码取反，同交叉操作，异化操作也有利于性能更优的新个体的发现，使算法具有很好的全局搜索特性，异化操作示意图如图12.2所示。

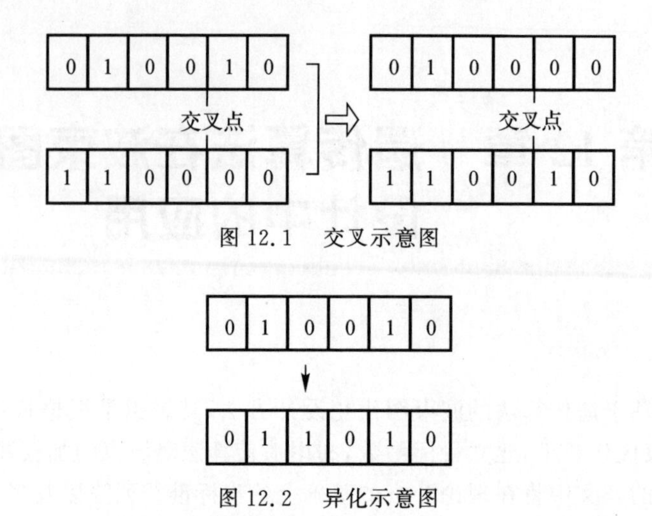

图 12.1　交叉示意图

0	1	0	0	1	0

↓

0	1	1	0	1	0

图 12.2　异化示意图

遗传算法从初始群体的选择开始，经过复制、交叉、异化等一系列操作产生新一代群体，对父代和子代统一选择淘汰。反复执行该过程，直到找到满足收敛条件的全局最优点为止。整个算法的循环过程如图 12.3 所示。

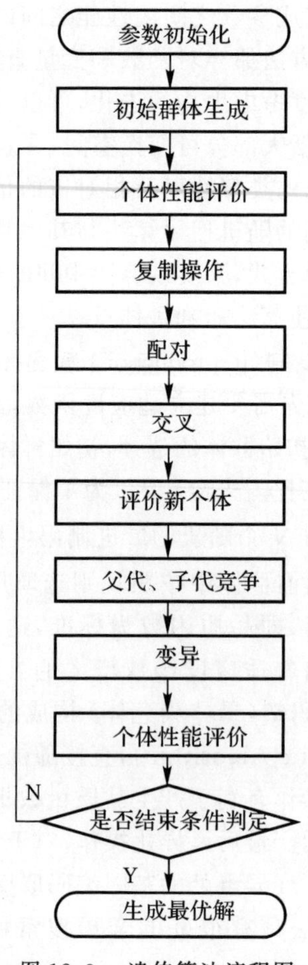

图 12.3　遗传算法流程图

LGA 是遗传算法最基本的形式，根据其基本操作，可写出算法步骤：

(1) 根据所要解决的优化问题，设定目标代价函数，并将其转化为适合遗传算法的品质函数 F（类似于最大化问题）。

(2) 产生一组随机二进制码链，总长度为 $A=\sum_{k=1}^{M} l_k$，M 是总的优化参数个数，l_k 对应于第 k 个未知参数的二进制编码长度，总的来讲，对于通常的优化问题可以设定 $l_k \neq l_j, k \neq j$。

(3) 计算码元所对应的未知参数值。

(4) 计算每一个码链对应的品质因数，利用和品质因数成比例的概率选择公式(如轮盘赌方法)，选择进入交叉操作的码链。

(5) 按照交叉概率只对选定的码链组进行交叉操作，形成新的码链回到(4) 重新选择码链，再进行交叉，步骤(4) 和(5) 交替进行，直到产生出新的 N 个码链。

(6) 对已形成的码元集合进行异化操作，任意一个二进制位的异化概率(即从 1 到 0 或对 01) 为 P_m。

(7) 如果采用“精英化”操作的话，将已选择的精英码链并入码链集合中。精英码链是指品质因数最好或较好的码链，这类码链在交叉和异化操作前给予保留，不参加交叉和异化操作，直接进入下一阶段。

(8) 以新的码链集合代替原先的码链集合。考察所对应的未知参数和所对应的品质因数，看是否达到优化要求或保持不变，如连续多项品质因数保持几乎不变，则中止循环，以此时码链对应的参数值作为最优参数。

(9) 将迭代次数加 1，从第(3) 步继续循环。

以上 9 个步骤是遗传的基本操作过程，称之为 LGA。

12.2　基于遗传算法的波束设计

利用遗传算法具有在复杂空间进行全局优化的特性，基于遗传算法的波束优化设计是利用遗传算法研究波束设计的一类具体应用，即按照波束设计要求，建立目标函数，利用遗传算法对波束的加权系数进行全局寻优，来获取期望的旁瓣特性或最佳可得的波束函数。

为设计某一指向 θ_R 的波束，使之满足旁瓣级 s(其中 $s<0$) 和主瓣宽度 θ_a，可建立理想波束函数：

$$I(\theta)=\begin{cases}0, & |\theta-\theta_R|\leqslant\theta_a \\ s, & |\theta-\theta_R|>\theta_a\end{cases}\quad (\text{单位：dB}) \tag{12.1}$$

参照理想波束函数，建立适应度函数，以应用遗传算法求出权系数。

对于任意的波束函数 $G(\boldsymbol{w},\theta)$ 可建立函数 $D(\boldsymbol{w})$：

$$D(\boldsymbol{w})=E\left[\int_{\theta}|G(\boldsymbol{w},\theta)-I(\theta)|^2\mathrm{d}\theta\right] \tag{12.2}$$

$D(\boldsymbol{w})$ 取值越小，波束函数 $G(\boldsymbol{w},\theta)$ 越逼近于理想波束函数 $I(\theta)$。对 θ 离散化，$D(\boldsymbol{w})$ 可等价为

$$D_d(\boldsymbol{w})=E\left[\sum_{\theta}|G(\boldsymbol{w},\theta)-I(\theta)|^2\right] \tag{12.3}$$

所以只要寻找一组权系数 $\boldsymbol{w}$，使得目标函数 $D_d(\boldsymbol{w})$ 取得最小值即可。为了借助于遗传算法的实现，建立适应度函数(品质因数)：

$$Q(\boldsymbol{w})=\frac{1}{\sqrt{\rho_1 D_d(\boldsymbol{w})+\rho_2 F_d(\boldsymbol{w})}} \tag{12.4}$$

其中 ρ_1 和 ρ_2 分别为代价因子；$F_d(\boldsymbol{w})$ 是与设计出波束的具体参数(如主瓣指向性、主瓣宽度等)相关的性能评价函数。若设计波束性能越满足设计要求，则 $F_d(\boldsymbol{w})$ 的取值越小，对应的适应度函数越大。

因此，波束设计问题简化为通过遗传算法寻找出使得适应度函数 $Q(\boldsymbol{w})$ 取得最大值 $Q_{\max}(\boldsymbol{w})$ 的一组权系数 $\boldsymbol{w}_a$。

总之，基于遗传算法进行波束设计的主要步骤如下：

(1) 由基阵的几何结构，以阵列中心为原点，建立各阵元的位置坐标；

(2) 由阵列中各阵元位置坐标，计算阵列流形向量，并求出阵列输出响应；

(3) 根据优化算法生成的权向量，计算并绘制阵列波束图；

(4) 对波束图进行性能评价，如符合设计要求，算法停止；否则，返回上一步。

12.3 设计实例

12.3.1 基于遗传算法的线列阵波束图设计

如前所述，切比雪夫加权是最佳权系数，其最佳意义在于对于给定的次瓣级，可设计出具有最窄主瓣宽度的波束图；而对于给定的主瓣宽度，可设计出具有最低次瓣级的波束图。

分别对于六元和八元等间隔均匀线列阵，运用遗传算法来对线阵进行波束图设计，要求设计波束的旁瓣级为 −30 dB，先利用切比雪夫加权系数求出方向图函数 $G_0(\theta)$，其中 θ 为空间方位角，再构造适应度函数，其中代价因子 ρ_1 和 ρ_2 可均取为 0.5。

选取群体规模是 2 000，迭代次数为 300。针对六元等间隔均匀线列阵，通过仿真计算得出其加权系数见表 12.1，波束图如图 12.4 所示；针对八元等间隔均匀线列阵，通过仿真计算得出其加权系数见表 12.1，波束图如图 12.5 所示。图 12.4 与图 12.5 中实线均为切比雪夫加权波束图，虚线均为采用遗传算法的优化波束图。可以看出，无论是设计权值，还是设计波束图，基于遗传算法设计波束图与切比雪夫最佳加权的方向图相差非常小，几乎完全重合。

表 12.1 不同波束设计方法的权值比较

阵列类型	加权方式	权 值
六元线列阵	切比雪夫加权	0.30, 0.69, 1.00, 1.00, 0.69, 0.30
	优化权	0.30,0.69,1.00,0.99,0.68,0.29
八元线列阵	切比雪夫加权	0.26,0.52,0.81,1.00,1.00,0.81,0.52,0.26
	优化权	0.27,0.53,0.82,1.00,0.99,0.79,0.50,0.25

由分析结果可知，针对均匀线列阵的波束图设计，通过比较采用遗传算法的仿真结果与采

用切比雪夫加权波束图，可以发现基于优化算法的波束图设计结果逼近了切比雪夫加权波束。因此，所提出的算法适用于均匀线列阵波束图设计，并且与常规设计算法相比，设计结果具有一致性。

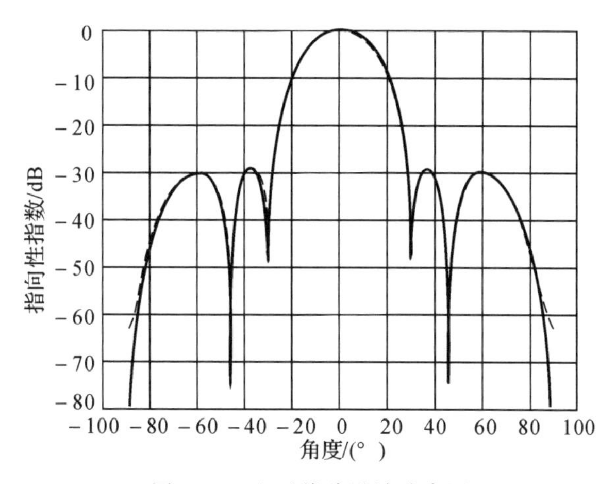

图 12.4　六元线阵设计波束图

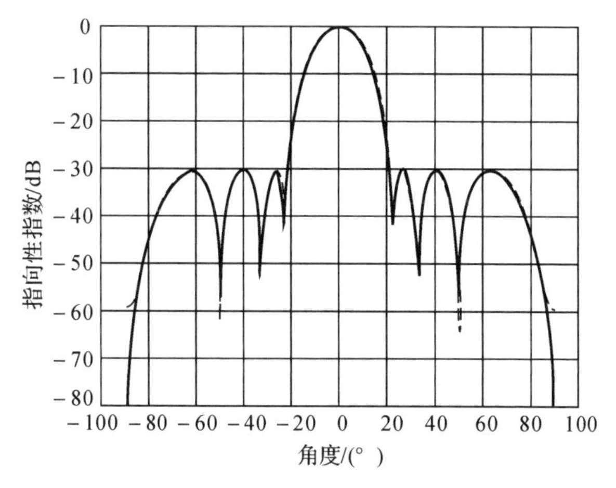

图 12.5　八元线阵设计波束图

12.3.2　基于遗传算法的任意阵波束图设计

我们给出的波束优化算法适用于任意结构的基阵，依照 12.2 节中介绍的波束图设计方法，对某 16 元十字阵进行波束图优化设计。

对于上面所说基阵的波束设计，适应度函数 $Q(w)$ 中 $F_d(w)$ 的设计主要考虑波束指向角、主瓣宽度、旁瓣级等几个因素。在具体操作可根据设计需要，灵活修改各项参数的具体权重因子，以改善波束性能。

由于其阵元分布具有对称性，而且需要设计的 16 个波束在阵平面 360°方向均匀分布，也具备对称性。对于设计特定信号频率下的波束图，只要分别设计出 1＃和 2＃波束即可，通过更换相应阵元的权值即可实现其他的 14 个波束，即 4,5,8,9,12,13,16＃波束可由 1＃波束得出；3,6,7,10,11,14,15＃波束可由 2＃波束得出。下面给出信号频率为 1.5kHz 时设计出的

1#和2#波束图,设计结果分别如图12.6和12.7所示。其中,1#波束图参数:主瓣宽度为29.46°,旁瓣级为-20.04dB;2#波束图参数:主瓣宽度为28.96°,旁瓣级为-20.5dB。

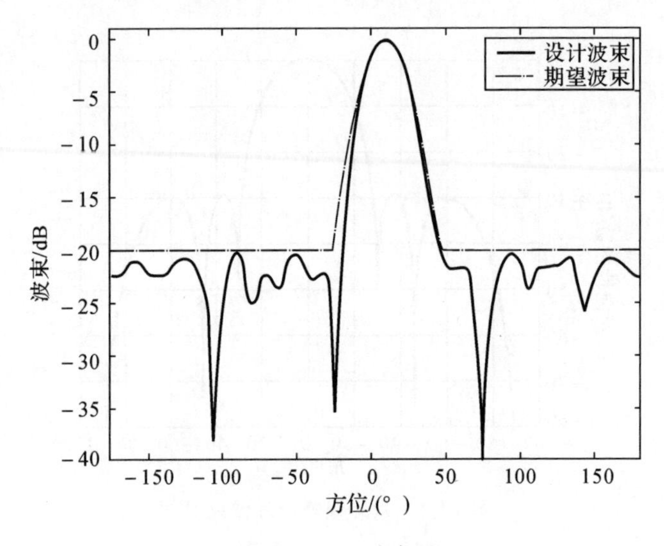

图12.6　1#波束图

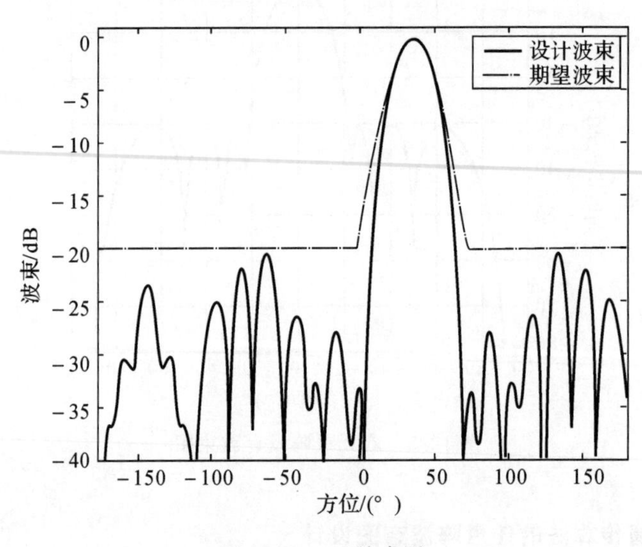

图12.7　2#波束图

从设计结果可知,设计波束是满足实际应用要求的。因此遗传算法应用于十字阵的波束图设计是可行的。

12.4　算法性能评价

就整个遗传算法操作过程而言,适应度函数在遗传算法随机搜索过程中起导向作用。适应度函数是用来区分群体中个体好坏的标准,直接影响算法的优劣。适应度函数的选择不合理易引起两种不利于优化的现象:①异常个体引起早熟收敛,影响求得全局最优解。在遗传进化的早期，一些超常个体的适应度很大，在群体中占有很大比例，这些异常个体因竞争力太突出而控制了选择过程，结果使得算法过早收敛。②个体差距不大，引起搜索成为随机漫游。当群体中个体的适应度差别不大时，个体间竞争力减弱，从而使有目标的优化搜索过程变成无目标的随机漫游，影响求得全面最优解。

遗传算法具有进化计算的所有特征，同时又具有自身的特点：

(1)直接处理的对象是决策变量的编码集而不是决策变量的实际值，不受优化函数的连续性约束，也没有优化函数导数必须存在的要求。

(2)遗传算法采用多点搜索方法，具有很高的隐含并行性。

(3)遗传算法是一种自适应搜索技术，其选择、交换、变异等运算都是以概率方式进行，从而增加了搜索过程的灵活性，并能以很大的概率收敛于最优解，具有较好的全局优化求解能力。

总之，遗传算法是一种具有高度并行、随机、自适应搜索的方法。与常规的优化方法相比，遗传算法不直接和模型参数打交道，而是处理代表参数的编码。遗传算法在整个操作过程中同时控制着一个种群，而不是局限于一个点，这样大大提高了搜索效率，避免了陷入局部最优点。求解时不计算目标函数的微分，只计算目标函数值，这种搜索策略不依赖于目标函数梯度信息，增加了解题能力。因此，遗传算法在复杂空间全局搜索的特性，保证了最佳性能波束的获取。本章介绍的基于遗传算法的波束优化设计方法，具有较强的可行性和有效性。

参考文献

[1] WANG Y M, ATKINS P R. Simulated annealing algorithm for ill-posed or ill-conditioning deconvolution problem [J]. Chinese Journal of Acoustics, 1996, 12(2): 141 - 151.

[2] 王英民，刘建民，马远良. 应用模拟韧化算法设计传感器阵方向图[J]. 西北工业大学学报，1993，11(1):19 - 23.

[3] WANG Y M,, ATKINS P R. Simulated annealing algorithm and its extended version for channel estimation and data recovery[C]//Birmingham:Presented in the Meeting of IOA, 1994.

[4] WANG Y M, ATKINS P R. Ill-posed de-convolution problem in data recovery[C]//Birmingham: Acoustics & Sonar Group Report, 1994.

[5] HOLLAND J H. Adaptation in natural and artificial systems[M]. Michigan: University of Michigan Press, 1976.

[6] 郁彦利，印明明，王英民，等. 一种基于遗传算法的波束设计方法[J]. 电声技术，2007，31(4):59 - 62.

[7] 马远良. 任意结构形状传感器阵方向图的最佳化[J]. 中国造船，1984，87(4):80 - 87.

[8] 郁彦利. 被动合成孔径声纳关键技术研究[D]. 西安:西北工业大学，2011.

[9] 甘甜. 特殊基阵的波束优化设计与试验研究[D]. 西安:西北工业大学，2011.

[10] 王英民，郁彦利，齐华. 一种基于混合优化算法的阵列波束形成方法[J]. 哈尔滨工程大学学报，2010，31(7):832 - 836.

[11] 王海军，王英民，印明明，等. 模拟退火算法在波束图设计中的应用[J]. 应用声学，2007,26(5):287-291.

[12] 郁彦利，王英民. 遗传算法在传感器阵列多波束图设计中的应用[J]. 压电与声光，2010，32(2):261-264.

[13] WANG Y M，QI H，YU Y L. A new mixed optimization algorithm for array pattern synthesis. [J]. The Journal of the Acoustical Society of America，2009，126(4):2188.

[14] YU Y L，WANG Y M. Beam pattern optimization using MVDR and simulated annealing [C]//Fifth IEEE International Symposium on Service Oriented System Engineering. Nanjing：IEEE，2010：117-120.

[15] YU Y L，WANG Y M，LI L. Beam pattern synthesis based on hybrid optimization algorithm[J]. Journal of China Ordnance，2010，6(3):171-176.

[16] 郁彦利，印明明，王英民等. 一种基于遗传算法的波束设计方法[J]. 电声技术，2007，31(4):59-62.

[17] 甘甜，王英民，王成. 小尺度圆环形传感器阵列的宽带波束形成[C]//2009年中国东西部声学学术交流会论文集. 景洪:陕西省声学学会,2009:66-69.

[18] 甘甜，王英民，刘若辰. 基于泰勒分布线阵特殊旁瓣技术的研究[J]. 电声技术，2009，33(10):43-45.

[19] 甘甜，王英民，刘若辰. 基于仿真退火算法的任意阵列宽带波束形成[J]. 计算机仿真，2010，27(3):198-201.

[20] 甘甜，王英民，赵俊渭. 模态分解的波束形成方法研究[J]. 兵工学报，2011，32(3):281-285.

[21] XU X L，BUCKLEY K M. Statistical performance comparison of music in element-space and beam-space[C]//International Conference on Acoustics，Speech，and Signal Processing. Brighton：IEEE，1989：2124-2127.

[22] SMITH R P. Constant beam width receiving arrays for broad band sonar systems[J]. Acustica，1970，23(1)：21-26.

[23] WARD D B，KENNEDY R A，WILLIAMSON R C. Theory and design of broadband sensor arrays with frequency invariant far-field beam patterns[J]. The Journal of the Acoustical Society of America，1995，97(2)：1023-1034.

[24] DOLPH C L. A current distribution for broadside arrays which optimizes the relationship between beam width and side-lobe level[J]. Proceedings of the IRE，1946，34(6)：335-348.

[25] 张保嵩，马远良. 宽带恒定束宽波束形成器的设计与实现[J]. 应用声学，1999(5)：29-33.

[26] 杨益新，孙超. 任意结构阵列宽带恒定束宽波束形成新方法[J]. 声学学报，2001,26(1):55-58.

[27] TIAN Z，VAN TREES H L. Beamspace IQML[C]//Proceedings of the 2000 IEEE

Sensor Array and Multichannel Signal Processing Workshop. Cambridge: IEEE, 2000: 361 - 364.

[28] VACCARO R J. The past, present, and the future of underwater acoustic signal processing[J]. IEEE Signal Processing Magazine, 1998, 15(4): 21 - 51.

[29] GERSHMAN A B, BOHME J F. Improved DOA estimation via pseudorandom resampling of spatial spectrum[J]. IEEE Signal Processing Letters, 1997, 4(2): 54 - 57.

[30] VILLENEUVE A T. Taylor patterns for discrete arrays[J]. IEEE Transactions on Antennas and Propagation, 1984, 32(10): 1089 - 1093.

第 13 章　基于二阶锥规划等最优匹配理论的波束优化设计方法

波束形成是基阵在空间抗噪声干扰和混响场的一种处理过程，可以说几乎所有的声呐都装有波束形成器。一方面是为了得到足够高的信噪比，另一方面是为了获得好的目标方位分辨力。因此，波束形成处理系统是现代声呐的核心部件，也是声呐具有良好战术、技术性能的基础。我们评判波束形成性能的指标一般是波束图的主瓣宽度、旁瓣级以及指向性指数。

波束形成的处理可以形成基阵的接收系统的方向性；可以抑制环境的噪声，提高信噪比；还可以进行空域滤波，抑制空间干扰；进行多目标分辨，提供目标的方位估计；可以为目标的定位或距离、深度估计来创造条件；以及为目标识别来提供信息。由此可见，波束形成处理技术是一个很值得研究的方向。

本章着重研究基于最优化理论的传统束图优化设计方法，其思想是根据特定场合对波束的要求，按照给定的波束优化要求，建立目标函数，利用最优化算法对波束的加权系数进行寻优、操作，达到波束优化的目的。本章主要分析基于最优自适应理论的 Olen-Compton 技术、二阶锥方法、聚焦变换法和最佳模态匹配等方法，并给出标准线列阵以及多元任意形状平面阵波束图的设计实例，并通过计算机仿真的结果来验证所提方法的有效性和实用性。

13.1　Olen-Compton 的自适应波束优化设计

13.1.1　原理描述

Olen 和 Compton 利用 Capon 的 MVDR 波束形成的原理，通过自适应优化设计，得到了可以应用于任意结构基阵的波束设计方法。

在 MVDR 波束形成方法中，当某个方向有干扰源时，波束图就会自动地在对应方向上形成深零点或深凹口来加以抑制。干扰功率越大，相应的零点或凹口就越深。由于这一思想对基阵的结构形式和阵元方向性无特殊的要求，因此可以借用过来用于任意结构非自适应基阵的波束设计中。假设在基阵波束的旁瓣区存在 J 个干扰源，用 σ_j^2 和 $\theta_j\ (j=1,2,\cdots,J)$ 分别表示第 j 个干扰源的强度和方向，则基阵输出的稳态干扰协方差矩阵为

$$\boldsymbol{R}=\sum_{j=1}^{J}\sigma_j^2\boldsymbol{a}(\theta_j)\boldsymbol{a}^H(\theta_j)+\sigma^2\boldsymbol{I} \tag{13.1}$$

式中，$\boldsymbol{a}(\theta_j)$ 为 θ_j 方向对应的基阵响应向量；σ^2 为阵元加性白噪声功率；$\boldsymbol{I}$ 为单位矩阵。可以得到 MVDR 波束形成的权向量为

$$\boldsymbol{w}=\mu R^{-1}\boldsymbol{a}(\theta_s) \tag{13.2}$$

式中，μ 为一常数因子；θ_s 表示波束指向角。依照此权向量，可以得到在当前的干扰源的强度和方向条件下的稳态波束图。将此波束图和期望得到的波束图作比较，在某一方向上若旁瓣

级高于期望值，则增加对应方向上干扰源的强度，反之则减小干扰源强度。在式(13.1)中，σ^2可设定为1，干扰源的个数 J 一般为阵元个数的 2 ～ 3 倍以上，干扰源的方向可在全方位上均匀分布，主瓣区内干扰源的强度应设为 0，即主瓣区内无干扰源存在，只对副瓣区域内的干扰源强度作自适应调整。若在第 k 次自适应调整过程中，主瓣所在区域为$[\theta_L(k),\theta_R(k)]$，则下一次调整时干扰源强度的设定可按照下面的方法进行，

$$\sigma_j^2(k+1)=\begin{cases}0, & \theta_j\in[\theta_L(k),\theta_R(k)]\\ \max[0,\Gamma_j(k)], & \text{其他}\end{cases} \tag{13.3}$$

其中

$$\Gamma_j(k)=\sigma_j^2(k)+K[p(\theta_j,k)-D(\theta_j)],\quad j=1,2,\cdots,J \tag{13.4}$$

这里 $p(\theta_j,k)$ 是第 k 次调整得到的 θ_j 方向上的归一化波束响应，而 $D(\theta_j)$ 则是 θ_j 方向上的期望波束响应，K 是自适应迭代增益，它的选择影响迭代收敛的速度。干扰源强度的初始值可以设为 0。在干扰源强度的这种调整方法中，自适应迭代过程的收敛特性很大程度上取决于自适应迭代增益 K。K 值的选取一般是采用试凑法，而且一旦选定，在整个自适应迭代过程中不再改变。如果 K 值取得过大，该算法会变得不稳定；反之，如果 K 值取得过小，算法的收敛速度会很慢。同时，特定的 K 值决定了算法在收敛后的精度，即最终设计得到的波束形状和期望的波束形状之间最小可能的差异。

吴仁彪[1] 提出在干扰源强度的自适应调整过程中，变化迭代步长因子，以提高算法的稳定性和收敛后的精度。张保嵩[2] 考虑到干扰源强度的线性调整不利于算法的收敛，提出了一种非线性调整方法。但是他的方法中设置了多个迭代步长因子，调整起来比较麻烦，推广能力较差。有一些文献对该方法进行了改进。

13.1.2　实例研究

考虑一个半径 $r=0.483$ m 的 12 阵元的圆环形阵列，且假设圆阵的各个阵元是无指向性的。当该圆阵分别用来接收频率为 1 500 Hz 和 3 000 Hz 的单频声信号时，指向 0°的均匀加权常规波束如图 13.1 和图 13.2 中虚线所示。采用本节方法，可以设计旁瓣级为−30 dB 的等旁瓣波束。若采用 Olen 和 Compton 的干扰源强度调整方法，假定在 360°空间均匀分布 90 个干扰源，初始强度均为 2，取 $K=2$，经过 10 次迭代后，得到的旁瓣控制波束图如图 13.1 和图 13.2 中实线所示，而虚线是对应的常规波束图。

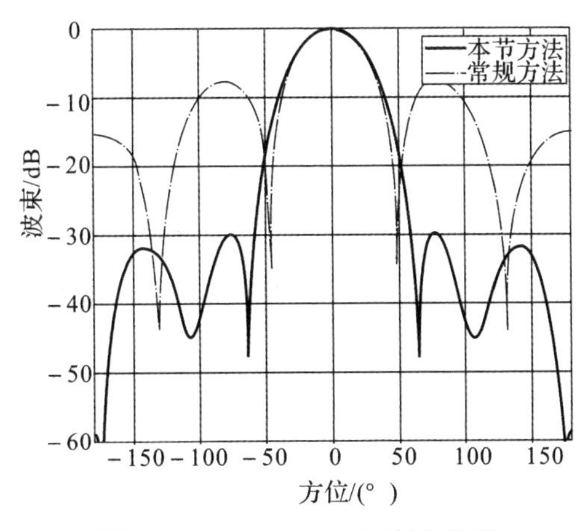

图 13.1　1 500 Hz 的波束形成图

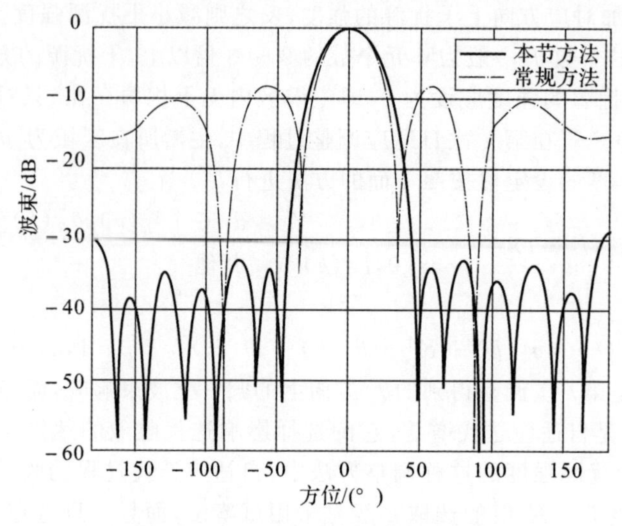

图 13.2　3 000 Hz 时的波束对比图

由于自适应方法存在误差，最后得到 1 500 Hz 和 3 000 Hz 的波束旁瓣级分别为 −29.7 dB 和 −29.4 dB，接近于期望旁瓣级要求。不过，由于波束旁瓣降低，主瓣宽度相对于常规波束略有增加。

13.2　波束设计的二阶锥规划方法

近些年来，随着优化理论尤其是凸优化的发展，一些基于优化理论的方法逐渐运用于工程领域。Boyd 等[19]运用凸优化实现波束图综合。半定规划(Semi Definite Programming)作为一种凸优化问题，已经大量运用于工程领域，如滤波器设计和波束图综合。而最近从半定规划的基础上发展起来的二阶锥规划也正成为一个研究热点，陆续运用到旁瓣控制自适应波束形成、方向响应向量失配稳健波束形成、方向响应向量与协方差矩阵同时失配的联合稳健波束形成、滤波器组设计、控制系统等领域。

将二阶锥规划用于处理波束优化和滤波器的设计问题，可以达到寻优方法规范、精确性高的目的。对于优化问题无解的情况也能自动判别，以便修正参数继续计算。

二阶锥规划是凸规划问题的一个子集，它是在满足一组二阶锥约束和线性等式约束的条件下使某线性函数最小化，它表述为

$$\min_{\boldsymbol{y}} \boldsymbol{b}^{\mathrm{T}} \boldsymbol{y} \tag{13.5}$$

$$\text{约束条件：}\quad \begin{cases} \| \boldsymbol{A}_i \boldsymbol{y} + \boldsymbol{b}_i \| \leqslant \boldsymbol{c}_i^{\mathrm{T}} \boldsymbol{y} + d_i, & i = 1,2,\cdots,M \\ \boldsymbol{F}\boldsymbol{y} = \boldsymbol{g} \end{cases}$$

式中，$\boldsymbol{y} \in \mathbf{C}^{\alpha\times 1}$ 为优化变量；$\boldsymbol{b} \in \mathbf{C}^{\alpha\times 1}$；$\boldsymbol{A}_i \in \mathbf{C}^{(\alpha_i-1)\times\alpha}$；$\boldsymbol{b}_i \in \mathbf{C}^{(\alpha_i-1)\times 1}$；$\boldsymbol{c}_i \in \mathbf{C}^{\alpha\times 1}$；$\boldsymbol{c}_i^{\mathrm{T}}\boldsymbol{y} \in \mathbf{R}$；$d_i \in \mathbf{R}$；$\boldsymbol{F} \in \mathbf{C}^{g\times\alpha}$；$\boldsymbol{g} \in \mathbf{C}^{g\times 1}$；$\| \cdot \|$ 表示欧氏范数，$\mathbf{C}$ 表示复数集，$\mathbf{R}$ 表示实数集。式(13.5)中的约束可以表示为二阶锥：

$$\begin{bmatrix} \boldsymbol{c}_i^{\mathrm{T}} \\ \boldsymbol{A}_i \end{bmatrix} + \begin{bmatrix} d_i \\ \boldsymbol{b}_i \end{bmatrix} \in \mathrm{SOC}_i^{\alpha_i} \tag{13.6}$$

式中，$\mathrm{SOC}_i^{\alpha_i}$ 是 $\boldsymbol{C}^{\alpha_i}$ 空间的二阶锥，定义为

$$\mathrm{SOC}_i^{\alpha_i} \overset{\text{def}}{=\!=\!=} \left\{ \begin{bmatrix} t \\ \boldsymbol{x} \end{bmatrix} \middle| \ t \in \mathbf{R}, \boldsymbol{x} \in \mathbf{C}^{(\alpha_i - 1)\times 1}, \| \boldsymbol{x} \| \leqslant t \right\} \tag{13.7}$$

图 13.3 所示给出了实数域三维（$\alpha_i = 3$）二阶锥，从图中可以看出二阶锥的几何意义。二阶锥规划就是在该锥内寻找满足目标函数最小化的最优点。

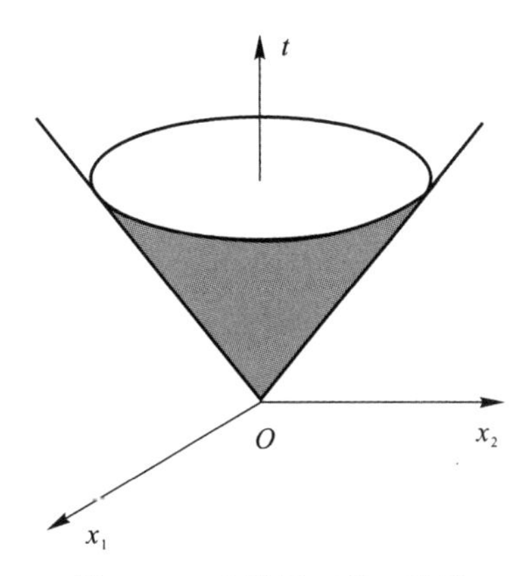

图 13.3　实数域三维二阶锥

式(13.5) 中的等式约束可以表示为零锥：

$$\boldsymbol{g} - \boldsymbol{F}\boldsymbol{y} \in \{\boldsymbol{0}\}^g \tag{13.8}$$

式中的零锥$\{0\}^g$ 定义为

$$\{0\}^g \overset{\text{def}}{=\!=\!=} \{x \mid x \in \mathbf{C}^{g\times 1}, x = 0\} \tag{13.9}$$

从上面式子可以看出，线性规划（线性不等式约束）和凸二次规划都是二阶锥规划的特例。另一方面，二阶锥规划它自身也是半定规划的子集。因为式(13.5) 中的二阶锥约束都可以表示成线性矩阵不等式：

$$\begin{bmatrix} (\boldsymbol{c}_i^{\mathrm{T}}\boldsymbol{y} + d_i)\boldsymbol{I} & \boldsymbol{A}_i\boldsymbol{y} + \boldsymbol{b}_i \\ (\boldsymbol{A}_i\boldsymbol{y} + \boldsymbol{b}_i)^{\mathrm{T}} & \boldsymbol{c}_i^{\mathrm{T}}\boldsymbol{y} + d_i \end{bmatrix} \geq 0 \tag{13.10}$$

式中，$\boldsymbol{I}$ 为适当维数的单位矩阵；“$\geq$”表示矩阵半正定。

值得指出的是，式(13.5) 所示的优化问题直接采用二阶锥规划求解比转化为半定规划求解将更有效，速度更快。半定规划问题和二阶锥规划问题都可以运用已有的内点方法(Interior Point Method) 求解，求解式(13.5) 所示二阶锥规划问题的内点方法的最大迭代次数多，其计算量远高于二阶锥规划方法。

13.2.1　基于二阶锥规划的波束形成

在此我们给出基于二阶锥规划的低旁瓣波束形成方法。低旁瓣波束形成可以解释为在给定主瓣宽度的条件下，使旁瓣级最低。主瓣宽度越宽，能够获得的旁瓣越低。低旁瓣波束形成可以表达为约束优化求解问题：在保证波束对观察方向的响应为 1 的条件下，让旁瓣区域的最大旁瓣值最小，它可以写成：

$$\begin{aligned} &\min_{\boldsymbol{w}} \max_{|\theta-\theta_0| \geqslant \Delta} |p(\theta, \boldsymbol{w})| \\ &\text{s.t.} \quad p(\theta_0, \boldsymbol{w}) = 1 \end{aligned} \tag{13.11}$$

式中，$p(\theta,\boldsymbol{w})$ 为波束响应函数，可写为

$$p(\theta,\boldsymbol{w})=\boldsymbol{v}^{\mathrm{H}}(\theta)\boldsymbol{w}$$

其中，$\boldsymbol{v}(\theta)$ 为基阵的方向向量，由基阵结构决定。Δ 为波束主瓣半宽度(实际上是在主瓣部分左、右两侧与旁瓣峰值相等的两角度宽度的一半)。

引入非负实变量 $y_1=|\boldsymbol{v}^{\mathrm{H}}(\theta_s)\boldsymbol{w}|$，$\theta_s(s=1,2,\cdots,S)$ 表示旁瓣部分的离散化 s 的各方向($\theta_s\in\Theta_{SL}$，Θ_{SL} 表示旁瓣区域，这 S 个方位均分旁瓣方位)，则上式可以写成：

$$\begin{aligned}&\min_{w} y_1,\\ \text{s.t.}\quad &\boldsymbol{v}^{\mathrm{H}}(\theta_0)\boldsymbol{w}=1\\ &\|\boldsymbol{v}^{\mathrm{H}}(\theta_s)\boldsymbol{w}\|\leqslant y_1(|\theta_s-\theta_0|\geqslant\Delta,s=1,2,\cdots,S)\end{aligned}\tag{13.12}$$

参照将优化问题转化为二阶锥规划形式的过程，低旁瓣波束形成约束优化问题(13.12)可以很容易转换为二阶锥规划软件 SeDuMi 所要求的形式来求解。优化问题中的目标函数都可以通过引入变量将其转化为约束函数，只要这个函数能表达为二阶锥的形式，不论它是优化问题中的目标函数还是约束函数，都可以转化为二阶锥规划的形式来求解。具体转化过程也可以参阅参考文献[1-6]文章。

13.2.2 实例研究

对于半径 $r=0.483$ m 的 12 元圆环形阵，采用二阶锥规划的低旁瓣波束形成方法设计 0°方向波束。为了将基于二阶锥规划的最低旁瓣波束形成方法与基于自适应阵原理的 Olen 方法相比较，设定本方法中波束主瓣宽度与前面的 Olen 方法具有尽量相同的主瓣宽度，假设离散角度间隔为 1°。

当信号频率为 1 500 Hz 时，取 $\Delta=26.8°$，旁瓣区域为(−26.8°，−180°] ∪ [26.8°，180°)。当信号频率为 3 000 Hz 时，取 $\Delta=26.8°$，旁瓣区域为(−26.8°，−180°] ∪[26.8°，180°)。

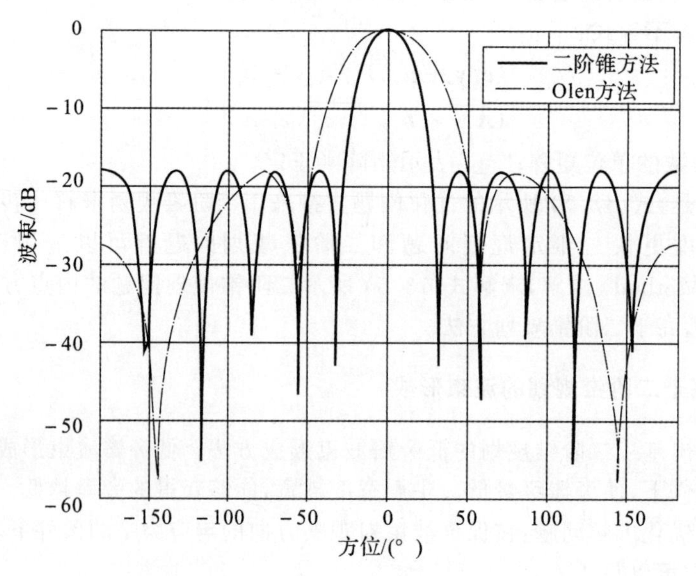

图 13.4　在 1 500 Hz 时的波束对比图

采用二阶锥规划方法设计的稳健低旁瓣波束图如图 13.4 中和图 13.5 中实线所示，虚线

是采用 Olen 方法得到的旁瓣控制波束图。从图中明显看出，在同等旁瓣级的条件下，基于二阶锥规划的低旁瓣波束形成获得的主瓣宽度要小于 Olen 方法。1 500 Hz 和 3 000 Hz 采用二阶锥规划方法得到的旁瓣级分别为 －18.3 dB 和 －16.5 dB。虽然如果进一步减小 Olen 方法的主瓣宽度，它也可以获得与二阶锥规划方法相同的主瓣宽度级，但其旁瓣级则要高于二阶锥规划方法。

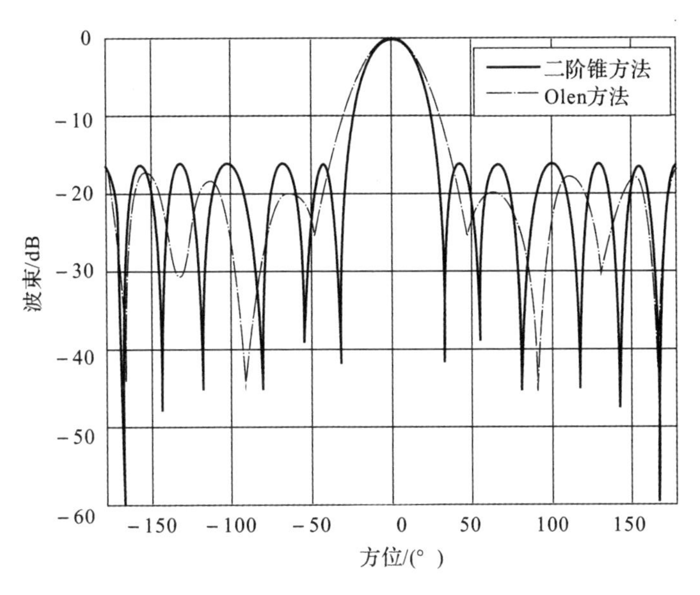

图 13.5　在 3 000 Hz 时的波束对比图

13.3　基于模态分解的波束形成

13.3.1　基本理论

方向性综合思想就是，首先给定阵列期望的且合理的方向性，运用各种优化设计方法求出阵元权值，从而合成期望方向性。

目前方向性综合方法可分为三块，第一是自适应方向性合成，最典型的算法是马远良教授于 1984 年提出的适用于任意结构形状传感器阵的凹槽噪声场法以及 1990 年 Olen 提出的干扰源噪声控制自适应方向性合成算法；第二块是直接优化方法，根据期望方向性，基于实测阵列流形，运用诸如凸优化等方法，直接得到阵元权值，目前比较流行的二阶锥规划便是这种思想；第三块便是利用正交级数将期望方向性展开，运用优化方法得到正交级数系数，再根据物理机理转化得到阵元权值，进而合成方向性。正交级数可以是勒让德级数、傅里叶级数以及余弦级数等，视具体的阵形和实际条件而定。

在针对小尺度圆环形传感器阵列进行波束优化设计中，我们提出了模态分解匹配的最优模态设计方法，采用正交级数展开的思想，所用的正交级数为傅里叶级数。另外，引入了声场计算的边界元方法，使得本节提出的方法可以应用到任意障板结构的圆环阵上，大大拓宽了正交级数展开方向性综合方法的应用范围。

13.3.2 基于模态分解窄带波束形成

将圆环阵置于标准 xyz 三维坐标系中分析。对于圆环阵,其在 xy 平面内具有周期性,因而可以分解成傅里叶级数的形式。给定期望波束 D,可以用有限的正交级数和来逼近任意给定的期望波束,设水平面内期望波束为 $D(\varphi,f)$,φ 为水平面内的周向角,f 为阵列工作频率,则期望波束的有限项级数表示为

$$D(\varphi,f)=\sum_{p=-N_{\max}}^{N_{\max}} D_p(\varphi,f)=\sum_{p=-N_{\max}}^{N_{\max}} a_p(f)\mathrm{e}^{\mathrm{i}p\varphi} \tag{13.13}$$

式中,$D_p(\varphi,f)$ 为期望波束 $D(\varphi,f)$ 的 p 阶模态波束;$N_{\max}$ 为傅里叶级数展开的最大模态数,其理论极限值为阵元数的一半;$a_p(f)$ 为傅里叶模态系数。

根据式(13.13),在波束生成空间,即 xy 平面对期望波束进行空间采样,采样点数应该均匀且足够多,以保证能够充分反映出期望波束图。利用最小二乘优化方法或其他优化方法,求解出傅里叶系数 $a_p(f)$。

p 阶模态波束 $D_p(\varphi,f)$ 可表示为

$$D_p(\varphi,f)=\frac{1}{2\pi}\int_0^{2\pi} w_p(\varphi_m)g(\varphi,\varphi_m,r_m,f)\mathrm{d}\varphi_m \tag{13.14}$$

式中,$w_p(\varphi_m)$ 为圆环带的 p 阶权值分布;(r_m,φ_m) 为圆环带上的观测点坐标;$g(\varphi,\varphi_m,r_m,f)$ 为频率为 f 的单位平面入射声波在 (r_m,φ_m) 处声压响应。由于圆环带具有周向周期性,权值分布也具有周期性,可分解为傅里叶级数:

$$w(\varphi,f)=\sum_{p=-N_{\max}}^{N_{\max}} w_p(f)=\sum_{p=-N_{\max}}^{N_{\max}} \hat{a}_p(f)\mathrm{e}^{\mathrm{i}p\varphi} \tag{13.15}$$

将式(13.15)代入式(13.14),得

$$D_p(\varphi,f)=\frac{1}{2\pi}\int_0^{2\pi} \hat{a}_p(f)\mathrm{e}^{\mathrm{i}p\varphi_m}g(\varphi,\varphi_m,r_m,f)\mathrm{d}\varphi_m \tag{13.16}$$

对于薄壁圆环阵,单位强度的声场响应函数 g 没有解析解,可借助于数值方法求解,因而式(13.14)为

$$D_p(\varphi,f)=\hat{a}_p(f)\sum_{m=1}^{s} \mathrm{e}^{\mathrm{i}p\varphi_m}g(\varphi,\varphi_m,r_m,f) \tag{13.17}$$

式中,s 为圆环带上总的离散采样求和点数。式(13.17)可以写为

$$D_p(\varphi,f)=\hat{a}_p(f)c_p(f)\mathrm{e}^{\mathrm{i}p\varphi} \tag{13.18}$$

式中,$c_p(f)$ 为 p 号模态的强度。

$$c_p(f)=\sum_{m=1}^{s} \mathrm{e}^{\mathrm{i}p\varphi_m}g(\varphi,\varphi_m,r_m,f)/\mathrm{e}^{\mathrm{i}p\varphi} \tag{13.19}$$

另外根据式(13.16)中 $D_p(\varphi,f)$ 的表达式,可得:

$$\hat{a}_p(f)=a_p(f)/c_p(f) \tag{13.20}$$

以上的推导是基于连续圆环带得到的,但是实际中阵列不是连续的,需要对式(13.13)进行离散化,

$$w_h(f)=\sum_{p=-N_{\max}}^{N_{\max}} \hat{a}_p(f)\mathrm{e}^{\mathrm{i}p\varphi_h} \tag{13.21}$$

式中，$h=1,\cdots,M$，M 为阵元总数；φ_h 为阵元位置。则得到的波束图为

$$D(\varphi,f)=\sum_{h=1}^{M}w_h g(\varphi,\varphi_h,r_h,f) \tag{13.22}$$

13.3.3　实例研究

本节以均匀分布圆环形传感器阵列为例，假定入射信号为一窄带信号，$f=750$ Hz。均匀分布圆形阵由 24 个各向同性阵元组成，其半径为 9 cm。

期望波束的产生：将一由 24 各向同性的传感器组成的 $d/\lambda=\frac{1}{2}$ 均匀直线阵采用 Dolph-Chebshev 方法形成波束图，即为我们所要得到的期望波束图，如图 13.6 所示。

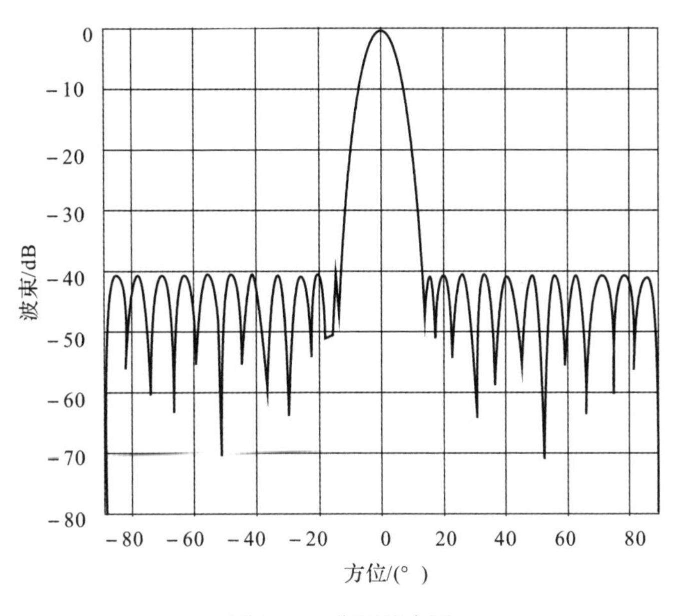

图 13.6　期望波束图

在均匀直线阵的 Chebyshev 加权波束图中，给定一定的旁瓣级，我们能得到最窄的主瓣，给定一定的主瓣我们能得到最低的旁瓣级，因而期望波束图为相同阵元数时能得到的最优波束图。我们可以改变旁瓣级的要求，从而可以得到不同的期望波束图。

在直线阵的期望波束优化图中，由于直线阵在空间上 180° 对称，而在圆阵中可以进行波束图 360° 优化，所以我们对直线阵的期望波束图进行插值得到 360° 方位的期望波束图。在相同的圆环阵模型上，采用二阶锥优化方法进行波束形成，和本节方法结果的对比图如图 13.7 和图 13.8 所示：图 13.8 中虚线为二阶锥方法，实线为在旁瓣级为 50 dB 旁瓣级期望波束基础上采用模态分解方法所得到的与二阶锥方法大约相同的主瓣宽度，由图可以得出在相同主瓣的条件下，模态分解方法能得到比二阶锥规划方法更低的旁瓣级。

图 13.8 中虚线为二阶锥的低旁瓣波束形成方法所得到的波束图，旁瓣级大约为 －27dB，实线为在旁瓣级为 －30 dB 旁瓣级期望波束基础上采用模态分解方法所得到的与二阶锥方法大约相同的旁瓣级。由上图对比可以看出，在相同的旁瓣级基础上模态分解波束图能得到比二阶锥规划波束图更窄的主瓣宽度，可见，此方法比二阶锥规划方法有更好的性能。

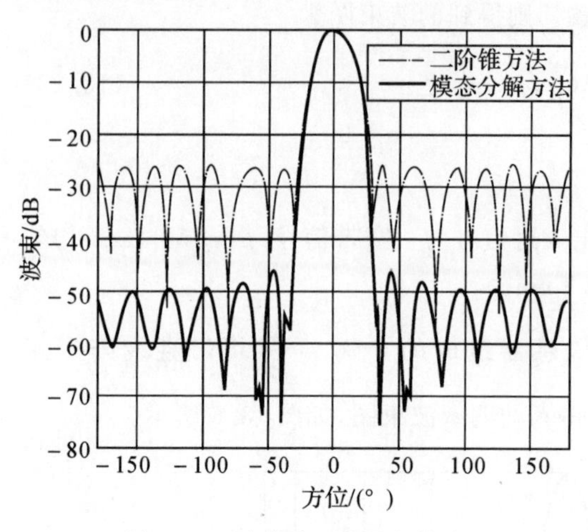

图 13.7 直线阵二阶锥与模态分解波束图对比

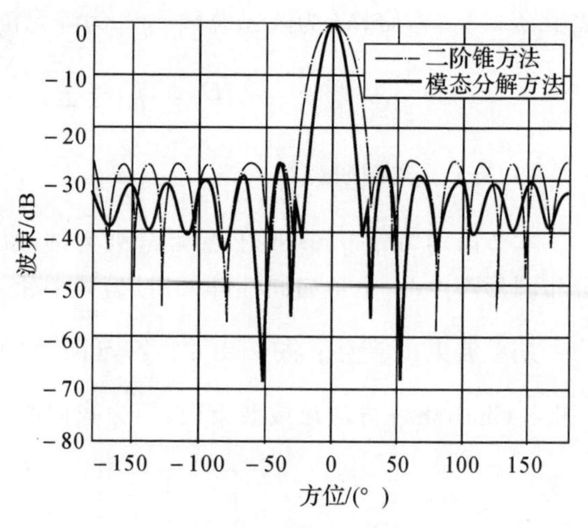

图 13.8 圆环形阵二阶锥与模态分解波束图对比

13.3.4 基于模态分解宽带波束形成设计

本节结合模态分解方法，把感兴趣的频率段划分为若干个子带输出，设每个子带的中心频率为 $f_i, i=1,\cdots,n$，由傅里叶分解求出每个子带的波束形成向量 $\boldsymbol{\omega}_{f_i}$，即可以作出在每个子带上的波束图。

每个子带上的波束图求法如下：

对于圆环阵，其在 xy 平面内具有周期性，因而可以分解成傅里叶级数的形式。给定期望波束 D，可以用有限的正交级数和来逼近任意给定的期望波束，设水平面内期望波束为 $D(\varphi, f)$，φ 为水平面内的周向角，f 为阵列工作频率，则期望波束用有限项级数表示为

$$D(\varphi,f)=\sum_{p=-N_{\max}}^{N_{\max}} D_p(\varphi,f)=\sum_{p=-N_{\max}}^{N_{\max}} a_p(f)\mathrm{e}^{\mathrm{i}p\varphi} \tag{13.23}$$

式中，$D_p(\varphi,f)$ 为期望波束 $D(\varphi,f)$ 的 p 阶模态波束；$N_{\max}$ 为傅里叶级数展开的最大模态数，其理论极限值为阵元数的一半；$a_p(f)$ 为傅里叶模态系数。

上面已给出期望波束图，每个频率段的波束图可以按照上一节的模态分解窄带波束形成的方法来求。

本节以均匀分布圆环形传感器阵列为例，假定入射信号为一宽带信号，频率范围为 $f=[300,3\ 300]$Hz。均匀分布圆形阵由 24 个各向同性阵元组成，其半径为 0.5m，参考期望波束的产生：将一由 24 个各向同性的传感器组成的 $d/\lambda=0.5$ 均匀直线阵，采用 Dolph-Chebshev 方法形成波束图，即为我们所要得到的期望波束图，旁瓣级为 −40 dB，如图 13.9 所示。

通过滤波或作 DFT 处理，可以把宽带输出划分为 31 个子带输出[2]，设每个子带的中心频率为 $f_i, i=1,\cdots,n$，由本文方法求出每个子带的波束形成向量 ω_{f_i}，可以作出在每个子带上的波束图。图 13.10 所示是每个子带上的波束图的叠加，从图中可以看出各个频率上的波束图几乎一样，旁瓣级大约为 −36 dB，接近期望波束图旁瓣级。图 13.11 所示则是三维形式。由图 13.11 可知，本文所介绍的方法是切实有效的。

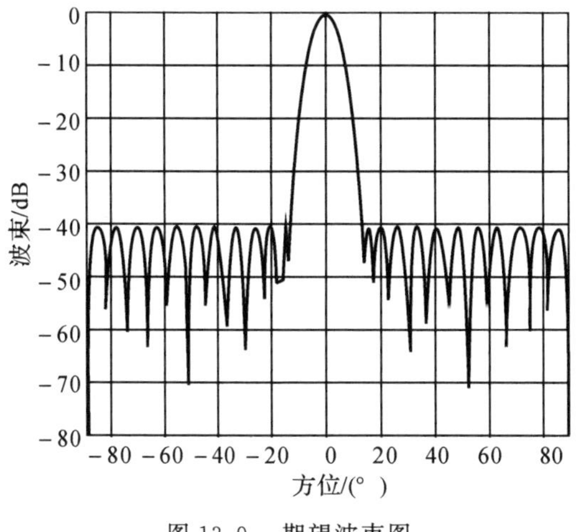

图 13.9　期望波束图

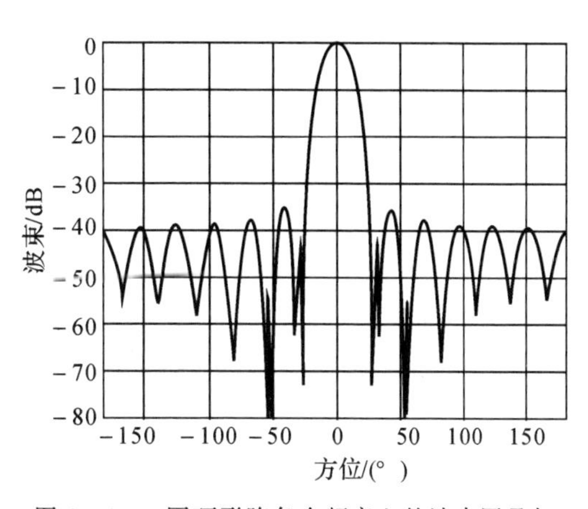

图 13.10　圆环形阵各个频率上的波束图叠加

一般在不同频率等加权的情况下，随着工作频率的降低，阵列的波束宽度将展宽，且波束指向发生变化。通过该恒定束宽波束设计，在宽带情况下，阵列输出的主波束宽度、旁瓣级和波束指向均能够保持恒定。

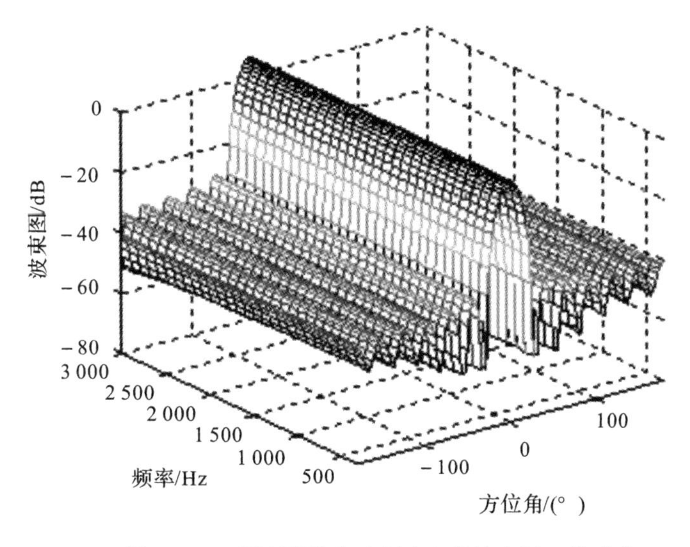

图 13.11　圆环形阵各个频率上的波束图三维形式

13.4　聚焦变换与二阶锥规划结合的宽带波束优化设计

13.4.1　聚焦变换简介

基于聚焦变换的宽带波束形成方法，借用宽带空间谱估计的思想，将不同频率子带上的数据通过变换矩阵都聚焦变换到一个参考频率上。这种方法只需要一个阵列，计算量较少，且能有效克服信号抵消，并处理多径信号。但其对信号方位信息的准确度敏感，需要对方位角进行较为精确的估计，否则波束形成器的性能会急剧下降。

为了提高基于聚焦变换[8] 波束形成器的稳健性能，我们结合稳健的二阶锥规划方法(Second-order Cone Programming)，提出了一种恒定束宽波束形成方法用于声呐探测。仿真实验证明了该方法的有效性。

13.4.2 可用于恒定束宽波束形成的聚焦变换方法

基于聚焦变换思想的宽带恒定束宽波束形成一般由聚焦预处理器和窄带波束形成器组成。预处理器的主要作用是将各个频率的信号聚焦到同一个信号空间上。不同的聚焦矩阵对应不同的聚焦变换方法。旋转信号子空间法(RSS) 就是其中的一种聚焦方法，它最早在宽带信号空间谱估计中被提出。本文中将采用 RSS 作为聚焦预处理器。RSS 使聚焦后的阵列流型与参考频率点阵列流型间误差最小。

设 $s(t)$ 为入射信号，则第 m 个阵元的输出为

$$y_m(t)=s(t-\tau_m)+e_m(t) \tag{13.24}$$

其中，$e_m(t)$ 为第 m 个阵元上的加性噪声，将每个传感器的输出分成 M 个不重叠的数据块，每块含有 L 个采样点. 然后对每块数据进行 L 点的 FFT 变换，得到 L 个频率子带上的数据，每个频率子带上含有 M 个数据块。第 k 个频率子带上的频域数据用矢量形式表示如下：

$$y(f_k)=\boldsymbol{a}_k(\theta_0,\varphi_0)s(f_k)+e(f_k),\quad k=0,\cdots,L-1 \tag{13.25}$$

式中，$\boldsymbol{a}_k(\theta_0,\varphi_0)$ 表示信号第 k 个频率子带上对应方向 (θ_0,φ_0) 的导向矢量；$s(f_k)$ 为信号的频域表示。

聚焦矩阵表示如下：

$$\begin{aligned}&\min_{T_k(\theta,\varphi)}\ \|\boldsymbol{a}_0(\theta,\varphi)-\boldsymbol{T}_k(\theta,\varphi)\boldsymbol{a}_k(\theta,\varphi)\|_F\\&\text{s. t.}\quad \boldsymbol{T}_k^{\mathrm{H}}(\theta,\varphi)\boldsymbol{T}_k(\theta,\varphi)=I\end{aligned} \tag{13.26}$$

式中，$\|\cdot\|_F$ 为 Frobenius 模；(θ,φ) 为信号的方向；$\boldsymbol{T}_k(\theta,\varphi)$ 是第 k 个频率子带的聚焦矩阵。式(13.26) 的解为 $\boldsymbol{T}_k(\theta,\varphi)=\boldsymbol{V}(f_k)\boldsymbol{U}^{\mathrm{H}}(f_k)$，其中 $\boldsymbol{V}(f_k)$ 与 $\boldsymbol{U}(f_k)$ 分别为 $\boldsymbol{a}_k(\theta,\varphi)$，$\boldsymbol{a}_0^{\mathrm{H}}(\theta,\varphi)$ 的左奇异矢量和右奇异矢量。很明显，聚焦矩阵取决于信号的方向信息。

RSS 方法的实质是通过聚焦矩阵将不同频率上的数据聚焦到同一频率上而不改变信号的内容，这样得到的第 k 个频率子带上的聚焦数据为

$$\tilde{y}(f_k)=\boldsymbol{T}_k(\theta,\varphi)y(f_k)=\boldsymbol{T}_k(\theta,\varphi)\boldsymbol{a}_k(\theta_0,\varphi_0)s(f_k)+\boldsymbol{T}_k(\theta,\varphi)e(f_k) \tag{13.27}$$

通过式(13.27) 得到各个频率子带的聚焦数据后，用任何一种窄带波束形成方法，如常规延迟求和(Delay - And - Sum，DAS) 波束形成都可以完成恒定束宽波束形成。但是实际环境中，信号方向总是存在估计误差，聚焦矩阵必然不准确，这将导致聚焦数据出现误差，此时进行恒定束宽波束形成便会产生波形畸变和估计误差，严重降低了恒定束宽波束形成器的性能。针对此，我们提出了基于二阶锥规划方法来补偿聚焦矩阵误差的恒定束宽波束形成方法。

13.4.3 稳健恒定束宽波束形成方法

SeDuMi 是 sturm 开发的用于处理对称锥优化问题的工具箱，可以用来求解二阶锥和线性约束下的凸优化问题，使用十分方便，具有计算量小和计算精确等优点。将其用于处理波束优化问题，可以达到寻优方法规范、精确性高的目的。对于优化问题无解的情况也能自动

判别，以便修正参数继续计算。

对于稳健的低旁瓣波束形成，可以在保证波束对观察方向的归一化响应为1的条件下，让最大旁瓣值最小。同时对权向量的范数进行约束，以保证波束形成器对随机误差的稳健性。保证更接近真实的导向矢量来校正聚焦变换预处理器的聚焦矩阵，降低导向矢量不确定性对聚焦矩阵的影响，最终提高恒定束宽波束形成器性能，因此可以写成：

$$\min_{\omega}\max_{|\theta-\theta_s|>\Delta}|p(\theta)|$$
$$\text{s.t.}\quad\begin{cases}p(\theta_s)=1\\ \|\boldsymbol{\omega}\|\leqslant\xi\end{cases}\tag{13.28}$$

其中，θ_s 表示观察方向；Δ 为波束主瓣半宽度；ξ 为权向量范数上限，加权向量范数越小，波束形成稳健性越高。引入非负实变量 y_1，令 $\theta_i(i=1,2,\cdots,I)$ 表示旁瓣部分的离散化的 I 个方向，可以让这个方位均分旁瓣方位，则上式可以写成：

$$\min_{y_1,\omega} y_1$$

即

$$\left.\begin{array}{l}\boldsymbol{a}^{\mathrm{H}}(\theta_s)\boldsymbol{\omega}=1\\ \|\boldsymbol{a}^{\mathrm{H}}(\theta_i)\boldsymbol{\omega}\|\leqslant y_1\\ (|\theta_i-\theta_s|>\Delta,i=1,2,\cdots,I)\\ \|\boldsymbol{\omega}\|\leqslant\xi\end{array}\right\}\tag{13.29}$$

给定 Δ 值，将已知值代入上列各式，即可应用已有的 SeDuMi 求解出 y，进而得到优化波束加权向量 $\boldsymbol{\omega}$。

用求得的波束权向量和求得聚焦矩阵 $\boldsymbol{T}_k(\theta,\varphi)$，可以获得较为准确的 f_k 数据. 而此频率点的阵列权矢量仍为 $\boldsymbol{\omega}_k=\boldsymbol{\omega}_0$，则 f_0 和 f_k 频率上的基阵输出波束图 $B_0(\theta,\varphi)$ 与 $B_k(\theta,\varphi)$ 分别为

$$B_0(\theta,\varphi)=|\boldsymbol{\omega}_0^{\mathrm{H}}\boldsymbol{a}_0(\theta,\varphi)|\tag{13.30}$$

$$B_k(\theta,\varphi)=|\boldsymbol{\omega}_0^{\mathrm{H}}\hat{\boldsymbol{T}}_k(\theta,\varphi)\boldsymbol{a}_k(\theta,\varphi)|\tag{13.31}$$

$$|\boldsymbol{\omega}_0^{\mathrm{H}}\hat{\boldsymbol{T}}_k(\theta,\varphi)\boldsymbol{a}_k(\theta,\varphi)|=|\boldsymbol{\omega}_0^{\mathrm{H}}\boldsymbol{a}_0(\theta,\varphi)|\tag{13.32}$$

所以我们可以得到恒定波束宽度。

13.4.4　设计实例

本节以均匀分布圆环形传感器阵列为例，假定入射信号为一宽带信号，频率范围为 $f=[750,1\,500]$Hz。均匀分布圆环形阵由24个各向同性阵元组成，其半径为0.5 m。

通过滤波或作DFT处理，可以把宽带输出划分为21个子带输出，设每个子带的中心频率为 $f_i,i=1,\cdots,n$，参考频率为750 Hz，由本文方法求出每个子带的波束形成向量 $\boldsymbol{\omega}_{f_i}$，可以画出在每个子带上的波束图。如图13.12(a)所示是常规波束形成方法在每个子带上的波束图的叠加，从图中可以看出各个频率上的波束图的波束宽度相差比较大，旁瓣级大约为－7 dB，如图13.12(b)所示是本文方法在每个子带上的波束图的叠加，从图中可以看出各个频率上的波束图几乎一样，旁瓣级大约为－27 dB。如图13.13所示是三维形式。由图13.13可知，本文所介绍的方法是切实有效的。

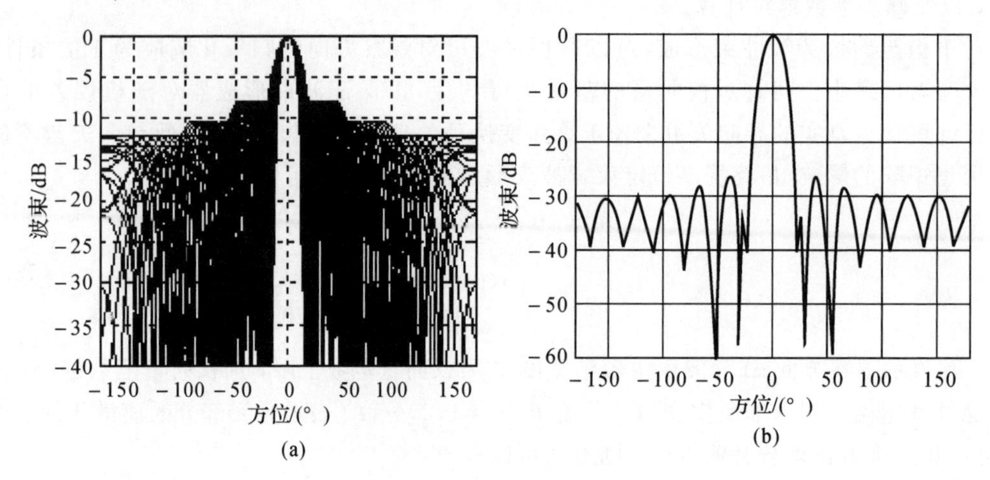

图 13.12 本文方法

(a) 与常规加权； (b) 各个频率的波束图叠加

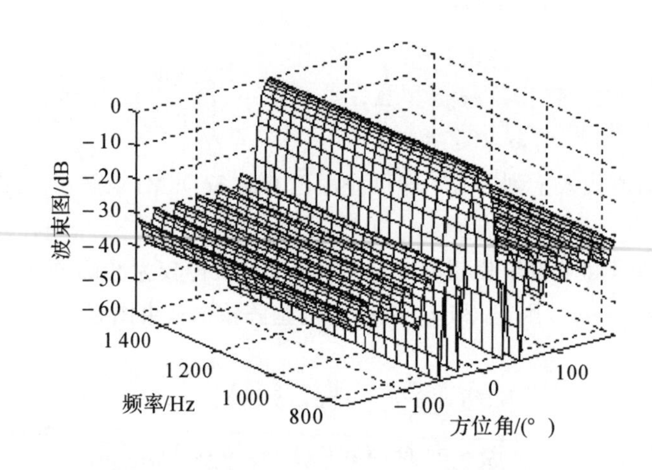

图 13.13 圆环形阵各个频率上的波束图三维形式

一般在不同频率等加权的情况下，随着工作频率的降低，阵列的波束宽度将展宽，且波束指向发生变化。通过本节恒定束宽波束设计，在宽带情况下，阵列输出的主波束宽度、旁瓣级和波束指向均能够保持恒定。

参考文献

[1] 甘甜，王英民，王成. 小尺度圆环形传感器阵列的宽带波束形成[C]// 2009 年中国东西部声学学术交流会论文集. 景洪：陕西省声学学会，2009：66 - 69.

[2] 甘甜，王英民，刘若辰. 基于泰勒分布线阵特殊旁瓣技术的研究[J]. 电声技术，2009，33(10)：43 - 45.

[3] 甘甜，王英民，刘若辰. 基于仿真退火算法的任意阵列宽带波束形成[J]. 计算机仿真，2010，27(3)：198 - 201.

[4] 甘甜，王英民，赵俊渭. 模态分解的波束形成方法研究[J]. 兵工学报，2011，32(3)：281-285.

[5] 杨益新，孙超. 任意结构阵列宽带恒定束宽波束形成新方法[J]. 声学学报，2001,26(1):55-58.

[6] 唐建生. 时域宽带波束形成方法及实验研究[D]. 西安:西北工业大学，2004.

[7] TIAN Z, VAN TREES H L. Beamspace IQML[C]// Proceedings of the 2000 IEEE Sensor Array and Multichannel Signal Processing Workshop. Cambridge: IEEE, 2000: 361-364.

[8] VACCARO R J. The past, present, and the future of underwater acoustic signal processing [J]. IEEE Signal Processing Magazine, 1998, 15(4): 21-51.

[9] GERSHMAN A B, BOHME J F. Improved DOA estimation via pseudorandom resampling of spatial spectrum[J]. IEEE Signal Processing Letters, 1997, 4(2): 54-57.

[10] VILLENEUVE A T. Taylor patterns for discrete arrays[J]. IEEE Transactions on Antennas and Propagation, 1984, 32(10): 1089-1093.

[11] 郭祺丽. 声纳基阵宽带波束优化设计[D]. 西安:西北工业大学，2005.

[12] DORON E, DORON M A. Coherent wide band array processing[J]. Proc of IEEE Int Conf on Acoust Speech Signal Processing. 1992(2):497-500.

[13] 马远良，王英民，鄢社锋，等. 圆环形基阵的低频、宽带、超增益设计原理与方法：02101173. 7 [P]. 2003-05-12.

[14] 蒋伟. 小尺度传感器阵列超指向性研究及实现[D]. 西安:西北工业大学，2007.

[15] 马远良，赵俊渭，张全. 用 Fir 数字滤波器实现高精度时延的一种新方法[J]. 声学学报，1995(02):121-126.

[16] 王英哲，杨益新，张忠兵，等. 多波束宽带恒定束宽波束形成器的 DSP 实现[J]. 电子技术(上海)，2000，27(7)：50-52.

[17] WIDROW B, STEAMS S D. Adaptive signal processing[M]. Upper Saddle River: Prentice-Hall, 1985.

[18] WARD D B, KENNEDY R A, WILLIAMSON R C. FIR filter design for frequency invariant beamformers[J]. IEEE Signal Processing Letters, 1996, 3(3): 69-71.

[19] BOYD S, VANDENBERGHE L. Convex optimization[M]. Cambridge: Cambridge University Press, 2004.

第 14 章　退火算法和遗传算法在通信系统中的应用

盲均衡技术是通信中为了减少误码率，消除码间干扰所应用的一门技术，而遗传算法、模拟退火算法则是典型的优化算法。以优化的理念来解决盲均衡问题，可以给盲均衡问题带来新的变革。在本章中，借助于小样本重用技术，引入遗传算法来解决盲均衡问题，提出了基于小样本重用技术的 GACMA 算法；利用 Cadzow[1] 定理解决盲均衡问题，结合模拟退火算法的特性，提出了 SACAW 算法。这两种算法都在一定程度上解决了现有盲均衡算法存在的问题。

14.1　盲均衡技术简介

在现代通信系统中，码间干扰是制约通信质量的重要因素。为了减小码间干扰，需要对信道进行适当的补偿，以减小误码率(Bit Error Rate，BER)，提高通信质量。接收机中能够补偿或减小接收信号的码间干扰的补偿器，就称为均衡器(Equalizer)。由于实际的通信信道都不是理想的，因此均衡是数字通信领域中一个十分普遍的问题，随着高速数据传输的发展，均衡的重要性日益突出。传统的克服码间干扰的方法是在接收端增加均衡器，使均衡器的特性正好与信道的特性相反，使之能够准确地补偿传输信道的非理想特性。但是，对于大多数采用均衡器的数字通信系统，信道特性是未知的，甚至是时变的，此时，为了准确地补偿信道的传输特性，必须动态地跟踪信道的变化，以便及时调整均衡滤波器系数，具有这种“智能特性”的均衡器称为自适应均衡器(Adaptive Equalizer)。

传统的自适应均衡技术在数据传输之前，首先发送接收端已知的训练序列(Training Sequence)。该序列通过信道后会产生变化或误差，对于接收端而言这些变化或误差是可以确定的，接收端依据该误差信息对均衡器的参数进行实时调整，减小信号产生的误差，最终使信道特性得以补偿，从而使接收端能够从均衡器输出中得到几乎无错的发送信号，提高数据传输的可靠性和有效性。这段过程被称为训练，此时均衡器称为工作在训练模式。当训练结束时，均衡器参数的调整达到收敛，判决信号可靠性较高，误码率较小。训练过程结束后，数据开始传输，此时发送信号是未知的，为了动态跟踪信道特性可能发生的变化，接收机将均衡器输出的判决信号作为参考信号，用来测量信道变化产生的误差，对均衡器输出的信号继续进行调整，此时被称为判决引导均衡。在设计训练序列时，要求做到即使在最差的信道条件下，均衡器也能通过该训练序列获得正确的系数，这样就可以在收到训练序列后，均衡器的均衡系数接近于最佳值，使得在接收用户数据时，均衡器的自适应算法可以跟踪不断变化的信道，均衡器也不断改变其特性，从而保证用户接收到正确的信息。

自适应均衡技术是通信领域中一个非常重要的技术及研究热点，但是随着数字通信技术向着宽带、高速、大容量方向的发展，自适应均衡技术日益暴露出其自身的不足和缺陷，主要包括以下几点：

由于训练序列的存在，不传递有效信息，占用了大量的带宽，降低了通信系统传输的效率，尤其是在高频通信系统中，有可能用于传输训练序列的时间会占去总传输容量 50% 的开销；由于信道上的强干扰或其他因素的影响，可能会导致均衡器发散，这时候就要求系统再次发送训练序列，对于严重的衰减信道或者干扰比较多变的信道，必然会频繁地发送训练序列，严重影响通信系统的正常工作；对于某些特定的情况，只有发送信道，没有反向请求信道，导致了训练序列无法使用；在一些特殊情况下，不可能发送训练序列，如信息截获和侦察系统等。

由于自适应均衡技术存在着这些缺陷和不足，不能很好地满足现代数字通信系统的发展要求，因而，盲均衡技术的研究越来越受到专家学者的重视，成为通信领域的一大研究热点。最早的盲均衡算法是在 1975 年由日本学者 Y. Sato 提出的 Sato 算法，适用于 PAM 系统，他对传统的自适应均衡的均方误差函数进行了简单的改进后，首次提出"自恢复均衡（Self-recovering Equalization）"，即后来盲均衡的概念。此后，各国学者纷纷投入到该项研究中，根据不同的应用背景，运用了先进的数学理论和方法，提出了许多盲均衡算法，使盲均衡的发展日益成熟[2]。

14.1.1　盲均衡技术的原理

盲均衡是指能够不借助训练序列，仅利用接收序列本身的先验信息，就能均衡信道特性，使均衡器的输出序列尽量接近发送序列。盲均衡的原理如图 14.1 所示：

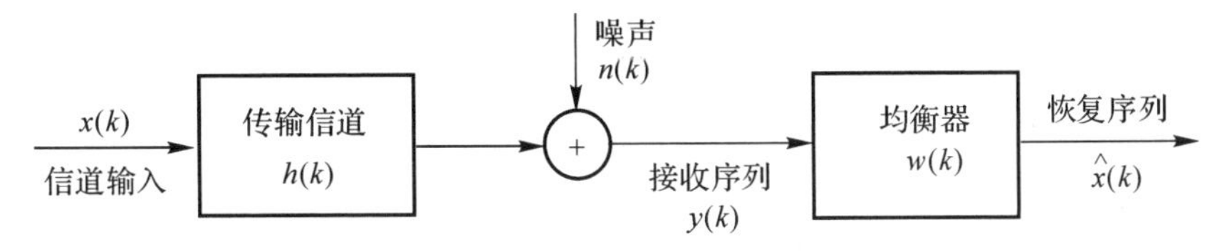

图 14.1　盲均衡原理框图

在图 14.1 中，$h(k)$ 为离散时间传输信道（包括发射滤波器、传输媒介）的冲激响应，其依据所用调制方式的不同，可以是实值，也可以是复值；$w(k)$ 为均衡器的冲激响应，均衡器一般采用有限长横向滤波器，其长度为 L；$x(k)$ 为系统的发送序列；$y(k)$ 为经过信道传输后的接收序列，同时也是均衡器的输入序列；$n(k)$ 为信道上迭加的噪声；$\hat{x}(k)$ 为经过均衡后的恢复序列。

由图 14.1 可以得到：

$$y(k)=h(k)\otimes x(k)+n(k) \tag{14.1}$$

$$\hat{x}(k)=w(k)\otimes y(k)=w(k)\otimes h(k)\otimes x(k)+w(k)\otimes n(k) \tag{14.2}$$

均衡器的目的就是在于将 $\hat{x}(k)$ 作为 $x(k)$ 的最佳估计值，因此要求

$$\hat{x}(k)=x(k-D)e^{j\Phi},\quad w(k)\otimes h(k)=\delta(k-D)e^{j\Phi} \tag{14.3}$$

式中，D 为一整数延迟；Φ 为一常数；$\delta(k)$ 为 Kroneckrt δ 函数。

取傅里叶变换得

$$W(\omega)H(\omega)=\int_{-\infty}^{+\infty}\delta(k-D)e^{j\Phi}e^{-j\omega k}\,dk=e^{j(\Phi-\omega D)} \tag{14.4}$$

即
$$W(\omega)=\frac{1}{H(\omega)}\mathrm{e}^{\mathrm{j}(\Phi-\omega D)}$$

由分析可知，盲均衡的目的是要在没有训练序列的情况下实现上式所示的传递函数 $W(\omega)$。由于不能发送训练序列，因而需要其他方法来获得 $h(k)\otimes w(k)$，这就是盲均衡所要解决的主要问题。

综上所述，设计均衡器的目的就是通过盲均衡算法来调整均衡器的抽头系数，使得系统输入信号与均衡器的输出满足式(14.4)所示的传输函数。这类问题的数学模型称为盲解卷积(Blind Deconvolution)。盲均衡是盲解卷积问题在通信领域的应用。实际上对处理的信号并不全“盲”，由于通信用户是合作性的，接收信号本身的先验信息(如信号的统计特征、信号的调制方式及幅度、相位的变化范围等)，以及接收信号的某些特性(如非高斯性和循环平稳性)在盲均衡算法中都是可以充分利用的，盲均衡算法也是基于这些先验信息形成的。

14.1.2 盲均衡器的结构

盲均衡算法中很重要的一部分是盲均衡器，它是盲均衡算法的实现过程，也是盲均衡算法应用的地方，这里简单介绍盲均衡器。盲均衡器的结构有很多种，但是归纳来说分为线性均衡器和非线性均衡器，线性均衡器包括线性横向均衡器和线性格型均衡器，非线性均衡器包括判决反馈均衡器(DFE)、最大似然序列均衡器以及神经网络均衡器等。这里以线性横向均衡器为例说明：线性结构均衡器如图14.2所示，此线性均衡器是用FIR(Finite Impulse Response)滤波器实现的，也称为线性横向滤波器。又由于它是由加法器、乘法器和单位延迟器构成，因而也称为抽头延迟滤波器。这种均衡器是现有均衡器中结构最简单的。在这种均衡器中，接收信号的当前值和过去值以抽头增益作线性加权，并将其总和作为输出。如果延迟和抽头增益为模拟的，则均衡器的连续输出信号波形通常以码率被采样，采样结果被输入判决装置。在常用的数字化实现中，接收信号被存储在移位寄存器中，而均衡器输出为

$$\hat{x}(k)=\sum_{i=0}^{L-1}w_i(k)y(k-i)=\boldsymbol{w}^{\mathrm{T}}(k)\boldsymbol{y}(k)\tag{14.5}$$

式中，T表示矩阵的转置。

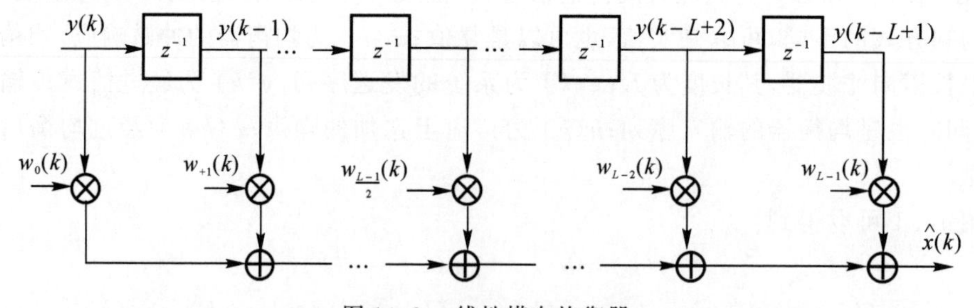

图14.2 线性横向均衡器

由式(14.5)可以看出，输出序列的结果与输入信号矢量 $\boldsymbol{y}(k)$ 和均衡器系数矢量 $\boldsymbol{w}(k)$ 有关。输入信号矢量 $\boldsymbol{y}(k)$ 是由信号的畸变，即由信道特性的变化来决定的；均衡器系数矢量 $\boldsymbol{w}(k)$ 应根据信道特性的改变进行设计，使输出序列抽样点码间干扰为零。假设期望信号为 $d(k)$，则误差输出序列 $e(k)$ 为

$$e(k)=d(k)-\hat{x}(k)=d(k)-\boldsymbol{w}^{\mathrm{T}}(k)\boldsymbol{y}(k)\tag{14.6}$$

显然，自适应均衡器的原理是用误差序列 $e(k)$ 按照某种准则和算法对其系数 $w(k)$ 进行调整，最终使自适应均衡器的代价函数最小化，达到最佳均衡的目的。在实际使用中，均衡器系数可通过置零准则或最小均方准则(MMSE) 获得。对于置零准则，调整均衡器系数使稳定后的所有样值冲击响应具有最小的码间干扰；而 MMSE 准则的均衡器系数调整是为了使期望信号和均衡器输出信号之间的均方误差最小。无论是基于 MMSE 准则还是置零准则无限抽头的线性横向均衡器在无噪情况下直观上都是信道的逆滤波器，如果考虑噪声的话两种准则间会有差别。在 MMSE 准则下，均衡器抽头对加性噪声和信道畸变均进行补偿，补偿包括相位和幅度两个方面；而基于迫零准则的 LTE 忽略噪声的影响。

线性横向均衡器最大的优点就在于其结构非常简单，容易实现，因此在各种数字通信系统中得到了广泛的应用。但是其结构决定了两个难以克服的缺点：其一就是噪声的增强会使线性横向均衡器无法均衡具有深度零点的信道，为了补偿信道的深度零点，线性横向均衡器必须有高增益的频率响应，然而同时不可避免地也会放大噪声；另一个问题是线性横向均衡器与接收信号的幅度信息关系密切，而幅度会随着多径衰落信道中相邻码元的改变而改变，因此滤波器抽头系数的调整不是独立的。后文还会介绍非线性均衡器，虽然线性横向均衡器有很多缺点，但是它实现起来方便，物理概念清晰，在实际中实用性很强，以后的研究也基本上是基于线性横向均衡器的。

14.2　典型的盲均衡算法

14.2.1　Sato 算法

Sato 算法是最早出现的盲均衡算法，适用于 PAM 系统。它并不是基于某种理论依据，而是一个经验公式。Sato 证明，在理想条件下(信号为无限多电平 PAM)，若信道畸变不太严重，则算法是收敛的。

在 Sato 算法里，定义代价函数为

$$J(k)=E[e^2(k)]=E\{[\tilde{x}(k)-\hat{x}(k)]^2\} \tag{14.7}$$

其中，无记忆的非线性估计信号 $\tilde{x}(k)$ 表达式如下：

$$\tilde{x}(k)=\gamma\,\mathrm{sgn}[\hat{x}(k)] \tag{14.8}$$

常数 γ 为均衡器增益，定义如下：

$$\gamma=\frac{E[x^2(k)]}{E[|x(k)|]} \tag{14.9}$$

将得到 Sato 算法抽头系数迭代公式为

$$w(k+1)=w(k)+\mu\{\gamma\,\mathrm{sgn}[\hat{x}(k)]-\hat{x}(k)\}y(k) \tag{14.10}$$

显然，Sato 算法是 Bussgang 算法无记忆非线性函数 $g(\cdot)=\gamma\,\mathrm{sgn}(\cdot)$ 时的一个特例。

14.2.2　DD 算法

决策指向(Direct Decision，DD) 算法使用一个“阈值决策装置” 作为无记忆非线性函数，当“眼图” 张开时(即盲均衡算法收敛)，LMS 自适应算法中的步长固定，均衡器以决策指向模式工作，滤波器抽头权矢量的最小均方误差可以像普通的自适应均衡器一样进行控制。如图

14.3 所示为该算法原理框图。

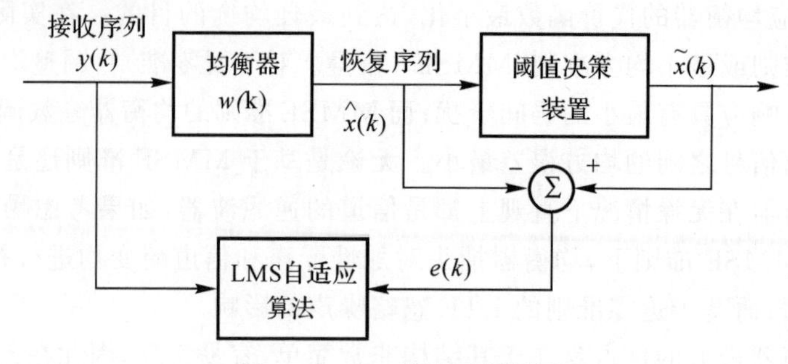

图 14.3 DD 算法原理框图

图 14.3 中，$y(k)$ 为接收信号即均衡器输入信号，$\hat{x}(k)$ 为均衡器输出序列，$\tilde{x}(k)$ 为通过无记忆非线性估计器的估计序列，$e(k)$ 为误差序列。

阈值决策装置在源信号 $x(k)$ 中，对 $\hat{x}(k)$ 做出判决，使判决结果 $\tilde{x}(k)$ 等于 $\hat{x}(k)$ 最接近的 $x(k)$，即有

$$\tilde{x}(k)=\mathrm{dec}[\hat{x}(k)] \tag{14.11}$$

举个例子来说，在二进制等概率数据序列的简单情况下，数据与决策值分别为

$$x(k)=\begin{cases}+1, & \text{对字符 1}\\ -1, & \text{对字符 0}\end{cases} \tag{14.12}$$

$$\mathrm{dec}[\hat{x}(k)]=\mathrm{sgn}[\hat{x}(k)] \tag{14.13}$$

式中，$\mathrm{sgn}(\cdot)$ 为符号函数。将决策指向算法与 Bussgang 算法作一比较，可见决策指向算法是无记忆非线性函数取 $g(\cdot)=\mathrm{sgn}(\cdot)$ 的 Bussgang 算法。

14.2.3 CMA 算法

恒模算法(CMA) 是 Bussgang 盲均衡算法中最常用的一种，它适用于所有具有恒定包络(简称恒模) 的发射信号的均衡。1980 年，D. N. Godard 提出了 Godard 算法，并申请了美国专利。Godard 算法的代价函数由传输信号的高阶统计特性构造，通过调节均衡器的权值增益寻找代价函数的极值点。当 Godard 算法中 $p=1$ 时，Godard 算法就成为 Sato 算法；当 $p=2$ 时，Godard 算法就成为 CMA 算法。

CMA 算法的无记忆非线性函数为

$$\tilde{x}(k)=g[\hat{x}(k)]=\frac{\hat{x}(k)}{|\hat{x}(k)|}[|\hat{x}(k)|+R_2|\hat{x}(k)|-|\hat{x}(k)|^3] \tag{14.14}$$

式中

$$R_2=\frac{E[|x(k)|^4]}{E[|x(k)|^2]} \tag{14.15}$$

CMA 的代价函数为

$$J(k)=\frac{1}{4}E\{[R_2-|\hat{x}(k)|^2]^2\} \tag{14.16}$$

选取这个代价函数的原因在于：发送信号的功率是恒定的，均衡器输出信号的功率也应该是恒定的。得到 CMA 的误差函数为

$$e(k)=\hat{x}(k)(R_2-|\hat{x}(k)|^2) \tag{14.17}$$

按照最速下降法的迭代公式:有

$$w(k+1)w(k)-\mu\,\nabla(k)=w(k)-\mu\frac{\partial J(k)}{\partial w(k)} \tag{14.18}$$

因为 $\hat{x}(k)=w(k)y(k)$,所以

$$\frac{\partial|\hat{x}(k)|^2}{\partial w(k)}=2|\hat{x}(k)|\frac{\partial|\hat{x}(k)|}{\partial w(k)}=2\hat{x}(k)y(k) \tag{14.19}$$

所以

$$\frac{\partial J(k)}{\partial w(k)}=-E\{[R_2-|\hat{x}(k)|^2]\hat{x}(k)y(k)\} \tag{14.20}$$

用随机梯度代替随机梯度的期望值,得到 CMA 算法公式

$$w(k+1)=w(k)+\mu[R_2-|\hat{x}(k)|^2]\hat{x}(k)y(k) \tag{14.21}$$

CMA 算法是 Bussgang 类盲均衡算法中最常用的一种。CMA 算法计算复杂度低,易于实时实现,收敛性能好,代价函数只与接收序列的幅值有关,而与相位无关,故对载波相位不敏感。目前,CMA 算法的诸多优点使之被广泛应用于恒包络信号的均衡、非恒包络信号(如 QAM 信号)的盲均衡及自适应阵列处理等领域中。表 14.1 给出 CMA 算法的一个总结。

作为信号处理领域的热点问题,CMA 算法在 20 世纪 90 年代得到了广泛深入的研究,但它主要是被应用在盲均衡中,随后人们对这一个算法进行了很多改进,并将其应用到多用户检测、盲信号分离、干扰抑制和波束形成等领域,不同程度地解决了这些领域的一些难题。

表 14.1　常数模算法(CMA)

初始化
$R_2=\frac{E[\lvert x(k)\rvert^4]}{E[\lvert x(k)\rvert^2]}$
$\mathbf{y}(0)=[0\quad 0\quad \cdots\quad 0]^{\mathrm{T}}$
中心抽头法:$\mathbf{w}(0)=\begin{cases}1, i=k\\0, i\neq k\end{cases}\quad (i\in[0,1,\cdots,L-1])$
以 k 为变量循环
$\hat{x}(k)=\sum_{i=0}^{L-1}w_i(k)\mathbf{y}(k-i)$
$e(k)=\hat{x}(k)(R_2-\lvert\hat{x}(k)\rvert^2)$
$\mathbf{w}(k+1)=\mathbf{w}(k)+\mu e(k)\mathbf{y}(k)$

14.3　GA 在盲均衡中的应用

14.3.1　常数模算法的初始化

常模盲均衡算法在构造代价函数后,为达到理想均衡,需要通过算法调整均衡器权重使代价函数收敛至全局最小。而理论分析和实践均表明,常模算法所设定的代价函数相对于均衡器的权向量存在局部极小点,即常模算法标准的代价函数是多模态的,而其算法本质上依然采用梯度下降算法,梯度下降算法在目标函数存在局部极小值的情况下,收敛性能是无法保证的,收敛的

最终结果一般与均衡器结构、初始化权重、学习步长等参数有关,不同的初始点能够导致算法收敛到不同的结果。在理想均衡条件的讨论中已知,如果均衡器为双向无限长,则其必可构成原信道的"理想逆信道",此时不存在均衡器权重的初始化问题,因为对于双向无限长滤波器而言,均衡器任何一个抽头系数的初始化对于系统而言都是等价的。实际中,采用截尾的近似理想滤波器来实现均衡,而又已知均衡器权重的初始化会影响到CMA算法收敛的性能。因此,CMA算法的均衡器权重初始化是一个重要的问题。理论分析和大量的实践表明,当均衡器阶数足够长,采用中心抽头初始化方法,CMA算法总能收敛到全局最优解,但是均衡器阶数足够长的定义是模糊的,当均衡器的阶数不够充分时,中心抽头初始化方法并不总能保证CMA算法收敛到全局最优,可以看看下面的例子。对于一个声速为常数的均匀介质(离散多径)信道:

$$h=[1,\mathrm{zeros}(1,18),0.599\,97] \tag{14.22}$$

这种信道表现出极度的频率选择性衰落和非相位失真,具有很深的频谱零点,均衡器工作难度很大,相应的其初始化要求也很高,下面就来看看不同初始化的结果(见图 14.4 至图 14.7)。

(1) 典型中心抽头初始化,$\boldsymbol{w}=[0\ 0\ 0\ 0\ 0\ 1\ 0\ 0\ 0\ 0\ 0]$;

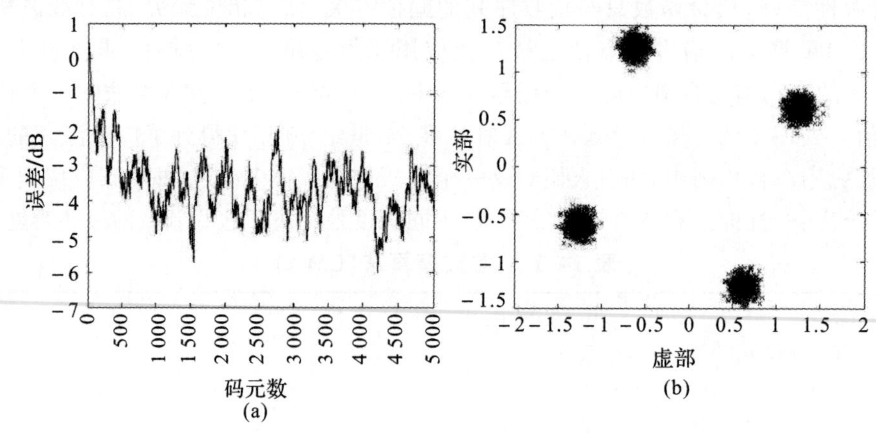

图 14.4 典型中心抽头初始化的均衡器收敛效果

(a) 误差曲线; (b) 均衡器的输出信号星座图

(2) 中心抽头初始化,$\boldsymbol{w}=[0\ 0\ 0\ 0\ 0\ 1+0.4j\ 0\ 0\ 0\ 0\ 0]$;

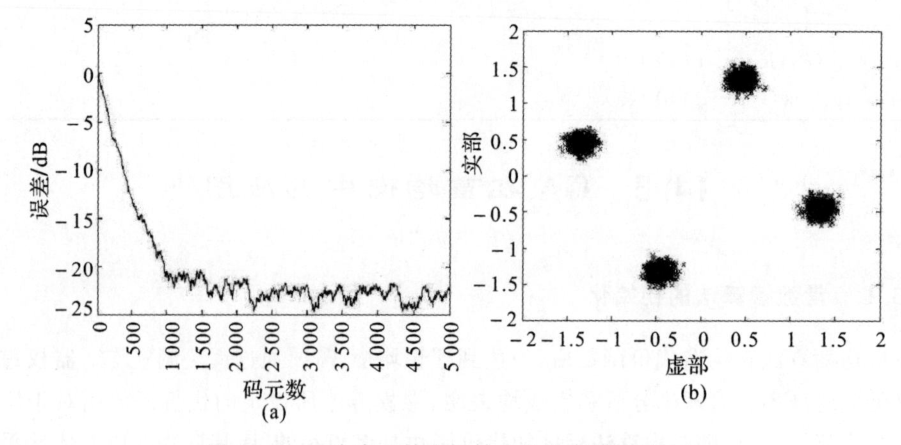

图 14.5 一个中心抽头初始化的均衡器收敛效果

(a) 误差曲线; (b) 均衡器的输出信号星座图

(3) 非中心抽头初始化，$w = [0\ 0\ 0\ 0\ 0\ 0\ 0\ 0\ 1+0.4j\ 0\ 0]$；

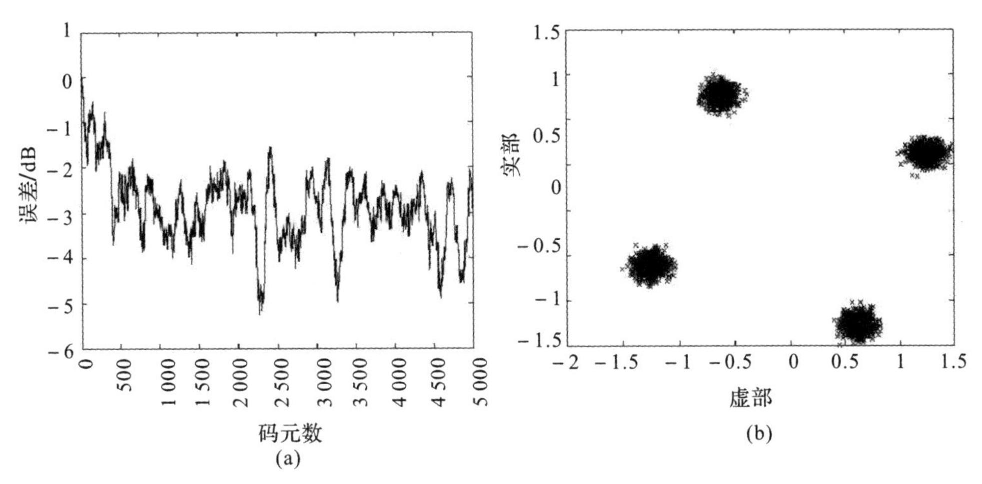

图 14.6　非中心抽头初始化的均衡器收敛效果

(a) 误差曲线；(b) 均衡器的输出信号星座图

(4) 中心抽头初始化，$w = [0\ 0\ 0\ 0\ 0\ 1+j\ 0\ 0\ 0\ 0\ 0]$。

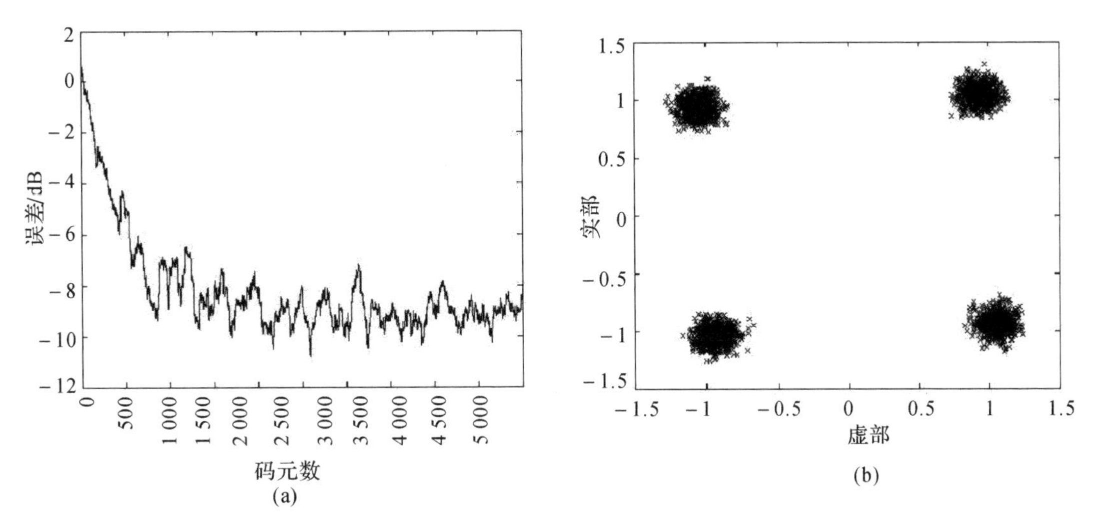

图 14.7　另一个中心抽头初始化的均衡器收敛效果

(a) 误差曲线；(b) 均衡器的输出信号星座图

从上面这些图中可以看出，它们唯一的区别就在于初始化的方法，有的用的是最常见的中心抽头初始化；有的是中心抽头初始化，但是初始值并不是 1，而有的根本就不是中心抽头初始，而是别的抽头有值。同时，这些初始化的结果也千差万别，有的初始化得出的星座图和误差曲线都比较好，不仅稳态误差小，而且星座图集中，没有偏转，但是不少的初始化得出的均衡器效果，要不是稳态误差太大，要不就是星座图偏转严重，不收敛，可见，不同的初始化对于常模算法的影响还是很大的。

很多研究人员对常模算法的初始化也进行了研究，王峰[26]在对 CMA 代价函数性能曲面分析的基础上，得出了 CMA 代价函数具有局部极小值并且不同的初始化会收敛到不同极值的结论。针对权重的初始化方法,提出了移动抽头 CMA 算法,算法先采用中心抽头初始化,在算法收敛后通过移动抽头并作 200 次迭代判决 MSE 的变化来移动抽头。该方法在 CMA 算法已经收敛的前提下可在一定程度上减小收敛后的剩余误差,但是其 MSE 以误差的时间平均来估计,可靠性不高,而且每次移动抽头带来了 200 次的额外迭代运算,增加了计算量。2002 年,王峰结合倒谱盲均衡方法,提出了基于倒三谱初始化的 Bussgang 类盲均衡算法。算法根据倒三谱累积量方程,在均衡初始阶段接收一段数据样本,通过解算倒谱参数直接估计出均衡器参数,并以估计出的均衡器参数作 Bussgang 类盲均衡算法的均衡器初始化权重。这一方法在接收样本数据足以反映信号统计特性的前提下具有实际意义,能够提高 Bussgang 类盲均衡算法的收敛速度,并保证收敛的有效性。不过在倒谱参数估计的过程中要付出计算量大的代价。这些算法在一定程度上都提高了均衡器的性能,尤其对于一些比较复杂的水声信道,基本能保证算法的收敛,但是这些算法由于理论复杂,因而计算起来十分不方便,不仅计算量大,而且可移植性并不是很好,这里提出了一种常模算法的初始化方法,能在一定程度上降低计算量,而且适用于任意水声环境,具有一定的实用价值。

14.3.2 基于小样本重用技术的 GACMA

前面已经提到遗传算法以及模拟退火算法,它们都是最优化算法。优化算法顾名思义就是优化的意思,即按照设定的标准得到最符合此标准的值,简单来说就如同求函数的最大值,而最优化算法不仅可以取得函数的最大值,而且可以在全局范围内取得最大值。对于盲均衡算法而言,它的根本目的是通过权系数的调整使得联合信道参数近似为 1,可以直接从均衡器的输出端得出发送的数据。前面已经验证过,不同的初始化权系数会使得均衡后的数据产生差别,有的好、有的坏,好的初始化权系数会使星座图收敛,稳态误差低,差的初始化权系数不仅稳态误差大,而且有时候不能使盲均衡算法收敛,导致均衡失败。因而,需要找到比较好的初始化权系数使得算法能够更好更快收敛,也就是说,需要对常数模算法的初始化进行优化,为此,我们引入遗传算法对常数模算法的初始化进行优化。

从理论上来说,遗传算法比较成熟,可以对任一优化问题求解,当然也可以对常数模算法的初始化优化进行求解,但是由于这个初始化优化是存在于常数模算法中的,所以这个优化问题需要考虑常数模算法的特性,两种算法的结合才是优化问题的关键。常数模算法作为盲均衡算法中比较典型的一个代表性算法,它本身是非常成熟的,有着很好的评判标准,如星座图和稳态误差,而要解决的问题是初始化权值。为了解决两个算法的结合问题,现在采取剥离的方法来处理,将遗传算法输入(均衡器接收信号)以及适应度函数(稳态误差)从常数模算法中剥离出来,这样对于遗传算法来说就不需要过多考虑 CMA 算法的特性,只需要根据适应度函数得出最好的初始化权值就可以了。具体操作上还引入了小样本重用技术:在均衡初始接收一段数据样本,均衡器初始化仍然采用中心抽头初始化方法,利用接收数据样本采用盲均衡算法对均衡器加权系数进行调整,以调整后的加权系数作为盲均衡算法的初始化权值。

利用小样本重用技术产生的新算法我们称之为 GACMA(Genetic Algorithm on Constant Modulus Algorithm),其具体流程如下:

(1)从均衡器接收端提取一部分数据,作为小样本;

(2)随机产生一些权值,作为遗传算法的第一代;

(3)将这些权值分别作为小样本的初始化权值,采用 CMA 得出各自的稳态误差;

(4)根据由稳态误差形成的适应度函数，对这些权值进行遗传算法的选择、交叉、变异操作，得出新一代算子；

(5)重复(3)，(4)，直到满足遗传算法停止条件；

(6)将最优秀的权值作为初始化权值回归到 CMA 算法中，启动 CMA 算法。

GACMA 算法的迭代过程如表 14.2 所示。

表 14.2　GACMA

初始化

$R_2 = \dfrac{E[|x(k)|^4]}{E[|x(k)|^2]}$

$\boldsymbol{y}(0) = [0 \quad 0 \quad \cdots \quad 0]^{\mathrm{T}}$

产生一组随机权值 $w^0, w^1, \cdots, w^{M-1}$

以 k 为变量循环 $0 \leqslant k \leqslant N$，计算每组权值的误差函数：

$\hat{x}(k) = \sum\limits_{i=0}^{L-1} w_i(k)\boldsymbol{y}(k-i)$；

$e(k) = \hat{x}(k)(R_2 - |\hat{x}(k)|^2)$

得出适应度函数 $f_i = e_i(k) / \sum\limits_{i=0}^{L-1} e_i(k)$，并更新权值

当 $k > N$ 时，利用最优的权值重新开始进行 CMA 算法

下面进行算法仿真研究，假设信道为引入加性高斯白噪声的信道，信源采用 4QAM 信号，信噪比取 25 dB，载频取 10 kHz，信号传输速率取 2 kbit/s，采样频率取 100 kHz。采用文献的信道，该信道为负声速梯度信道，其本征声线参数见表 14.3，信道的脉冲响应计算得

$$h(t) = \sum\nolimits_i \alpha_i p(t - \tau_i) \tag{14.23}$$

式中，α_i 是对应于不同本征声线的声压幅值；τ_i 是相对时延，$p(t)$ 是滚降系数为 50% 的升余弦脉冲，计算求得响应函数的最终表达式是 $h = [0.9656 \quad 0.0906 \quad 0.0578 \quad 0.2368]$。

表 14.3　信道本征参数

声线数	幅度	相对时延
1	1.000 000	0.000 00
2	0.263 112	0.000 70
3	0.151 214	0.003 92
4	0.391 599	0.00 671

在这里，首先给出一般 CMA 算法的稳态误差图，如图 14.8 所示。

从图 14.8 中可以看出，CMA 算法的稳态误差大约在 −8 dB，大约在 700 步的时候收敛，收敛效果很一般。在此仿真条件下，利用 GACMA 算法来进行计算，由于遗传算法已经很成熟了，因而不再对遗传算法做过多说明，一些参数设置可根据实际情况进行调整，在这里要注意就是第一代权值的数目以及小样本的长度。

由于 CMA 算法本身实现起来比较简单，而且运算量不大，因而为了不影响 GACMA 算

法的性能，第一代权值的数目以及小样本的长度不宜过大。一般建议权值的数目在10～30之间，小样本的长度在30～50之间，这两者过大的话都会极大地增加整个算法的运算量。在这里，第一代权值的数目取的是30，而小样本的长度为50，这样是为了与原CMA算法的性能进行比较，所以选取的都比较大，在实际使用中，建议为了稳定性还是要选取的小点。

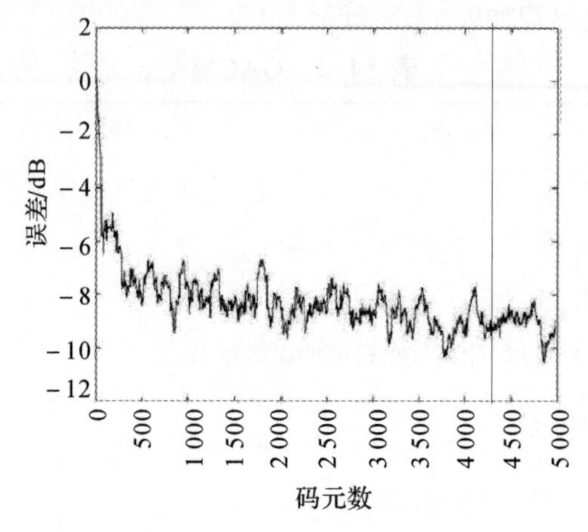

图 14.8　CMA的稳态误差图

图14.9和14.10所示是GACMA算法的星座图以及稳态误差曲线。

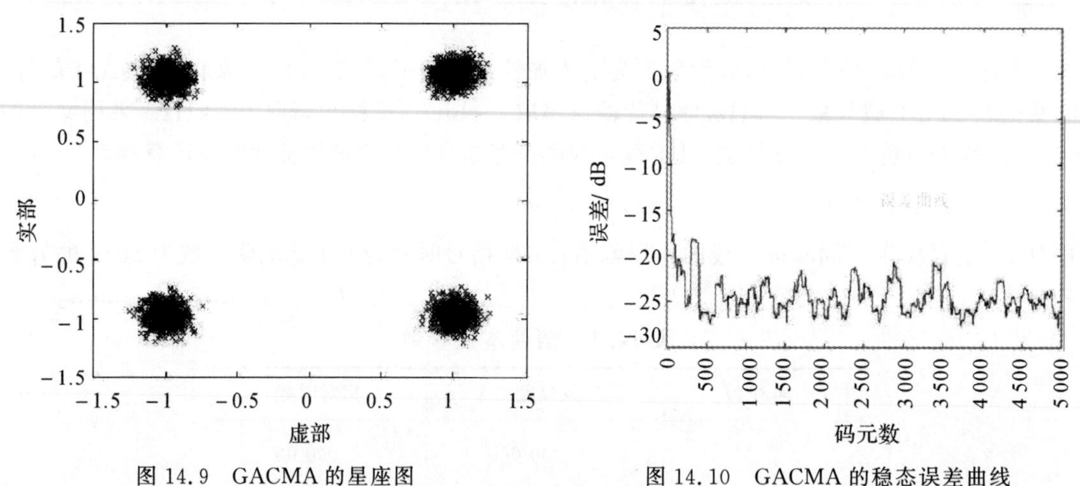

图 14.9　GACMA的星座图

图 14.10　GACMA的稳态误差曲线

可以看出，GACMA所得出的星座图比较好，但是最重要的还是它的收敛性能图。从图14.10中可以看出，GACMA收敛到稳态的速度非常快，基本上就是在算法的起步阶段就已经收敛了。这主要是归功于它的小样本重用功能，在算法正式运行前就已经指明了收敛的方向；而且它的稳态误差相较于CMA而言，下降了大约有20 dB，这主要是归功于遗传算法选取的代价函数就是稳态误差，得出的最优权值自然有利于稳态误差的降低。但是从图中也可以看出，GACMA收敛后也有一些问题，就是误差曲线波动比较大。这主要是由于初始权值本身就是经过优化的权值，由它所得出的稳态误差已经比较小了，但是在算法调整中，由于后续数据对均衡器的输入，不可避免地要对权值进行调整，而这时由于稳态误差非常低，因而权值的一点点调整就会影响稳态误差，从而产生比较大的波动，所以有必要在应用GACMA时注意一些参数的设置。

总体来说，GACMA 另辟蹊径，从优化的角度来考虑盲均衡问题，非常有利于盲均衡算法的进一步拓宽，而且在算法性能上有较大的提高，在运算量增加不大的前提下，借助于小样本重用技术，提出了一种全新的盲均衡算法。该算法收敛速度快，稳态误差小，而且适用于大部分水声信道，具有很重要的工程应用价值和研究价值。

14.4　SA 算法在盲均衡技术中的应用

14.4.1　基于 Cadzow 定理的优化盲均衡算法

上一节中，将均衡器输入端的一部分数据作为遗传算法的输入数据，将权值作为算子，将稳态误差（均方误差）作为适应度函数，从而得出了适合于 CMA 算法的初始化权值，这属于局部优化的范畴。有没有可能从根本上解决盲均衡问题呢？

从盲均衡的发展历史来看，高阶累积量在盲均衡算法中起到了很重要的作用，因为信号的高阶谱不仅包含幅度信息，同时能够提供相位信息，而同时高斯信号的高阶累积量为零，所以采用高阶累积量（包括高阶谱）的盲均衡算法可以对任何高斯噪声进行抑制，这就指出了问题的出路。

众所周知，与高阶累计量有关的准则有两个：峰度准则和归一化准则。峰度准则是盲均衡的一个充要条件，揭示了输入与输出的关系，但是要求系统输入、输出的功率相等，即要求系统的增益始终为 1，虽然具有一定的实用价值，但存在局限性；而归一化准则可以直接使用，是盲均衡实现的无约束条件，应用它可以完美地解决优化的问题。

Cadzow 定理　假定信道的输入序列 $x(k)$ 为非高斯、独立同分布的平稳过程，那么它的输出序列 $\hat{x}(k)$ 也是非高斯、独立同分布的平稳过程，并且输入、输出的归一化累积量有如下关系：

（1）如果 N 为偶数，且 $M > N$，则有

$$|K_{\hat{x}}(M,N)| \leqslant |K_x(M,N)| \tag{14.24}$$

（2）如果 M 为偶数，且 $M < N$，则有

$$|K_{\hat{x}}(M,N)| \geqslant |K_x(M,N)| \tag{14.25}$$

从上述定理可以看出，如果是第一种情况，那么输出端归一化累积量的绝对值应朝着向输入端归一化累积量绝对值缩小的方向变化；而如果是第二种情况，则刚好相反。于是，就产生了基于高阶累积量的优化盲均衡算法。

基于 Cadzow 定理的优化盲均衡算法（the Optimization Algorithm based on the Cadzow Principle，OACP）：根据实现盲均衡的无约束准则——归一化准则，基于高阶统计量的性质，直接应用优化算法对盲均衡问题求解，规避复杂的计算，将盲均衡作为一个优化问题来处理，从而实现均衡器性能的提高，这就是基于 Cadzow 定理的优化盲均衡算法。这种算法有以下几个优点：①原理清晰，简单易于实现；②抛弃复杂的计算，降低运算量，但是保证了性能；③通用性好，不需要过多考虑约束条件。用遗传算法和模拟退火算法都可以形成最优化盲均衡算法，先以模拟退火算法为例说明算法的运行。

借助于模拟退火算法形成的优化盲均衡算法称为（the Simulated Annealing Algorithm based on the Cadzow Principle，SAACP），它以模拟退火算法为基础，设置好代价函数后对权

值进行调整，其算法迭代过程见表 14.4。

表 14.4 SACAW 算法(以二、四阶归一化累积量为例)

初始化

$$\boldsymbol{y}(0)=[0\quad 0\quad \cdots\quad 0]^{\mathrm{T}}$$

中心抽头法：

$$\boldsymbol{w}(0)=\begin{cases}1, & i=k\\ 0, & i\neq k\quad (i\in[0,1,\cdots,L-1])\end{cases}$$

以 k 为变量循环 $k\geqslant 0$，计算每组权值的误差函数：

$$\hat{x}(k)=\sum_{i=0}^{L-1}w_i(k)\boldsymbol{y}(k-i)$$

$$K_{\hat{x}}(M,N)=\frac{\sum_i s_i^M(k)}{[\sum_i s_i^N(k)]^{M/N}}K_x(M,N)$$

代价函数 $\varepsilon_1=\lambda_1|K_{\hat{x}}(M,N)|-\lambda_2|\hat{x}-\tilde{x}|$(其中 $\tilde{x}$ 为判决后对输入值的估计，λ_1 和 λ_2 调节代价函数使算法快速收敛)

扰动权值 w，并计算其代价函数 ε_2

比较两个代价函数，并利用 Metropolis 准则确定新的权值，直到循环结束

调整参数 T，利用下一帧信号继续，直到结束

下面用计算机仿真来验证一下算法的正确性。仿真条件：16QAM 信号，21 阶横向滤波器，均衡器采用中心抽头初始化，输入信噪比为 30 dB，载波频率为 10 kHz，信道是声速为常数的均匀介质(离散多径)信道，这个信道有很深的频谱零点，$h=[1,\text{zeros}(1,18),0.599\ 971]$，对于这样恶劣的信道条件，大多数均衡器无法工作，因而均衡难度很大，如图 14.11 所示为均衡器的输入信号星座图。

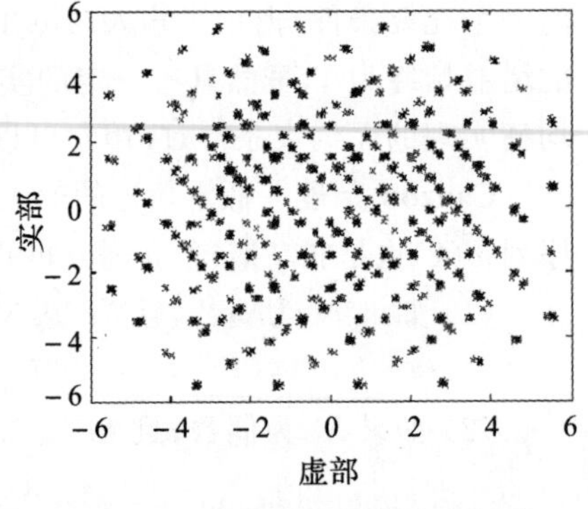

图 14.11 均衡器输入信号星座图

对这个信道尝试用了一下 CMA，结果发现基本不能收敛，眼图张开很困难，收敛效果非常差。别的一些算法对此信道收敛效果也一般，基本只能达到 −10 dB 左右，于是采用 SACAW 算法来进行处理，得到结果如图 14.12 和图 14.13 所示。

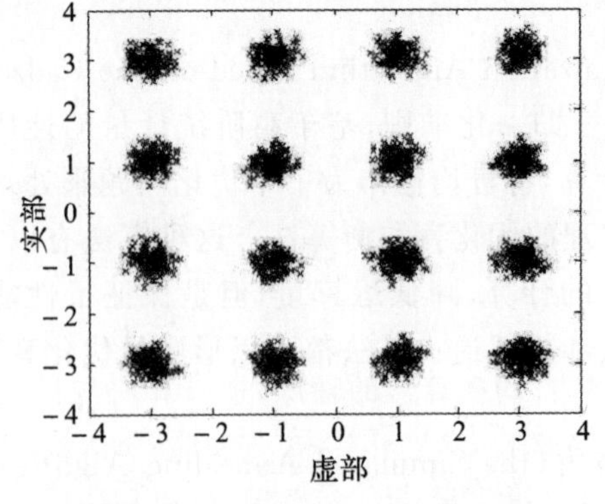

图 14.12 SACAW 算法的星座图

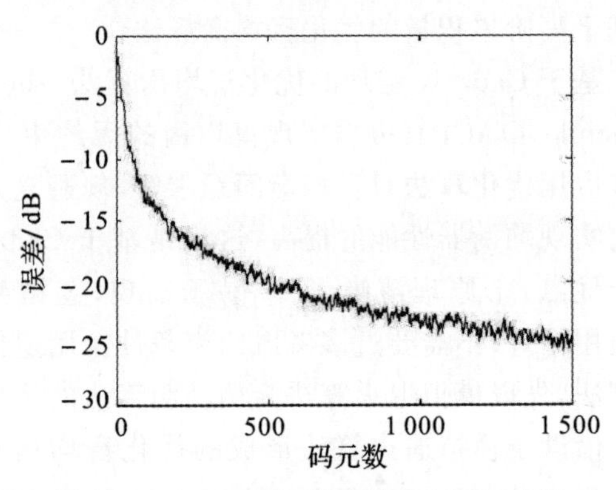

图 14.13 SACAW 算法的稳态误差曲线

图 14.12 所示为 SACAW 算法的星座图，图 14.13 所示为 SACAW 算法的稳态误差曲线。从星座图中可以看出，SACAW 可以很清楚地分辨信号，而误差曲线告诉我们 SACAW 算法收敛很平稳，在 500 步左右的时候就降低到 −20 dB，在 1 000 步的时候就可以达到 −25 dB，收敛效果非常好。可以说，SACAW 算法很好地完成了均衡的功能。但是，在这里还要提一下 SACAW 中一些参数的选取，它们很大程度上决定了均衡的性能。

1. 温度的初值 T_0 选取原则

从理论上来说，算法进程在合理时间里应该搜索尽可能大的解空间，只有足够大的 T_0 值才能满足这个要求，由 Metropolis 准则：

$$\exp\left(-\frac{\Delta f}{T_0}\right) \approx 1 \tag{14.26}$$

可推知 T_0 应选取足够大，以使算法一开始就达到准平衡，否则退火过程将蜕变为一种局部随机搜索过程，只能返回低质量的解。但是过大的 T_0 又可能导致过长的计算时间，影响计算效率，使模拟退火算法失去可行性。因此 T_0 的选取一定要是算法在数据传输期间完成退火的过程，又要在一定程度上保证退火算法的全局性。

2. 温度 T 的更新函数选取原则

为避免 SACAW 进程产生过长的马尔可夫链，温度控制参数 T 的下降幅度应该以小为宜，这也是温度更新参数 $T(k)$ 的下降函数选取原则。控制温度更新参数 $T(k)$ 的下降幅度还可能导致算法进程迭代次数的增加。算法进程可以接受更多的变换，访问更多的邻域，搜索更大范围的解空间，返回更高质的最终解，当然也花费更多的时间。在模拟退火算法中，温度下降太快，可能会丢失极值点；温度下降过慢，算法的收敛速度又大为降低。为了提高 SACAW 的计算效率和适用性，采用 $T(k)=(K-k)\cdot t_0/K$，其中 K 为算法控制参数下降的总次数（接收数据的总长度）。这个衰减函数可以简单地控制控制参数下降的总次数，使控制参数相继值间的差值保持不变。

3. 马尔可夫链选取原则

马尔可夫链的长度 L_k 表示 Metropolis 算法第 k 次迭代时产生的变换数。L_k 值给定算法进程在第 k 个 Markov 链中进行的变换数，有限序列 L_k 则规定了算法进程搜索的解空间的范围。马尔可夫链的长度 L_k 的选取原则是：在控制参数 T 的衰减函数已经选定的前提下，在第 k 次迭代中，L_k 的取值应该能让 T 在每个取值上都能够达到准平衡状态。在 SACAW 算法中，L_k 应在保证收敛的情况下，尽量降低以减小运算量。

SACAW 算法的参数选取是整个算法的关键一步，根据发送的数据量以及所要求的均衡性能会有所调整。但整体来说，SACAW 算法从优化的角度入手，利用高阶累积量的性质以及 Cadzow 定理，切实解决了高阶累积量类盲均衡算法的计算量问题，也从另一个方面解决了盲均衡问题。

14.4.2　GACAW 算法的几个问题

前面已经探讨了利用模拟退火算法如何实现优化盲均衡算法的情况，遗传算法与模拟退火算法同样属于优化算法，而且都是全局优化算法，当然也可以应用在盲均衡算法中，但是由于遗传算法有其自身的特点，所以在这里进行简单说明。

模拟退火算法模拟的是材料退火，它在一个恒定温度下要达到材料的稳态才进行退火，从而进行下一步。反映在SACAW中，在每一帧信号之间要完成这个稳态的寻找，也就是进行扰动寻找到一个最佳值或次最佳值才进行计算下一帧信号；而遗传算法模拟的自然界生物进化的原理，它比模拟退火算法更具原理性，也更容易让人理解，但是它显然更复杂，有以下几个问题必须解决：

1. 初始权值的问题

初始权值是GACAW算法进行搜索的起点，虽然GA具有很好的鲁棒性，对初始解没有特定的要求，但是一组好的初始解往往可以加快算法的收敛，初始权值尽可能广泛均匀地分布在解空间中利于最优解的搜索。同时算法受实际系统计算能力的限制，种群个数和迭代次数有限，初始权值的选择就成了影响算法性能的一个至关重要的因素，它直接影响到算法的寻优速度和搜索效果。因此在初始权值的选取上一定要慎重，可以借助前文提及的初始权值优化的方法。

2. 权值的数目

权值的数目实际相当于GA中的种群个数，种群个数的大小直接影响到遗传算法的收敛性或计算效率，若群体规模过小，容易收敛到局部最优解；规模过大，会造成计算速度降低。一般的种群规模为20～200，考虑到均衡器抽头数目一般比较大，所以一般选取种群规模稍微要小一些。

3. 编码方式

在遗传算法的运行过程中，它不对所求解问题的实际决策变量直接操作.而是对表示可行解的个体编码施加选择、交叉、变异等遗传运算。通过这种遗传操作来达到优化的目的，这是遗传算法的特点之一。遗传算法的编码方式可以有多种，比如说二进制编码、格雷码编码、浮点数编码等。在GAHOS中，为了有效降低运算量，一般采用实数编码。

4. 进化过程的控制

所谓进化过程，就是遗传算法与盲均衡算法的融合过程，这也是最关键的。在模拟退火算法中，在两帧信号中间，要完成一个马尔可夫链；而在遗传算法中，因为每代算子中间需要经过选择、交叉以及变异才能生成新算子，所以在两帧信号之间，可以是一代算子也可以是几代算子，即可以认为把一帧输入数据作为一个环境，可以是一代算子适应一个环境，也可以是几代算子适应同一个环境从而找出最优的算子，这才是算法的关键。要对进化过程控制，不可以让过多的算子去适应同一个环境，建议一般在两帧信号之间算子只进化1～3次。同时，要注意的是，数据的末端实际也相当于进化过程的末端，不要引入别的控制算法停止的标准。

5. 算法的补充

GACAW算法来源于遗传算法，遗传算法是非常成熟的一个算法。但是遗传算法也不是没有缺点的，遗传算法的运算量相对来说，并不是太小，只不过考虑到性能的问题可以忍受。在GACAW算法中，由于算法收敛的快速性，建议在达到一定性能条件后切换算法到DD算法或者CMA算法，这样不仅能更大限度地降低算法的运算量，又不会使算法性能降低太多，可以作为算法的补充。

参考文献

[1] 朱婷婷. 变结构盲均衡技术及其应用[D]. 西安：西北工业大学，2011.

[2] KILFOYLE D B, BAGGEROER A B. The state of the art in underwater acoustic telemetry[J]. IEEE Journal of Oceanic Engineering, 2000, 25(1): 4 - 27.

[3] WOODWARD B, SARI H. Digital underwater acoustic voice communications[J]. IEEE Journal of Oceanic Engineering, 1996, 21(2): 181 - 192.

[4] STOJANOVIC M. Recent advances in high-speed underwater acoustic communications [J]. IEEE Journal of Oceanic engineering, 1996, 21(2): 125 - 136.

[5] CATIPOVIC J. Designand performance analysis of a digital acoustic telemetry system for the short range underwater channel[J]. IEEE Journal of Oceanic Engineering, 1984, 9(4): 242 - 252.

[6] TONG L, PERREAU S. Multichannel blind identification: from subspace to maximum likelihood methods[J]. Proceedings of the IEEE, 1998, 86(10): 1951 - 1968.

[7] SATO Y. A method of self-recovering equalization for multilevel amplitude-modulation systems[J]. IEEE Transactions on communications, 1975, 23(6): 679-682.

[8] BENVENISTE A, GOURSAT M, RUGET G. Robust identification of a nonminimum phase system: blind adjustment of a linear equalizer in data communications[J]. IEEE Transactions on Automatic Control, 1980, 25(3): 385 - 399.

[9] DING Z, KENNEDY R A. Local convergence of the sato blind equalizer and generalizations under practical constraints[J]. IEEE Transactions on Information Theory, 1993, 39(1): 129 - 144.

[10] GODARD D. Self-recovering equalization and carrier tracking in two-dimensional data communication systems[J]. IEEE Transactions on Communications, 1980, 28(11): 1867 - 1875.

[11] TREICHLER J, AGEE B. A new approach to multipath correction of constant modulus signals[J]. IEEE Transactions on Acoustics, Speech, and Signal Processing, 1983, 31(2): 459 - 472.

[12] KIM S W, CHOI C H. An enhanced godard blind equalizer based on the analysis of transient phase[J]. Signal Processing, 2001, 81(5): 919 - 926.

[13] SCHNITER P, JOHNSON C R. Dithered signed-error CMA: robust, computationally efficient blind adaptive equalization[J]. IEEE Transactions on Signal Processing, 1999, 47(6): 1592 - 1603.

[14] SCHNITER P, JOHNSON C R. Sufficient conditions for the local convergence of constant modulus algorithms[J]. IEEE Transactions on Signal Processing, 2000, 48(10): 2785 - 2796.

[15] FOSCHINI G J. Equalizing without altering or detecting data[J]. AT&T Technical Journal, 1985, 64(8): 1885 - 1911.

[16] DING Z, KENNEDY R A. Convergence of godard blind equalizers in data communication systems[J]. IEEE Transactions on Communications, 1991, 39(9): 1313 - 1327.

[17] CHAN C K, SHYNK J J. Stationary points of the constant modulus algorithm for real Gaussian signals[J]. IEEE Transactions on Acoustics, Speech, and Signal Processing, 1990, 38(12): 2176 - 2181.

[18] LI Y, DING Z. Global convergence of fractionally spaced godard adaptive equalizers [J]. IEEE Transactions on Signal Processing, 1996, 44(4): 818 - 826.

[19] LI Y, DING Z. Convergence analysis of finite length blind adaptive equalizers[J]. IEEE Transactions on Signal Processing, 1995, 43(9): 2120 - 2129.

[20] SHYNK J J, GOOCH R P, KRISHNAMURTHY G, et al. Comparative performance study of several blind equalization algorithms[J]. Adaptive Signal Processing, 1991, 1565: 102 - 117.

[21] ZERVAS E, PROAKIS J G, EYUBOGLU V. Effects of constellation shaping on blind equalization[J]. Adaptive Signal Processing, 1991, 1565: 178 - 187.

[22] KIM S W, CHOI C H. An enhanced godard blind equalizer based on the analysis of transient phase[J]. Signal Processing, 2001, 81(5): 919 - 926.

[23] 徐金标，葛建华. 一种新的盲均衡算法[J]. 通信学报，1995，16(3)：78 - 81.

[24] PICCHI G, PRATI G. Blind equalization and carrier recovery using A"Stop-And-Go" decision-directed algorithm [J]. IEEE Transactions on Communications, 1987, 35(9): 877 - 887.

[25] 庄建东，朱雪龙. 适用于多电平数字通信系统的盲均衡算法[J]. 电子学报，1992，20(7)：28 - 35.

[26] 王峰，李桂娟. 一种常数模与判决导引相结合的盲均衡算法研究[J]. 通信学报，2002，23(6)：104 - 109.

[27] PROAKIS J G, NIKIAS C L. Blind equalization[J]. Adaptive Signal Processing, 1991, 1565: 76 - 87.

[28] HATZINAKOS D, NIKIAS C L. Blind decision feedback equalization structures based on adaptive cumulant techniques[C]//IEEE International Conference on Communications. Boston: IEEE, 1989: 1278 - 1282.

[29] BENVENISTE A, GOURSAT M, RUGET G. Analysis of stochastic approximation schemes with discontinuous and dependent forcing terms with applications to data communication algorithms[J]. IEEE Transactions on Automatic Control, 1980, 25(6): 1042 - 1058.

[30] SHALVI O, WEINSTEIN E. New criteria for blind deconvolution of nonminimum phase systems (channels)[J]. IEEE Transactions on Information Theory, 1990, 36(2): 312 - 321.

[31] HATZINAKOS D, NIKIAS C L. Blind equalization using a tricepstrum-based algorithm[J]. IEEE Transactions on Communications, 1991, 39(5): 669 - 682.

[32] POPAT B, FRIEDLANDER B. Blind equalization of digital communication channels using high-order moments[J]. IEEE Transactions on Signal Processing, 1991, 39(2): 522-526.

[33] CADZOW J A. Blind deconvolution via cumulant extrema[J]. IEEE Signal Processing Magazine, 1996, 13(3): 24-42.

[34] ZIELINSKI A, YOON Y H, WU L. Performance analysis of digital acoustic communication in a shallow water channel[J]. IEEE Journal of Oceanic Engineering, 1995, 20(4): 293-299.

[35] 张歆. 基于声场模型的水声通信特性与系统设计的研究[D]. 西安：西北工业大学，2000.

第 15 章　最优化技术用于匹配场信号处理

传统的水声信号处理假设声波为平面波，声场为各向同性，在此基础上发展了丰富的信号和阵列处理方法。但在实际海洋环境中，由于海水的非均匀性以及海面和海底边界的影响，实际声场将明显偏离平面波声场，特别是在浅海波导等复杂水声环境中，由于声的折射和反射引起的多途效应，传统的定位算法很难准确确定水下目标的距离和深度。

20 世纪 80 年代以来，人们将传播介质的物理特性与传统的信号处理算法相结合，由此产生了匹配场处理技术。匹配场处理一般包括匹配场反演和匹配场定位。匹配场处理技术充分利用声场空间分布的复杂性和差异性来实现水下目标的被动定位和海洋环境参数的精确估计。由于匹配场处理技术最大限度地利用了水声信道模型、基阵设计以及窄带和宽带相关处理技术的综合优势，因而与传统的淡化信道的信号处理技术相比取得了重大的进展。正是因为匹配场处理技术的性能优势，并且在实际中有重要而广泛的应用前景，因此得到了国内外学者的高度重视与深入研究，从匹配场被动定位和匹配场反演的原理、方法、性能分析，到实验等诸多方面都有大量的成果面世。

匹配场反演为大面积海域环境信息的获取提供了一种快捷有效的方法，通过人为设置声源，从接收信号中分析声信道的信息，可以快速获取待考察海域的环境状况，对海洋环境信息数据库的建立和完善，以及未知海域环境参数信息的准确、快速获取，对于国防建设和未来的海军作战，都具有深远的意义。

由于匹配场被动定位需要声场的快速匹配，因而在处理过程中大量使用优化技术，最优技术尤其是快速优化算法显得尤为重要。本章通过对匹配场技术的简要分析讨论，向读者介绍优化技术在匹配场处理中的应用方法和可能的发展方向。

15.1　匹配场处理的基本原理

匹配场处理的基本原理如图 15.1 所示，首先通过对基阵数据的处理获得测得的声场协方差矩阵估计值 $\hat{K}$，并输入匹配场处理器；根据选用的声场模型和相应的环境参数计算声场的仿真值(拷贝场)，并将仿真获得的声场协方差矩阵参数输入匹配场处理器。在匹配场处理器中拷贝场和测量场，按照某种匹配准则，利用优化方法对声场误差进行匹配分析，形成由定位(或待求)参数组成的多维模糊空间，形成匹配结果，误差最小时的声场即为完全匹配场，相应的参数即为实际待估计声场的源对应的参数。也就是说，通过仿真声场的多次对比选择，确定最佳匹配场，从而求得实际的声场参数，这些参数代表了测量声场的本质，进而可以求得产生声场的源参数，实现源定位等检测功能。不难发现，匹配场处理中包含以下关键过程。

1. 声场模型

声场模型直接决定了声场与待估计参数的关系，不同的声场模型会产生不同的估计结果，直接影响参数的估计精度。

2. 匹配准则

匹配准则是匹配的尺度标准，类似于优化过程的代价函数选择，对匹配的效果有重要影响，因此，需要根据不同的估计参数进行专门设计。

3. 匹配算法

匹配算法决定了仿真的拷贝场和测量场的比较过程，既影响匹配的精度又影响匹配的速度，最优化技术在此部分起到了关键作用，当然可以发挥更多的作用。

4. 匹配参数

匹配参数相当于声场的特征量选取，对匹配结果也有重要影响。

以上因素构成了匹配场处理的关键过程，这个过程与我们对优化过程的定义非常类似，所以，前面介绍的优化技术在匹配场处理中有重要应用。

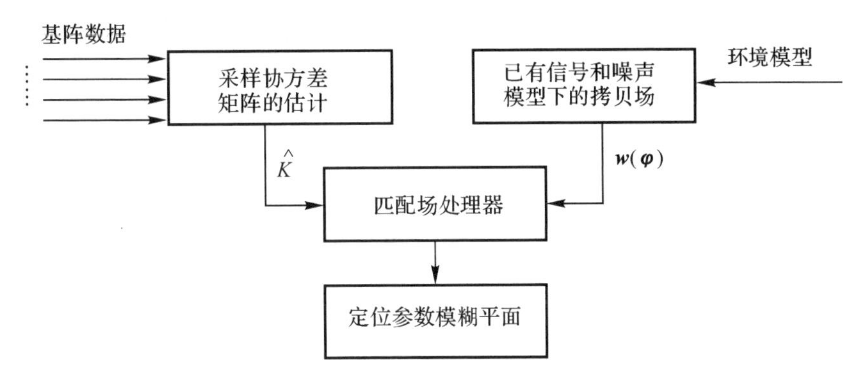

图 15.1　匹配场处理原理图

15.2　匹配场处理的发展历史

回顾匹配场处理的发展历史，Clay[1] 在检查水声信号的模态传播时首先意识到波导模型、水听器阵列和信号处理存在紧密联系，但他并未提及用这种联系进行声源定位或声层析之类的概念，只是认为垂直阵能够用来估计声源的深度，并可以使用垂直阵接收到的数据和水声波导中的特征函数(即简正波模态函数)作匹配处理。1972 年 Hinich[1] 首次使用垂直阵进行了声源定位，他推导出模式幅度系数和信号源深度的最大似然方程和克拉美罗界。由于在推导中使用了零均值的高斯噪声模型，他的估计器等同于线性最小方差估计器，随后他把此估计器的克拉美罗界推广到对声源距离的估计上。但在引入了几个重要概念时，由于缺乏可靠的环境模型，他的论文被认为是有趣但不现实的。Carter[2] 也推导了用基阵作声源位置估计的克拉美罗方差下限，但利用的是自由空间模型，其中只有波阵面的曲率有利用价值。

Bucker[2] 被公认为第一个将 MFP 表示成现在使用形式的人，他发现 Hinich 的线性处理器对多普勒失配很敏感，特别是使用长时间积分时更明显，1976 年，他构造了一个称为检测因子 DF 的估计器，可以减小这种敏感度[6]。更重要的是他使用了实际的环境模型，引入了模糊表面的概念,并证明了声场有足够的组成来进行反演与定位,他的估计器就是现在所说的"常规 MFP"。1977 年,Hinich 的研究表明,声源深度的估计也可以用水平阵来实现。1981 年,Klemm[3]对 Bucker 的思想进行改进,发现不管用水平阵或垂直阵,广义最大熵(ME)波束形成器都能获得比检测因子更好的深度估计,但是在低信噪比时旁瓣较复杂[4]。

1983 年,Heitmeyer,Moseley 和 Fizell[3]第一次介绍了基于 Bucker 的常规 MFP 的应用,他们使用常规 MFP 进行了一些仿真,把基阵窄带信号数据向量互相关的幅度平方作为声源位置的函数绘制了模糊度图,对仿真的信号源进行了定位,但主峰和旁瓣很难判决。

1985 年,尚尔昌[4,5]等把简正波滤波技术引入到匹配场研究当中,提出使用垂直阵和本征函数的特性进行深度估计以及利用模态相位特性估计目标距离的算法。这些方法是现代匹配场处理被动定位的几个重要算法的前身,后来发展起来的匹配模式处理(Matched Mode Processing,MMP)或模波束形成(Modal Beamforming)即来自模式滤波(Mode Filter)的概念。但这些算法是非常理想化的算法,需要极高质量的接收信号和稳定已知的声传播信道。

常规 MFP 的模糊度图有个很重要的特点,即旁瓣具有周期性的特点,这是由深海或浅海模态干扰的汇聚区引起的。Tappert 意识到当距离依赖环境信息时可以改变这种周期性,因此他使用了抛物方程(PE)的方法计算常规处理器的格林函数,他还介绍了使用后向传播计算模糊度表面的观点。

苏联的文献长期注重于波导和声传播的简正波表达方法,所以在苏联物理声学杂志上很早就出现了 MFP 概念。Kravstov[6]等人于 1988 年阐述了求解波导中射线和简正波的阵处理问题。Burov 等给出了"噪声中随机信号"检测问题的空间描述,其中方差根据假设条件而不同,由于信号的方差矩阵秩为 1,因此产生了一种新的 MFP 算法。Maltsev 使用简正波模型首次介绍了基于最小均方值(LMS)方法的自适应信号处理。

在对匹配场处理进行理论研究与完善的同时,人们进行了多次试验,对匹配场处理的理论成果进行了验证。

1985 年 Fizen 和 Wales[7]在美国声学学会杂志上报道了首次运用 MFP 方法进行水下声源远距离被动定位的实验结果。他们使用的是 1982 年在 FRAM IV 冰营中浮于北冰洋冰包的一个垂直线列阵记录的数据,数据频率低至 47Hz。他们成功地定位了 260km 远的第二个冰营中的低频信号源,其精度与冰营卫星导航系统一致。结果的获得是由于突破了通过时延估计、多子阵方位估计进行几何定位限制(瑞利限,费涅尔限),充分地利用了声场中多径或模态相干的效应而获得的。尽管该实验利用了优越的特殊条件,如声场环境经过仔细观测、声场分布规律具有良好的可预测性、信噪比高等,但人们仍从其结果中获得了巨大的鼓舞。

1987 年,Yang[7]使用模态分解对 1982 年 FRAM IV 实验中记录的数据进行了处理。这些数据是由 1km 的垂直长线阵接收的,他使用特征向量分解技术提取数据的模态幅度。在提取幅度时还是用了模滤波的方法,实验结果表明,对距离和深度的估计都很成功,并指出对于 20~23.5Hz 的低频信号,3~5 阶简正波就可以很精确地进行定位,阶数再增加时定位精度提高不大。Yang 还指出基于简正波模型的模态分解优于一般的匹配场处理方法,不仅更简单易行,而且对于环境的失配也不是那么敏感,且当阵的倾斜小于 2°时也是可以容忍的。但模态分解要求接收阵元数量远大于模的阶数。

1989 年,Hamson 和 Heitmeyer 在地中海的浅海中进行了匹配场被动定位实验[8]。他们采用间隔 2m 的 32 阵元垂直线阵,在 120 m 的水中成功定位了 17 km 处频率为 333 Hz 和

738 Hz 的目标，对距离的定位精度在 0.3 km 之内，即 2%；对深度的定位不是很精确，最大误差是当深度为 117 m 时，误差 13 m，即 11%。在实验中他们还得出了几种典型失配情况对定位精度的影响，根据他们的实验结果，海底参数的失配对声源定位的影响不大，但海底声速失配将极大地影响定位精度，同时他们指出垂线阵的倾斜较小时不会对定位精度产生太大影响，但倾斜不能超过 1°。

1991 年，Tran 和 Hodgkiss[9] 使用 1987 年 9 月在东北太平洋实验记录的数据成功验证了 200 Hz 频率下匹配场的可行性。采集数据时使用了一个长 900 m，阵元间距 7.5 m，总共 120 个水听器的垂直线列阵作为接收基阵，顶部阵元放置在水下 400 m 处，阵的采样频率为 500Hz，水深 4 667 m。他们使用了两种情况的数据进行验证。第一，信源处于 100 m 深度且以 5 节的速度移动；第二，声源离接收阵 89 海里，且深度分别为 300 m，150 m 和 20 m。这两种情况下信号源发射的信号都是 200 Hz 的连续正弦波。他们使用了 Bartlett 和最小方差处理器计算距离深度的模糊度表面，虽然有一些失配，但两种情况下在对距离的估计方面都取得了较好的结果，只是使用这些数据对深度进行估计比较困难。他们认为对深度的估计不准确是由阵元位置的误差引起的。最后还对 300km 处的声源用 Bartlett 和 MV 处理器进行了分析，但距离无法确定，这可能是由于环境失配引起的，例如声速失配。

1992 年，Westwood[10] 发表了运用声线模型在墨西哥湾进行宽带信号被动定位的实验结果。他使用的声源频率为 55～95Hz，用一个锚定的海底 6 元垂直基阵，对于 4 500m 深海中距离为 42km，深度为 100m 处的一个以 5m/s 速度运动的声源实现了定位。实验发现，增加信号带宽可以提高定位精度，而且增加信号带宽不会引起阵元位置误差，实验中建立了基于声线理论的宽带匹配场被动定位算法。

1993 年，Jesus 使用 North Elba'89(北厄尔巴岛)的实验数据进行浅海瞬时信号的宽带匹配场处理[11]，其中接收阵是 62m 间隔垂线阵，定位精确稳定。从结果看出，宽带信号可以提高估计的稳定性。该试验采用的是 3 个指数衰减的正弦信号，中心频率都是 50Hz，带宽分别为 2Hz，15Hz，40Hz。在 5min 的时间段内，获得了距离达 5km 的稳定的距离深度估计。

国内在匹配场定位方面不仅进行了大量的理论研究，也取得了一些实验成果。中国科学院声学研究所的张仁和所领导的研究小组提出 WKBZ 简正波信道模型[18]，并以此为基础进行了匹配场被动定位的理论与实验研究，他们还采用宽带匹配场方法进行了中国东海实验爆炸声的定位。

由于匹配场处理很好地利用了声波的反射、折射等引起的相干特性，且融合了包括信号和噪声在内的全部海洋声学特性到阵处理中，因此当建立的信道模型足够逼近真实海洋环境模型时，匹配场定位可以比平面波波束形成定位方法对更远的目标实现定位，能够很好地估计声源的距离和深度，但当匹配场处理出现失配时，定位效果会变得很差。因此目前的研究方向主要集中在对匹配场技术的环境适应性、算法稳健性、匹配快速性等方面，主要目的是解决匹配场处理的稳定性和环境稳健性问题，试图找到在环境失配时相关效应，包括不正确的波导模型、不理想的声源模型、声速剖面的误差、声源的多卜勒效应等；解决自适应算法处理的过程中协方差矩阵的统计失配问题；努力使水听器阵或传感器未校准或位置定位不精确、接收阵倾斜、水听器灵敏度和相位的不一致等带来的系统失配达到最小，进而发展出满足实际工程应用要求的、不依赖于环境参数的稳健性匹配场目标定位系统。下面给出一个浅海环境参数条件下的匹配场处理算法及其仿真结果，以此说明最优化处理技术在匹配场处理中的应用方法。

15.3 应用举例:浅海环境参数失配对匹配场处理的影响分析

浅海环境由于地形、季节等因素的影响,使得声场具有复杂的时变、空变特性,严重制约了匹配场处理的稳健性。为了找出影响匹配场处理稳健性的主要因素,使用声源位置估计偏差、-3 dB 主瓣宽度、阵的输出谱能量降低等参数,对深度失配、水中声速失配和基底参数失配进行了量化分析。结果表明,深度失配对匹配场处理的影响最大,水中声速失配的影响次之,基底参数的影响最小。

在浅海环境下,由于海面海底的声波反射、折射以及多途效应的影响,平面波波束形成等传统的定位算法很难准确定位水下目标,而匹配场被动定位很好地利用了声波的反射、折射等引起的相干特性,且融合了包括信号和噪声在内的全部海洋声学特性到阵处理中,因此当建立的信道模型足够逼近真实海洋环境模型时,匹配场定位可以比平面波波束形成定位方法对更远的目标实现定位,能够更好地估计声源的距离和深度。但匹配场处理(MFP)也有其固有的缺点:此方法过于依赖信道模型,当信道模型与真实环境出现偏差时,匹配场处理的性能急剧下降。因此有必要对影响匹配场性能的因素进行研究分析[1]。

众所周知,匹配场处理常见的失配有以下三种:一是环境失配,包括不正确的波导模型、不理想的声源模型、声速剖面的误差、声源的多卜勒效应等;二是统计失配,指在使用自适应算法处理的过程中需要用到协方差矩阵,如果不加先验约束条件,任一协方差矩阵的自由度往往会超过可利用的数据快拍数,所以对大型接收阵,必须使用某种形式的物理约束条件的先验知识;三是系统失配,即水听器阵或传感器未校准或位置定位不精确,具体来讲是指接收阵的倾斜,水听器灵敏度和相位的不一致性等。为了提高匹配场处理的稳健性,使其可以在复杂水声环境中精确定位,人们提出了许多宽容的匹配场定位算法,但其稳健性仍有待提高[2,3]。

鉴于匹配场处理的这种缺点,本节使用简正波模型,在常规匹配场处理器的基础上,主要研究分析了模型的深度误差、声速剖面误差等对匹配场处理的影响,为更好地改善浅海环境中匹配场处理的稳健性奠定基础。

15.3.1 声场模型

声场模型采用较为常用的简正波模型,利用简正波模式表示赫尔姆霍兹(Helmholtz)方程的解。Perkeris 最早将该方法引入到水声学中,并详细地研究了 Perkeris 波导的声传播问题。随着数值计算技术的迅速发展,现在可以对任意边界条件和多分层边界条件进行求解。因此,简正波模型在水声学中的应用越来越广泛。

为了获得波动方程的精确积分解,通常假定海洋为柱面对称的分层介质。由位于二维平面内 $r_s=(0,z_s)$ 的单频点声源激励,在 $r=(0,z)$ 处产生的声场满足柱坐标下的赫尔姆霍兹方程为:

$$\frac{1}{r}\frac{\partial}{\partial r}\left(r\frac{\partial p}{\partial r}\right)+\rho(z)\frac{\partial}{\partial z}\left[\frac{1}{\rho(z)}\frac{\partial p}{\partial z}\right]+\frac{\omega^2}{c^2(z)}p=-\frac{2\delta(r)\delta(z-z_s)}{r} \tag{15.1}$$

其中,ω 为声源角频率;z 取向下为正方向;$c(z)$ 和 $\rho(z)$ 分别是与深度有关的声速和密度。解式(15.1)所示赫尔姆霍兹方程可求得声场的简正波表达式为[4]

$$p(r,z)=-\frac{\mathrm{i}}{\rho(z_s)\sqrt{8\pi r}}\mathrm{e}^{-\mathrm{i}\pi/4}\sum_{m=1}^{M}u_m(z_s)u_m(z)\frac{\mathrm{e}^{\mathrm{i}k_{rm}r}}{\sqrt{k_{rm}}} \tag{15.2}$$

其中，$\rho(z_s)$ 为声源处的介质密度；k_{rm} 和 $u_m(z)$ 分别为简正波的第 m 阶模态的水平波数和模深度函数；M 为波导中有效传播的简正波模态数。

15.3.2 常规匹配场处理器

设 MFP 的接收阵是具有 N 元水听器的垂直线列阵，声源位于(r_s,z_s)处，根据式(15.2)，且考虑声波在海水中的衰减，则第 i 个水听器处的声压场表达式如下式[5]

$$p(r_s,z_s,z_i)=-\frac{1}{\rho(z_s)\sqrt{8\pi}}\sum_m\left[\frac{u_m(z_s)u_m(z_i)}{\sqrt{k_m r_s}}\cdot\frac{\exp(\mathrm{i}k_m r_s-\alpha_m r_s-\mathrm{i}\pi/4)}{\sqrt{k_m r_s}}\right] \tag{15.3}$$

其中，α_m 为第 m 阶简正波在海水中衰减系数，其他参数含义同式(15.2)。分别求出 N 元水听器处的声压场，以此作为测量场，同样用式(15.3) 求得 $p_r(r'_s,z'_s,z_i)$ 作为拷贝场。

常规匹配场处理器把拷贝场和测量场直接求相关，得到的归一化模糊度图，这相当于最优化过程中的代价函数，表达式如下：

$$A(r_s,z_s,r'_s,z'_s)=\frac{\left|\sum_i p(r_s,z_s,z_i)p_r^{\mathrm{H}}(r'_s,z'_s,z'_i)\right|^2}{\left(\sum_i|p|^2\sum_i|p_r|^2\right)} \tag{15.4}$$

其中，$p(r_s,z_s,z_i)$ 为第 i 个水听器处的测量场数据，假设声源位置为(r_s,z_s)，则第 i 个水听器处的声场为 $p_r(r'_s,z'_s,z'_i)$，即拷贝场数据为 $p_r(r'_s,z'_s,z'_i)$，$()^{\mathrm{H}}$ 表示共轭转置。当测量场与拷贝场完全匹配时模糊度图的峰值为 1。

15.3.3 环境参数失配的仿真

1. 失配影响分析

为了分析不同环境参数失配对匹配场处理的影响，把浅海环境简化为 Pekeris 波导模型，假设浅海环境为液态海底的均匀浅海波导，海水真实深度为 H，水中声速为 c_1，密度为 ρ_1，液态海底(即沉积层) 的声速为 c_2，密度为 ρ_2。对于式(15.2) 所示的声场表达式可以写成下面的形式[6]

$$p(r,z)=-\frac{\mathrm{i}}{\rho(z_s)\sqrt{8\pi r}}\mathrm{e}^{-\mathrm{i}\pi/4}\sum_{m=1}^{M}\sin(k_{zm}z_s)\sin(k_{zm}z)\frac{\mathrm{e}^{\mathrm{i}k_{rm}r}}{\sqrt{k_{rm}}} \tag{15.5}$$

其中，k_{zm} 为第 m 阶简正波的垂直波数；k_{rm} 为第 m 阶简正波的水平波数

$$k_{zm}=\frac{m\pi}{\widehat{H}},\quad k_{rm}=\sqrt{\frac{\omega^2}{c_1^2}-k_{zm}^2} \tag{15.6}$$

等效水深为 $\widehat{H}$：

$$\widehat{H}=H+\frac{c_1\rho_2}{\omega\rho_1\sqrt{1-(c_1/c_2)^2}} \tag{15.7}$$

分别根据匹配场处理时水深与垂直波数的关系及距离与水平波数的关系，文献[6,7] 给出了等价水深对目标深度和距离的影响关系：

$$\delta_z = \frac{\delta_{\widehat{H}}}{\widehat{H}} z, \quad \delta_r = 2\frac{\delta_{\widehat{H}}}{\widehat{H}} r \tag{15.8}$$

式中，δ_z，$\delta_{\widehat{H}}$，δ_r 表示目标深度、等效深度和距离的估计偏差。

由式(15.8) 可知匹配场失配时，目标深度和距离的估计值都会产生平移，深度估计的相对偏差近似等于等效海深的相对偏差，而距离估计的相对偏差是等效海深相对偏差的 2 倍左右，而且等效水深增加时目标深度的估计变深，距离变远。

式(15.8) 还可以写成：

$$\delta_z = \frac{\delta_{\widehat{H}}}{H + \delta_{\widehat{H}}} z, \quad \delta_r = 2\frac{\delta_{\widehat{H}}}{H + \delta_{\widehat{H}}} r \tag{15.9}$$

进一步写成如下的函数形式：

$$f(x) = \frac{x}{a + x} b, \quad a > 0, b > 0 \tag{15.10}$$

对于函数 $f(x)$ 在开区间 $(-a, +a)$ 单调递增，因此从式(15.10) 还可看出，失配对等效水深的影响越明显则目标位置参数的估计误差越大，为了比较各个参数对匹配场失配的影响程度，分别求等效水深 $\widehat{H}$ 对各个参数的导数，可得：

$$\frac{\partial \widehat{H}}{\partial H} = 1 \tag{15.11}$$

$$\frac{\partial \widehat{H}}{\partial c_1} = \frac{\rho_2}{\omega \rho_1}\left[1 - \left(\frac{c_1}{c_2}\right)^2\right]^{-\frac{3}{2}} \tag{15.12}$$

$$\frac{\partial \widehat{H}}{\partial c_2} = -\frac{c_1^3 \rho_2}{\omega c_2^3 \rho_1}\left[1 - \left(\frac{c_1}{c_2}\right)^2\right]^{-\frac{3}{2}} \tag{15.13}$$

假设在 Pekeris 浅海波导环境中，水中声速为 1 400m/s，密度为 1.0×10^3 kg/m^3；沉积层中声速为 1 600m/s，密度为 1.8×10^3 kg/m^3，目标的信号频率为 740Hz，则式(15.12) 和式(15.13) 的结果分别是：0.003 4 和 −0.002 3。对比式(15.11)，(15.12) 和(15.13) 可知，当海水深度存在误差时，匹配场失配最严重，海水声速失配次之，且由于沉积层声速一般大于海水声速，因此式(15.12) 为正值，式(15.13) 为负值，即当深度或海水中的声速变大时目标变深且变远，沉积层声速失配的趋势和前两种失配相反。

2. 失配误差的敏感性度量

阵元位置、海水与海底的声速结构，以及传播模型误差等因素都会导致拷贝场向量的计算误差，从而使匹配场处理出现失配，最终引起阵增益降低，主瓣变宽，定位精度下降且定位出现偏差。针对这种情况，为了更好地比较各种失配情况下的匹配场处理的性能，定义三个参数：声源位置估计偏差、−3dB 主瓣宽度和阵的输出谱能量降低（Array Spectral Degradation，ASD）。

声源位置估计偏差包括距离误差 δ_r 和深度误差 δ_z，二者都是用声源位置的估计值减去真实值。−3dB 主瓣宽度包括 −3dB 深度宽度 $Bz_{-3\mathrm{dB}}$ 和 −3dB 距离宽度 $Br_{-3\mathrm{dB}}$，其中 $Bz_{-3\mathrm{dB}}$ 和 $Br_{-3\mathrm{dB}}$ 分别表示模糊度图中主峰下降 3dB 时在深度方向和距离方向的宽度。

为了衡量失配的效果，ASOD 定义为处理器在失配情况下与完全匹配时的目标信号峰值能量之比：

$$ASD = 10\lg \frac{P}{P_M} \tag{15.14}$$

其中，P 为失配时匹配场处理器的最大输出功率；P_M 为完全匹配时的最大输出功率。根据式(15.6)可知完全匹配时，ASD 等于 0，当出现失配时，ASD 为负值，此值越小则失配越严重。

3. 浅海环境模型

建立如图 15.2 所示的均匀海底浅海环境模型，在分层模型的上半部分是水层，水深 120 m，其声速从 1 493 m/s 上升到 1 495 m/s(冬季声速梯度曲线)，海水密度为 1.024×10^3 kg/m^3；下半部分为各向同性的基底，其声速为 1 600 m/s，密度为 1.8×10^3 kg/m^3，衰减系数为 0.15 dB/λ。假设接收阵是由 43 个水听器构成的垂直线列阵，均匀分布在 120 m 深的海水中；声源距接收阵 25 km，深度为 60 m，发射信号频率为 740 Hz。

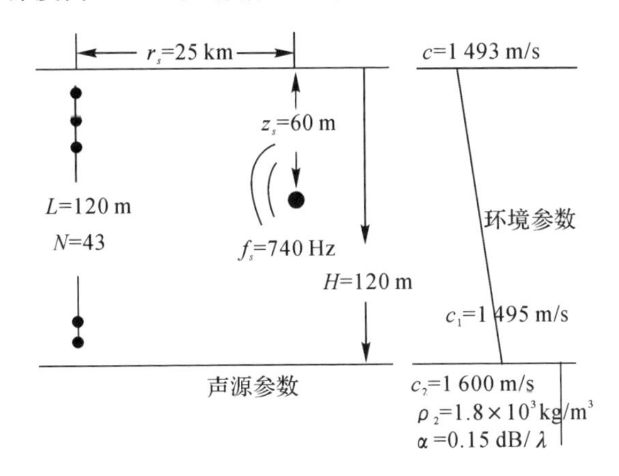

图 15.2　浅海环境模型

在此浅海环境中，当信号频率为 740 Hz 时，可形成最高 43 阶的简正波，各接收水听器的数量等于简正波的阶数，因此可充分采样最高阶的简正波。

4. 仿真结果

在仿真运算过程中，把深度为 0～120 m 和距离为 22～28 km 范围的水域划分成 132×1 200 个网格。其中深度的搜索步长为 0.272 73 m，等于阵元间隔的 1/10；距离的搜索步长为 5 m。在此条件下仿真了海水的深度、声速及基底参数失配对常规匹配场处理的影响。

5. 完全匹配仿真

完全匹配时的仿真结果如图 15.3 所示。图中距离-深度模糊度图覆盖了 120 m 水深和 6 km 距离，单位为 dB。从图中可看出声源位置在距接收阵 25 km 处，深度 60 m，定位结果和仿真预设值一致。观察匹配场处理的数据可知，此时 $Bz_{-3\text{dB}}$ 约为 4 m，$Br_{-3\text{dB}}$ 约为 65 m，旁瓣最大幅度约为−7 dB，大于−10 dB 的旁瓣出现在距声源约 1 km 处。

6. 深度误差仿真

在匹配场处理中，由于海底地形的起伏或海浪、潮汐等的影响，使海水深度发生了变化，因此计算拷贝场时的信道模型出现了深度误差，表 15.1 和表 15.2 是不同深度误差下的匹配场处理仿真结果。

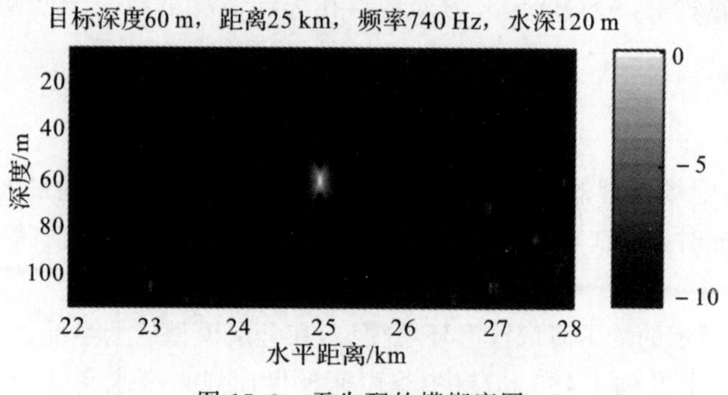

图 15.3　无失配的模糊度图

表 15.1　深度失配仿真结果

δ_h/m	δ_{z_s}/m		δ_{r_s}/km	
	理论值	实验值	理论值	实验值
−2.5	−1.243	−1.090	−1.036	−1.035
−2.0	−0.991	−0.818	−0.826	−0.830
−1.5	−0.740	−0.545	−0.617	−0.625
−1.0	−0.491	−0.545	−0.409	−0.420
−0.5	−0.245	−0.272	−0.204	−0.210
0	0	0.001	0	0
0.5	0.243	0.546	0.202	0.210
1.0	0.483	0.819	0.403	0.420
1.5	0.722	0.819	0.602	0.635
2.0	0.959	1.092	0.799	0.845
2.5	1.194	1.637	0.995	1.055
4	1.888	2.455	1.573	1.685

其中，δ_h 是深度误差，δ_{z_s} 是目标位置在竖直方向的误差，δ_{r_s} 是目标位置在水平方向的误差，其他参数与上节相同。从表 15.1 的结果可以看出，深度误差和目标位置失配的关系近似如式(15.8) 所示，且深度失配为正值时，目标向下向远移动，反之亦然。从表 15.2 可看出，随着深度失配的加剧，模糊度表面主峰的宽度逐渐变宽，但表中的位置参数和主峰宽度呈现阶梯状分布，主要是因为在匹配场处理中选择的网格较稀疏，其在深度方向的分辨率不够高，这种情况下，仅考虑定位精度及主峰宽度已几乎无法区分两种失配情况下的性能了，如深度误差 −1.5m 和 −1.0m，但引入 ASD 参数后可以很直观地看出随着深度误差的加剧，失配变得更严重了。

图 15.4 所示是三种较严重失配情况下的模糊度表面，其中图 15.4(a) 和图 15.4(b) 所示虽然在水平方向的失配很严重，但还可以清楚地看见目标，但图 15.4(c) 已经几乎无法分辨目

标了。从表 15.2 中也可以看出，对应失配 4 m 时，其 ASOD 为 －3.954，－3 dB 点出现在峰值附近±1 175 m 左右，即很难区分主峰与旁瓣。

表 15.2　深度失配仿真结果(续)

δ_h/m	Bz_{-3dB}/m	Br_{-3dB}/m	ASD/dB
－2.5	5.182	95	－1.827
－2.0	4.636	85	－1.230
－1.5	4.636	75	－0.719
－1.0	4.636	70	－0.351
－0.5	4.364	65	－0.086
0	4.364	65	0
0.5	4.364	65	－0.086
1.0	4.636	65	－0.345
1.5	4.636	75	－0.721
2.0	4.909	90	－1.230
2.5	5.182	110	－1.837
4	6.273	2350	－3.954

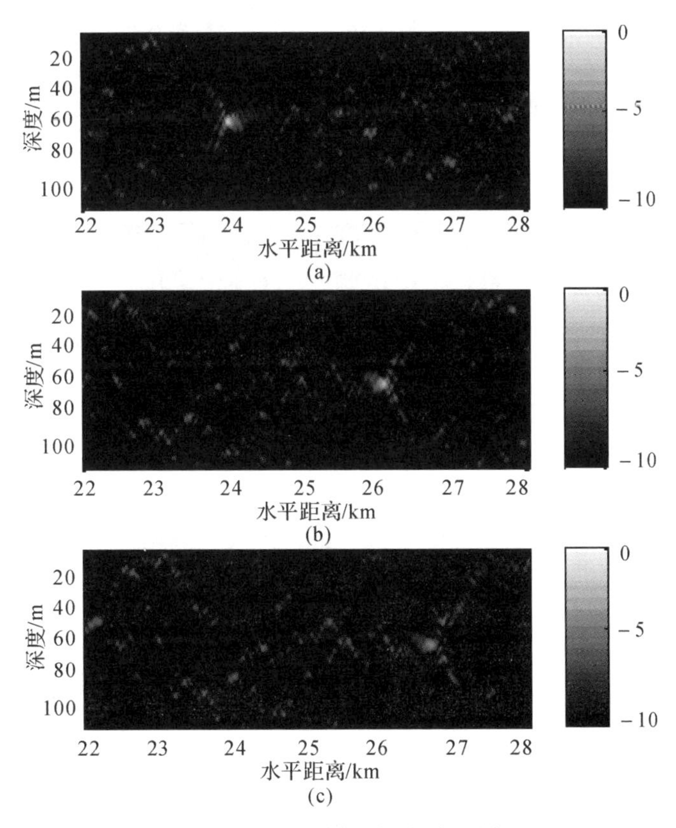

图 15.4　三种较严重的失配图

(a) 失配 －2.5m；(b) 失配 2.5m；(c) 失配 4.0m

7. 声速失配

图15.5所示给出了三种声速剖面，其中实线c所示曲线为真实环境的声速曲线，在此环境下水层大体可分为三层：0～45 m为表面层(海水表面声速约为1 533 m/s)；45～65 m为温跃层(在45 m处声速约为1 529 m/s，在60 m处声速约为1 512 m/s)，其声速梯度为1.13 m/s/m；60～120 m温度变化较慢(在120 m处声速约为1 509 m/s)。

虚线a是实线c向左平移15 m/s后的声速剖面，当对海水声速的测量设备不够准确时，会出现测量到的声速曲线比真实值整体偏大或偏小的情况。

声速剖面b是温跃层声速失配的情况，随着季节或昼夜的更替，海水表面温差会发生变化，此时温跃层声速剖面会出现失配。曲线b中海水表面声速约为1 533 m/s，45 m处声速约为1 523 m/s，在60 m处声速约为1 512 m/s(即温跃层声速梯度变为0.75 m/s/m)，120 m处声速约为1 509 m/s。

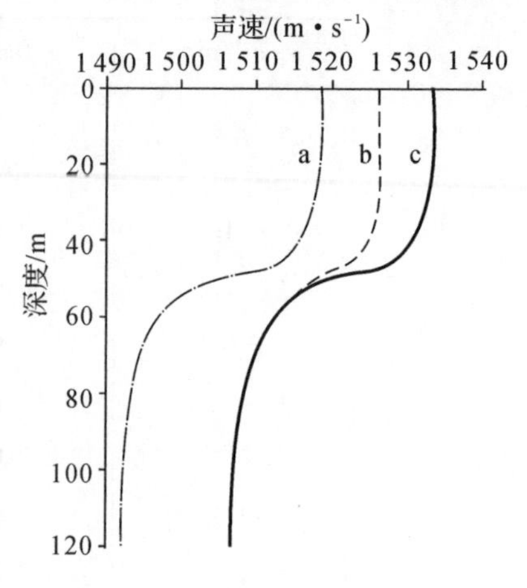

图15.5 声速剖面

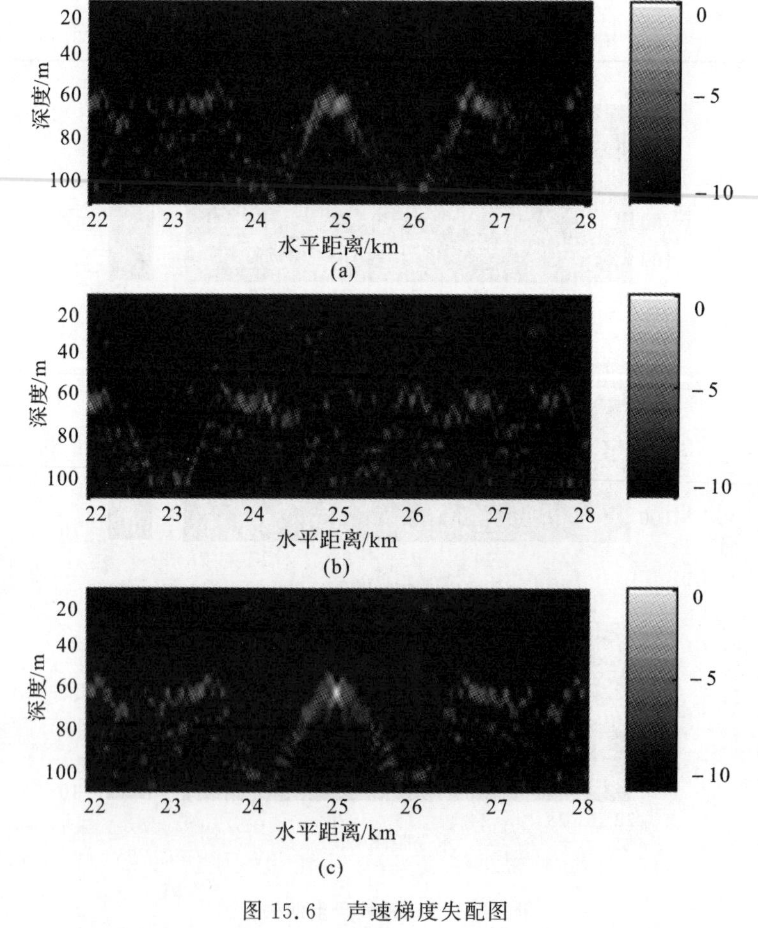

图15.6 声速梯度失配图

(a) a－c； (b) b－c； (c) c－c

设以 c 所示声速剖面计算测量场，分别以 a，b，c 所示声速剖面计算拷贝场，得到如图 15.6 所示的仿真结果。从图中可看出，用 a 对应的拷贝场进行匹配处理时，还可基本分辨目标。但用 b 对应的拷贝场进行匹配时，目标已经平移到 22km 左右，此时的失配已经很严重了。在图中“c－c”是完全匹配时的模糊度图，此时目标定位很准确，且主峰尖锐。在此图中 0 ～ 45 m 范围内基本看不到 －10 dB 以上的旁瓣，主要是因为在这种声速梯度下，低阶简正波的大部分能量都集中在温跃层以下。对比三种声速曲线下的仿真结果可得出结论：声速曲线的变化对匹配场失配的影响较小。从结果还可看出，声速曲线的平移对定位的影响较小，但部分声速曲线的突变会严重影响匹配场定位的效果。

表 15.3 列出了三种声速剖面下匹配场处理的关键参数，从表中也可看出“a－c”优于“b－c”。

表 15.3　声速失配的影响

匹配关系	Δz_s/m	Δr_s/km	Bz_{-3dB}/m	Br_{-3dB}/m	ASD/dB
a－c	2.727	－0.01	6.82	165	－3.526
b－c	5.455	－2.97	6.82	85	－4.025
c－c	0	0	5.45	70	0

8. 基底参数失配

基底参数失配通常包含两种失配，一是基底声速失配，一是基底衰减系数失配。假设真实的基底各向同性，主要参数如图 15.2 所示。

首先仿真基底声速失配对 MFP 的影响。在计算拷贝场时用 1 800 m/s 的速度作为基底声速，即基底声速失配 200 m/s。这么大的误差在现实中基本不可能出现，除非对基底的类型、材质等一无所知。从图 15.7 可看出对于基底声速这么大的失配并未引起模糊度图太大的变化，只是主瓣在距离方向上偏移了 0.2 km，且幅度降低了 1.5 dB，不过深度估计仍然准确，而且旁瓣也很低。

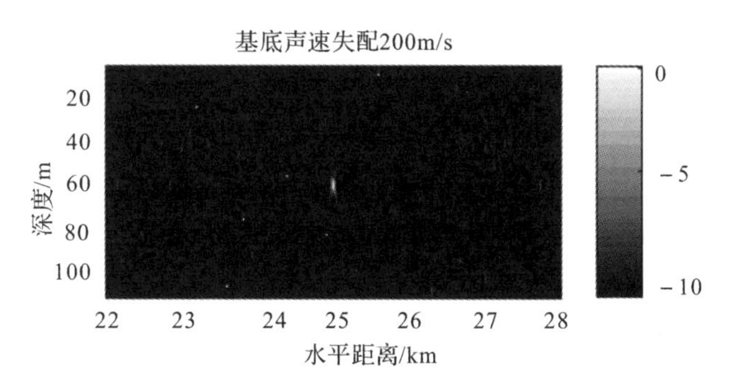

图 15.7　基底声速的影响

其次，分析基底衰减的影响，在计算拷贝场时用 0.8 dB/λ 的衰减系数代替 0.15 dB/λ。这个误差加宽了主峰宽度，且使主峰降低了 1.5 dB，旁瓣也有所增加，但对声源位置的估计仍然准确，如图 15.8 所示。

从上面两组对基底的仿真结果可知，基底的失配不会使 MFP 性能大幅下降，这也从另一个方面反映了对基底参数的反演将会很艰难。

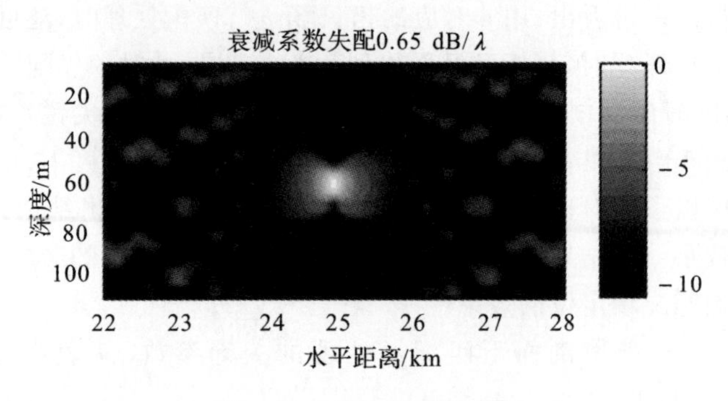

图 15.8　基底衰减的影响

本节给出了一个匹配场处理的例子，通过引入声源位置估计偏差、-3dB 主瓣宽度和阵的输出谱能量降低等参数对比了深度失配、声速梯度失配和基底参数失配对常规匹配场处理的影响。从仿真结果可以看出，深度误差对匹配场处理的影响最大，基底参数的影响最小。但在实际情况下，由于海水声速随着季节、昼夜的更替而变化，对声速的测量比较困难，因此降低声速梯度失配对匹配场处理的影响具有很重要的意义。

参考文献

[1] HINICH M J. Maximum-likelihood signal processing for a vertical array[J]. The Journal of the Acoustical Society of America, 1973, 54(2): 499-503.

[2] BUCKER H P. Use of calculated sound fields and matched-field detection to locate sound sources in shallow water[J]. The Journal of the Acoustical Society of America, 1976, 59(2): 368-373.

[3] KLEMM R. Range and depth estimation by line arrays in shallow water[J]. Signal Processing, 1981, 3(4): 333-344.

[4] SHANG E C. Source depth estimation in waveguides[J]. The Journal of the Acoustical Society of America, 1985, 77(4): 1413-1418.

[5] SHANG E C, CLAY C S, WANG Y Y. Passive harmonic source ranging in waveguides by using mode filter[J]. The Journal of the Acoustical Society of America, 1985, 78(1): 172-175.

[6] FIZELL R G, WALES S C. Source localization in range and depth in an arctic environment[J]. The Journal of the Acoustical Society of America, 1985, 78(S1): S57-S58.

[7] YANG T C. Amethod of range and depth estimation by modal decomposition[J]. The Journal of the Acoustical Society of America, 1987, 82(5): 1736-1745.

[8] HAMSON R M, HEITMEYER R M. Environmental and system effects on source localization in shallow water by the matched-field processing of a vertical array[J]. The Journal of the Acoustical Society of America, 1989, 86(5): 1950-1959.

[9] TRAN J M Q D, HODGKISS W S. Matched-field processing of 200 Hz continuous

wave (cw) signals[J]. The Journal of the Acoustical Society of America, 1991, 89 (2): 745 - 755.

[10] WESTWOOD E K. Broadband matched-field source localization[J]. The Journal of the Acoustical Society of America, 1992, 91(5): 2777 - 2789.

[11] JESUS S M. Broadband matched-field processing of transient signals in shallow water [J]. The Journal of the Acoustical Society of America, 1993, 93(4): 1841 - 1850.

[12] GINGRAS D F, GERSTOFT P. Inversion forgeometric and geoacoustic parameters in shallow water: experimental results[J]. The Journal of the Acoustical Society of America, 1995, 97(6): 3589 - 3598.

[13] OZARD J M, YEREMY M L, CHAPMAN N R, et al. Matched-field processing in a range-dependent shallow water environment in the northeast pacific ocean[J]. IEEE Journal of Oceanic Engineering, 1996, 21(4): 377 - 383.

[14] 何怡，张仁和. Wkbz 简正波理论应用于匹配场定位[J]. 自然科学进展：国家重点实验室通讯，1994，4(1)：118 - 122.

[15] 马远良. 匹配场处理:水声物理学与信号处理的结合[J]. 电子科技导报，1996 (4)：9 - 12.

[16] 杨坤德，马远良. 基于扇区特征向量约束的稳健自适应匹配场处理器[J]. 声学学报，2006，31(5)：399 - 409.

[17] 鄢社锋，马远良. 匹配场噪声抑制：广义空域滤波方法[J]. 科学通报，2004，49(18)：1909 - 1912.

[18] 孙枕戈，马远良，屠庆平，等. 基于声线理论的水声被动定位原理[J]. 声学学报，1996，21(5)：824 - 831.

[19] 邹士新，杨坤德，马远良. 几种优化算法在浅海匹配场反演中的性能比较[J]. 声学技术，2005，24(1)：4 - 9.

[20] 王静，黄建国，管静，等. 噪声及失配条件下匹配处理器的定位性能分析和比较[J]. 云南大学学报（自然科学版），2004，26(1)：20 - 23，29.

[21] YOOK K, YANG T C. Broadband source localization in shallow water in the presence of internal waves[J]. The Journal of the Acoustical Society of America, 1999, 106(6): 3255 - 3269.

第 16 章　水声换能器的优化设计分析

本章主要介绍有关水声换能器及其基阵的相关优化设计分析方法。

近几十年来，随着科学技术的高度发展，人们对海洋的认识不断深化，海洋在经济上的无穷潜力和政治军事上的重要地位日益显现，要对海洋进行深层次的开发与利用，必须先对海洋进行必要的认识。迄今为止，利用声波作为信息载体进行探测是水下信息获取的最佳方式，水声设备是完成上述工作的最为有效的装备，其中不可或缺的关键部件就是实现电声能量相互转换的水声换能器(或基阵)。从广义上讲，换能器是指用于实现不同形式的能量间相互转换的仪器或器件。但是，我们行业内所讲的换能器是有着特定指代的，是一种狭义上的定义，此时换能器特指电声换能器，是指用于实现电能和声能之间相互转换的器件。这种器件通常由功能材料附加机械振动系统构成，整个系统借助于某种特殊的物理效应实现电声能量的相互转换。我们通常所讲的水声换能器(Underwater Transducer)沿用的就是这种狭义的说法，特指在水下应用的，能够实现电声能量转换的器件。当它处于发射状态时，能将电能转换为机械振动能，从而推动水介质进行振动，向外辐射声能量；当它处于接收状态时，其机械振动系统感受水中声压的作用而产生振动，从而将机械振动能转换为电能量。

随着水声换能器的发展，其理论模型的建立和分析方法的研究也一直备受关注。严格来讲，用于描述水声换能器的确切数学模型是基于换能器特性和边界条件的偏微分方程，但这种偏微分方程的获取及其解析解的获得无疑是困难的，甚至是不可行的。于是建立一个准确可靠、快速易解且可广泛通用的模型，采用优化技术对换能器进行优化设计正成为一个十分重要的研究方向。本章简要介绍换能器的分析方法，包括等效网络法(Equivalent Circuit Method)、传输矩阵法(Cascade Matrix Method)、有限元法(Finite Element Method)、边界元法(Boundary Element Method)等，目的一方面是让读者有机会通过与前面的最优化技术的对比分析，找到更为有效的换能器优化设计方法，另一方面也为最优化的应用找到一个新的应用领域。

16.1　等效网络法

等效网络法的思想是从换能器的机电转换原理入手，通过机电类比的方式，将换能器系统的力学参量转化为“等效的”电学参量，从而采用理论上较为熟悉的电学手段进行分析。等效网络法避免了复杂偏微分方程的建立及其求解，完成了多能量域(机、电、声)的统一描述，实现了换能器参数和性能的高效求解，并且具有广泛的实用性和简明的物理意义，所以至今仍被广泛应用，成为换能器分析的主要手段之一。

下面分别对图 16.1 所示的三个不同的系统进行分析。

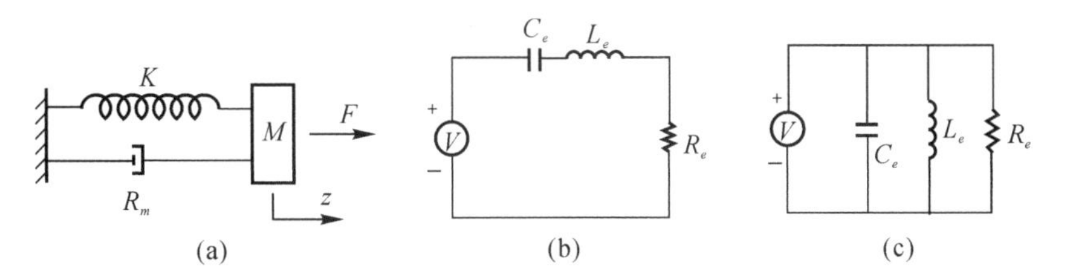

图 16.1　三种不同的系统

(a)一维线性阻尼机械振动系统；（b)RLC 串联系统；（c)RLC 并联系统

1. 一维线性阻尼机械振动系统

对于如图 16.1(a) 所示的一维线性阻尼机械振动系统，其运动方程可写为

$$Mz'' + R_m z' + Kz = F \tag{16.1}$$

其中，M 为表征惯性的质量；R_m 为阻尼系数；K 为表征弹性的刚度系数；z 是位移。左边第 1 项是根据牛顿第二运动定律；第 2 项根据线性阻尼的假设。

假设用 ξ_z 表示速度的话，即 $\xi_z = z' = \dfrac{\mathrm{d}z}{\mathrm{d}t}$，则式(16.1) 可写为

$$M\frac{\mathrm{d}\xi_z}{\mathrm{d}t} + R_m\xi_z + K\int\xi_z\,\mathrm{d}t = F \tag{16.2}$$

对于正弦运动 $\xi_z = \xi_{z0}\mathrm{e}^{\mathrm{j}\omega t}$，代入式(16.2) 得

$$F = \left(\mathrm{j}\omega M + R_m + \frac{K}{\mathrm{j}\omega}\right)\xi_z = Z_m\xi_z \tag{16.3}$$

2. RLC 串联系统

如图 16.1(b) 所示，根据基尔霍夫电压定律，有

$$L_e\frac{\mathrm{d}I}{\mathrm{d}t} + R_e I + \frac{1}{C_e}\int I\,\mathrm{d}t = V \tag{16.4}$$

其中，L_e 为电感；R_e 为电阻；C_e 为电容；I 是电流。

对于正弦电流 $I = I_0\mathrm{e}^{\mathrm{j}\omega t}$，代入式(16.4) 有

$$V = \left(\mathrm{j}\omega L_e + R_e + \frac{1}{\mathrm{j}\omega C_e}\right)I = Z_e I \tag{16.5}$$

3. RLC 并联系统

如图 16.1(c) 所示，根据基尔霍夫电流定律，有

$$C_e\frac{\mathrm{d}V}{\mathrm{d}t} + \frac{V}{R_e} + \frac{1}{L_e}\int V\,\mathrm{d}t = I \tag{16.6}$$

对于正弦电压 $V = V_0\mathrm{e}^{\mathrm{j}\omega t}$，代入式(16.5) 有

$$I = \left(\mathrm{j}\omega C_e + \frac{1}{R_e} + \frac{1}{\mathrm{j}\omega L_e}\right)V = Y_e I \tag{16.7}$$

比较一维线性阻尼机械振动系统和 RLC 电路系统的工程意义，以及它们各自的系统方程(16.2)，(16.4) 和(16.6) 可知，在处理机械振动问题时完全可以利用相应变量物理意义的类比进行电网络等效，从而应用电网络的处理手段予以分析。相关物理量的类比见表 16.1。

需要注意的是，在实际应用中根据换能器的特性和应用背景，其等效网络的形式不尽相同。如果换能器的各个物理元素小于工作波长的 1/4，其质量、刚度、电容、电感等均可进行集

总假设,那么我们就可以建立换能器的集总参数(Lumped-Parameter)等效网络。如图16.2所示是一端固定的压电长条的集总参数等效网络示意图。这种集总等效网络有助于我们进一步理解换能器,快速设计和评估换能器的性能,但可以想象它的精度是受到限制的,并且对于高阶谐振无能为力。

表16.1 三种不同系统间对应物理量的类比关系

机械系统	电系统	
	串联形式	并联形式
质量 M	电感 L_e	电容 C_e
力顺 $1/K$	电容 C_e	电感 L_e
力阻 R_m	电阻 R_e	电导 $1/R_e$
力 F	电压 V	电流 I
速度 ξ_Z	电流 I	电压 V
机械阻抗 Z_m	阻抗 Z_e	导纳 Y_e

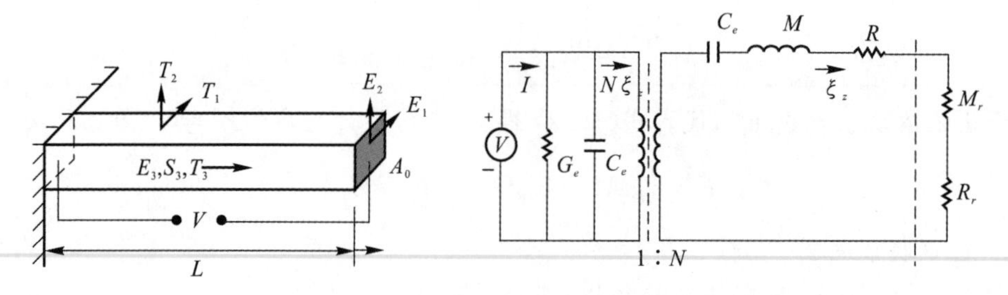

图16.2 一端固定的压电长条的集总参数等效网络示意图

相对于集总模型,另一种行之有效的是分布参数(Distributed-Parameter)等效网络,此时换能器的各物理元素的长度可与波长相比拟甚至于大于波长,因此其质量、刚度等是连续分布在整个系统结构中,而不可进行集总假设。其中应用最为广泛的就是著名的Mason等效网络。如图16.3所示是一个沿厚度方向极化的压电陶瓷薄片做厚度振动时的Mason等效网络示意图。Mason网络物理意义明确,易于理解,求解便利,具有普遍的通用性,是换能器设计与分析的首选方法之一。

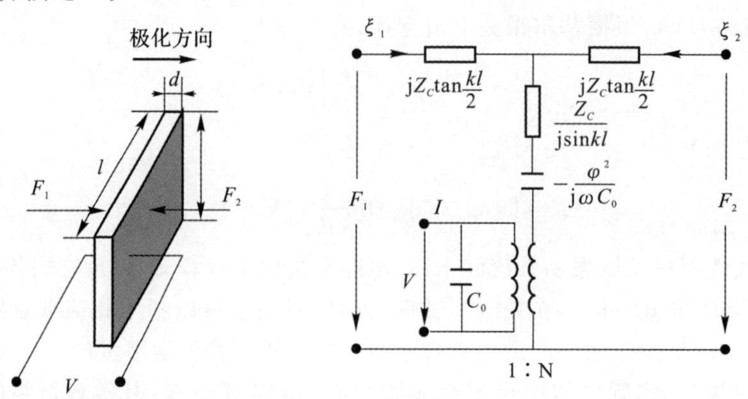

图16.3 沿厚度方向极化的压电陶瓷薄片做厚度振动时的Mason等效网络示意图

在等效网络法中，还有一种是 Krimholtz 等人在 Mason 等效网络的基础上提出的，如图 16.4 所示。在这种 Krimholtz 等效网络中，系统的电特性用集总参数表示，而力学特性则用传输线(Transmission Line)的方式表示。这样当压电元件两端附加电极层、匹配层以及黏结层等多层结构时，在等效电路上，可把这些附加层也作为声学传输线与压电元件的传输线依次连接，并运用声学传输线的理论对换能器的整体性能加以分析。

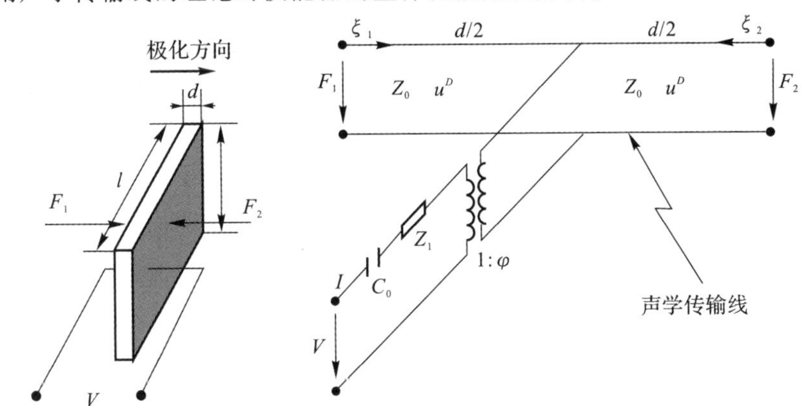

图 16.4　沿厚度方向极化的压电陶瓷薄片做厚度振动时的 Krimholtz 等效网络示意图

16.2　有 限 元 法

自 20 世纪 70 年代以来，基于数值思想的有限元法被首次应用于压电体的振动分析，引起了声学换能器设计方法质的飞跃。其基本思想是以变分原理和剖分插值为基础，从能量的角度出发，应用哈密顿变分原理，得出压电耦合问题的有限元控制方程。通过将结构离散成有限个单元，建立整个连续体满足精度要求的方程组，并利用计算机技术进行有效求解。有限元法方法统一，易于掌握，能够适应许多水声换能器涉及的结构不规则、材料不均匀以及边界条件复杂等情况。随着计算机技术的快速发展，涌现出了许多功能强大的有限元软件，这更给水声换能器的分析带来了巨大的方便。20 世纪世纪 80 年代，法国研究人员着手编写专门应用于电声换能器分析的有限元代码，并最终完成了专业软件 ATILA。总的来说，对于线性压电器件，在忽略机电损耗和电磁辐射的情况下，有限元理论已基本完善，原则上可以解决换能器的所有问题，已成为现在换能器分析与设计的主流方法。

对于压电类换能器，当对其施加一定的激励电场时，压电陶瓷片会产生某种形式的振动；反过来，当压电陶瓷片以某种形式振动时，在其内部又会产生相应的电场(此时电极面上产生一定量的电荷)。压电换能器正是通过这种正反压电效应工作的。对换能器的振动分析是设计换能器的基础，这种分析实际上是一个动力学问题，包括运动和力的关系。分析动力学问题的关键是要建立系统的运动方程(通常情况下是偏微分方程)。一旦建立了系统的运动方程，再结合一定的初始条件和边界条件，就可以得到系统在任一时刻的运动状态。

具体到偏微分方程的解法，可通过解析法和数值法两种思路进行求解。解析法最终得到的是系统的精确解，适用于简单系统(如可简化为一维的情况)。对于稍显复杂的系统(如形状不规则、非均匀、各项异性的复杂压电结构)，解析法将变得异常复杂，甚至于束手无策；随着计算机的快速发展，数值方法成为解偏微分方程的有效手段，其中有限差分法和有限元法是两种主要的数值方法。数值方法最终获得的是满足一定精度要求的近似解。

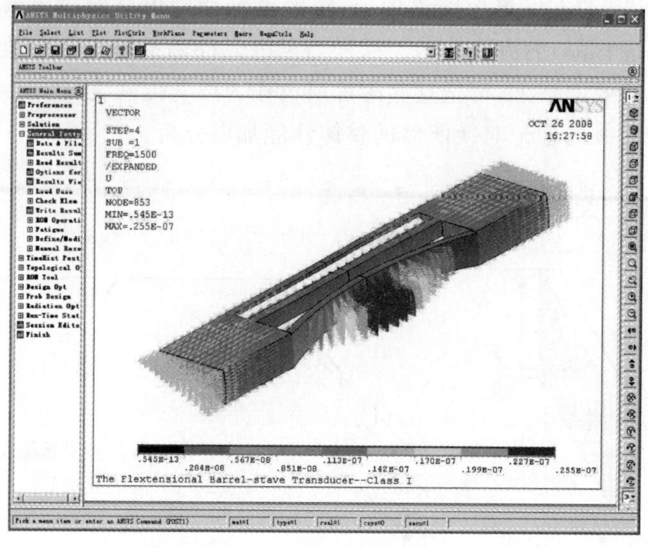

图 16.5　应用有限元软件 ANSYS 分析弯张换能器得到的振动矢量图

16.2.1　压电类水声换能器有限元分析中的压电耦合及流固耦合

应用有限元分析水声换能器一般要包括压电耦合和流固耦合两种耦合场的分析。

1. 结构和电场间相互作用的压电耦合分析

线性压电弹性动力学问题的哈密顿原理一般表述为：在任意给定的时间区间$[t_1,t_2]$内，压电弹性体在一切允许的可能运动状态中，真实运动状态使压电弹性体系的哈密顿作用量取稳定值，即$\delta A=\delta\int_{t_1}^{t_2}L\,\mathrm{d}t=\delta\int_{t_1}^{t_2}(T-U)\mathrm{d}t=0$，其中$L$为拉格朗日(Lagrange)函数，$T$为动能，$U$为势能。

假设换能器单元中的各种能量可表示为

体系的动能：

$$W_T=\frac{1}{2}\iiint_{\Omega}\rho\boldsymbol{\xi}^{\mathrm{T}}\boldsymbol{\xi}\,\mathrm{d}\Omega \tag{16.8a}$$

弹性应变能：

$$W_m=\frac{1}{2}\iiint_{\Omega}\boldsymbol{T}^{\mathrm{T}}\boldsymbol{S}\,\mathrm{d}\Omega \tag{16.8b}$$

外界机械力所做的功：

$$W_F=\iiint_{\Omega}\boldsymbol{f}^{\mathrm{T}}\boldsymbol{\xi}\,\mathrm{d}\Omega+\iint_{\sigma}\boldsymbol{F}^{\mathrm{T}}\boldsymbol{\xi}\,\mathrm{d}\sigma \tag{16.8c}$$

电场电能：

$$W_E=\frac{1}{2}\iiint_{\Omega}\boldsymbol{D}^{\mathrm{T}}\boldsymbol{E}\,\mathrm{d}\Omega \tag{16.8d}$$

外界电场力所做的功：

$$W_Q=\iiint_{\Omega}\varphi q\,\mathrm{d}\Omega+\iint_{\sigma}\dot{\varphi}Q\,\mathrm{d}\sigma \tag{16.8e}$$

其中 $\boldsymbol{f}$ 表示压电弹性体所受体力的体密度；$\boldsymbol{F}$ 表示所受表面力面密度；φ 为电势；q 表示自由体电荷密度；Q 表示自由面电荷密度。那么此时系统的拉格朗日函数可表示为 $L=W_T-(W_m-W_F)+(W_E-W_Q)$，对其应用哈密顿变分，并使之等于零，

$$\delta A=\delta\int_{t_1}^{t_2}L\,\mathrm{d}t=\delta\int_{t_1}^{t_2}[W_T-(W_m-W_F)+(W_E-W_Q)]\mathrm{d}t=0 \tag{16.9}$$

对式(16.9)进行整理，得

$$\delta A=\delta\int_{t_1}^{t_2}L\,\mathrm{d}t=$$
$$\int_{t_1}^{t_2}\{\delta\boldsymbol{\xi}^{\mathrm{T}}[-\boldsymbol{M}\ddot{\boldsymbol{\xi}}-\boldsymbol{K}\boldsymbol{\xi}+(\boldsymbol{K}^Z)^{\mathrm{T}}\boldsymbol{V}+\boldsymbol{F}]+\delta\boldsymbol{V}^{\mathrm{T}}(\boldsymbol{K}^Z\cdot\boldsymbol{\xi}+\boldsymbol{K}^d\boldsymbol{V}-\boldsymbol{q})\}\,\mathrm{d}t=\boldsymbol{0} \tag{16.10}$$

由$[t_1,t_2]$的任意性和 $\delta\boldsymbol{\xi}$，$\delta\boldsymbol{V}$ 的任意性，可得

$$\begin{aligned}&\boldsymbol{M}\ddot{\boldsymbol{\xi}}+\boldsymbol{K}\boldsymbol{\xi}-(\boldsymbol{K}^Z)^{\mathrm{T}}\boldsymbol{V}=\boldsymbol{F}\\&\boldsymbol{K}^Z\boldsymbol{\xi}+\boldsymbol{K}^d\boldsymbol{V}=\boldsymbol{q}\end{aligned} \tag{16.11}$$

进一步写成矩阵形式，可得压电耦合有限元控制方程如下：

$$\begin{bmatrix}\boldsymbol{M}&\boldsymbol{0}\\\boldsymbol{0}&\boldsymbol{0}\end{bmatrix}\begin{bmatrix}\ddot{\boldsymbol{\xi}}\\\ddot{\boldsymbol{V}}\end{bmatrix}+\begin{bmatrix}\boldsymbol{C}&\boldsymbol{0}\\\boldsymbol{0}&\boldsymbol{0}\end{bmatrix}\begin{bmatrix}\dot{\boldsymbol{\xi}}\\\dot{\boldsymbol{V}}\end{bmatrix}+\begin{bmatrix}\boldsymbol{K}&-\boldsymbol{K}^Z\\\boldsymbol{K}^Z&\boldsymbol{K}^d\end{bmatrix}\cdot\begin{bmatrix}\boldsymbol{\xi}\\\boldsymbol{V}\end{bmatrix}=\begin{bmatrix}\boldsymbol{F}\\\boldsymbol{q}\end{bmatrix} \tag{16.12}$$

其中，$\boldsymbol{M}$ 是质量矩阵；$\boldsymbol{C}$ 是结构阻尼矩阵；$\boldsymbol{K}$ 是结构刚度矩阵；$\boldsymbol{K}^d$ 是介质电导矩阵；$\boldsymbol{K}^z$ 是压电耦合矩阵；$\boldsymbol{F}$ 为结构载荷向量；$\boldsymbol{q}$ 为电载荷向量。

以大型有限元软件 ANSYS 为例，这种压电类耦合分析可直接应用于其 Multiphysics 或 Mechanical 产品当中，压电单元主要有 PLANE13，SOLID5 和 SOLID98 等，具体的分析方法请参阅 ANSYS 帮助手册。

2. 流体和结构相互作用的流固耦合分析

水声换能器分析中必不可少的一项就是换能器在液体中的特性，该类问题在有限元中应属于流体-结构相互作用的耦合声场分析。为了节省篇幅，我们不详细介绍耦合声场问题的有限元理论，仅给出一些结论性的表述。流体中的无损失波动方程如下：

$$\frac{1}{c^2}\frac{\partial^2\boldsymbol{P}}{\partial t^2}-\boldsymbol{\nabla}^2\boldsymbol{P}=\boldsymbol{0} \tag{16.13}$$

其中，$\boldsymbol{P}$ 为声压；$\boldsymbol{\nabla}^2$ 为拉普拉斯算子。式(16.13)与下面的结构体动力学有限元方程一起构成流固耦合有限元等式的两个根本方程。

$$\boldsymbol{M}\ddot{\boldsymbol{\xi}}+\boldsymbol{C}\dot{\boldsymbol{\xi}}+\boldsymbol{K}\boldsymbol{\xi}=\boldsymbol{F}+\boldsymbol{F}^{pr} \tag{16.14}$$

其中，$\boldsymbol{M}$，$\boldsymbol{C}$，$\boldsymbol{K}$，$\boldsymbol{F}$ 分别表示结构体的质量矩阵、阻尼矩阵、刚度矩阵和载荷向量矩阵；$\boldsymbol{F}^{pr}$ 表示流固界面上的流体声载荷向量矩阵。从这两个根本方程出发，通过对流体-结构相互作用的合理数学建模，最终可以得到这类问题的有限元求解方程

$$\begin{bmatrix}\boldsymbol{M}&\boldsymbol{0}\\\boldsymbol{M}^{fs}&\boldsymbol{M}^p\end{bmatrix}\begin{bmatrix}\ddot{\boldsymbol{\xi}}\\\ddot{\boldsymbol{P}}\end{bmatrix}+\begin{bmatrix}\boldsymbol{C}&\boldsymbol{0}\\\boldsymbol{0}&\boldsymbol{C}^p\end{bmatrix}\begin{bmatrix}\dot{\boldsymbol{\xi}}\\\dot{\boldsymbol{P}}\end{bmatrix}+\begin{bmatrix}\boldsymbol{K}&\boldsymbol{K}^{fs}\\\boldsymbol{0}&\boldsymbol{K}^p\end{bmatrix}\begin{bmatrix}\boldsymbol{\xi}\\\boldsymbol{P}\end{bmatrix}=\begin{bmatrix}\boldsymbol{F}\\\boldsymbol{0}\end{bmatrix} \tag{16.15}$$

其中，$\boldsymbol{M}^p$，$\boldsymbol{C}^p$ 和 $\boldsymbol{K}^p$ 分别表示水介质的质量矩阵、阻尼矩阵和刚度矩阵。流体-结构相互作用的耦合质量矩阵 $\boldsymbol{M}^{fs}=\rho\cdot\boldsymbol{R}_e^{\mathrm{T}}$，而 $\boldsymbol{K}^{fs}=-\boldsymbol{R}_e$。

ANSYS 也提供了用于这类分析的流固耦合单元，如 FLUID29，FLUID129，FLUID30，FLUID130 等，可以很好地模拟流体-结构体间的相互作用和不同的流体边界情况。

16.2.2 适用于水声换能器分析的 ANSYS 软件

应用 ANSYS 进行压电类水声换能器的分析，主要涉及上述的压电和流固两种耦合场分析，其中流固耦合主要针对“水声”问题，它们可在 ANSYS 的两种产品中完成，即 Multiphysics 或 Mechanical。根据换能器分析的目的和侧重点的不同，ANSYS 需要进行不同的分析设置。

1. 分析类型

可应用于压电水声换能器的 ANSYS 分析类型主要包括：

(1)静态分析(Static)：可用于分析预应力螺栓引起的换能器应力分布，以及结构或壳体的静水压力问题。

(2)模态分析(Modal)或预应力模态分析(Prestress Modal)：可用于换能器(可包含预应力状态)的谐振频率和振型分析。

(3)谐响应分析(Harmonic)或预应力谐响应分析(Prestress Harmonic)：可获得换能器(可包含预应力状态)在感兴趣频段内的各种响应曲线，包括导纳特性、发射特性等，如果考虑流固耦合的话，还可进行声辐射分析。

(4)瞬态分析(Transient)：主要用于换能器的瞬态特性分析，由于我们应用的换能器一般是工作于稳态的，所以这种分析类型应用较少。

对于一个换能器问题，我们通常需要建立两种不同的有限元模型，一种是单纯的换能器模型，即仅包含压电分析而不含流固分析，这种模型用于模拟在空气中的换能器，一般需进行静态分析、模态分析和谐响应分析三个过程，可获得的数据结果包括应力分布、谐振情况、振型特点及换能器在空气中的各种响应曲线等；另一种有限元模型则包含流体(一般为无限边界)，此时除压电耦合外还包括流固耦合，这种模型可分析置于自由场(指无限边界流体)中的换能器特性，一般也需要完成静态、模态及谐响应分析三个过程，可进行耐静水压分析、各种水下响应曲线分析甚至声场分析等。

2. 有限元单元

单元好比模型的细胞，是有限元分析中最基本的元素。单元的要素包括单元形状、节点个数以及节点自由度。根据三者的不同，ANSYS 提供了超过 150 种的不同单元类型，应用时需根据解决问题的实际特点，选取适合的单元类型。针对水声换能器问题，应用到的单元类型可选以下几种：

(1)压电单元。

PLANE13：2D 四节点四边形单元，用于平面模型，通过设定 KeyOpt(1)＝7 激活位移(UX，UY)和电压(VOLT)自由度。

SOLID5：3D 八节点六面体单元，用于三维模型，通过设定 KeyOpt(1)＝3 激活位移(UX，UY，UZ)和电压(VOLT)自由度，一般需应用映射网格划分技术。

SOLID98：3D 十节点四面体单元，用于三维模型，通过设定 KeyOpt(1)＝3 激活位移和电压自由度，可应用自由网格划分技术。这种单元与 SOLID5 相比，划分网格比较简单，但在计算速度和精度上略逊一筹。

(2)声单元。

FLUID29(二维)/ FLUID30(三维)：用于模拟流体介质或流体/结构间相互作用问题上的分界面部分。设置 KeyOpt(2)＝0 激活位移和压力(PRES)自由度，此时考虑流固耦合；设置 KeyOpt(2)＝1 只激活压力自由度，此时仅用于模拟流体，而不考虑流固耦合。

FLUID129(二维)/ FLUID130(三维)：用于模拟流体无限边界的吸收效果，使压力波到达边界时可被充分吸收，是 FLUID29/FLUID30 的匹配单元。该类单元不能与结构单元直接接触，且必须是一半径为 RAD 的圆形结构，RAD 由实常数指定，一般要求 RAD 至少为 ($D/2+0.2\lambda$)，其中 D 为发声结构直径，λ 为水中波长。对于一般的声分析，其网格必须足够细致以能分辨最大的主频。

在换能器的有限元分析中，还需要其他结构单元，用以模拟质量块及壳体等，这类单元的可供选择的空间很广阔，请自行查阅 ANSYS 帮助文献。

图 16.6 所示为应用有限元分析水声换能器的一般流程。

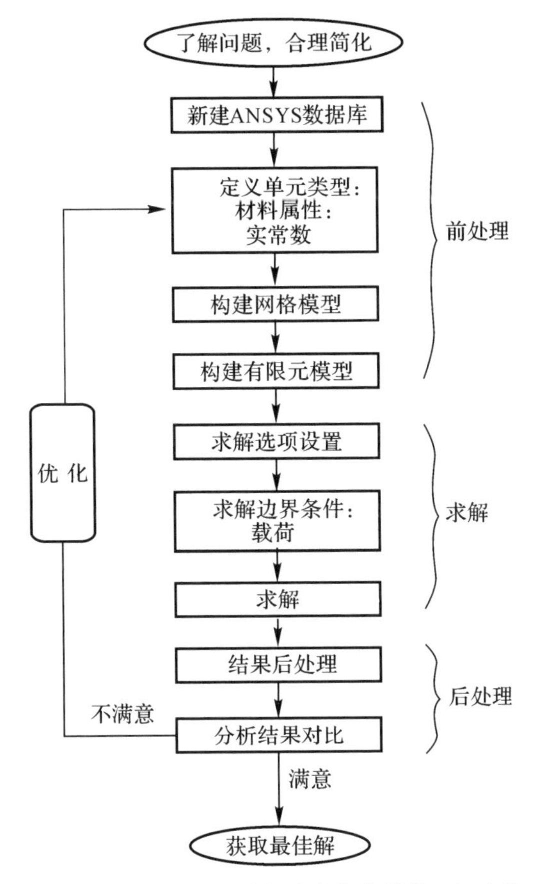

图 16.6　应用有限元分析水声换能器的一般流程

16.3　边界元法

边界元法是在有限元法的基础上结合了经典的积分方程发展而来的，是一种定义在边界上的有限单元。这种方法基于 Helmholtz 波动方程，将所研究问题的微分方程变换成边界积分方程，然后将区域的边界划分为有限个单元，即把边界积分方程离散化，得到只含有边界上的节点未知量的方程组，然后进行数值求解。边界元方法分为直接边界元法(Direct BEM)和间接边界元法(Indirect BEM)，两者求解的系统方程是不同的。本节应用的是直接边界元法，在实际中用以解决声辐射体内部或外部的声场问题。对一个具有光滑表面的辐射体单频稳态声场，其 Helmholtz 积分方程可表示为

$$\iint_{\sigma}\left[\boldsymbol{P}(Y)\cdot\frac{\partial G(X,Y)}{\partial n}-G(X,Y)\cdot\frac{\partial \boldsymbol{P}(Y)}{\partial n}\right]\mathrm{d}\sigma(Y)=\alpha\cdot\boldsymbol{P}(X) \tag{16.16}$$

其中，X 表示场点；Y 表示源点；$\boldsymbol{P}$ 为节点声压向量；$\frac{\partial}{\partial n}$ 表示沿 σ 面法线方向的偏导数；$G(X,Y)$ 是格林函数。它的引入是为了简化波动方程的解，如果用 $R(X,Y)$ 表示场点 X 与源点 Y 之间的距离，则格林函数可以写成

$$G(X,Y)=\frac{\mathrm{e}^{-\mathrm{j}kR(X,Y)}}{4\pi R(X,Y)} \tag{16.17}$$

式 (16.16) 通过系数 α 来确定声场类型：当场点 X 在辐射面 σ 的内部时，$\alpha=0$；当场点 X 在辐射面 σ 的外部时，$\alpha=1$；当场点 X 在辐射面 σ 上时，$\alpha=1/2$。我们将辐射体表面边界单元离散近似，并经数值积分计算可得系统的求解方程，写成矩阵形式如下：

$$\boldsymbol{A}(\omega)\boldsymbol{P}=\boldsymbol{B}(\omega)\frac{\partial \boldsymbol{P}}{\partial n} \tag{16.18}$$

其中，$\boldsymbol{A}(\omega)$ 和 $\boldsymbol{B}(\omega)$ 为影响矩阵，它们都是频率的函数，并且一般都是不对称的满秩阵。这时声场中任意场点 p 处的声压 $\boldsymbol{P}_p$ 可通过下式获得：

$$\boldsymbol{P}_p=[\boldsymbol{a}]_t\boldsymbol{P}+[\boldsymbol{b}]_t\boldsymbol{P}' \tag{16.19}$$

其中，$\boldsymbol{a}$，$\boldsymbol{b}$ 分别是与插值函数相关的系数矩阵。

与有限元法相比，边界元法处理问题的维数要降低一维，这使得处理的数据大大减少，从而计算速度上会有明显的提高，另一方面其求解的精度一般也要高于有限元法，但边界元法在处理非均一、非同质问题时会比较困难。对水声换能器的声场设计，边界元法正好能发挥其所长，这是有限元所不能比拟的。图 16.7 所示是利用 LMS 公司开发的声－振软件 SysNoise 进行水声换能器的辐射声场分析。

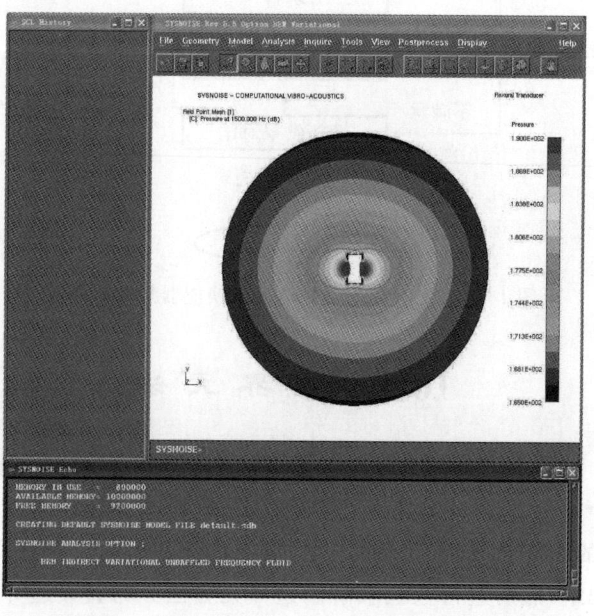

图 16.7　边界元软件 SysNoise 的辐射声场分析

图 16.8 所示则是应用边界元进行换能器声场分析的一般流程。

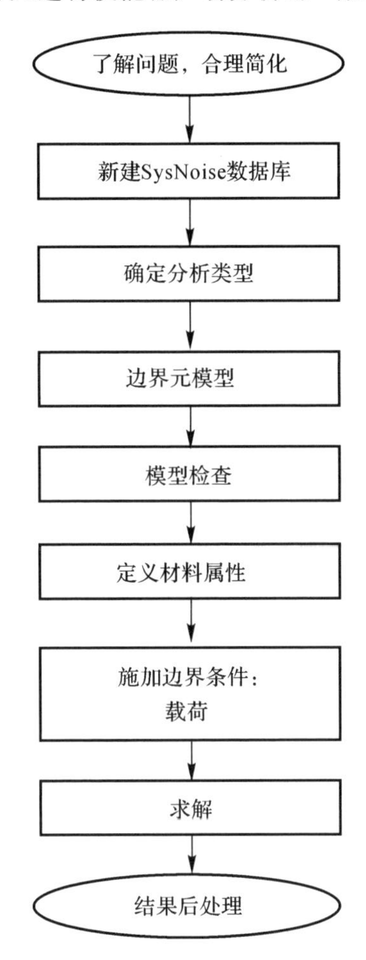

图 16.8　应用边界元分析换能器声场的一般流程

16.4　水声换能器设计分析实例

16.4.1　压电纵振复合棒型水声换能器及其等效网络分析

压电纵振复合棒型水声换能器是一种强功率辐射器，目前应用非常广泛，其典型结构如图 16.9 所示，主要组件包括压电晶堆、前辐射头、后质量块以及预应力螺栓等。其中前辐射头一般采用轻金属（如硬铝、铝镁合金等），用以辐射或接收声能量；压电晶堆一般采用机械串联、电学并联的方式，也就是说保证相邻两片压电陶瓷片的极化方向相反；后质量块一般采用重金属（如钢、铜等），用以获得较大的前后振速比，从而使声能量尽可能多地前向辐射；预应力螺栓使得换能器各部分充分胶接，并保证压电陶瓷处于合适的受压状态。当以一定频率的电压激励压电陶瓷晶堆时，其带动前辐射头和后质量块共同产生纵向振动，并向外辐射声能量。可见该种结构的换能器主要利用了它的纵振基频，其工作频率一般在十千赫到几十千赫范围内。

压电纵振复合棒型水声换能器具有质量小，体积小，声能量密度大，结构简单，造价低廉，易于布阵等优点。

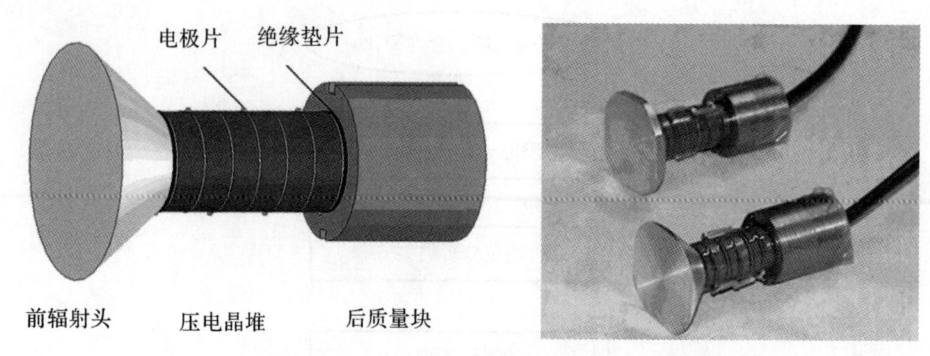

图 16.9 压电纵振复合棒型水声换能器结构示意图及实物图

对上述换能器我们应用等效网络法进行分析，其 Mason 等效网络如图 16.10 所示，对其可以利用电学理论进行分析。由于电学处理问题的方法非常丰富，我们可适当选择合理的方式。其中一种方式是将如图 16.10 所示的网络继续等效成更简单地回路，使其包含更少量的元素，然后进行分析。但实际中为了保持等效网络的物理意义明确，一般不再对上面的网络进行简化，而是应用 Kirchhoff 电压定律直接进行分析，其分析的导纳曲线及发射电压响应级曲线如图 16.11 所示。

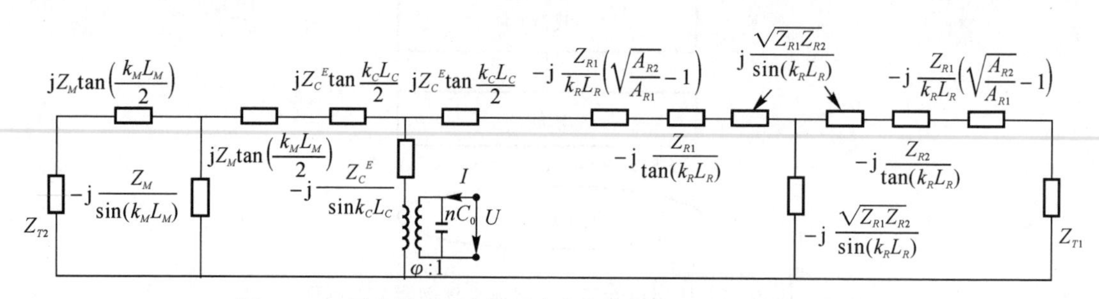

图 16.10 压电纵振复合棒型水声换能器的 Mason 等效网络图

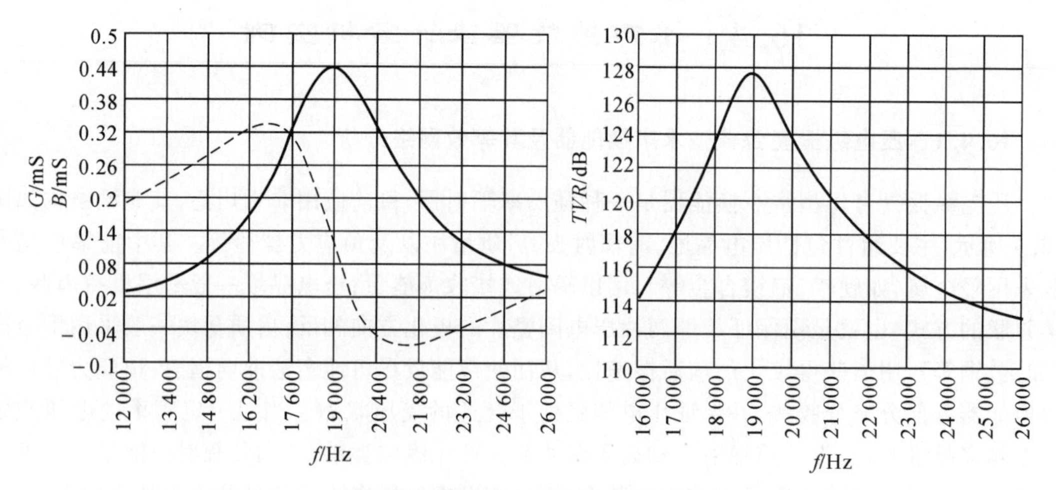

图 16.11 应用等效网络法分析压电纵振复合棒型水声换能器的导纳曲线及发射电压响应级曲线

16.4.2 溢流式嵌镶圆管换能器及其有限元分析

溢流环是一种高效的水下低频发声器，它可以简单的描述成中空的圆管结构，中间为可自由溢流的液腔，充满了海水等流体介质。当溢流环浸没在流体中时，通过施加低频电场激励溢流环产生某种形式的振动（如径向的），从而进一步激励溢流环的液腔发生同频振动，由于液腔的固有频率相对较低，因而溢流环可在较低的频率上向外辐射声能。溢流环可以是单个径向极化的压电圆管，但是烧结工艺限制了这种压电圆管的最大直径一般在 150 mm 以内，所以人们往往采用若干个切向极化的压电陶瓷条混合适当的金属条嵌镶成圆管的形式，并在周向采用预应力预紧技术来加以实现，如图 16.12 所示。比较而言，这种嵌镶结构可制成任意大小的圆管尺寸，并且应用了较大的机电耦合系数（利用了 k_{33}）。可见嵌镶圆管溢流式换能器（Free-flooded Segmented Ring Transducer）可有效实现低频大功率发射，有很好的深水性能，但其液腔的频带很窄，是一种窄带换能器。

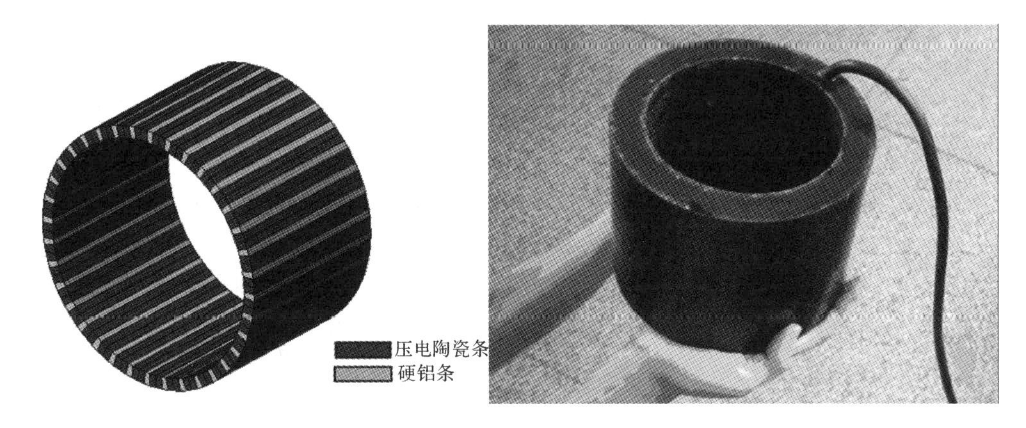

图 16.12　溢流式嵌镶圆管换能器结构示意图及其实物图

对上述换能器我们应用有限元软件 ANSYS 进行分析，其有限元模型如图 16.13 所示，图 16.14 展示的是溢流环在空气中的径向谐振振型及其在水中的导纳曲线。

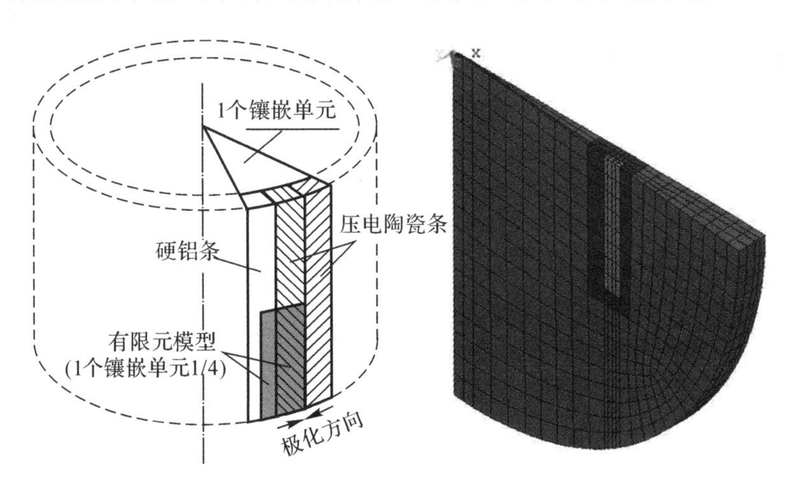

图 16.13　溢流式嵌镶圆管换能器的有限元模型（水中）

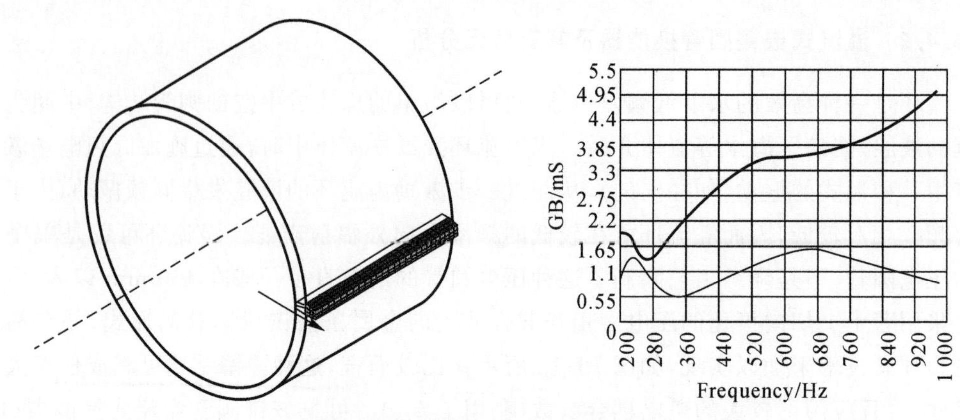

图 16.14　有限元法分析软件给出的溢流环在空气中的径向谐振振型及其在水中的导纳曲线图

16.4.2　Ⅰ类凹筒型弯张换能器及其边界元分析

弯张换能器是目前应用较为广泛的一种大功率中低频水下声源。现在文献普遍认为是William J. Toulis 于 20 世纪 50 年代后期发明了弯张电声换能器，发展至今已存在 7 种类型及其众多的改型结构。这些弯张水声换能器均可轻易实现 3kHz 以下甚至更低的声波辐射，具有体积小、质量小、频率低、功率大的特点，是低频换能器的首选。弯张换能器综合应用了纯弯曲换能器和复合棒纵振换能器的优点，它通过合理的机械变换结构，将压电陶瓷晶堆的伸缩振动模式，转换成薄壳的弯张振动模式，从而实现有效的低频声辐射。图 16.15 所示为Ⅰ类凹型结构的弯张换能器的结构示意图，其中压电陶瓷晶堆电学并联、机械串联后通过轴向预应力螺栓紧固在上、下两个端质量块上，凹型弯曲板条也固定在端质量块上。当压电陶瓷受电场激励产生轴向振动时，端质量块拉伸弯曲板条使之产生类似径向的弯曲振动，向外辐射声能量。显然图 16.15 所示的凹型结构弯张换能器，它的轴向和径向振动总是同相位的(这点与凸型结构不同)，这对换能器的辐射声场来说是有利因素。从如上所述的发声原理上来看，弯张换能器主要存在两种相互关联的振动方式：即壳体的弯曲振动(弯曲方式)和压电晶堆的伸张振动(伸张方式)，整个换能器就像一个机械变压器一样，以一定的径轴振动位移比实现压电晶堆的轴向振动到凹筒型壳体的径向振动的转变。

由于弯张换能器涉及不同振动模式间的耦合，因此有关它的设计与分析相对较为复杂，其传统的解析解法由于其过程繁冗，精确度不高，已逐渐被随着计算机技术而快速发展起来的数值解法所替代。

任何一个性能优异的水声换能器都是来自于正确的机理、合理的结构、准确的设计和精湛的工艺，其中换能器的设计与性能分析是必不可少的重要环节。研制人员通过快捷有效的设计与分析，可及时发现换能器的不足，以便对其进行优化，最终达到满意的结果。目前来讲等效网络法、有限元法和边界元法的应用都比较广泛，三种方法各有侧重。等效网络法在对换能器振元工作机理的更好理解上有其独到之处。有限元法对换能器的性能分析结果更为直观，随着计算机技术的快速发展，该方法也正在逐渐成为换能器设计与分析的主流方法，但它在声场的处理上稍逊一筹，而边界元法正好弥补了这种不足。目前将等效网络法、有限元法和边界元法进行有效的结合，实现不同方法间的数据共享，可使换能器的设计与分析更加的快速、准确、全面，这对换能器的研制具有重要的意义。

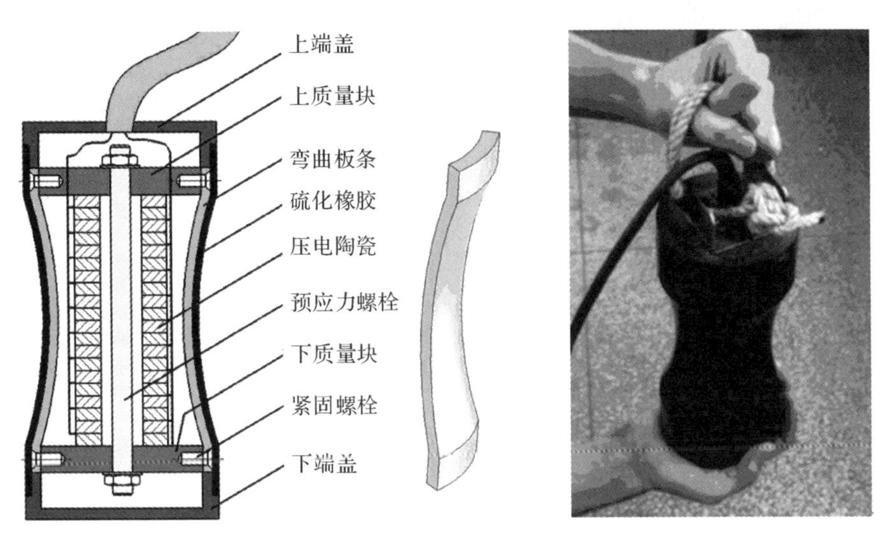

图 16.15　Ⅰ类凹筒型弯张换能器结构示意图及其实物图

对上述换能器我们应用边界元软件 SYSNOISE 进行分析，其边界元模型如图 16.16 所示，图 16.17 所示分析的是弯张换能器在水中的声场分布云图及指向性曲线。

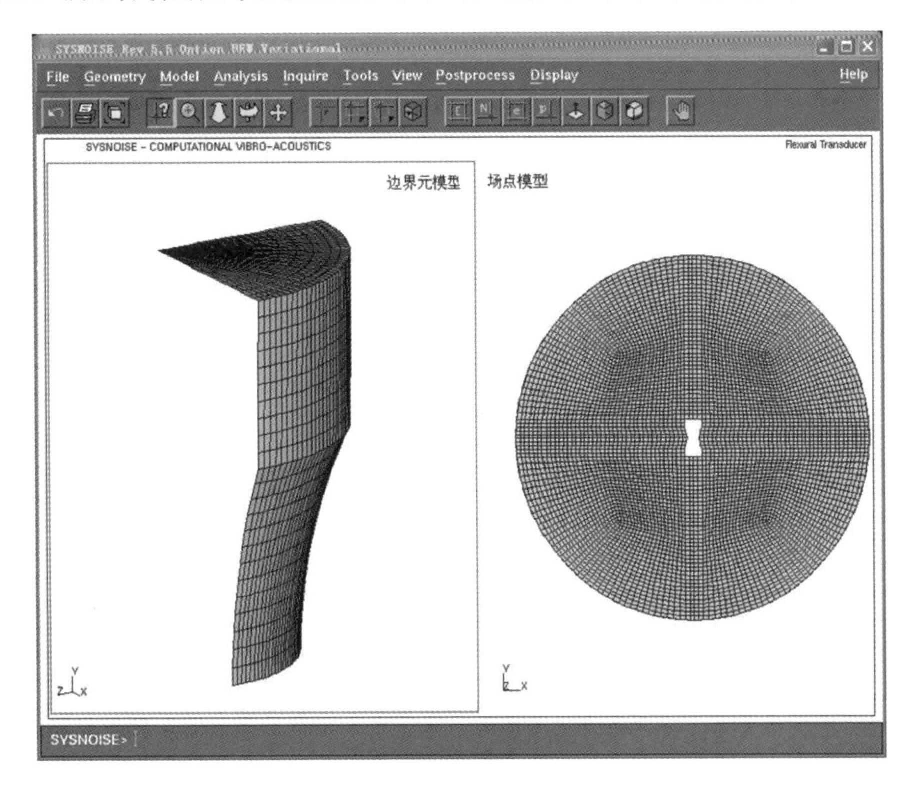

图 16.16　Ⅰ类凹筒型弯张换能器的边界元模型(水中)

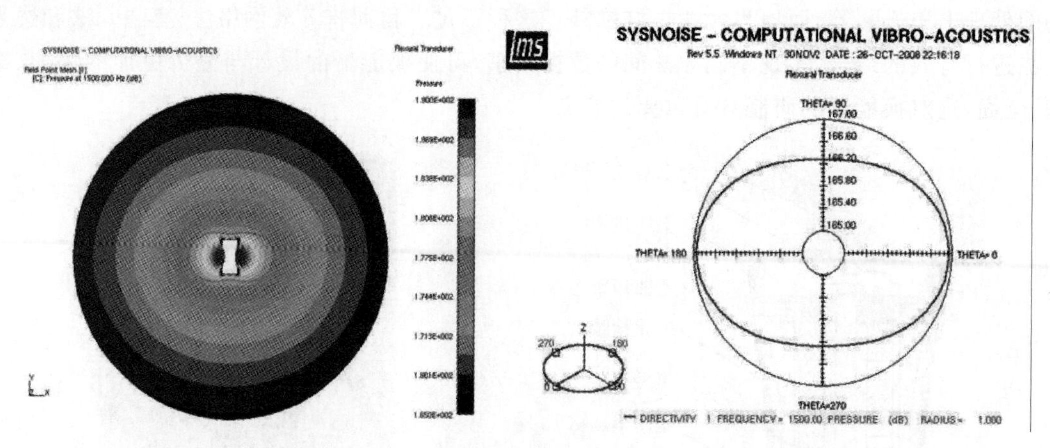

图 16.17　SYSNOISE 软件给出的Ⅰ类凹筒型弯张换能器的声场分布及其指向性曲线(f_0=1.5kHz)

参考文献

[1] SHERMAN C H，BUTLER J L. Transducers and arrays for underwater sound[M]. New York：Springer，2007.

[2] EERN J C P. Quasistatic coupling coefficients for electrostrictive ceramics[J]. The Journal of the Acoustical Society of America，2001，110(1)：197－207.

[3] SHERMAN C H. Underwater sound transducers-a review[J]. IEEE Transactions on Sonics and Ultrasonics，1975，22(5)：281－290.

[4] BUTLER J L. Solution of acoustical-radiation problems by boundary collocation[J]. The Journal of the Acoustical Society of America，1970，48(1)：325－336.

[5] MARTIN G E. On the theory of segmented electromechanical systems[J]. The Journal of the Acoustical Society of America，1964，36(7)：1366－1370.

[6] BATHE K J. Finite element procedures in engineering analysis[M]. Upper Saddle River：Prentice-Hall Inc，1982.

第 17 章　基于最小二乘估计的多基地声呐定位优化算法

17.1　引　　言

多基地声呐系统可以对水下目标在二维空间内进行定位，我们假设声源、接收机与目标处于同一平面。但是，在实际应用中，水下目标却往往不能保证与它们在同一平面上，这就使得现有的二维定位算法存在一定的误差。

现有的多基地声呐系统可获得关于目标的方位角、距离和等测量结果，根据这些测量量与目标位置在空间中的几何关系，利用三个定位曲面就可以确定空间中某个点的位置。由前面的研究可知，在测量量较多的情况下，会存在数据冗余的现象，极大地降低目标的定位精度，为了改善这种现象，必须充分利用系统所获得的各种测量数据，从而解决由于存在数据冗余而造成定位精度下降的问题。本章将最小二乘方法应用于多基地系统定位算法的优化，给出了算法的数学模型和性能仿真结果。

多基地系统的配置方式为 $T/R-R^2$，其系统模型如图 17.1 所示。系统由一个收发合置的基站作为发射站，两个接收基站在不同的位置接收目标回波。在公共坐标系中，发射站的坐标为(x_T, y_T, z_T)，接收站的坐标为(x_i, y_i, z_i)，$i=1,2$ 分别表示接收站 1 和接收站 2，目标的真实位置为(x, y, z)。相对于发射站，目标的斜距、方位角分别为 r_T，φ_T；目标相对于接收站的方位角为 φ_i，$i=1,2$，目标到接收站的距离为 r_i，发射站通过目标到接收站测量的距离和为 ρ_i。

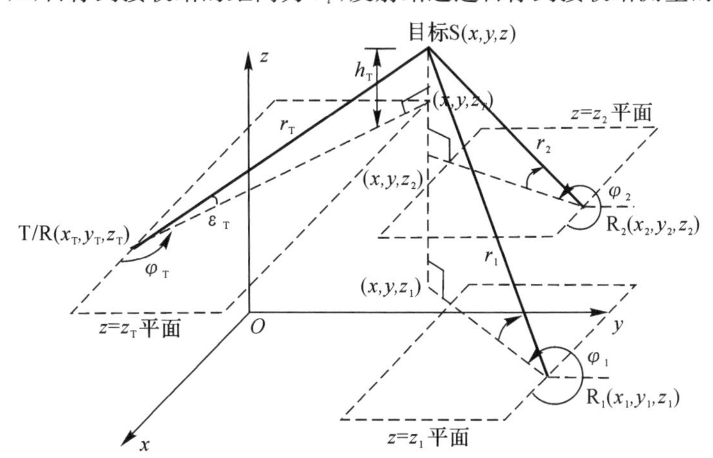

图 17-1　$T/R-R^2$ 型多基地声呐系统观测坐标系及各站与目标位置几何关系

17.2 线性最小二乘定位算法

线性最小二乘方法是以误差的平方和最小为准则，根据观测数据估计线性模型中未知参数的一种基本参数估计方法，是一种应用最广泛地参数估计方法，在理论研究和工程应用中都具有重要的作用，因此，也广泛的应用于多基地声呐的定位中。线性最小二乘法是最小二乘法最简单的一种情况，即模型对所考察的参数是线性的，其可行的实现方式主要有两种：其一，将测量方程的数学表示式泰勒展开，只保留一阶项，得到被测变量关于目标位置的一阶线性方程组。其二，将测量方程进行一定的数学变换，消去二次项，得到一组新的线性方程组。线性方程组的解就是目标的位置估计。

系统配置为T/R - R^2 型多基地声呐，可获得的测量数据有：相对于发射站，目标的斜距和方位角分别为 r_T，φ_T；目标相对于接收站的方位角为 φ_i，$i=1,2$；发射站到目标、目标到接收站的距离和为 ρ_i，$i=1,2$。则测量方程为

$$\left.\begin{aligned}
r_T &= \sqrt{(x-x_T)^2+(y-y_T)^2+(z-z_T)^2} \\
\rho_1 &= \sqrt{(x-x_T)^2+(y-y_T)^2+(z-z_T)^2}+\sqrt{(x-x_1)^2+(y-y_1)^2+(z-z_1)^2} \\
\rho_2 &= \sqrt{(x-x_T)^2+(y-y_T)^2+(z-z_T)^2}+\sqrt{(x-x_2)^2+(y-y_2)^2+(z-z_2)^2} \\
\varphi_T &= \arctan\left(\frac{y-y_T}{x-x_T}\right) \\
\varphi_1 &= \arctan\left(\frac{y-y_1}{x-x_1}\right) \\
\varphi_2 &= \arctan\left(\frac{y-y_2}{x-x_2}\right)
\end{aligned}\right\} \tag{17.1}$$

在多基地声呐正常工作时，能够对参数 r_T，φ_T，φ_i 和 ρ_i 进行测量。令 r_T^m，φ_T^m，φ_i^m，ρ_i^m 分别表示 r_T，φ_T，φ_i 和 ρ_i 的测量值，由于测量数据存在误差，则

$$\left.\begin{aligned}
r_T^m &= r_T + \mathrm{d}r_T \\
\varphi_T^m &= \varphi_T + \mathrm{d}\varphi_T \\
\rho_i^m &= \rho_i + \mathrm{d}\rho_i \\
\varphi_i^m &= \varphi_i + \mathrm{d}\varphi_i
\end{aligned}\right\} \tag{17.2}$$

假设各测量误差是零均值、互不相关的高斯白噪声，对应的标准差分别为 σ_{r_T}，σ_{φ_T}，σ_{ρ_i} 和 σ_{φ_i}。

17.2.1 算法实现和定位误差分析

从方程(17.1)中获得目标位置的估计，一个比较常用的方法，是做泰勒级数展开。首先给出目标的一个初始值 $X_0(x_0,y_0)$ 作为参考点，将测量方程在参考点展开，并进行线性化处理，有

$$\left.\begin{aligned}
r_T &= r_{TX_0} + \frac{\partial r_T}{\partial x}(x-x_0) + \frac{\partial r_T}{\partial y}(y-y_0) + \frac{\partial r_T}{\partial z}(z-z_0) \\
\rho_1 &= \rho_{1X_0} + \frac{\partial \rho_1}{\partial x}(x-x_0) + \frac{\partial \rho_1}{\partial y}(y-y_0) + \frac{\partial \rho_1}{\partial z}(z-z_0) \\
\rho_2 &= \rho_{2X_0} + \frac{\partial \rho_2}{\partial x}(x-x_0) + \frac{\partial \rho_2}{\partial y}(y-y_0) + \frac{\partial \rho_2}{\partial z}(z-z_0) \\
\varphi_T &= \varphi_{TX_0} + \frac{\partial \varphi_T}{\partial x}(x-x_0) + \frac{\partial \varphi_T}{\partial y}(y-y_0) + \frac{\partial \varphi_T}{\partial z}(z-z_0) \\
\varphi_1 &= \varphi_{1X_0} + \frac{\partial \varphi_1}{\partial x}(x-x_0) + \frac{\partial \varphi_1}{\partial y}(y-y_0) + \frac{\partial \varphi_1}{\partial z}(z-z_0) \\
\varphi_2 &= \varphi_{2X_0} + \frac{\partial \varphi_2}{\partial x}(x-x_0) + \frac{\partial \varphi_2}{\partial y}(y-y_0) + \frac{\partial \varphi_2}{\partial z}(z-z_0)
\end{aligned}\right\} \tag{17.3}$$

设

$$\boldsymbol{f} = [r_T, \rho_1, \rho_2, \varphi_T, \varphi_1, \varphi_2]^T \tag{17.4}$$

则方程(17.3)可表示为

$$f(X) = \boldsymbol{f}\,|_{X=X_0} + \boldsymbol{A}(X - X_0) \tag{17.5}$$

其中，$\boldsymbol{A}$ 为在 X_0 点的 Jacobi(雅可比)矩阵。

$$\boldsymbol{A} = \begin{bmatrix}
\dfrac{x_0-x_T}{r_T} & \dfrac{y_0-y_T}{r_T} & \dfrac{z_0-z_T}{r_T} \\
\dfrac{x_0-x_T}{r_T}+\dfrac{x_0-x_1}{r_1} & \dfrac{y_0-y_T}{r_T}+\dfrac{y_0-y_1}{r_1} & \dfrac{z_0-z_T}{r_T}+\dfrac{z_0-z_1}{r_1} \\
\dfrac{x_0-x_T}{r_T}+\dfrac{x_0-x_2}{r_2} & \dfrac{y_0-y_T}{r_T}+\dfrac{y_0-y_2}{r_2} & \dfrac{z_0-z_T}{r_T}+\dfrac{z_0-z_2}{r_2} \\
-\dfrac{y_0-y_T}{r_T^2} & \dfrac{x_0-x_T}{r_T^2} & 0 \\
-\dfrac{y_0-y_1}{r_1^2} & \dfrac{x_0-x_1}{r_1^2} & 0 \\
-\dfrac{y_0-y_2}{r_2^2} & \dfrac{x_0-x_2}{r_2^2} & 0
\end{bmatrix} \tag{17.6}$$

其中，$r_i = \sqrt{(x-x_i)^2 + (y-y_i)^2 + (z-z_i)^2}$，$i=1,2$.

结合式(17.2)和(17.5)可得：

$$\boldsymbol{A\delta} = \boldsymbol{z} - \boldsymbol{e} \tag{17.7}$$

其中

$$\boldsymbol{z} = \begin{bmatrix}
r_T^m - \sqrt{(x-x_T)^2+(y-y_T)^2+(z-z_T)^2} \\
\rho_1^m - \sqrt{(x-x_T)^2+(y-y_T)^2+(z-z_T)^2} - \sqrt{(x-x_1)^2+(y-y_1)^2+(z-z_1)^2} \\
\rho_2^m - \sqrt{(x-x_T)^2+(y-y_T)^2+(z-z_T)^2} - \sqrt{(x-x_2)^2+(y-y_2)^2+(z-z_2)^2} \\
\varphi_T^m - \arctan\left(\dfrac{y-y_T}{x-x_T}\right) \\
\varphi_1^m - \arctan\left(\dfrac{y-y_1}{x-x_1}\right) \\
\varphi_2^m - \arctan\left(\dfrac{y-y_2}{x-x_2}\right)
\end{bmatrix} \tag{17.8}$$

$$\boldsymbol{e}=[\mathrm{d}r_{\mathrm{T}},\ \mathrm{d}\rho_1,\ \mathrm{d}\rho_2,\ \mathrm{d}\varphi_{\mathrm{T}},\ \mathrm{d}\varphi_1,\ \mathrm{d}\varphi_2]^{\mathrm{T}} \tag{17.9}$$

$$\boldsymbol{\delta}=[\delta_x,\delta_y,\delta_z]^{\mathrm{T}} \tag{17.10}$$

由式(17.7),可得 $\boldsymbol{\delta}$ 的加权最小二乘表达式为

$$\boldsymbol{\delta}=[\boldsymbol{A}^{\mathrm{T}}\boldsymbol{R}^{-1}\boldsymbol{A}]\boldsymbol{A}^{\mathrm{T}}\boldsymbol{R}^{-1}\boldsymbol{z} \tag{17.11}$$

其中,

$$\boldsymbol{R}=\mathrm{diag}(\sigma^2_{r_{\mathrm{T}}},\sigma^2_{\rho_1},\sigma^2_{\rho_2},\sigma^2_{\varphi_{\mathrm{T}}},\sigma^2_{\varphi_1},\sigma^2_{\varphi_2}) \tag{17.12}$$

以 X_0 作为初始点,结合式(17.10)进行如下迭代:

$$\begin{bmatrix}x_{k+1}\\y_{k+1}\\z_{k+1}\end{bmatrix}=\begin{bmatrix}x_k\\y_k\\z_k\end{bmatrix}+\begin{bmatrix}\delta_x\\\delta_y\\\delta_z\end{bmatrix} \tag{17.13}$$

迭代直到(x_k,y_k,z_k)收敛至某一点$(x_\varepsilon,y_\varepsilon,z_\varepsilon)$,使得$\delta_x,\delta_y,\delta_z$趋于零,迭代终止。误差的协方差矩阵为

$$\boldsymbol{Q}=[\boldsymbol{A}^{\mathrm{T}}\boldsymbol{R}^{-1}\boldsymbol{A}]^{-1} \tag{17.14}$$

线性最小二乘定位算法的定位误差的 GDOP 表达式为

$$\mathrm{GDOP}=\sqrt{\mathrm{tr}(\boldsymbol{Q})} \tag{17.15}$$

17.2.2 仿真结果分析

仿真条件设为:T 站坐标为(−10,0,0)km;R_1 站的坐标为(10,11.55,0)km,R_2 站坐标为(10,−11.55,0)km;目标高度为 $z=1$ km;测量标准误差分别为 $\sigma_{t_{\mathrm{T}}}=\sigma_{t_1}=\sigma_{t_2}=6.7$ ms,$\sigma_{\varphi_{\mathrm{T}}}=\sigma_{\varphi_1}=\sigma_{\varphi_2}=5$ mrad;目标位置范围为 x 方向 ±20 km,y 方向 ±20 km。Monte Claro 仿真 50 次。仿真得 GDOP 图如图 17.2 所示,改变仿真参数,得图 17.3 至图 17.7。

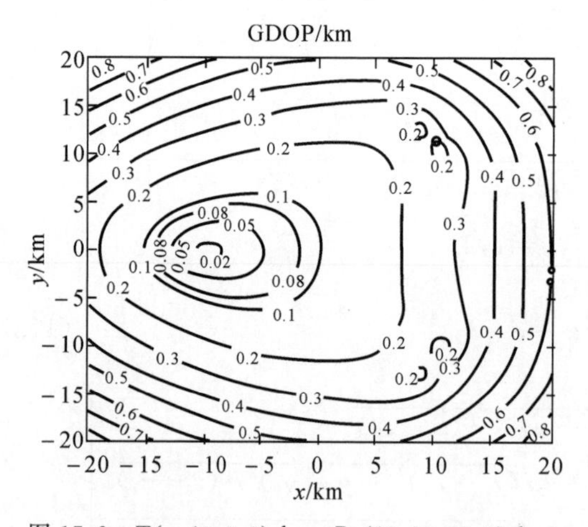

图 17.2 T(−10,0,0) km, R_1(10,11.55,0) km, R_2(10,−11.55,0) km

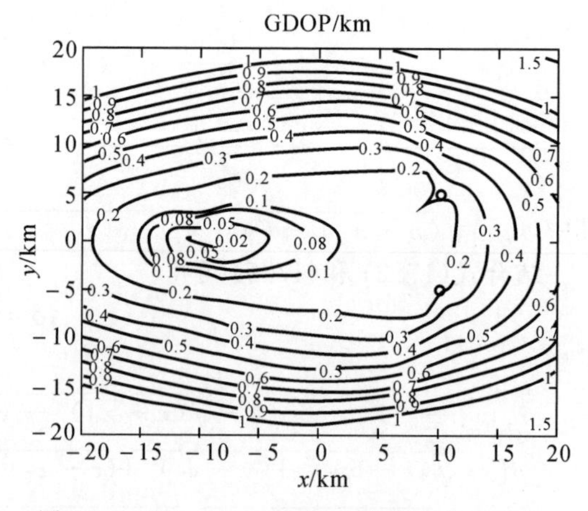

图 17.3 T(−10,0,0) km, R_1(10,5,0) km, R_2(10,−5,0) km 其他条件同图 17.2

由这些图集可以看出 GDOP 曲线的分布规律:发射站周围是定位的高精度区,定位误差以三站包围区域向外均匀扩散增加。

将三站布局变换为等腰三角形时,如图 17.4 所示,三站包围区域定位精度下降不明显,但三站外围定位误差急剧增大,说明算法受站址布局影响很大,等边三角形布站方式优于等腰三

角形；当三站之间距离减小至原来一半时，相同位置的定位误差几乎是原来的一倍。由图 17.5 可以看出，当目标高度较高时，定位效果较好。

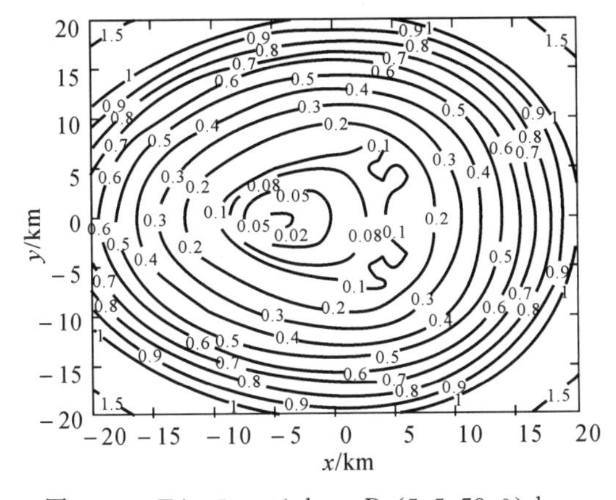

图 17.4　T(−5,0,0) km，R_1(5,5.78,0) km，R_2(5,−5.78,0) km，其他条件同图 17.2

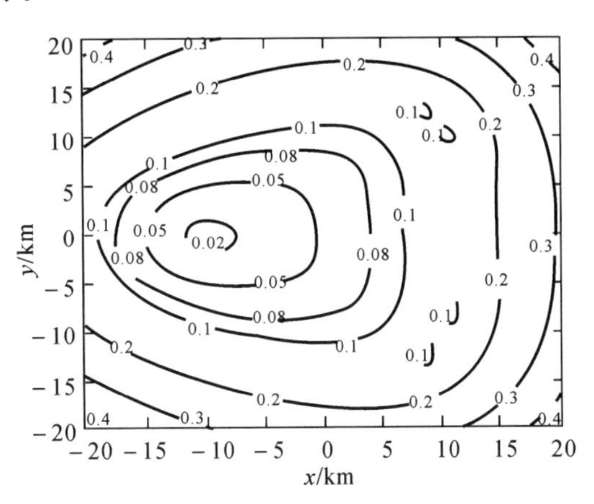

图 17.5　目标高度为 $z=2$ km，其他条件同图 17.2

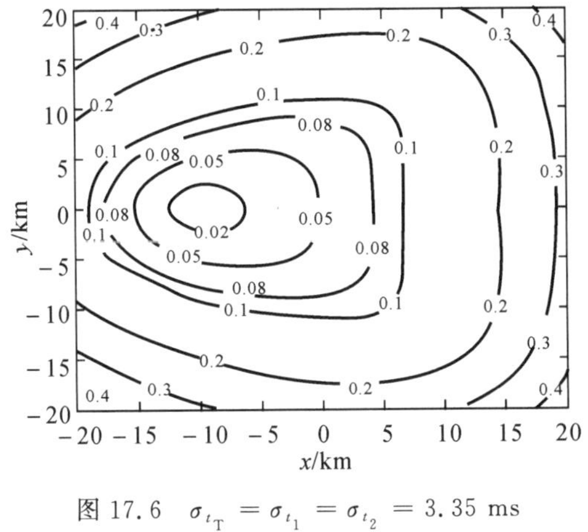

图 17.6　$\sigma_{t_T}=\sigma_{t_1}=\sigma_{t_2}=3.35$ ms，其他条件同图 17.2

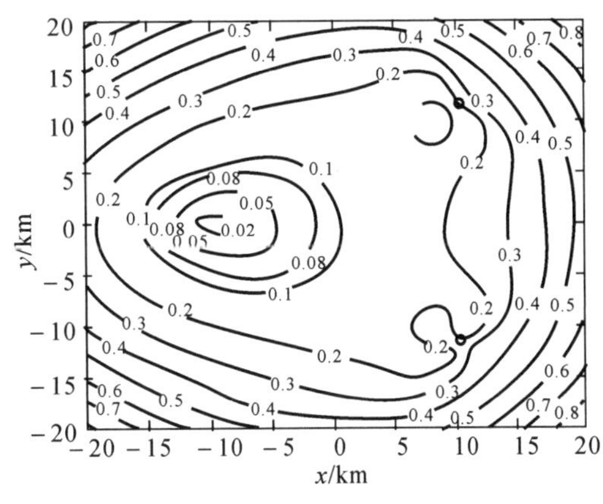

图 17.7　$\sigma_{\varphi_T}=\sigma_{\varphi_1}=\sigma_{\varphi_2}=2.5$ mrad，其他条件同图 17.2

将时间测量误差和角度测量误差分别减为原来的一半时，如图 17.6 和图 17.7 所示，定位精度分别有所提高，比较两图与图 17.3 可知，算法受时间测量误差的影响相对较大。

17.3　优化算法讨论

线性最小二乘定位方法具有处理过程简单，计算量小等优点。按照其实现方式的不同又可分为两种方法。蒙特卡洛仿真结果显示，线性最小二乘方法定位效果稳定，不存在明显的定位盲区，两种方法的定位精度相差不多，算法的适用范围广泛。

在对多基地声呐的定位性能分析时，除了采用线性最小二乘方法外，还可以采用加权最小二乘算法，文献[1]给出了详细的结果，这里仅给出一些比较结果。加权最小二乘方法是一种应用广泛的定位估计方法，其主要优势是通过重复使用观测数据，其定位精度要明显高于舍弃部分测量数据的情况。

表 17.1 两种最小二乘定位算法比较

目标位置/km		算法定位误差/km		
x	y	TOL 算法	线性最小二乘法	加权最小二乘法(非重复分组)
0	5	0.179 0	0.114 2	0.000 9
0	10	0.257 1	0.172 2	0.001 6
0	15	0.435 3	0.291 8	0.004 0
0	20	0.709 9	0.495 2	0.004 3
5	20	0.700 2	0.492 0	0.004 0
10	20	0.801 3	0.556 4	0.003 7
15	20	1.063 4	0.697 7	0.003 4
20	20	1.475 6	0.914 4	0.003 1

下面将两种优化算法进行了比较,仿真数据见表 17.1。仿真参数设置为 T/R 站坐标(−10,0,0) km,R_1 站坐标(10,11.55,0) km,R_2 站坐标(10,−11.55,0) km。水中平均声速为 $v_c=1.5$ km/s;目标高度为 $Z=1$ km;测量误差为 $\sigma_{t_T}=\sigma_{t_1}=\sigma_{t_2}=6.7$ ms;$\sigma_{\varphi_T}=\sigma_{\varphi_1}=\sigma_{\varphi_1}=$ 5 mrad。目标位置的范围为 x 方向±20 km,y 方向±20 km。

分析表 17.1 中的数据可知:

(1)与多基地 TOL 算法相比,线性最小二乘定位算法和加权最小二乘定位算法的定位性能要大大提高,这就是由于充分利用系统冗余数据的结果。

(2)与线性最小二乘算法相比,加权最小二乘算法的优化效果要更好,算法的定位精度要提高很多。

参考文献

[1] 刘若晨. 多基地声纳定位技术与应用研究[D]. 西安:西北工业大学,2012.

[2] 赵俊渭,闫宜生,丁纬,等. 双基地声呐的性能与展望[J]. 声学与电子工程,1991(3):29-33.

[3] 张全. 双基地声呐性能研究[D]. 西安:西北工业大学,1993.

[4] WANG B. Thenature of bistatic and multistatic radar[C]// Beijing:IEEE 2001 CIE International Conference on Radar Proceedings,2001:882-884.

[5] 孙仲康,周一宇,何黎星. 单多基地有源无源定位技术[J]. 北京:国防工业出版社,996.

[6] 杨振起,张永顺,骆永军. 双(多)基地雷达系统 [M]. 北京:国防工业出版社,1998.

[7] MALME C J. Development of a high target strength passive acoustic reflector for low-frequency sonar applications[J]. IEEE Journal of Oceanic Engineering,1994,19(3):438-448.

[8] SULLIVAN S F, HURSKY P. Measurement of sea bed topography and bistatic scattering coefficients with steered frequency source arrays[C]//Proceedings of OCEANS′94. Orlando: IEEE, 1994, 200 - 206.

[9] MOZZONE L, BOGI S, PRIMO F. Deployable underwater surveillance system-analysis of experimental results: report Sr-278[R]. La Spezia Italy: NATO SACLANT Undersea Research Centre, 1997.

[10] MOZZONE L, BOGI S, PRIMO F. Deployable underwater surveillance system-analysis of experimental results: part iii, report Sr-288[R]. La Spezia Italy: NATO SACLANT Undersea Research Centre, 1998.

[11] SWIFT M, RILEY J L, LOUREY S, et al. An overview of the multstatic sonar program in australia[C]//Proceedings of the Fifth International Symposium on Signal Processing and its Applications. Brisbane: IEEE, 1999, 321 - 324.

[12] CHO S, CHUN J. A totalleast squares algorithm for a target localization using multiple sonobuoys[C]//Procccdings of UDT′2002. Korea, 2002.

[13] SANDYS W M, HAZEN M G. Multistatic localization error due to receiver positioning errors[J]. IEEE Journal of Oceanic Engineering, 2002, 27(2):328 - 334.

[14] GOTHERSTROM L. Noise and reverberation in bistatic sonar systems: report of Pb8821108 I/Hdm[R]. La Spezia Italy: NATO SACLANT Undersea Research Centre, 1988.

[15] COX H. Underwater acoustic data processing[M]. Dordrecht: Klvwer Academic Publishers,1989.

[16] 张全，赵俊渭，丁玮. 收发分置声呐的定位方法[C]//全国水声学学术交流会论文集. 北京：中国声学学会，1991:84.

[17] 刘琪，孙仲康. 双基地两坐标雷达定位优化算法[J]. 电子学报，1999，27(2)：120 - 123.

第 18 章　智能优化技术应用于多基地声呐定位分析

在多基地声呐系统中,发射站和接收站均可提供测量信息,而充分地利用系统所获得各种测量数据可有效提高对目标的定位精度。本章考虑将多基地声呐的定位问题看作是一个非线性规划问题,尝试引入模拟退火技术和遗传算法来求解。

18.1　多基地声呐定位的非线性规划模型

对于多基地声呐的系统配置,在二维平面内,设发射站的坐标为(x_T,y_T),接收站的坐标为(x_i,y_i),$i=1,2,\cdots,N$,N 是接收站的数目,目标的坐标为(x,y)。假设各个基站都可获得距离和角度测量数据,则可得到如下的表达式:

$$\left.\begin{aligned} r_T &= \sqrt{(x-x_T)^2+(y-y_T)^2} \\ \rho_i &= \sqrt{(x-x_T)^2+(y-y_T)^2}+\sqrt{(x-x_i)^2+(y-y_i)^2} \\ \varphi_T &= \arctan\left(\frac{y-y_T}{x-x_T}\right) \\ \varphi_i &= \arctan\left(\frac{y-y_i}{x-x_i}\right) \end{aligned}\quad ,i=1,2,\cdots,N \right\} \tag{18.1}$$

由于测量数据会存在误差,这里假设实际测量到的距离和角度信息分别为 r'_T,ρ'_i,φ'_T 和 φ'_i,那么理论数据和实测值的差值表示为

$$\left.\begin{aligned} f_{r_T} &= \sqrt{(x-x_T)^2+(y-y_T)^2}-r'_T \\ f_{\rho_i} &= \sqrt{(x-x_T)^2+(y-y_T)^2}+\sqrt{(x-x_i)^2+(y-y_i)^2}-\rho'_i \\ f_{\varphi_T} &= \arctan\left(\frac{y-y_T}{x-x_T}\right)-\varphi'_T \\ f_{\varphi_i} &= \arctan\left(\frac{y-y_i}{x-x_i}\right)-\varphi'_i \end{aligned}\quad ,i=1,2,\cdots,N \right\} \tag{18.2}$$

由此,我们可以将多基地声呐定位的非线性规划问题概括为在一组约束条件下,确定一组位置坐标(x,y),使得目标函数值最小,也就是让式(18.2)中各表达式差值最小。数学模型如下:

$$\min\left[f_{r_T}^2+f_{\varphi_T}^2+\sum_{i=1}^{N}(f_{\rho_i}^2+f_{\varphi_i}^2)\right] \tag{18.3}$$

$$\text{s.t. } x\in[a,b] \quad y\in[a,b] \tag{18.4}$$

其中，$[a, b]$ 为搜索区间。

18.2　基于模拟退火理论的定位优化算法

有了上述的理论基础，现在我们利用模拟退火算法来解决多基地声呐的定位问题。在这里，以 T/R－R 型双基地声呐为例，给出定位算法的原理。式(18.1)可简化为

$$\left.\begin{aligned} r_T &= \sqrt{(x-x_T)^2+(y-y_T)^2} \\ \rho_1 &= \sqrt{(x-x_T)^2+(y-y_T)^2}+\sqrt{(x-x_1)^2+(y-y_1)^2} \\ \varphi_T &= \arctan\left(\frac{y-y_T}{x-x_T}\right) \\ \varphi_1 &= \arctan\left(\frac{y-y_1}{x-x_1}\right) \end{aligned}\right\} \tag{18.5}$$

则理论数据和实测值的差值可表示为

$$\left.\begin{aligned} f_1 &= \sqrt{(x-x_T)^2+(y-y_T)^2}-r'_T \\ f_2 &= \sqrt{(x-x_T)^2+(y-y_T)^2}+\sqrt{(x-x_1)^2+(y-y_1)^2}-\rho'_1 \\ f_3 &= \arctan\left(\frac{y-y_T}{x-x_T}\right)-\varphi'_T \\ f_4 &= \arctan\left(\frac{y-y_1}{x-x_1}\right)-\varphi'_1 \end{aligned}\right\} \tag{18.6}$$

由式(18.3)可得目标函数的表达式为

$$F(X)=f_1^2+f_2^2+f_3^2+f_4^2 \tag{18.7}$$

图 18.1 所示给出了算法的流程图，此处只给出了双基地声呐的定位方法，多基地的定位方法可类推得到。

对 T/R－R 型双基地声呐和T/R－R^2 型三基地声呐分别进行仿真分析。仿真参数设置为：目标范围 x 方向±20 km，y 方向±20 km，水中声速 $v_c=1.5$ km/s，对于双基地声呐：T/R 站坐标为(－7.5,0) km，R 站坐标为(7.5,0) km，时间测量误差 $\sigma_{\tau_T}=55$ ms，$\sigma_{\tau_1}=59$ ms，角度测量误差 $\sigma_{\varphi_T}=\sigma_{\varphi_1}=15$ mrad；Monte-Carlo 模拟 100 次。应用模拟退火定位算法进行仿真，结果如图 18.2、图 18.3 及表 18.1 所示。

表 18.1　SA 算法与 TOL 算法定位误差的比较

目标位置/km		测量误差 $\sigma_{\tau_T}=55$ ms，$\sigma_{\tau_1}=59$ ms，$\sigma_{\varphi_T}=\sigma_{\varphi_1}=15$ mrad 时的定位误差/km		测量误差 $\sigma_{\tau_T}=5$ ms，$\sigma_{\tau_1}=5.5$ ms，$\sigma_{\varphi_T}=\sigma_{\varphi_1}=1.5$ mrad 时的定位误差/km
x	y	TOL 算法	SA 算法	SA 算法
0	5	0.106 8	0.079 2	0.095 0
0	10	0.107 3	0.215 9	0.079 7
0	15	0.132 3	0.078 1	0.019 9
0	20	0.162 3	0.201 3	0.084 7

续表

目标位置/*km*		测量误差 $\sigma_{\tau_T}=55$ ms，$\sigma_{\tau_1}=59$ ms，$\sigma_{\varphi_T}=\sigma_{\varphi_1}=15$ mrad 时的定位误差/km		测量误差 $\sigma_{\tau_T}=5$ ms，$\sigma_{\tau_1}=5.5$ ms，$\sigma_{\varphi_T}=\sigma_{\varphi_1}=1.5$ mrad 时的定位误差/km
5	20	0.171 0	0.198 6	0.042 1
10	20	0.194 4	0.366 3	0.034 7
15	20	0.235 6	0.180 9	0.151 3
20	20	0.295 9	0.788 7	0.458 5
误差均值		0.338 4	0.328 5	0.273 8

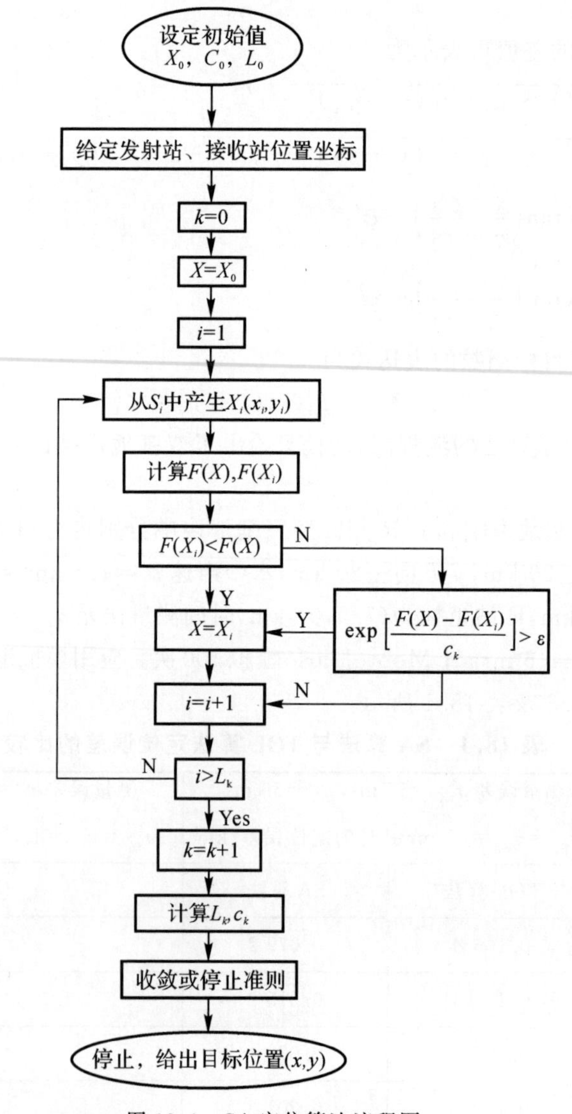

图 18.1　SA 定位算法流程图

由图 18.2,图 18.3 以及表 18.1 可得到如下结论：

(1)SA 算法不存在明显的高精度区,在整个定位区域内算法的定位精度都比较高;而传统的 TOL 算法在探测的大部分区域,定位精度较高,但是在发射站和接收站的两侧区域和基线区,定位精度较差。

(2)SA 算法很好地解决了 TOL 算法基线位置定位模糊的问题,并在整个区域上的误差均值较 TOL 算法有一定提高。

(3)当改变减小各个测量误差时,SA 算法的定位精度有了很大的提高。

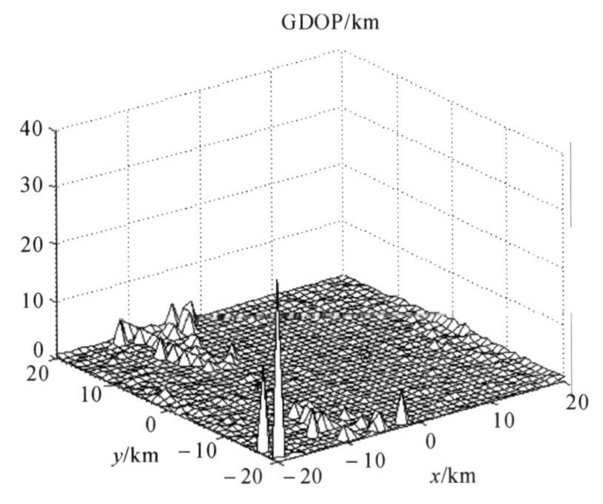

图 18.2　T/R－R 型声呐的 GDOP 分布图

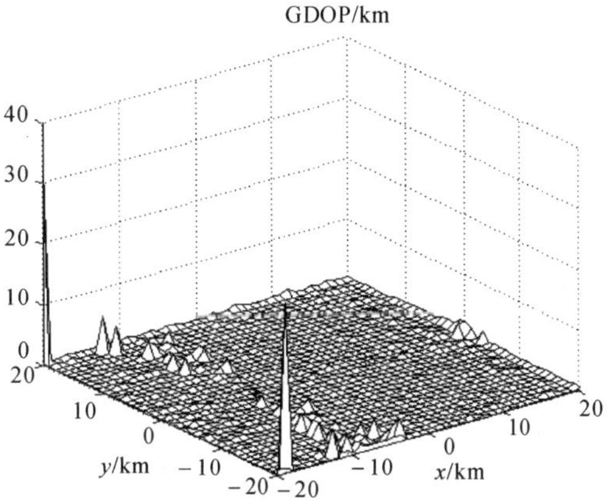

图 18.3　测量误差减小后的 GDOP 分布图

为了更加直观地展示 SA 定位算法的迭代过程,下面,以 T/R－R 型双基地声呐为例,对单目标点的定位过程进行了仿真,这里,假定目标位置为(11,5) km。采用 SA 算法得到目标位置坐标为(10.911,4.958) km。对于一次模拟退火过程,其迭代次数为 23 次。迭代过程中目标位置与真值的偏离程度曲线如图 18.4 所示。

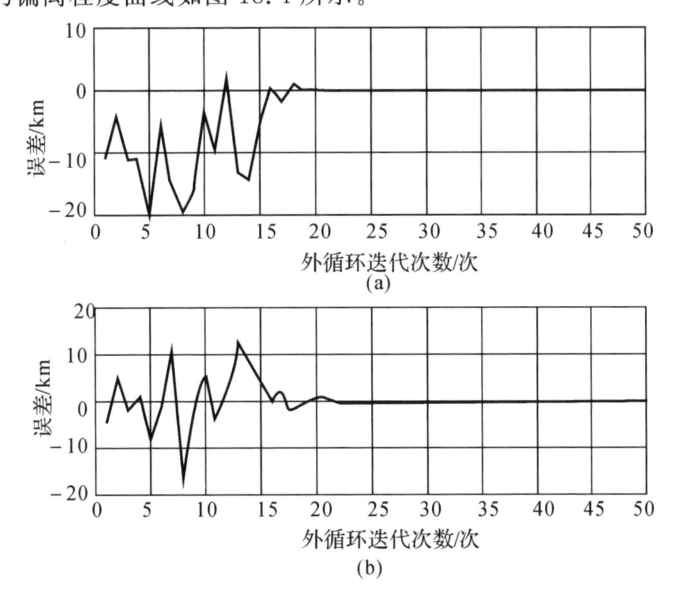

图 18.4　SA 定位算法迭代过程中目标位置坐标与真值偏离程度曲线

(a)迭代过程中 x 坐标对真值偏离程度曲线；(b)迭代过程中 y 坐标对真值偏离程度曲线

为了加快算法的运算速度，可以采用 FSA 算法。通过仿真计算得到的目标位置坐标为(10.934，4.938)km，其迭代次数为 12 次，迭代过程如图 18.5 所示。

从图 18.4 和图 18.5 的结果可以看出，采用 FSA 算法之后确实能提高运算速度，对于定位精度的影响并不是很大。

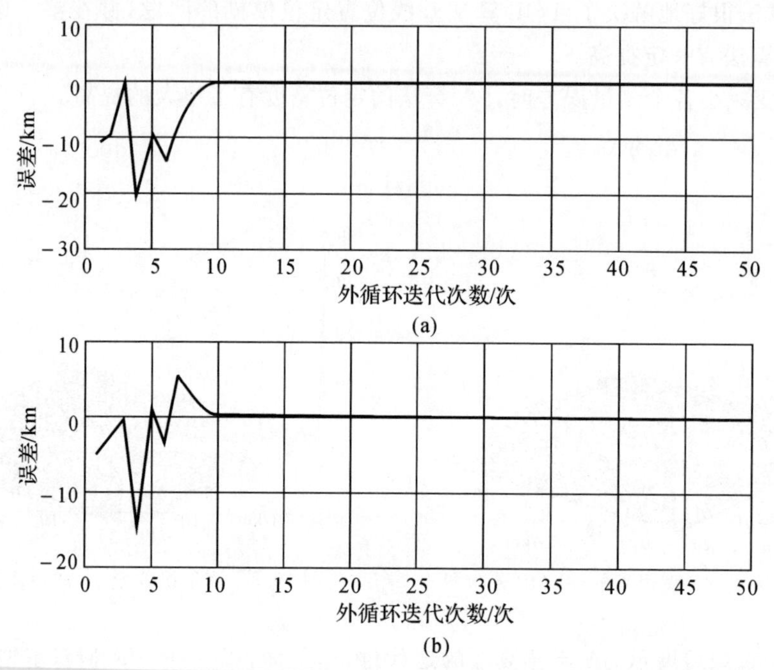

图 18.5　FSA 定位算法迭代过程中目标位置坐标与真值偏离程度曲线

(a)迭代过程中 x 坐标对真值偏离程度曲线；(b)迭代过程中 y 坐标对真值偏离程度曲线

18.3　基于遗传理论的定位优化算法

遗传算法类似于自然进化，通过作用于染色体上的基因寻找好的染色体来求解问题。与自然界相似，遗传算法对求解问题的本身一无所知，它所需要的仅仅是算法所产生的每个染色体进行评价，并基于适应值来选择染色体，使适应性好的染色体有更多的繁殖机会。在遗传算法中，通过随机方式产生若干个所求解问题的数字编码，即染色体，形成初始种群；通过适应度函数给每个个体一个数值评价，淘汰低适应度的个体，选择高适应度的个体参加遗传操作，经过遗传操作后的个体集合形成下一代新的种群。再对这个新种群进行下一轮的进化。我们同样可以用遗传算法处理最优定位误差估计问题。

以 T/R－R 型双基地声呐为例，给出求解定位问题的遗传算法算法的构造过程。其定位过程分为如下几个步骤：

1. 确定决策变量及约束条件

在这里，我们假定目标探测范围为 x 方向上 ± 20 km，y 方向上 ± 20 km，于是有

$$\text{约束条件}\quad \left.\begin{aligned} -20 \leqslant x \leqslant 20 \\ -20 \leqslant y \leqslant 20 \end{aligned}\right\} \tag{18.8}$$

2. 建立优化模型

由 18.1 节可知,优化模型如下:

$$\min(f_{r_T}^2 + f_{\varphi_T}^2 + f_{\rho_1}^2 + f_{\varphi_1}^2) \tag{18.9}$$

3. 确定编码方法

假设某一参数的取值范围是$[U_{min}, U_{max}]$,我们用长度为 λ 的二进制编码符号串来表示该参数,则它总共能够产生 2^λ 种不同的编码,参数编码的公式如下:

$$\delta = \frac{U_{max} - U_{min}}{2^\lambda - 1} \tag{18.10}$$

其中,δ 为二进制编码的编码精度。

对于该定位求解问题,给定编码精度 $\delta = 0.002$km,通过公式(18.10)求解可得 $\lambda = 15$,即用长度为 10 位的二进制编码串来分别表示二个决策变量 x, y。

15 位二进制编码串可以表示从 0 到 32 767 之间的 32 768 个不同的数,故将 x, y 的定义域离散化为 32 767 个均等的区域,包括两个端点在内共有 32 768 个不同的离散点。从离散点 -20 到离散点 20,依次让它们分别对应于从 000000000000000(0) 到 111111111111111(32 767)之间的二进制编码。再将分别表示 x, y 的 2 个 15 位长的二进制编码串连接在一起,组成一个 30 位长的二进制编码串,它就构成了这个定位优化问题的染色体编码方法。

4. 确定解码方法

假设某一个体的编码是:

$$x: b_\lambda b_{\lambda-1} b_{\lambda-2} \cdots b_2 b_1 \tag{18.11}$$

则对应的解码公式为

$$x = U_{min} + \left(\sum_{i=\lambda}^{1} b_i 2^{i-1}\right) \cdot \frac{U_{max} - U_{min}}{2^\lambda - 1} \tag{18.12}$$

解码时先将 30 位长的二进制编码串切断为 2 个 15 位长的二进制编码串,然后分别将它们转换为对应的十进制整数代码,分别记为 x' 和 y'。

5. 确定个体评价方法

由优化模型可知,是要求解式(18.9)的最小值,而$(f_{r_T}^2 + f_{\varphi_T}^2 + f_{\rho_1}^2 + f_{\varphi_1}^2)$的值域总是非负的,因此,这里我们要做一个变换,将个体的适应度取为

$$F(X) = \frac{1}{f_{r_T}^2 + f_{\varphi_T}^2 + f_{\rho_1}^2 + f_{\varphi_1}^2} \tag{18.13}$$

6. 设计遗传算子

选择运算使用比例选择算子;

交叉运算使用单点交叉算子;

变异运算使用基本位变异算子。

7. 确定遗传算法的运行参数

对于本例,其运行参数设定如下:

群体大小:$M = 100$

终止代数:$T = 100$

交叉概率:$P_c = 0.6$

变异概率:$P_m = 0.1$

仿真结果分析

为了验证遗传定位算法的性能，在计算机上进行了仿真，对于T/R-R型双基地声呐，仿真条件为：目标范围 x 方向 ± 20 km，y 方向 ± 20 km，水中声速 $v_c=1.5$ km/s，T/R站坐标为(-7.5,0) km，R站坐标为(7.5,0) km，时间测量误差 $\sigma_{\tau_T}=55$ ms，$\sigma_{\tau_1}=59$ ms，角度测量误差 $\sigma_{\varphi_T}=\sigma_{\varphi_1}=15$ mrad，蒙特卡诺：50次。仿真结果如图18.6所示。改变时间测量误差为 $\sigma_{\tau_T}=5$ ms，$\sigma_{\tau_1}=5.5$ ms，角度测量误差为 $\sigma_{\varphi_T}=\sigma_{\varphi_1}=1.5$ mrad，仿真结果如图18.7所示。

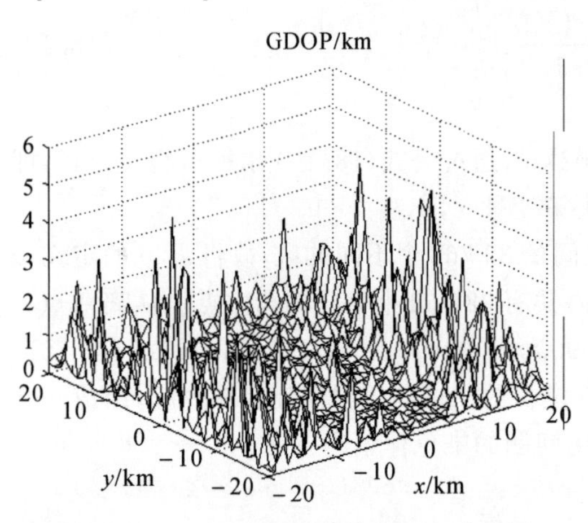

图18.6 T/R-R型声呐的GDOP分布图

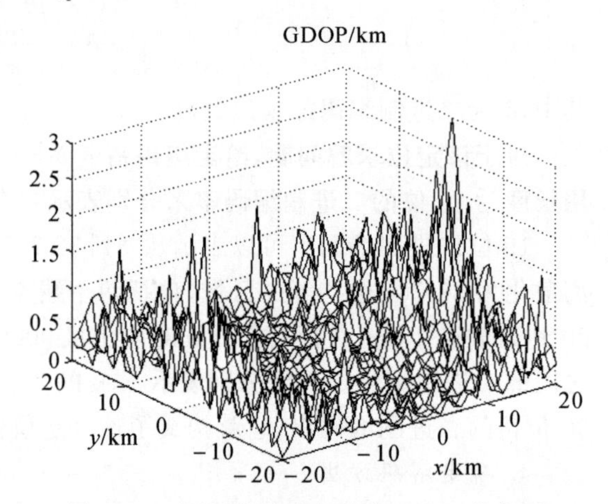

图18.7 测量误差减小后的GDOP分布图

不同测量误差下的定位误差值见表18.2。

表18.2 不同测量误差下的定位误差值

目标位置/km		定位误差/km	
x	y	测量误差 $\sigma_{\tau_T}=55$ ms， $\sigma_{\tau_1}=59$ ms，$\sigma_{\varphi_T}=\sigma_{\varphi_1}=15$ mrad	测量误差 $\sigma_{\tau_T}=5$ ms， $\sigma_{\tau_1}=5.5$ ms，$\sigma_{\varphi_T}=\sigma_{\varphi_1}=1.5$ mrad
0	5	0.057 7	0.172 8
0	10	0.022 4	0.008 6
0	15	0.203 6	0.127 1
0	20	0.021 2	0.072 5
5	20	0.264 0	0.076 6
10	20	0.192 4	0.371 6
15	20	0.278 0	0.132 2
20	20	0.211 7	0.264 9
定位误差均值		0.394 1	0.318 4

由图18.6，图18.7以及表18.2的数据可得到如下结论：

(1)采用遗传定位算法进行水下目标定位时，在大部分探测区域，定位精度较高，不存在明显的定位盲区。

(2)结合表 18.2 的数据可以得到，当测量误差减小时，系统在大部分位置的定位精度都有所提高。对整个区域求误差的均值，在原来参数下的误差均值为 0.394 1 km，误差减小之后为 0.318 4 km，这说明测量误差对算法还是有一定影响的。

本章根据多基地声呐定位系统存在冗余信息的特点，将多基地声呐定位问题转化成一个线性规划问题，基于最优化理论，尝试引入模拟退火算法和遗传算法来解决这一问题。

基于模拟退火理论的定位优化算法，与传统的 TOL 算法相比，没有明显的高精度区，定位误差分布比较均匀，系统在整个区域上的定位精度较高，并且受系统参数的影响较大。算法操作起来比较简单，易于实现，有一定的工程实用价值。为了提高算法的迭代速度，可以采用一些修正的 SA 算法(例如 FSA 方法等)。

基于遗传理论的定位优化算法，与 SA 算法相似，没有明显的高精度区域划分，而且算法受系统参数的影响并不是很大。

参考文献

[1] 刘若辰. 多基地声呐定位技术与应用研究[D]. 西安：西北工业大学，2012.

[2] ZHANG Q, ZHAO J W. Accuracy analyses of bistatic sonar localization[C]// Beijing：Proceedings of ICA14，1992.

[3] 刘琪，孙仲康. 双基地两坐标雷达对三维目标的最优化定位算法[J]. 电子与信息学报，2000，22(3)：366－372.

[4] 凌国民. 海洋水声检测技术[J]. 声学与电子工程，2001，1：1－6.

[5] 张小凤，赵俊渭，王荣庆，等. 双基地声纳定位精度和算法研究[J]. 系统仿真学报，2003，15(10)：1471－1473.

[6] 王成. 双/多基地主动声纳目标特性研究[D]. 西安：西北工业大学，2004.

[7] 孙志洁. 双/多基地声纳定位算法研究[D]. 西安：西北工业大学，2005.

[8] 张小凤. 双/多基地声呐定位及目标特性研究[D]. 西安：西北工业大学，2003.

[9] 凌青. 基于多站址信息综合的水下探测定位技术研究[D]. 哈尔滨：哈尔滨工程大学，2006.

第 19 章　AI 与智能化的最新进展

人工智能(Artificial Intelligence,AI)是研究、模拟、延伸和扩展人的智能及应用的一门新的技术科学。人工智能(AI)以计算机科学(Computer Science)为基础,由计算机、心理学、哲学等多学科交叉融合而成,包含机器学习、计算机视觉、自然语言处理和专家系统等多种不同技术。人工智能研究的一个主要目标是了解智能的实质,使机器能够胜任一些通常需要人类智能才能完成的复杂工作。

人工智能从诞生以来,理论和技术日益成熟,应用领域也不断扩大。按照智能化程度人工智能可分为强人工智能和弱人工智能。强人工智能认为可以制造出能推理和解决问题的智能机器,这样的机器被认为是有知觉的、有自我意识的。强人工智能有两类:类人的人工智能,即机器可以对人的意识、思维的信息处理过程进行模拟,虽然不是人的智能,但能像人那样思考,也可能超过人的智能;非类人的人工智能,即机器产生了和人完全不一样的知觉和意识,使用和人完全不一样的推理方式。强人工智能是一种通用化的人工智能。弱人工智能,也可称为专用人工智能,否认强人工智能的观点,认为机器并不会真正拥有智能,也不会有自主意识。目前强人工智能的研究处于停滞阶段,而弱人工智能在大数据、深度学习、云计算等先进技术的加持下,发展势头迅猛,已经在金融监管、医学诊断、DNA 序列测序,以及棋艺、网游、战略游戏和机器人运用等领域取得巨大进步,未来其应用场景将逐渐由专业化转变为更加深度、更加多元的通用化应用场景。

19.1　智能算法历史及技术进展

19.1.1　人工智能的历史与发展

人工智能起源于 20 世纪 50—60 年代,1950 年英国数学家、逻辑学家艾伦·图灵(Alan Mathison Turing)在牛津大学的 MIND 期刊上发表了一篇题为《计算机器与智能》(*Computing Machinery and Intelligence*)的论文,提出了一种测试机器是否具备人类智能的方法,即著名的图灵测试,并讨论了人类智能机械化的可能性,为人工智能的发展奠定了理论基础[1]。

人工智能概念的提出要追溯到 1956 年,由数学家麦卡锡(J. McCarthy)、数学家明斯基(M. Minsky)等著名科学家,在美国达特茅斯(Dartmouth)大学举办了一次长达两个月的十人研讨会,讨论用机器模拟人类智能问题,首次使用“人工智能”这一术语。这是人类历史上第一次人工智能研讨会,标志着国际人工智能学科的诞生,发起这次研讨会的人工智能学者麦卡锡和明斯基,则被誉为国际人工智能的“奠基者”或“创始人”[2-3]。

之后的50余年里，众多科学家从符号学和仿生学两个方面对人工智能展开研究，经历了两次低谷和三次浪潮，诞生了机器学习、专家系统、神经网络、遗传算法等相关的科学和技术，在此期间人工智能的研究局限在理论和算法层面，鲜有实际应用问世[4]。

直到2006年杰夫·辛顿(Geoffrey Hinton)提出深度学习的理论，利用预训练方法缓解了局部最优解问题，揭开了深度学习的浪潮，在语音和图像识别方面取得的效果，远远超过先前相关技术，人工智能进入高速发展期。

2010年，戴密斯·哈萨比斯(Demis Hassabis)创办了DeepMind科技公司(2014年被谷歌收购)，象征着计算机技术已进入人工智能的新信息技术时代(新IT时代)，其特征就是大数据、大计算、大决策，三位一体，机器的智慧正在接近人类。

2016年1月27日，国际顶尖期刊《自然》封面文章报道[5]，谷歌DeepMind开发的名为AlphaGo的人工智能机器人，在没有任何让子的情况下，以5∶0完胜欧洲围棋冠军、职业二段选手樊麾；同年3月AlphaGo挑战世界围棋冠军李世石，以4∶1的总比分取得了胜利；2017年5月以3∶0的总比分战胜排名世界第一的世界围棋冠军柯洁。AlphaGo的关键技术有深度学习、强化学习和蒙特卡罗树搜索[5-8]。之后，戴密斯宣布“要将AlphaGo和医疗、机器人等进行结合”。

2020年，DeepMind公司发布了一种能将蛋白质的形状预测到接近原子尺度的AI系统AlphaFold，该AI系统在国际蛋白质结构预测竞赛(Critical Assessment of Protein Structure Prediction，CASP)上击败其余的参会选手，精确地基于氨基酸序列，预测蛋白质的3D结构，其准确性可与使用冷冻电子显微镜(CryoEM)、核磁共振或X射线晶体学等实验技术解析的3D结构相媲美。在2022年4月，描述AlphaFold的人工智能系统的论文在《自然》上发表，副标题为“能够预测蛋白质3D形状的DeepMind软件正在改变生物学”[9-13]。

2022年2月DeepMind与瑞士等离子体中心(Swiss Plasma Center，SPC)公布了AI用于核聚变的新成果。他们宣布训练出一种深度强化学习算法，可用于核聚变研究中的等离子体磁控制。相关论文在2022年11月以“Magnetic Control of Tokamak Plasmas Through Deep Reinforcement Learning”(基于深度强化学习的托卡马克等离子体磁场控制)为题发表在《自然》上，显示了人工智能中的强化学习在加速聚变领域研究方面的潜力，是强化学习“在现实世界系统中最具挑战性的应用之一”，也是实现可持续能源的一条有希望的道路。

正如DeepMind公司的乔纳斯·布赫利(Jonas Buchli)所说：“我们相信人工智能是人类创造力的倍增器，开启了新的探究领域，使我们能够充分发挥潜力。人工智能系统正变得足够强大，可以应用于许多现实世界的问题，包括科学发现本身”。

由此可见，机器的确开始具有了某种学习能力。它在训练中得到的不再只是规则、对象信息，而是还能获得对象出现的可能条件。换言之，它已经能够开始“感受”和捕捉可能性，而不只是现成之物了。这种学习就是一个非线性的、概率的、反馈调整的和逐层逐时地深化和构成的准发生过程。这是一个具有某种真实时间历程的习得过程。

国内从2010年以后，开始出现人工智能领域的相关应用，其中科大讯飞模仿人脑聆听和处理人类语音的方式，开展深度神经网络在语音识别领域的研究，发布了智能讯飞输入法等技术。2017年至今，以华为、百度和小米为首的中国三大公司瞄准智能家居和物联网，提出万物互联的口号，发布500余款设备，用人工智能让人和设备的交互更自然，人工智能开始深度进入人们的日常生活，进一步促进了人工智能的蓬勃发展。

19.1.2 人工智能与机器学习

机器学习来源于早期的人工智能领域，属于人工智能的分支之一，且处于核心地位。顾名思义，机器学习的研究旨在让计算机学会学习，能够模拟人类的学习行为，建立学习能力，实现识别和判断。机器学习使用算法来解析海量数据，从中找出规律并完成学习，用学习出来的思维模型对真实事件做出决策和预测。这种方式也称为“训练”。传统算法包括决策树、朴素贝叶斯、支持向量机、随机森林、人工神经网络、关联规则算法、期望最大化算法等。根据数据的性质和期望的结果，学习模型可以分成四种，分别是监督学习、无监督学习、半监督学习和其他学习算法(包括强化学习、迁移学习等)[15]。

机器学习经历了两次发展浪潮，浅层学习是机器学习的第一个发展浪潮。20 世纪 80 年代末期，用于人工神经网络的反向传播算法(也叫 Back Propagation 算法或者 BP 算法)的发明，掀起了基于统计模型的机器学习热潮。人们发现，利用 BP 算法可以让一个人工神经网络模型从大量训练样本中学习统计规律，从而对未知事件做预测。这个时候的人工神经网络，虽也被称作多层感知机(Multi-layer Perceptron)，但实际是只含有一层隐层节点的浅层模型。

20 世纪 90 年代，各种各样的浅层机器学习模型相继被提出，例如支持向量机(Support Vector Machines，SVM)、Boosting、最大熵方法(如 Logistic Regression，LR)等。这些模型的结构基本上可以看成带有一层隐层节点(如 SVM、Boosting)，或没有隐层节点(如 LR)。这些模型无论是在理论分析还是应用中都获得了巨大的成功。

深度学习是机器学习的第二次浪潮，在 2006 年由杰夫·辛顿等人首次提出，是机器学习的一种实现技术。杰夫·辛顿等有两个主要观点：①多隐层的人工神经网络具有优异的特征学习能力(从少数样本集中学习数据集的本质特征)，学习得到的特征对数据有更本质的刻画，从而有利于可视化或分类；②深度神经网络在训练上的难度，可以通过“逐层初始化”(Layer-wise Pre-training)来有效克服，多隐层的好处是可以用较少的参数表示复杂的函数。至今有数种深度学习框架，如深度神经网络、卷积神经网络、深度置信网络和递归神经网络等，已被应用在计算机视觉(如阿里、海康威视等的刷脸支付、解锁)、自然语言处理(如谷歌、华为、百度、小米等的语音助手、智能音箱，科大讯飞的智能语音输入法、手写识别等)、生物信息学(蛋白质结构预测)等领域并获取了极好的效果。

国外的互联网技术巨头正在深入研究和应用机器学习，他们把目标定位于全面模仿人类大脑，试图创造出拥有人类智慧的机器大脑。随着万物物联概念的提出，人工智能和机器学习也开始进入普通消费者的视野，特斯拉公司的自动驾驶、苹果公司的 Siri、微软公司的小冰、百度公司的小度等已经逐渐让人们体验到了人工智能对人们生活的影响，在不久的将来人工智能将会影响到生活、工作的方方面面，推动智能化产业的新一轮发展。

19.2 机器学习常用算法原理及应用实例

19.2.1 机器学习常用算法

机器学习的定义，假设用性能度量 P 来评估机器在某类任务 T 的性能，若该机器通过经验 E 在任务 T 中改善其性能 P，那么可以说机器对经验 E 进行了学习。其中任务 T 包括分类、语音识别、机器翻译等；性能度量 P 包括准确率、错误率；经验 E 包括监督学习、强化学习中的先验知识等。

机器学习算法主要是指通过数学及统计方法求解最优化问题的步骤和过程，目标就是在一定的网络结构基础上，构建数学模型，选择相应的学习方式和训练方法，学习输入数据的数据结构和内在模式，不断调整网络参数，通过数学工具求解模型最优化的预测反馈，提高泛化能力、防止过拟合[18]。

按照学习方式的不同常见的机器学习算法可以分为 4 类，如图 19.1 所示。

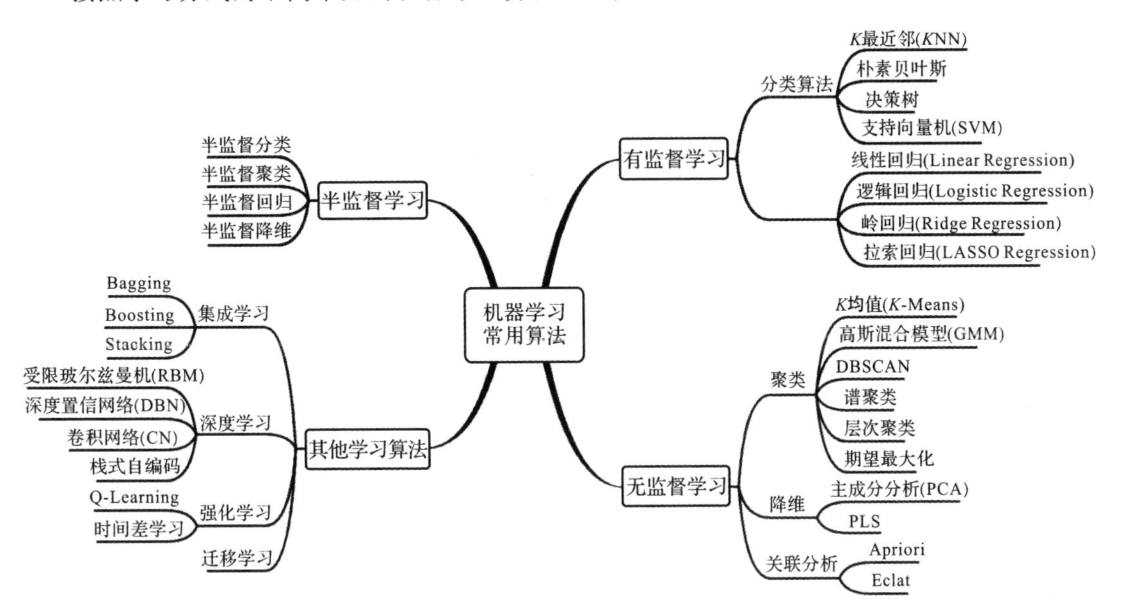

图 19.1　机器学习常用算法分类

1. 有监督学习(Supervised Learning)

有监督学习利用一组已知类别的样本来训练模型，使其达到性能要求，特点为输入数据(训练数据)均有一个明确的标识或结果(标签)，即我们提供样例来“教”计算机如何学习。

2. 无监督学习(Unsupervised Learning)

无监督学习从无标记的训练数据中推断结论，其特点为输入数据(训练数据)不存在明确的标识或结果(标签)，常见的无监督学习为聚类和降维，即发现隐藏的模式或者对数据进行分组，即计算机根据我们提供的数据“自动”学习隐藏的结构或模式。

3. 半监督学习(Semi-supervised Learning)

半监督学习是介于传统有监督学习和无监督学习之间，其思想是在标记样本数量较少的情况下，通过在模型训练中直接引入无标记样本，以充分捕捉数据整体潜在分布，以改善传统无监督学习过程的盲目性、监督学习在训练样本不足时导致的学习效果不佳的问题。

4. 其他学习算法

其他学习算法包括深度学习、强化学习、迁移学习等。其中深度学习源于人工神经网络的研究，通过组合底层特征形成更加抽象的高层表示属性类别或特征；强化学习是一种有延迟和稀疏的反馈标签的学习方式，能够通过与环境进行交互实现最优决策；迁移学习是要把已经训练好的模型参数迁移到新的模型中，来帮助新模型训练数据集，核心是找到已有知识和新知识之间的相似性。

机器学习按照所要应对的任务可分为分类、回归、聚类、降维等。其中分类算法中最常用的是K-近邻算法(K-Nearest Neighbors,KNN),聚类算法中最常用的为K-均值聚类算法(K-Means Clustering Algorithm),回归算法中最常用的是线性回归算法。下面分别以这三种算法来介绍其在水声信号处理中的应用。

19.2.2 K-近邻算法

1. *K-近邻算法基本原理*

K-近邻算法是一种基于实例的学习,通过测量不同特征值之间的距离进行分类,K-近邻算法是最近邻算法的一个延伸。在最近邻算法中,用最邻近的样本x_0来预测未知样本x_n的类别,样本x_n分类的准确度是预测精度的一个关键因素。最近邻算法的缺陷是对噪声数据过于敏感,当两个样本的距离相等时,最近邻算法失效。

K-近邻算法是对最近邻算法的优化,基本原理是选择未知样本一定范围内确定个数的K个样本,该K个样本大多数属于某一类型,则未知样本判定为该类型。KNN算法的缺点是对样本的局部结构非常敏感;计算量大,需要对样本进行规范化处理,使每个样本点都在相同的范围。无论是分类还是回归,衡量邻近样本的权重都非常有用,较近样本的权重比较远样本的权重大。

KNN分类算法包括以下4个步骤:

(1) 准备数据,对数据进行预处理。

(2) 计算测试样本点(也就是待分类点)到其他每个样本点的距离,对每个距离进行排序。

(3) 选择K值,确定需要根据多少个测试样本进行分类。

(4) 设置决策规则,通常根据少数服从多数的原则,对K个点所属的类别进行比较,将测试样本点归入在K个点中占比最高的那一类。

KNN中主要有两个关键点:样本距离的计算和K值的选取。

(1) 距离的计算。通常KNN算法中使用欧式距离计算两个样本间的距离,设样本空间中的每个样本点具有N个特征值,可以按照如下方式表示:

$$x_i=(x_i^{(1)},x_i^{(2)},\cdots,x_i^{(N)}) \tag{19.1}$$

两个样本的欧式距离计算公式如下:

$$L(x_i,x_j)=\sqrt{\sum_{n=1}^{N}|x_i^{(n)}-x_j^{(n)}|^2} \tag{19.2}$$

对于$N=2$的二维空间,例如地图上的两个点,样本间的欧式距离就是两点间的直线距离。在KNN算法中还有其他的距离计算公式,如表19.1所示。

表19.1　常用距离度量标准

欧式距离	$L(x_i,x_j)=\sqrt{\sum_{n=1}^{N}\|x_i^{(n)}-x_j^{(n)}\|^2}$
曼哈顿距离	$L(x_i,x_j)=\sum_{n=1}^{N}\|x_i^{(n)}-x_j^{(n)}\|$
切比雪夫距离	$L(x_i,x_j)=\max\{\|x_i^{(n)}-x_j^{(n)}\|\}$
闵可夫斯基距离	$L(x_i,x_j)=\left[\sum_{n=1}^{N}\|x_i^{(n)}-x_j^{(n)}\|^p\right]^{\frac{1}{p}}$

(2)K 值的选择。如何选择一个最佳的 K 值取决于数据。一般情况下，在分类时较大的 K 值能够减小噪声的影响，但会使类别之间的界限变得模糊。一个较好的 K 值能通过启发式技术(如超参数优化)来获取，还可以通过交叉验证(Cross Validation)方法来获取。

交叉验证时将样本数据分为两部分，即训练集和测试集；训练集数据用于模型训练和开发，测试集用于验证模型的性能。交叉验证是重复多次选取训练集，并将全部数据遍历验证的过程。在此过程中，从选取一个较小的 K 值开始，不断增加 K 的值，然后计算验证集合的方差，最终找到一个比较合适的 K 值。

2. 仿真示例

假设有如图 19.2(a)所示两组数据样本，其中三角是 Class A，圆形是 Class B，现在有一个待测样本(8, 3.5)，如图 19.2(b)中“ * ”所示，需要使用 KNN 算法判断待测样本的种类。

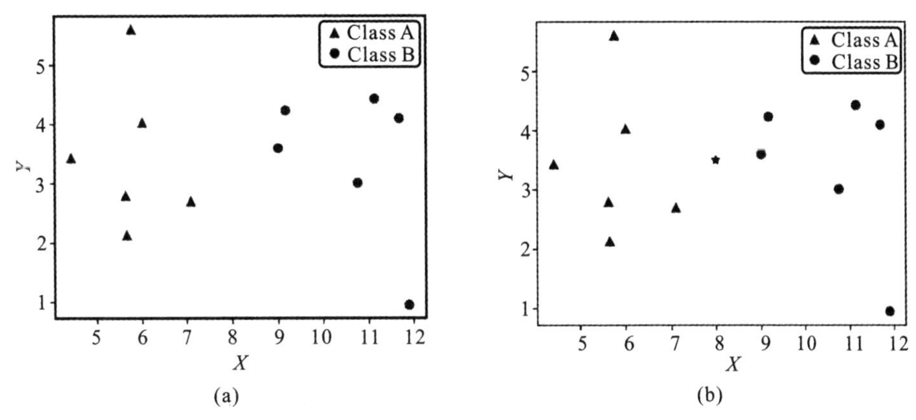

图 19.2　测试 KNN 所使用的数据

(a)样本集；(b)样本集加待测样本

把图 19.2 所示数据加载到式(19.2)，用欧氏距离来计算样本间的距离，并将 K 分别设为 3 和 5，获得的分类结果分别如图 19.3(a)(b)所示，从图中能够看出，$K=3$ 时待测样本为 Class B；而 $K=5$ 时待测样本为 Class A。

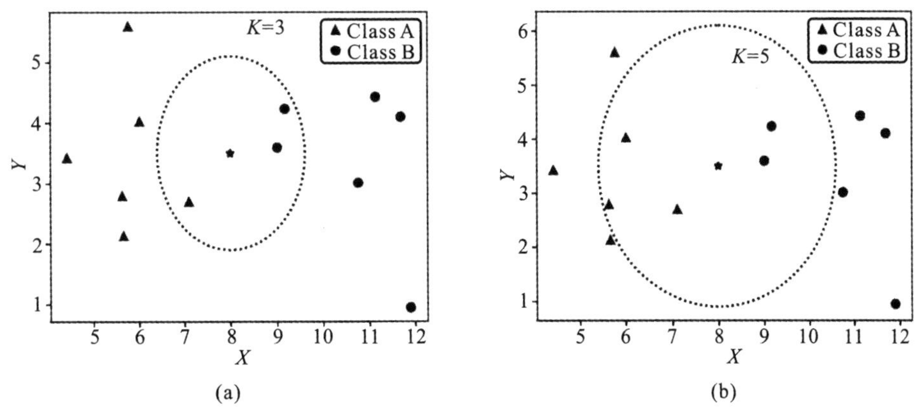

图 19.3　使用 KNN 分类的结果

(a)样本集；(b)样本集加待测样本

从仿真中能够看出，KNN 能够胜任分类任务，其中样本距离的计算方式以及 K 值的选择会极大影响分类结果，而且算法对样本的局部结构非常敏感。

19.2.3 K-均值聚类算法

1. *K-均值聚类算法基本原理*

K 均值聚类算法是一种迭代求解的聚类分析算法，K-均值聚类是聚类中最常用的方法之一，基于点与点之间的距离的相似度来计算最佳类别归属。K-均值聚类算法通过试着将样本分离到 K 个不同的组中来对数据进行聚类，从而最小化目标函数。该算法要求指定集群的数量 K，可以很好地扩展到大量的样本，并且已经在许多不同领域广泛应用。

K-均值聚类算法的步骤是：

(1) 随机选取 K 个对象作为初始的聚类中心(簇心或质心)，则相当于预先将数据分为 K 组；

(2) 计算每个对象与各个种子聚类中心之间的距离，把每个对象分配给距离它最近的聚类中心，聚类中心以及分配给它们的对象就代表一个聚类；

(3) 每分配一个样本，根据聚类中现有的对象重新计算聚类中心；

(4) 重复(2)(3) 直到满足某个终止条件(停止准则)。

其中，K-均值聚类的停止准则通常有以下几种：

(1) 误差二次方和局部最小、没有(或最小数目) 对象被重新分配给不同的聚类、没有(或最小数目) 聚类中心再发生变化等。

(2) 新形成的簇的质心不会改变，此时没有对象被重新分配给不同的聚类，或设定簇的上 / 下限。

(3) 所有样本已经在同一个簇中，即认为所有样本属于同一类。

(4) 算法达到最大迭代次数。

设簇心为 $\mu_1,\mu_2,\cdots,\mu_K$，每个簇的样本数目为 $N_1,N_2,\cdots,N_K$，以误差的二次方和最小为终止条件，则目标函数可以表示成：

$$J(\mu_1,\mu_2,\cdots,\mu_K)=\frac{1}{2}\sum_{j=1}^{K}\sum_{i=1}^{N_j}(x_i-\mu_j)^2 \tag{19.3}$$

对该目标函数求偏导数，可以得到：

$$\frac{\partial J}{\partial \mu_j}=-\sum_{i=1}^{N_j}(x_i-\mu_j) \tag{19.4}$$

令偏导数为 0，可求得

$$\mu_j=\frac{1}{N_j}\sum_{i=1}^{N_j}x_i \tag{19.5}$$

K-均值聚类算法存在很多个局部极值点，且极值点与初始值相关，因此该算法对初始值非常敏感，容易陷入局部最优。

从前文的分析描述可知，在 K-均值聚类算法中同样存在类似 KNN 算法的几个关键点：

(1)K 的选择，其中 K 代表样本的种类，针对不同的问题需要选择合适数量的簇。

(2) 待分类对象与各个质点间的距离，不同的距离计算算法会出现不同的分类结果，距离的计算需要根据具体问题的特征值设定，常用距离计算方式与 KNN 相同。

(3) 算法的终止条件。

被 K-均值聚类算法分在同一个簇中的数据是有相似性的，而不同簇中的数据是不同的，在聚类完毕之后，就要分别去研究每个簇中样本的性质，从而根据需求制定不同的商业或者科技策略。该算法常用于客户分群、用户画像、精确营销、基于聚类的推荐系统等。

2. 仿真示例

假设有如图 19.4 所示水下图像，需要利用 K-均值聚类算法对图像进行自动分割，为进一步的目标精确分类识别做基础。从图中看，存在 4 个目标(将海水的图像也作为一种目标)：一艘潜艇、两枚鱼雷、海水。

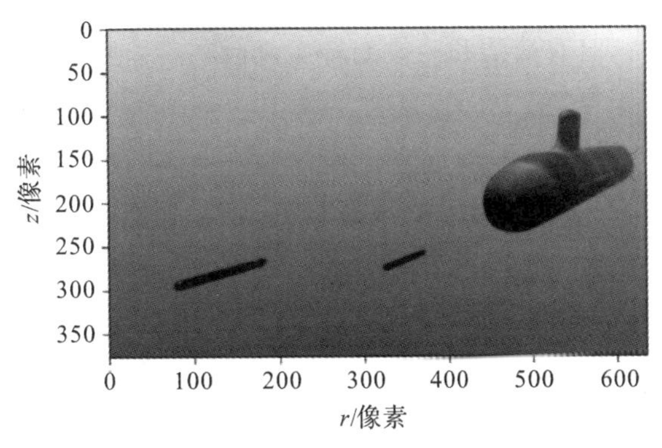

图 19.4　待分割的水下图像

在图像分割时按照颜色的 RGB 值作为特征值，以两个像素点 RGB 值的欧式距离作为分割依据，将 K 设为 2、3、4、5 时完成分割的图像如图 19.5 所示。

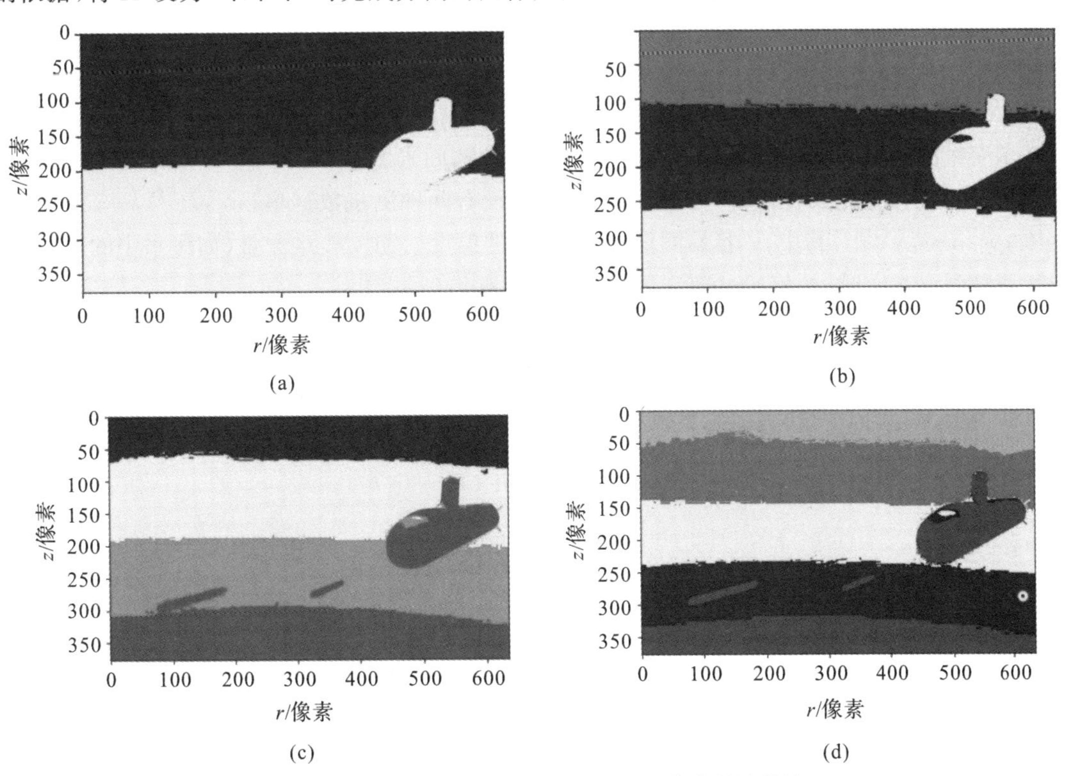

图 19.5　K-均值聚类按照颜色进行图像分割的结果

(a)$K=2$ 的分割结果；(b)$K=3$ 的分割结果；(c)$K=4$ 的分割结果；(d)$K=5$ 的分割结果

在图19.5(a)中,K设为2,小于目标时间种类数,此时潜艇和下层海水被分类为同一种类,潜艇外形清晰可见,两枚鱼雷湮没在下层海水中;在图19.5(b)(c)(d)中,K分别为3、4、5,算法能够清楚地识别出一艘潜艇和两枚鱼雷;但从4幅图中能够看出,无论K值如何选取,都无法将海水和目标完全分割开,图(a)中海水被分为2层,图(b)中海水被分为3层,图(c)中海水被分为4层,图(d)中海水被分为5层。

从仿真结果能够看出:K-均值聚类算法能够完成分类任务,但需要预先设定K值,分类结果对K值的选取很敏感;在特征值较接近时结果容易陷入到局部最优;K-均值聚类是解决聚类问题的一种经典算法,具有简洁和高效的特点,可作为其他算法的基础算法,如特征分类提取、谱聚类和多目标跟踪等。

19.2.4 线性回归(Linear Regression)

1. 线性回归基本原理

回归分析(Regression Analysis)是统计学的数据分析方法,也是监督学习的一个重要问题,用于预测输入变量和输出变量之间的关系,特别是当输入变量的值发生变化时,需要用回归预测输出变量的变化。

回归模型是表示从输入变量到输出变量之间映射的函数。回归的目的是分析两个或多个变量间是否相关、相关方向与强度,并建立数学模型以便观察特定变量来预测较难测量的目标值的变化情况。

回归分析在水声信号处理中被广泛使用,如求解海水中声速与温度、盐度等的关系;求解传播损失与距离的关系等。线性回归(Linear Regression)是回归分析中最典型的一种,在线性回归中,假设变量间仅存在线性关系,模型较简单,建模过程就是使用数据点来寻找最佳拟合线。线性回归又分为两种类型:简单线性回归(Simple Linear Regression)(或一元线性回归)、多变量回归(Multiple Regression)(或多元线性回归)。

为了了解什么是线性回归,考虑如下问题,假设有两种测量数据集$\{x^{(1)},x^{(2)},\cdots,x^{(n)}\}$和$\{y^{(1)},y^{(2)},\cdots,y^{(n)}\}$,其中,$x$容易测量(如海水中的温度),而$y$较难测量(如海水中的声速)。当新测量到$x^{(n+1)}$时,如何通过新测量的$x^{(n+1)}$预测得到$y^{(n+1)}$。

首先假设x和y之间是线性关系,建立如下数学模型:

$$y(w,x)=w_0+w_1x_1+\cdots+w_px_p \tag{19.6}$$

其中,$\hat{y}$是预测值(因变量);$x_1,x_2,\cdots,x_p$是观测数据(自变量);$w_0,w_1\cdots,w_p$为权系数。可以用向量表示为

$$\boldsymbol{y}=\boldsymbol{X}\boldsymbol{w} \tag{19.7}$$

其中:

$\boldsymbol{y}=[y^{(1)},\cdots,y^{(n)}]^{T}$,是$n\times1$维矩阵,表示$n$个测量值;

$$\boldsymbol{X}=\begin{bmatrix}1 & x_1^{(1)} & \cdots & x_p^{(1)}\\ 1 & x_1^{(2)} & \cdots & x_p^{(2)}\\ \vdots & \vdots & & \vdots\\ 1 & x_1^{(n)} & \cdots & x_p^{(n)}\end{bmatrix}$$,是$n\times(p+1)$维数据矩阵,表示n次观测值;

$\boldsymbol{w}=[w_0,w_1,\cdots,w_p]^{\mathrm{T}}$,是$(p+1)\times1$维系数矩阵。

该公式表示观测值 y 是测量值 x 和系数 w 的线性组合。当得到新的测量值 $x^{(n+1)}$ 时，为了实现对 $y^{(n+1)}$ 的预测，需要求得系数 w。

在求取系数 w 的过程中，有多种计算方式，从而导出不同的回归算法(见表 19.2)，通常所说的线性回归指的是按照如下方式求取 w：

$$\min_{w} \| \boldsymbol{X}\boldsymbol{w} - \boldsymbol{y} \|_2^2 \tag{19.8}$$

其数学意义是找到一系列参数 w，使得数据集的实际观测数据和预测数据(估计值)之间的残差二次方和最小，求解该问题可得到最小二乘意义上的最优解。该最优解可表示为

$$\hat{\boldsymbol{w}} = (\boldsymbol{x}^{\mathrm{T}}\boldsymbol{x})^{-1}\boldsymbol{x}^{\mathrm{T}}\boldsymbol{y} \tag{19.9}$$

表 19.2　几种常用回归算法数学表达式

线性回归(Linear Regression)	$\min_{w} \| \boldsymbol{X}\boldsymbol{w} - \boldsymbol{y} \|_2^2$
岭回归(Ridge Regression)	$\min_{w} \| \boldsymbol{X}\boldsymbol{w} - \boldsymbol{y} \|_2^2 + \alpha \| \boldsymbol{w} \|_2^2$
拉索回归(LASSO Regression)	$\min_{w} \frac{1}{2n_{\text{samples}}} \| \boldsymbol{X}\boldsymbol{w} - \boldsymbol{y} \|_2^2 + \alpha \| \boldsymbol{w} \|_1$

总结起来，线性回归算法的步骤包括以下 5 步：

(1)根据预测目标，确定自变量和因变量；

(2)绘制散点图，确定回归模型类型；

(3)估计模型参数，建立回归模型；

(4)对回归模型进行检验；

(5)利用回归模型进行预测。

2. 仿真示例

假设本节所示试验需要完成对烷基苯液体中的声速特性的测量，得到在一定温度范围内烷基苯介质的声速曲线。试验的基本思路是：采用现有声速测量仪测量不同温度时的声速，得到测量数据集，之后采用回归的方式获取声速曲线。

因此在测试过程中，对测试的温度间隔要尽量小，得到更多的数据以便于更加准确地反映出不同温度条件下烷基苯介质的声速曲线。实验的主要设备为加拿大 AML 声速仪 CTD (SmartX MinosX PlusX，见图 19.6)、温度计和计算机。

图 19.6　声速仪测声速

实验过程中，首先调节烷基苯液体的温度，之后测量温度并使用声速仪测量相应温度条件下烷基苯液体的声速。经过给烷基苯液体不断加温降温，获取到不同温度时的烷基苯声速，如图 19.7 所示。

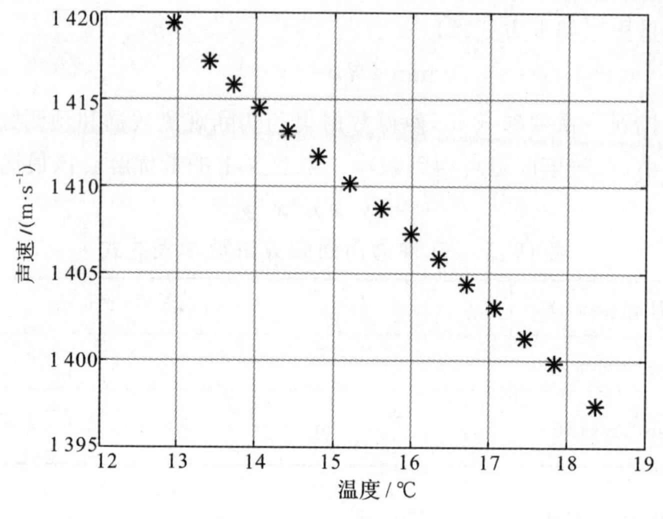

图 19.7　测量数据集

根据实验目的可知，本次实验的因变量是声速，自变量是温度。接着观察烷基苯温度和声速的关系，从散点图中能够明显看出，二者存在线性关系，可以利用线性回归算法进行处理。

因此建立如下数学模型：

$$c = wt + c_0 \tag{19.10}$$

式中，c 表示烷基苯中的声速；t 为温度；c_0 为 0 ℃ 时的声速。

为了能够对线性回归算法进行验证，假设数据集中两端的两个数据点(12.935，1 419.362)和(18.353，1 397.427)不参与回归分析，利用剩余数据点和式(19.9)可求得该线性回归问题的未知系数 w 和 c_0，其中$w = -3.9(\mathrm{m \cdot s^{-1}})/℃$，$c_0 = 1\ 469.2$ m/s，线性回归曲线如图 19.8 所示。

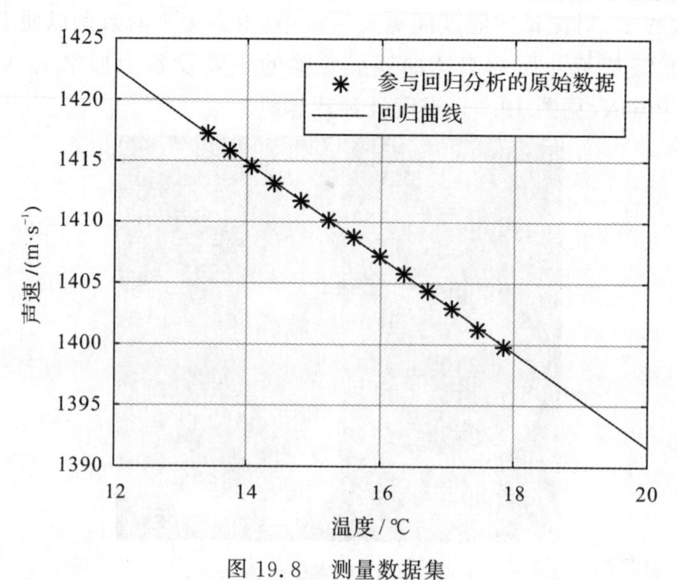

图 19.8　测量数据集

为了验证回归曲线是否正确，使用回归曲线计算原始测量点处的声速，并用式(19.8)计算误差，结果如图19.9所示，最大声速误差为0.18 m/s。

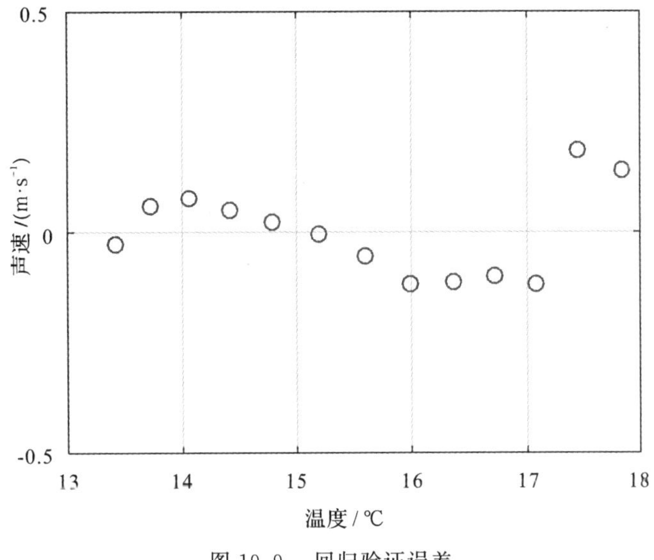

图19.9　回归验证误差

此时，可将 $t=[12.935, 18.353]$ 代入回归曲线式(19.10)中，可计算得到这两个温度下的声速为[1 419.0, 1 398.0]，该值和实测值[1 419.362, 1 397.427]最大相差0.573 m/s，最大相对误差约为0.04%，可认为回归分析有效。

到目前为止人工智能及其扩展算法已经被应用在各个领域，并取得了突破性进展，但是人工智能并非是完美无缺的，即使是最好的人工智能也会出现愚蠢的错误，哈萨比斯表示，AlphaGo在败给李世石的一局中犯了一个基本错误。他说："你可以认为这是一个漏洞。但问题是，这个漏洞存在于它的知识体系之中——你不能直接进入其中并调试它。硬编码的修复会损害人工智能的学习能力，这与学习的意义背道而驰"。人工智能的发展任重而道远。

参考文献

[1] 邹蕾，张先锋. 人工智能及其发展应用［J］. 信息网络安全，2012(2)：11－13.

[2] 魏宏森，张玉志. 人工智能：诞生、发展和争论［J］. 科学，1989(1)：28－34.

[3] 蔡自兴. 明斯基的人工智能生涯［J］. 科技导报，2016，34(7)：54－55.

[4] 崔雍浩，商聪，陈锶奇，等. 人工智能综述：AI的发展［J］. 无线电通信技术，2019，45(3)：225－231.

[5] SILVER D，HUANG A，MADDISON C J，et al. Mastering the game of go with deep neural networks and tree search［J］. Nature，2016，529(7587)：484－489.

[6] 马世龙，乌尼日其其格，李小平. 大数据与深度学习综述［J］. 智能系统学报，2016，11(6)：728－742.

[7] SILVER D，SCHRITTWIESER J，SIMONYAN K，et al. Mastering the game of go without human knowledge［J］. Nature，2017，550(7676)：354－359.

[8] SCHRITTWIESER J, ANTONOGLOU I, HUBERT T, et al. Mastering Atari, Go, chess and shogi by planning with a learned model [J]. Nature, 2020, 588(7839): 604 - 609.
[9] BRYANT P, POZZATI G, ELOFSSON A. Improved prediction of protein-protein interactions using AlphaFold2 [J]. Nature Communications, 2022, 13(1): 1265.
[10] CAO L, COVENTRY B, GORESHNIK I, et al. Design of protein-binding proteins from the target structure alone [J]. Nature, 2022, 605(7910): 551 - 560.
[11] ANISHCHENKO I, PELLOCK S J, CHIDYAUSIKU T M, et al. De novo protein design by deep network hallucination [J]. Nature, 2021, 600(7889): 547 - 552.
[12] THORNTON J M, LASKOWSKI R A, BORKAKOTI N. AlphaFold heralds a data-driven revolution in biology and medicine [J]. Nature Medicine, 2021, 27(10): 1666 - 1669.
[13] EWEN C. What's next for AlphaFold and the AI protein-folding revolution [J]. Nature, 2022.
[14] DEGRAVE J, FELICI F, BUCHLI J, et al. Magnetic control of tokamak plasmas through deep reinforcement learning [J]. Nature, 2022, 602(7897): 414 - 419.
[15] 志刚. 人工智能、机器学习和深度学习 [J]. 大众科学, 2019(3): 33 - 35.
[16] 丁世飞, 齐丙娟, 谭红艳. 支持向量机理论与算法研究综述 [J]. 电子科技大学学报, 2011, 40(1): 2 - 10.
[17] 李荣陆. 文本分类及其相关技术研究[D]. 上海:复旦大学, 2005.
[18] 张润, 王永滨. 机器学习及其算法和发展研究 [J]. 中国传媒大学学报(自然科学版), 2016, 23(2): 10 - 18,24.

第20章　声呐波束优化设计的智能方法研究进展

针对传统优化算法存在计算效率低、适用范围小、容易陷入局部最优的问题，为了在一定程度上解决非凸、非线性、全局寻优、大规模等复杂问题，受到生物进化机制、群体行为过程、固体物质退火、动物神经网络活动特征等的启发，发展出了一系列智能优化算法。这些算法普遍具有实现过程简单、方便并行处理、适用场景广泛等优点，这也给声呐波束优化设计方法的研究提供了新思路。前几章已经对模拟退火算法和遗传算法的原理及在波束图设计、通信系统、多基地声呐定位等方面的应用进行了较为详细的介绍，接下来仅针对其他几种具有代表性的智能优化算法及其在声呐波束优化设计等方面的应用进行简单介绍。

20.1　差分进化算法

差分进化算法[1](Differential Evolution Algorithm，DE)是根据群体中个体之间的合作与竞争而得到的一种可以实现自适应全局优化的演化类搜索算法。该算法由Storn等人在1955年提出，最初用来解决切比雪夫多项式问题，后来被证明它也可以用来解决复杂优化问题。

20.1.1　差分进化算法的基本理论及特点

差分进化算法是一种随机的启发式搜索算法，它的基本思想是通过差分形式和概率选择分别进行变异操作和交叉操作，实现优化搜索。该算法是一种数学意义上的随机搜索算法，同时从实现过程上来看是一种自适应迭代寻优算法。

与传统进化方法相比，差分进化算法不需要扰动向量概率分布的先验知识，它在实现的过程中利用种群中随机选取的两个不同向量来对现有的某一个向量进行干扰，可以同时对每一个向量实施干扰操作，因此这个过程是并行的。和遗传算法一样，差分进化算法中也包含了变异、交叉、选择，但是这些操作的具体实现方法在两种算法中存在着本质的区别。在该算法中，变异操作是把种群中两个成员之间的加权差向量施加到第三个成员上来产生新的参数向量，交叉操作是指将变异向量的参数和预先确定的目标向量参数按照某一规则进行混合来产生试验向量，选择操作是指对比试验向量和目标向量的代价函数值，选择代价函数值较低的那个向量作为下一代的目标向量。为了保证下一代的竞争者数量不改变，种群中的所有成员都要作为目标向量进行一次上述的操作过程。

差分进化算法通过仅包含加减运算的差分变异算子进行遗传操作，同时该算法采用概率转移规则，所需的控制参数也较少，因此DE算法具有结构简单、易于实现的特点；差分进化算法中的变异算子可以采用固定常数,也可以根据问题的目标函数采用变步长和自动优化搜索方向的方法,因此该算法具有自适应的特点;差分进化算法可以直接对结构对象进行操作,对目标函数没有限定,同时对高维度、非线性、不可求导的连续问题的求解效率较高,因此该算法具有很好的通用性。

20.1.2 差分进化算法的实现流程

差分进化算法采用实数编码,对种群进行初始化之后,利用基于差分的变异操作和竞争生存策略,通过不断的迭代实现全局搜索最优解的目的。该算法的实现步骤是:①确定群体数量、变异算子、交叉算子、最大进化代数、终止条件等控制参数。②随机初始化搜索群体。③计算群体中各个体的适应度值,评价初始化群体。④判断是否达到终止条件,若是,则将此时最佳适应度值对应的个体作为最优解;若否,则进入下一步。⑤变异操作和交叉操作,得到临时群体。⑥评价临时群体。⑦选择操作。在原群体和临时群体中逐个选择个体,得到新一代群体,转到步骤④。

差分进化算法的实现流程如图 20.1 所示。

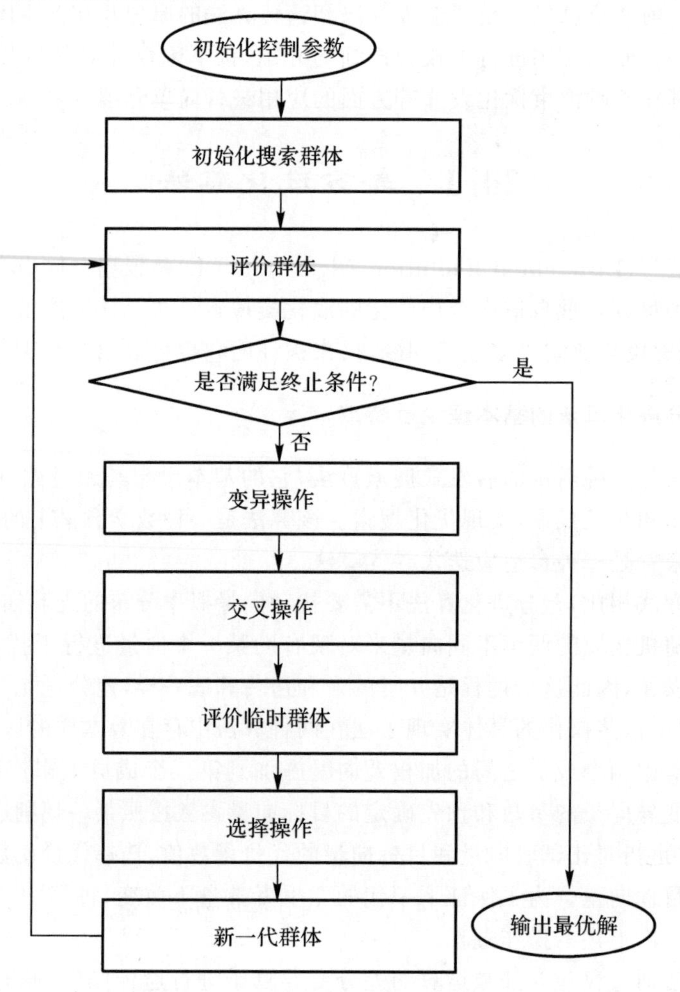

图 20.1 差分进化算法的实现流程

从差分算法的实现流程中可以看出，该算法中所设计的主要控制参数有种群数量、变异算子、交叉算子、终止条件等。这些控制参数的选择对差分进化算法是十分重要的，在实际应用中，群体数量越大，算法的寻优能力就越强，但是计算难度也随之增大，根据经验总结出的控制参数选取规则指出，一般群体数量取[50,100]，变异算子 F 用来决定偏差向量的放大比例，该参数取值的增大可以降低算法陷入局部最优的风险，但是取值过大会造成算法难以收敛，它的取值范围是[0,2]，但是根据经验通常先取为 0.5，再根据情况进行调整；交叉算子 CR 用来控制试验向量参数取自变异向量的概率，该参数取值的增大会提高交叉的概率，它的取值范围是[0,1]，根据经验通常取 0.1，但是由于该参数取值的增加能加速算法的收敛速度，因此也可以尝试取 0.9 或 1.0，观察是否可以获得快速解；终止条件通常采用的是最大进化代数或目标函数阈值，也可以是不同准则的组合，表示的是算法满足该条件时终止计算并将当前群体中的最佳个体作为待求问题的最优解输出，通常最大进化代数的取值范围是[100,500]。

20.1.3　差分进化算法的应用

差分进化算法操作简单、易于实现、计算效率高、通用性强，它已经被应用于波束图设计、提高海底地形图分辨率、水声无源定位等领域。孙红兵等[2]针对阵列天线二维波束展宽的需求，用一组多项式描述阵列中天线单元的相位分布，用差分进化算法对多项式的系数进行优化，其目标函数可以根据需要灵活设置，得到的阵列相位分布连续、性能稳定。李蕊等[3]将竞争机制引入差分进化算法，在变异操作时加入种群中的次优个体，利用其竞争作用提高算法的收敛速度，提出了一种竞争差分进化算法。利用该算法实现了共形天线阵的低副瓣、宽零陷以及多波束综合设计，有效提高了算法的收敛速度。Bu 等[4]针对多波束回声测深仪和运动传感器的不完美集成可能导致集成误差并阻碍高分辨率海底地形图准确表达的问题，基于简化的地理参考模型，提出了一种校准积分误差的方法。该方法定义了等效姿态坐标系统，推导了简化的足迹地理参考模型，在选定的平坦区域利用差分进化算法将测深数据回归到相应的拟合平面，从而反演积分误差，有效地消除了浅水区和深水区的单次或多次积分误差引起的多波束测深中的抖动。Cao 等[5]针对非合作宽带声源的水声无源定位存在多径传播的问题，提出了一种基于差分传输损耗模型的无源定位方法。该方法基于频率分集，将无源定位定义为一个多变量优化问题，利用所提出的基于倒谱自相关的算法简化多元优化问题，采用差分进化算法获得了可靠的解。

20.2　蚁群算法

蚁群算法[6]（Ant Colony Optimization，ACO）是一种模拟自然界蚂蚁群体觅食行为的仿生优化算法。该算法由意大利学者 Dorigo 等人在 20 世纪 90 年代初提出，正反馈机制保证了算法可以最终逼近最优解，分布式计算的搜索方式有效提高了计算效率。

20.2.1　蚁群算法的基本理论及特点

蚁群算法的基本思想是利用蚂蚁行走路线表示待优化问题的可行解，所有蚂蚁的全部行走路线共同构成解空间。每个蚂蚁在解空间中独立搜索可行解，在遇见路口后随机挑选前进路线，并释放出信息素。路径越短，蚂蚁留下的信息素浓度越高，提高后续到达的蚂蚁选择短路径的概率，从而在短路径上积累更多的信息素，形成正反馈。随着时间的推移，较短路径上的信息素越来越多，选择该路径的蚂蚁也越来越多，最终整个蚁群在正反馈的作用下集中到最佳路径上，找到待求解问题的最优解。

蚁群算法中的人工蚂蚁与自然界蚂蚁都需要通过多个个体之间的相互协作才能找到问题的最优解，同时它们都利用随时间变化的信息素进行个体之间的通信，它们都利用局部信息和概率决策规则实现状态转移，它们的目的都是通过局部移动找到最短路线。与自然界蚂蚁不同的是，蚁群算法中的人工蚂蚁具有一定的记忆功能，同时它们活动的时间是离散的，它们的信息素浓度是关于解质量的函数，它们更新信息素的方式依赖于待求解问题且仅在找到一个解之后才更新路径信息素。

蚁群算法不需要中心控制和外界特定干预，是一种仅依赖于自系统内部指令来实现系统从无序到有序变化的自组织算法；该算法中每个人工蚂蚁的搜索过程是相互独立的，各个蚂蚁之间仅通过信息素实现间接通信，问题在求解过程中可以同时从多个初始解开始进行搜索，因此该算法是一个分布式智能并行求解系统，有利于提高算法的计算效率；该算法不仅对初始解的要求不高，在求解过程中还不需要人工干预，正反馈的机制保证了最短路径上的信息素一定会越来越多，从而确保了算法往最优解方向上收敛。

20.2.2 蚁群算法的实现流程

蚁群算法本质上是一种利用了正反馈原理的启发式算法，它在选择路径时不仅利用了残留在路径上的信息素信息，还采用了局部启发式信息。该算法的实现步骤是：

(1)初始化蚁群规模、信息素启发因子、信息素挥发因子、信息素强度、期望启发因子等参数。

(2)随机放置蚂蚁的出发位置，构造解空间。

(3)更新信息素。

(4)判断是否满足终止条件，若满足，则结束；若不满足，则返回步骤(2)。

蚁群算法的实现流程如图 20.2 所示。

蚁群算法中，信息素、启发函数以及其他参数都会直接影响算法的收敛性能和计算效率。其中，信息素表示的是过去积累的信息，启发函数表示的是影响未来的信息，这两个参数直接影响蚁群算法是否能够实现全局收敛以及计算效率；信息素挥发因子 ρ 直接影响算法的全局搜索能力和收敛速度；信息素残留因子 $1-\rho$ 反映了不同蚂蚁之间相互影响的强弱；蚂蚁数目的增加可以提高算法的全局搜索能力，但是过大时会削弱正反馈作用，降低收敛速度；启发式因子 α 调整信息素的重要程度，过大时降低搜索随机性，过小时导致算法陷入局部最优；期望启发式因子 β 调整启发信息的重要程度；信息素强度 Q 指的是蚂蚁遍历一周的信息素总量，该参数取值的增大有利于加强正反馈作用，提高算法的收敛速度。在对参数进行初始化时，需要根据待求问题的特点，结合参数对算法性能的影响，逐步确定不同参数的取值。根据经验，通常蚁周模型中信息素挥发因子的取值范围是[0.1,0.99]，启发式因子和期望式启发因子的取值范围都是[0,5],蚁群数目大小为[10,10 000]。

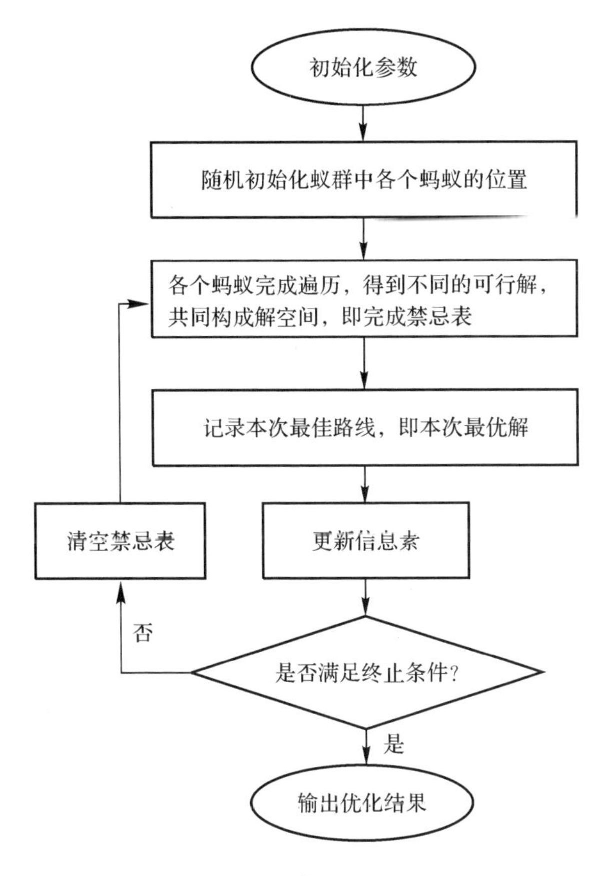

图 20.2　蚁群算法的实现流程

20.2.3　蚁群算法的应用

蚁群算法具有设置简单、参数少、易于实现、鲁棒性强等特点,该算法已经被应用于动态路径规划、区块链问题求解、避碰路径规划等方面。王会昕[7]针对蚁群算法在实时路径规划应用中的缺陷,提出了一种融合了遗传算法的自适应蚁群算法(GA-SAACO)。在全局环境已知并有洋流干扰的情况下,分别设计了最短路径和最低能耗条件下的评价函数,有效提高了算法的收敛速度。在局部环境未知的情况下,提出了 AUV 与障碍物的避碰原则,与 GA-SAACO 结合,满足了 AUV 在复杂海洋环境下进行实时路径规划的要求。尚冠宇[8]提出了一种基于蚁群算法的水下无人平台航路规划方法,缩短了获取最佳规划路线的时间,提高了成功率。周荣基等[9]根据航空反潜鱼雷的作战特点,在敌方潜艇的位置及运动趋势已知的情况下,建立了航空反潜鱼雷的水下避障路径规划模型,并利用改进的蚁群算法得到了其从入水到末制导开机点的最短路径。王晓燕等[10]在全局静态环境下,针对传统蚁群算法在路径规划中的不足,根据人工势场法求得的初始路径,联合当前位置与下一个位置之间的距离信息改进启发函数,避免了算法陷入局部最优;利用零点定理提出信息素不均衡分配原则,根据位置的不同给栅格赋予不同的初始信息素,提高了算法的搜索效率;利用迭代阈值自适应调节信息挥发系数,提高了算法的全局搜索能力。马天男等[11]构建了基于区块链技术的多微电网系统竞争博弈模型,根据区块链网络和蚁群算法都有的去中心化特征，提出了基于改进蚁群算法求解局域多微电网市场竞争博弈的一般方法和流程，仿真实验结果证明了IACO在求解基于区块链技术多目标优化问题时的适应性和有效性。He等[12]针对大型海洋环境中无人水下航行器(UUV)的避碰路径规划问题，将虚拟可视化的概念引入蚁群算法，同时在目标函数中引入非线性惩罚机制，不仅克服了传统网格模型中蚁群只能选择相邻网格行走的局限性，还避免了UUV的大角度转弯行为。

20.3 粒子群算法

粒子群算法[13](Particle Swarm Optimization，PSO)是一种受鸟类捕食行为启发的群体智能优化算法。该算法由Kennedy和Eberhart在1995年提出，该算法主要是对生物学家Heppner在1990年提出的鸟类模型进行改进，以保证粒子能够飞向解空间并能降落在最优解处。

20.3.1 粒子群算法的基本理论及特点

粒子群算法中将每一只鸟都抽象为没有质量和体积的粒子，每个粒子代表一个可行解，鸟群寻找的食物源就是待求优化问题的最优解。粒子群算法中的每个粒子在不停搜索的过程中不仅受到其他个体的影响，还受自身经验记忆的影响，通过个体间的合作和竞争来搜索复杂空间的最优解。

粒子群算法实际上属于一种随机搜索算法，它能够以较大概率收敛于全局最优解。该算法通过群体中各个体之间的合作和竞争所产生的群体智能来进行优化搜索，很显然这是一种并行搜索方法，有利于提高算法的计算效率。虽然粒子群算法用随机的方法进行种群初始化，但是它根据速度-位置模型进行操作，比遗传操作要更加简单，同时还具有全局搜索的能力。粒子群算法中的粒子在更新速度和位置时，不仅采用了全局最优解还保持了其个体最优解，因此该方法在得到最优解的同时还保留了一些次优解，这在实际应用中是非常有意义的。粒子群算法对种群大小不敏感，同时该算法的记忆能力使其可以跟踪搜索情况，有利于及时对搜索策略进行调整。

20.3.2 粒子群算法的实现流程

在粒子群算法中，每个粒子的适应度值都由待求解优化问题的适应度函数所决定，同时速度决定了不同粒子的飞行方向和距离，所有的粒子都跟随当前最优粒子对解进行搜索。待优化问题的变量数决定了解空间的维度，初始化每个粒子的位置和速度之后，通过迭代搜索最优解。该算法的实现步骤是：

(1)初始化群体规模、粒子位置、粒子速度等参数，构造适应度函数。

(2)计算粒子的适应度值、个体极值(单个粒子搜索到的适应度值最优位置)、群体极值(所有粒子搜索到的适应度值最优位置)。

(3)更新粒子速度和位置。

(4)判断是否满足终止条件，若满足，则输出优化结果；否则返回步骤(2)。

粒子群算法的实现流程如图20.3所示。

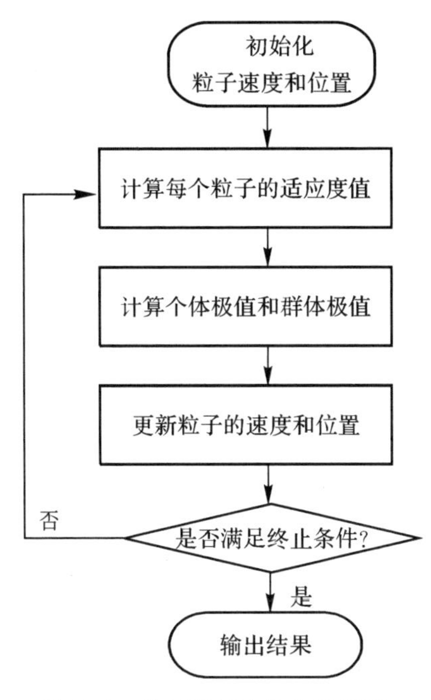

图 20.3　粒子群算法的实现流程

粒子群算法中的控制参数不仅决定算法的收敛精度，还能影响算法的计算速度。该算法中的控制参数主要有粒子数目 N、惯性权重 w、加速系数 c_1 和 c_2、最大飞行速度 v_{max}、邻域拓扑结构和边界条件等。其中，粒子数目的增大可以提高算法的全局搜索能力，但是会降低计算效率，通常取值范围是[20,50]，但是对于某些复杂度较高的问题可以取到 100 或 200。惯性权重是标准粒子群算法中非常重要的参数，它的选取可以直接影响算法的收敛性能，当该参数的取值较大时，算法具有很好的全局搜索能力，当该参数的取值较小时，算法的局部搜索能力更强。根据参数是否随着迭代发生变化，惯性权重可以分为固定权重、时变权重、模糊权重、随机权重等类型，其中最常见的固定权重的取值范围是[0.8,1.2]，时变权重中应用最广泛的类型是线性时变权重。加速系数 c_1 和 c_2 用来调节粒子的自我学习能力和群体学习能力，指导粒子向个体极值和群体极值飞行。当这两个加速系数固定时，通常设置 $c_1=c_2$ 保证粒子同时具备个体和群体学习能力。当这两个系数可以随着迭代发生变化时，通常在初期设置 c_1 较大，c_2 较小，保证粒子有更好的全局搜索能力，随着迭代次数的增加，c_1 减小，c_2 增大，确保粒子飞向全局最优。最大飞行速度 v_{max} 的设置可以保证粒子在一定区域内进行搜索，但是当该值过大时，算法难以收敛，当该值过小时，算法容易陷入局部最优。邻域拓扑结构决定了粒子群算法中各个粒子之间的信息交流方式，按照邻域是否为整个粒子群可以将其分为全局邻域拓扑结构和局部邻域拓扑结构，按照结构是否随迭代发生改变可以分为静态邻域拓扑结构和动态邻域拓扑结构。边界条件的作用主要是通过设置位置范围和速度范围等，控制粒子搜索范围和种群发散程度，提高算法的收敛概率。

20.3.3　粒子群算法的应用

在实际应用中，粒子群算法已经被应用于目标跟踪、图像分割、路径规划等方面。王国强[14]针对前视声呐图像与光学图像之间差别较大的情况，结合前视声呐图像特点，提出了一种自适应粒子群优化算法。该算法自适应调整粒子群优化算法的惯性权重以兼顾粒子的开发与探索能力，选择种群随机粒子和当前粒子个体最优中的较大粒子更新粒子速度来解决陷入局部最优的问题，利用自适应离散群优化更新策略来更新存在目标遮挡情况下的粒子位置，实现前视声呐的水下目标跟踪目标。王晓[15]针对复杂海洋环境噪声影响下传统侧扫声呐图像目标分割方法的准确性和效率都不高的问题，提出了一种联合中性集合和量子粒子群算法的侧扫声呐目标图像分割方法。该方法利用中性集合构建灰度共生矩阵，利用量子粒子群算法计算二维分割阈值向量，采用单阈值分割阴影区域，提高了图像分割的速度和准确度。胡鹏鹏[16]针对初值选取不当造成线性最小二乘算法的定位精度下降问题，设计了一种自适应权重粒子群优化的协同定位算法，该算法有效提高了目标定位精度及成功率，降低了受时间测量误差的影响，更适用于水下环境。同时，针对分布式系统声呐节点失效导致的系统定位精度下降问题，设计了一种基于 K-means 聚类的自适应权重粒子群优化算法，有效提高了系统的定位精度。Wang 等[17]针对 AUV 群协作的问题进行了研究，首先根据能源、速度等的不同情况，选择不同的评估函数，利用改进的蚁群算法进行任务分配，然后利用改进的粒子群算法对适应度函数进行优化，对各个 AUV 的避障路径进行规划，最终实现了多 AUV 协同合作的任务分配和路径规划。Yan 等[18]将粒子群算法与航路点制导(WG)相结合，提出了 PSO－WG 混合路径规划算法。该算法利用多波束前视声呐发现障碍物，通过改进粒子群优化算法缩短了搜索最优临时航路点的运行时间，然后在转弯约束条件下平滑处理了路径，实现了 AUV 在障碍物密集分布的未知环境中以最少的时间开销获得最优路径的目的。Rajeshwari 等[19]针对利用计算机视觉进行海底掩埋目标进行检测时，手动分析水下航行器获取的大量数据耗时较长的问题，提出基于粒子群优化的 Tsallis 熵方法对埋藏目标声呐图像进行分割，为不同图像选择合适的二级阈值，实现对目标的自动检测。

20.4 人工神经网络算法

人工神经网络算法[20](Artificial Neural Network，ANN)是模仿人脑神经系统中各个神经元之间的协同并行计算活动而得到的一种优化算法。1943 年 Mcculloch 和 Pitts 首先提出了神经元的数学模型，1949 年 Hebb 提出了更改神经元连接强度的规则，1959 年 Rosenblatt 设计了多层神经网络的感知机，1982 年 Hofield 提出了可以实现联想记忆的 Hopfield 神经网络，1985 年 Rumelhart 等提出了 BP 神经网络的误差反向传播学习算法，1988 年 Broomhead 和 Lowe 提出了径向基神经网络。

20.4.1 人工神经网络算法的分类

人工神经网络由大量相互连接的神经元构成，按照神经元之间的连接方式可以将神经网络模型分为前馈神经网络、反馈神经网络和自组织神经网络三种类型。其中，前馈神经网络也叫作前向神经网络，这种类型的网络在训练过程中存在反馈信号，但是在使用过程中的数据只存在向前传递方向，层与层之间不存在反馈信号，典型的前馈网络是 BP 神经网络；反馈神经网络中的输出层到输入层之间存在反馈连接，这种类型的神经网络结构要比前馈神经网络复杂很多，典型的反馈神经网络有 Hopfield 网络；自组织神经网络属于无导师神经网络，这种类型的网络可以自动寻找训练样本中的规律和特性，自适应网络的结构和参数。典型的自组织神经网络有 SOFM 网络。

学习是人工神经网络的重要组成部分，按照学习过程中所用数据集中的样本是否含有标签或目标，可以将人工神经网络的学习算法分为有监督学习和无监督学习。有监督学习和无监督学习并不是严格定义的学术用语，但是它们有助于学者粗略区分所研究的问题。在有监督学习中，训练样本加到网络的输入层，将输出层的结果与训练样本的目标或标签进行对比，利用这两者之间的误差调整网络连接权值和偏值，经过多次训练之后，确定网络结构参数。在无监督学习中，训练样本并不是标准样本，未经训练的网络直接在环境中同时进行学习和工作，通过对连接权值和偏值的调整找到数据中的结构和规律。神经网络通过训练实现将输入空间映射到输出空间的能力，这个过程就是学习，学习过程中所用到的对连接加权和偏值的调整方法，就是学习规则。

20.4.2　几种典型的人工神经网络模型

1. BP 神经网络

BP 神经网络是多层前馈神经网络，它包含输入层、隐含层和输出层。其中隐含层可以是一层的也可以是多层的，典型的 BP 神经网络仅包含一层隐含层，它已经被证明可以逼近任意非线性函数。三层 BP 神经网络的结构如图 20.4 所示。

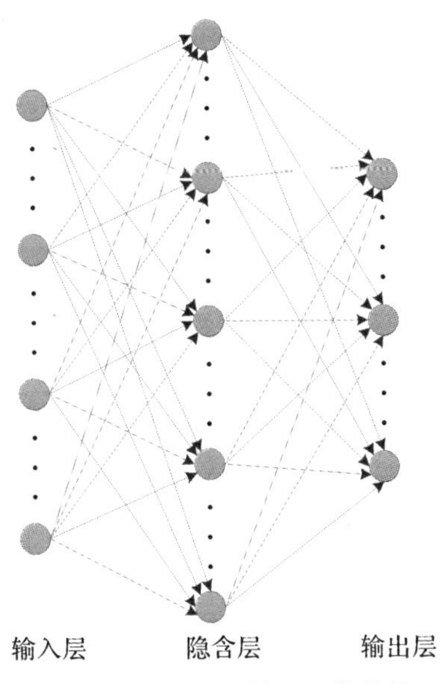

图 20.4　三层 BP 神经网络结构

从图 20.4 中可以看出，典型三层 BP 神经网络中各层之间采用全连接的方式，同层的神经元之间不存在连接。BP 神经网络中采用误差反向传播算法，这是一种有监督学习，算法中信号进行前向传播，误差进行反向传播。在学习过程中，首先将样本输入网络，从前往后传播得到实际网络输出，将其和期望输出进行对比，当误差不满足精度要求时，将误差从输出层到输入层反向传播，调整连接加权和偏值，通过迭代减小误差，最终得到满足要求精度的神经网络。

2. Hopfield 神经网络

Hopfield 神经网络是一个典型的反馈神经网络，它是一种相互连接型的网络，这种神经网络的结构可以表示成如图 20.5 所示的形式。

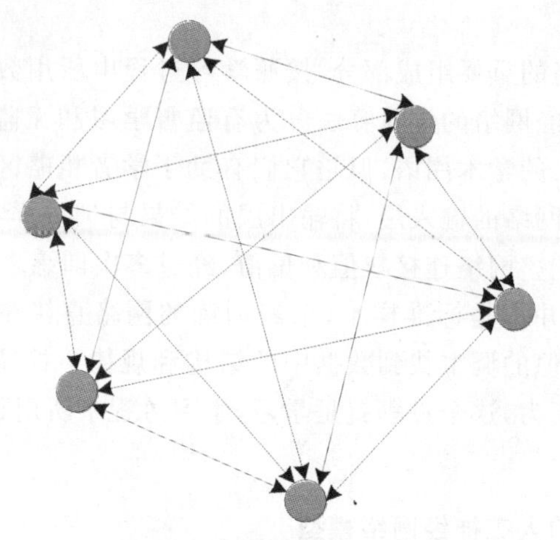

图 20.5　相互连接型的神经网络结构

从图 20.5 中可以看出,相互连接型的神经网络是不分层的,这种类型的神经网络中各个神经元之间相互连接,能够记忆网络状态,实现联想记忆。Hopfield 神经网络作为一种典型的相互连接型神经网络,它的各个神经元之间的连接权值是对称的,每个神经元都不存在和自身的连接,神经元状态的变化采用的是随机异步更新的方式,每次只有一个神经元改变状态。根据数据样本中的数值是否连续,可以将 Hopfield 神经网络分为离散 Hopfield 神经网络和连续 Hopfield 神经网络。

3. SOFM 神经网络

SOFM 神经网络是根据神经元的有序排列可以感知到外界刺激的某种物理特性而提出的,它是一种典型的自组织神经网络,其神经网络结构如图 20.6 所示。

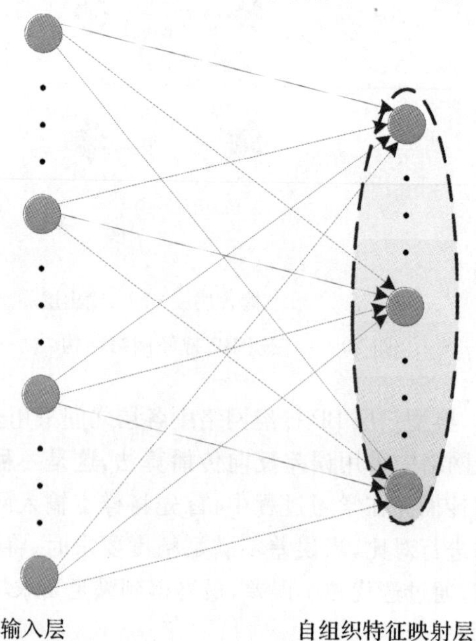

图 20.6　SOFM 神经网络结构

从图 20.6 中可以看出,SOFM 神经网络由输入层和自组织特征映射层共同构成,输入层中的神经元之间相互不连接,仅用来实现输入信号的传递;自组织特征映射层中的各个神经元之间相互连接,通过相互抑制实现竞争。在学习的过程中,获胜神经元及其相邻一定范围内的神经元可以调整连接权值和偏值,通过逐步缩小邻域范围、增强中心神经元的激活程度,模拟大脑神经元之间"近兴奋远抑制"的作用效果,提高神经网络的学习能力和泛化能力。

20.4.3　人工神经网络算法的应用

人工神经网络不需要精确的数学模型,具有非线性映射能力,能从训练数据样本中学习有用知识,容易实现并行计算,它已经在水下目标定位、抑制混响等方面得到了广泛应用。季明江[21]针对水下近场压力场中的目标定位问题,提出了偶极子源 MVDR 和 MUSIC 定位方法,并针对响应向量失配的问题,提出了基于广义回归神经网络和空间谱估计的目标定位方法。所提方法不仅解决了响应向量失配导致的定位精度下降问题,还具有普适性,能够在一次学习的基础上,对具有不同大小、频率、振幅等特征的偶极子进行定位。张宇等[22]针对环境噪声导致水下目标定位精度降低的问题,结合引入降噪处理、加权时延估计和基于梯度下降准则的权值迭代等可以提高系统对噪声变化的鲁棒性的特点,提出了一种两阶段学习模型的定位方法。所提算法首先对信号进行特征训练,利用神经网络学习模型进行降噪,然后构建一个改进的加权延时求和波束形成器组模型,利用梯度下降准则调整各个通道的加权,得到最优相对时延和最佳角度估计,再通过几何解算得到较为精确的定位信息。刘罡等[23]在海洋混响中常用的瑞利分布及 K 分布模型的基础上,计算了试验数据的峰度和偏度,利用 CW 信号与 LFM 信号混响进行了阵元域、波束域上的 PDF 曲线拟合,证明了 K 分布模型更加适合表述海底混响特性,利用 BP 神经网络方法和海底混响、点目标仿真信号的 PDF 特性进行了目标识别验证,其正确识别率达到了 92%以上,且计算量大大降低,研究海底混响的统计分布特性,降低了混响对鱼雷自导系统的限制。

20.5　深度学习

随着互联网的发展、传感器和存储器价格的降低,获取大量数据的难度急剧下降,计算力的增长速度迅速上升,但是数据量的增长大于存储容量,计算力的增长大于数据量,这导致了机器学习和统计学的最优选择向深度多层神经网络方向发展[24]。同时,得益于容量控制方法的发展,大型网络的训练有效克服了过拟合问题,注意力机制的出现解决了固定参数数目情况下扩展系统记忆容量和复杂度的问题,多阶设计促进了推理迭代模型的发展,分布式并行训练的方式降低了计算时间和强化学习的难度,深度学习框架的提出进一步促进了深度学习在各个领域的应用。

20.5.1　深度学习的分类

深度学习通常指的是由多层结构组成的神经网络,但是具体的网络层数并没有严格的规定。将具有基本神经网络结构的感知器组合在一起可以得到深度神经网络,在此基础上引入类似人类视觉皮质的结构可以得到卷积神经网络。在玻尔兹曼机的基础上,逐渐发展出了深度玻尔兹曼机和深度信念网络。因此,按照起源可以将深度学习算法分为起源于感知机的深度学习和起源于玻尔兹曼机的深度学习。其中,起源于感知机的深度学习方法根据数据样本中的目标或标签对神经网络进行训练,属于有监督学习;起源于玻尔兹曼机的深度学习的数据样本中不包含目标或标签,属于无监督学习。

20.5.2 几种典型的深度学习模型

1. 卷积神经网络(LeNet)

卷积神经网络就是含有卷积层的神经网络。经典的 LeNet 模型中[25]包含有 1 个输入层、2 个卷积层、2 个池化层、1 个输出层,其中输出层包含 3 个全连接层,它的神经网络结构示意图如图 20.7 所示。

在 LeNet 模型中,卷积层将其输入和卷积核进行内积运算,然后利用 sigmoid 激活函数计算,将此时的结果作为特征图;池化层利用选定区域的特征图得到新的特征图,可以减小卷积层产生特征图的尺寸大小,降低特征表示对输入数据位置变化的敏感度;全连接层的输入是池化层的输出,是二维特征图,因此需要先进行降维操作,三层全连接层逐层减少输出个数,最终的输出个数和图像类别相等。

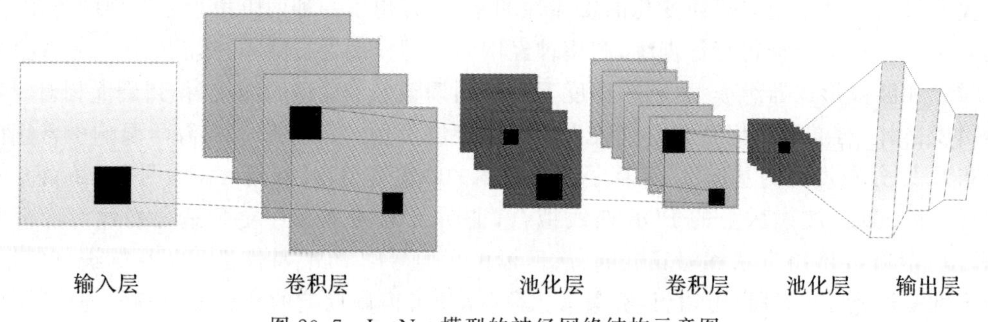

图 20.7 LetNet 模型的神经网络结构示意图

LeNet 模型交替使用卷积层和池化层提取图像特征,最后结合全连接层实现了图像的分类。卷积神经网络的参数包括卷积核的大小、全连接层的连接加权和偏值等,在参数训练的过程中采用的是误差反向传播算法。

2. 深度卷积神经网络(AlexNet)

2017 年 Alex 等[26]提出了 AlexNet 模型,该模型的很多设计理念和 LeNet 模型非常相似,但是这两者之间也存在着很大的区别,具体表现在以下几个方面。

(1)AlexNet 模型中包含 1 个输入层、5 个卷积层、3 个池化层和 3 个全连接层,该模型比 LeNet 模型的层数更多。

(2)AlexNet 模型中卷积层和池化层的数目不同,这是因为在该模型中只有第 1、第 2、第 5 个卷积层之后使用了大池化层,这和 LeNet 模型中卷积层和池化层成对出现是不同的。同时,AlexNet 模型中的卷积层通道数也远远多于 LeNet 模型中的卷积通道数。

(3)AlexNet 模型中卷积操作后使用的激活函数是 ReLU 函数。相对于 LeNet 模型中使用的 sigmoid 函数,ReLU 函数的计算更加简单,同时还避免了 sigmoid 函数梯度消失造成模型有效训练的问题。

(4)AlexNet 模型中使用了丢弃法,有效控制了模型的复杂度。同时,图像增广技术的引入,进一步有效避免了模型出现过拟合的问题。

3. 深度信念网络(DBN)

2006年,Hiton等[27]提出的深度信念网络由多个受限玻尔兹曼机(受限玻尔兹曼机是由可见层和隐藏层组成的两层网络,其中层内神经元之间没有连接)通过堆叠的形式共同构成。深度信念网络的学习方法和卷积神经网络的学习方法之间存在着本质的区别,卷积神经网络使用的是误差反向传播算法,需要先确定网络结构,然后利用误差的反向传播调节所有的连接加权和偏值;深度信念网络使用的是对比散度算法,只能逐层调节相邻层间神经元的连接加权和偏值。

深度信念网络是一种包含了潜变量层的神经网络,它既可以作为生成模型,也可以当作判别模型。当DBN当作生成模型来使用时,该网络按照某种概率分布生成训练数据,通常使用最大似然估计法训练参数,以得到能最大限度覆盖训练样本的概率分布。这种生成模型可以对输入数据进行降噪处理、压缩处理或特征表达。当DBN当作判别模型使用时,需要在模型的顶层添加一个softmax层,这是因为由受限玻尔兹曼机无法单独当作判别模型的特性决定的。此时,训练样本数据中还必须包含样本标签,首先对除了顶层以外的其他各层进行无监督学习,然后再利用误差反向传播方法让整个神经网络进行学习。

20.5.2　几种经典的深度学习框架

1. Theano

Theano是由蒙特利尔大学开发的一种数值计算工具,它用数学表达式描述变量、矩阵和公式等的计算过程,能够使用解析式计算梯度,并且可以在GPU上进行快速计算。它在设计之初是为了解决大型神经网络的计算问题,所使用的语言是Python,该框架已经在2010年进行了公开。

2. Caffe

Caffe是加州大学伯克利分校开发的一套深度学习工具,它支持LinuX、Mac OS X以及Windows操作系统,开发语言可以用C++也可以用Python。利用Caffe训练的神经网络在公开后可以供任何人使用,该框架训练网络时在GPU上的效率很高,它的训练和测试相对于Theano来说更加简单。该框架已经在2013年得到了公开。

3. Tensorflow

Tensorflow是谷歌开发的一款数学计算工具,它除了矩阵运算和深度学习相关的函数,还提供了图像处理相关的函数。同时,Tensorflow通过对函数进行组合就可以实现所需算法,具有很好的灵活性。Tensorflow使用有向图对计算任务进行表示,支持C++和Python两种编程语言。该框架已经在2015年进行了公开。

20.5.3　深度学习的应用

深度学习具有自动学习和提取数据样本中的规律和特征以得到更好性能的特点,因此对非最优解有更好的包容性、对非凸非线性问题能更好地进行求解,已经在信号估计、信道预测、声源距离估计、路径规划、目标识别、图像增强等众多领域得到了应用。

王全东等[28]建立了从带噪功率谱到纯净功率谱映射的多维函数,利用深度神经网络回归模型还原了单阵元下的的时域波形,并提出一种两阶段特征融合深度神经网络——先将阵列分为若干个子阵,将每个子阵分别用阵列深度神经网络进行处理,再将第一阶段的各子阵处理结果与阵列接收信号同时输入一个深度神经网络进行融合学习。所提出的单阵元和两阶段融合深度神经网络的信号恢复效果优于常规波束形成,准确估计了目标信号波形和功率。Liu等[29]针对水声道复杂多变导致水声通信效率低的问题,根据水声信道在时域和频域的复杂相关性,提出了一种有效的在线信道状态信息(CSI)预测的深度神经网络模型。该模型首先结合一维卷积神经网络(CNN)和长短记忆网络(LSTM),设计了 CsiPreNet 学习模型来捕获水声信道状态信息的时间相关性和频率相关性。然后,离线训练采集数据,使用训练后的模型在线预测 CSI。最后,利用设计的仿真下行链路 UWA-OFDMA 系统来评估性能,证明了 CsiPreNet 可以同时捕获 CSI 在时域和频域上的相关性。王文博等[30]利用经过海底反射的声线携带了海底声场参数的特征,利用深度卷积神经网络分别学习垂直阵声压域和垂直阵波束域特征的方法来估计直达波区声源距离,该方法首先对仿真直达波区声场数据做预处理,然后将声压域和波束域的声场数据分别作为训练集训练深度卷积神经网络模型,最后输入测试集数据训练完成的模型中估计声源距离。胡磊[31]将深度强化学习(DQN)引入 AUV 智能规划任务中,提出了基于双神经网络深度强化学习的 AUV 路径规划方法。根据避障模型和障碍物边界绕行模型的任务不同,提出了两种即时评价函数,AUV 在每次决策过程中都会获得评价,解决了强化学习所面临的奖励值稀疏问题。所提出的基于"吃惊度"的记忆池经验回放方法,提高了优质样本的利用效率和学习相关决策信息的速度。王念滨等[32]针对传统卷积神经网络全连接操作造成丢失特征位置信息及特征图通道信息的问题,提出了特征加权算法来强化全连接操作时的特征组合方式,有效提高了模型的识别准确率。接着,针对目前水下目标识别中数据量偏小容易引起模型过拟合的问题,提出可以快速降维的注意力池化卷积模型[33],实现了快速有指导的降维操作,减少模型训练时间,降低了过拟合风险。何铭等[34]针对非限定环境下的水下目标识别分类问题,提出了一种基于分簇的增量分类方法实现水下目标增量分类方法,为深度学习模型提供了增量数据支持,同时提高了模型的泛化能力。Miao 等[35]先将水声数据通过所能够显示精细时频特征的稀疏各向异性 Chirplet 变换(ACT)方法转换到时频图形式,然后输入所构造的可以将卷积神经网络泛化到时频域的时频特征网络(TFF-Net),利用所提出的前向特征融合的高效特征金字塔增强特征(EFP)映射,保留了信号的有用信息,提高了特征识别率。所提方法提高了分类精度,降低了计算所需内存和时间。Hu 等[36]针对吸收和散射造成的水下图像质量下降问题,提出了一种双分支深度神经网络方法。该方法利用 HSV 颜色空间分离色度和强度方面的特性,将水下图像转换为 HSV 颜色空间,然后分解为 HS 和 V 通道,利用生成性对抗网络架构增强 H 和 S 通道去除颜色投射,利用传统卷积神经网络增强 V 通道对比度,合并两个分支增强的通道,转换回 RGB 颜色空间,最终实现水下图像的增强。

20.6 其他智能优化算法

除了以上提及的几种典型智能优化算法之外,还有很多智能优化算法得到了发展,如烟花算法、狼群算法、入侵杂草算法、克隆选择算法等。这些算法在浮标布放、路径规划、稀疏阵列设计、水下目标定位和分类等研究领域中得到了发展和应用。

Ma 等[37]针对在指定海域布设声呐浮标的典型问题,提出了一种声呐浮标快速布设方法。该方法引入了重叠系数"浮标群"模式,建立了水下簇状目标总体情况下声呐浮标探测的数学优化模型，设计了浮标布设优化模型对应的适应度函数，利用自适应烟花算法解决了声呐浮标布署方案的优化问题，提高了声呐浮标布设探测效率，为水下集群多目标检测和水下集群平台反攻击问题提供理论支持。刘泽威[38]针对水下三维路径规划问题，提出了一种基于改进狼群算法的路径规划方法。该方法将海底环境等效为威胁模型和海底深度一起作为约束函数，通过改进狼群算法解适应度函数求得最优路径，不仅能避开威胁安全到达目的地，同时其人工狼可以感知同伴信息和传递猎物信息，有效控制全局探测和局部探测之间的平衡，此外，自适应奔袭步长提高了猎物全局搜索能力，不易陷入局部最优。唐烨[39]针对多波束情况下高分辨成像声呐的阵列稀疏设计问题，结合小生境入侵杂草算法和凸优化算法，提出了一种实现半圆阵列稀疏设计的混合算法。该混合算法将阵元位置作为入侵杂草算法的优化目标变量，进行繁殖、扩散、小生境学习、竞争和淘汰，挑选出最优的稀疏阵元位置序列作为设计的稀疏阵列，该阵列不仅满足了成像精度要求，还有效提高了阵元的稀疏率。张明星[40]利用差分进化算法、灰狼优化算法、量子遗传算法、樽海鞘群体优化算法等对传统的 MUSIC 算法和最大似然(ML)算法进行联合优化。将 MUSIC 的谱函数当作优化算法的目标函数来寻求极值，之后通过峰值定位大致区间，进而分步搜索各个角度，最终达到目标方位(DOA)估计的目的；把 ML 的求秩绝对值函数当作优化算法的目标函数来直接寻求极值，以达到同时进行多个 DOA 估计的目的。Bataineh 等[41]针对多层感知器(MLP)神经网络反向传播方法无法保证找到全局最优的权重和偏差集的问题，利用克隆选择算法(CSA)可以有效地探索到复杂大空间内全局最优近似值的特点，训练 MLP 网络，显著提高 MLP 对主动声呐目标分类等实际问题的分类精度。

20.7　声呐波束优化设计智能方法的实例

本节以径向基神经网络方法为例，展示智能优化算法在声呐波束优化设计中的应用和实现，给出了一种基于径向基神经网络的波束设计方法[42]。该方法根据波束形成中阵元位置和阵列加权向量之间的非线性关系，利用径向基神经网络输入和输出之间的非线性映射特性，构造数据样本，利用训练后的神经网络得到满足波束图设计要求的阵列加权向量。

20.7.1　径向基神经网络的基本理论

1985 年，Powell 提出了一种多变量插值方法，即径向基函数(RBF)方法。1988 年，Moody 和 Darken 提出了径向基神经网络结构。径向基神经网络属于前向神经网络类型，它的相关参数根据训练集中的数据样本按照一定的规则进行初始化和确定，避免了神经网络在训练过程中陷入局部极小值的解域中，克服了神经网络局部极小值的问题，同时它还具有以任意精度逼近任意连续函数的最佳逼近的性能。

径向基神经网络的结构和图 20.4 中三层后向传播(BP)神经网络的结构类似，是一种由输入层、隐含层和输出层共同组成的三层前馈网络，但是径向基神经网络中隐含层神经元的传递函数是关于对中心点径向对称且衰减的径向基函数，输出层的传递函数是线性函数。因此，它的输入层空间到隐含层空间进行的是非线性变换，隐含层空间到输出层空间进行的是线性变换，径向基神经网络从输入层空间到输出层空间的变换实现的是一种非线性映射。

按照训练过程中隐含层神经元数目是否固定不变，可以将径向基神经网络的学习方法分为两种：

(1)在神经网络的训练过程中，隐含层神经元数目不断增加，通过循环迭代实现连接加权和偏值的调整。

(2)神经网络的隐含层神经元数与训练数据样本数相同，通过求解线性方程组得到网络的连接加权和偏值。

本章基于径向基神经网络(RBFNN)的波束设计方法中采用第一种学习方法实现。

20.7.2 基于径向基神经网络的波束设计

假设一个声呐基阵由 M 个各向同性的传感器组成，阵元位置坐标为 **coor**，两两阵元在 X 轴、Y 轴、Z 轴上平均间隔分别为 d_x、d_y、d_z，取它们的最大值 $d=\max(d_x,d_y,d_z)$，分别在 X 轴、Y 轴、Z 轴的阵元位置上添加均匀分布的随机误差生成带有误差的位置坐标 **coore**。设置期望旁瓣级 SSL，通过旁瓣控制(SLC) 方法[43] 得阵列加权向量并进行波束形成，若波束图主瓣方向与波束设计方向一致且旁瓣级不大于 SSL，则记录对应的带有误差的位置坐标为训练数据的第 q 个输入样本 $\mathbf{Input}_q$，阵列加权向量为训练数据的第 q 个输出样本 $\mathbf{Output}_q$。

$$\mathbf{Input}_q=[\mathbf{coore}_x^{\mathrm{T}},\mathbf{coore}_y^{\mathrm{T}},\mathbf{coore}_z^{\mathrm{T}}]^{\mathrm{T}}=\begin{bmatrix}(\mathbf{coor}_x+0.05d*(1-2*\mathrm{rand}(1,M)))^{\mathrm{T}}\\(\mathbf{coor}_y+0.05d*(1-2*\mathrm{rand}(1,M)))^{\mathrm{T}}\\(\mathbf{coor}_z+0.05d*(1-2*\mathrm{rand}(1,M)))^{\mathrm{T}}\end{bmatrix}\tag{20.1}$$

$$\mathbf{Output}_q=[\mathrm{real}(\boldsymbol{w}^{\mathrm{T}}),\mathrm{imag}(\boldsymbol{w}^{\mathrm{T}})]^{\mathrm{T}}\tag{20.2}$$

其中，$\mathbf{Input}\in\mathbb{R}^{3M\times Q}$ 和 $\mathbf{Output}\in\mathbb{R}^{2M\times Q}$ 分别表示 RBFNN 训练数据的输入样本集和输出样本集，$\mathbf{coore}_x$、$\mathbf{coore}_y$、$\mathbf{coore}_z$ 分别表示带有位置误差阵列中阵元的 X 轴坐标、Y 轴坐标和 Z 轴坐标，$\boldsymbol{w}\in\mathbb{R}^{M\times 1}$ 表示满足波束设计要求的阵列加权向量，Q 表示样本总数，$q=1,2,\cdots,Q$ 表示样本索引，$\mathrm{rand}(1,M)\in\mathbb{R}^{1\times M}$ 表示产生 0 到 1 的随机数。

本节示例中隐含层传递函数所采用的 Gaussian 函数如图 20.8 所示。

已知隐含层传递函数以输入向量和连接加权之间的距离作为自变量，常用的距离函数有欧氏距离、马氏距离、余弦距离、汉明距离和曼哈顿距离等，其中常用的欧氏距离表示的是 N 维欧式空间中两点之间的距离：

$$d_{\mathrm{eu}}=\left(\sum_{i=1}^{N}(x_{1i}-x_{2i})^2\right)^{1/2}\tag{20.3}$$

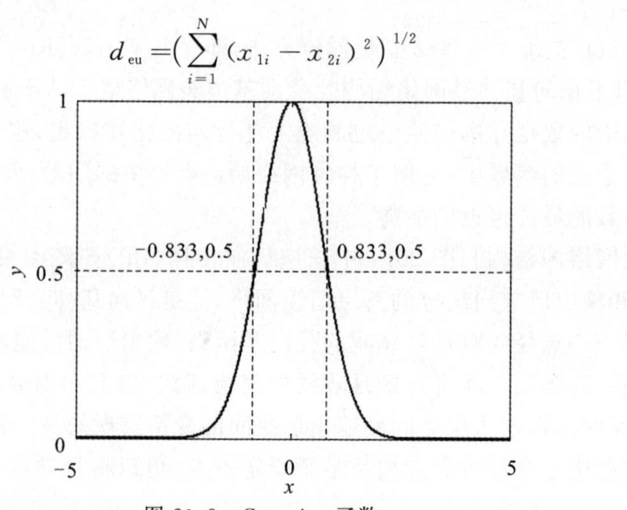

图 20.8 Gaussian 函数

当实际使用时，往往各个维度采用的尺度不同，因此需要对各个维度的数据进行归一化预处理。

为了降低算法的复杂度，RBFNN 波束设计算法中采用的是余弦距离：

$$d_{\cos}=\frac{\left(\sum_{i=1}^{N}x_iy_i\right)}{\left(\sum_{i=1}^{N}x_i^2\sum_{i=1}^{N}y_i^2\right)^{1/2}} \tag{20.4}$$

从式(20.4)中可以看出，余弦距离严格来说表示的是两个向量之间的相似性，它根据向量方向判断向量的相似度，与向量各个维度的相对大小有关，而不受数值绝对大小的影响，因此在使用时无需对数据进行归一化处理。

从图 20.8 中可以看出，高斯函数在自变量为 0 处取得最大值，也就是说，当隐含层神经元的输入为 0 时，隐含层传递函数取得最大值 1。随着输入向量和连接向量之间的距离不断增大，隐含层输出递减，这反映了 RBF 神经网络的隐含层传递函数可以对输入向量在局部产生响应，证明这种网络具有局部逼近能力。

RBFNN 波束设计算法初始化的隐含层神经元数目为 0，选择隐含层输出向量与神经网络输出向量相似度最高的样本作为隐含层加权向量，逐渐增加隐含层神经元的数目，通过不断迭代，更新隐含层到输出层之间连接向量和偏值，具体的实现步骤如下：

(1) 初始化隐含层神经元数目为 0，则输入层到隐含层的连接向量为 $\boldsymbol{w}_1=[\,]$，将实际阵元位置向量的各个样本分别当作隐含层连接向量 $\boldsymbol{W}_1=\mathbf{Input}^{\mathrm{T}}$。

(2) 设置径向基函数的扩展速度 Spr 取输入层到隐含层对应的偏值都为 $b=\sqrt{-\ln(0.5)}/\mathrm{Spr}$，令 $b_1=b$，则隐含层输入为 $d_{\cos}(\boldsymbol{W}_1,\mathbf{Input})*b_1$。

扩展速度取不同值时的径向基函数如图 20.9 所示。

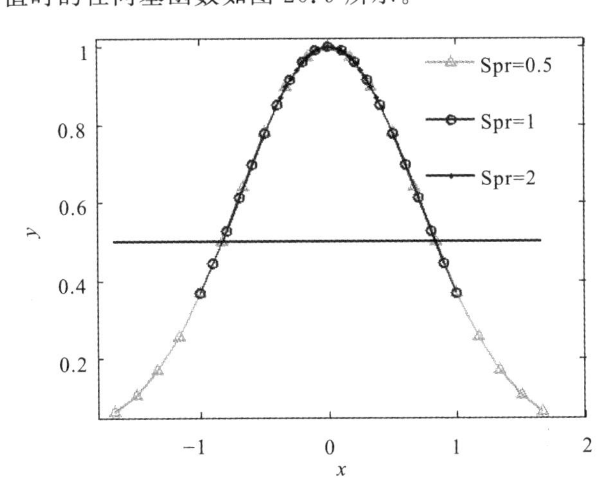

图 20.9　扩展速度对激励函数的影响

由图 20.9 可以看出，在数据点数相同的情况下，扩展速度 Spr 越大，函数跨度越小，激励函数越细腻，网络得到的函数估计越光滑。若 Spr 过大，就需要大量的神经元来适应快速变化的函数；若 Spr 过小，则需要大量的神经元来适应光滑函数，降低网络的泛化能力。合适的扩展速度对 RBF 神经网络来说至关重要，一般默认取 Spr＝1，再根据实际情况进行调整。

(3) 计算遍历的隐含层输出：

$$\boldsymbol{P}=\exp(-(d_{\cos}(\boldsymbol{W}_1,\textbf{Input})*b_1)^2) \tag{20.5}$$

和各个输出样本之间的余弦距离 $d_{\cos}(\boldsymbol{P},\textbf{Output})$。选出余弦距离绝对值最小的隐含层输出对应的样本索引 idx，则隐含层神经元对应的连接向量为

$$\boldsymbol{w}_1=[\boldsymbol{w}_1,\textbf{Input}(:,idx)^{\mathrm{T}}] \tag{20.6}$$

(4) 计算隐含层网络输出：

$$\boldsymbol{a}_1=\exp(-(d_{\cos}(\boldsymbol{w}_1,\textbf{Input})*b_1)^2) \tag{20.7}$$

(5) 输出层的连接向量为 $\boldsymbol{w}_2$，偏值为 $\boldsymbol{b}_2$，则输出层网络输出为

$$\textbf{Output}=\boldsymbol{w}_2*\boldsymbol{a}_1+\boldsymbol{b}_2 \tag{20.8}$$

其中，$\boldsymbol{b}_2\in\mathbb{R}^{2M\times1}$。

(6) 计算均方误差：

$$\mathrm{MSE}=(1/(M*Q))*\sum_{m=1}^{M}\sum_{q=1}^{Q}(\boldsymbol{a}_2(m,q)-\textbf{Output}(m,q))^2 \tag{20.9}$$

判断是否满足设计的网络误差精度要求 E，若满足则终止，若不满足则检查隐含层神经元数目是否不大于训练数据样本数，否则终止，是则继续。

(7) 增加一个隐含层神经元，更新 $\boldsymbol{P}(:,idx)=0$，返回步骤(3)。

通过观察以上实现过程可以发现，训练后的隐含层神经元数目由训练数据、误差精度要求和样本数等共同决定。

20.7.3 仿真实验

本节仿真实验中假设远场窄带信号频率是 3 500 Hz，水下声信号的传播速度是 1 500 m/s，期望方向是 0°，波束图的旁瓣级不高于－29 dB，各个阵列中的阵元都是全指向性的。

具体的实现过程是：以已知阵元实际位置的阵列为基准，分别在各个阵元的 X 轴和 Y 轴坐标上添加$(-2\%d,2\%d)$的均匀分布随机误差，构造出以基准阵列为中心的位置样本；利用 SLC 方法进行波束形成，当算法成功收敛时，记录对应的位置向量和加权向量，作为训练数据的输入样本和输出样本；通过对训练数据进行学习得到训练后的神经网络；将基准阵列的位置输入训练后的神经网络，得到阵列加权向量，并进行波束形成。

仿真实验对比了 MVDR 算法、Olen 算法、SLC 算法和所提 RBFNN 算法针对不同阵列所得到的波束效果。

1. 均匀直线阵

均匀直线阵作为一种典型的阵列，在水下阵列信号处理研究的各个方向都得到了广泛的应用。假设一个均匀间隔分布的直线阵，阵元之间的间隔是半波长，以阵列的几何中心为原点，将各个阵元沿着 X 轴进行布放，该阵列在空间中的分布情况如图 20.10 所示。训练样本个数是 297，扩展速度是 1，训练后的神经网络隐含层神经元数是 162，利用不同算法得到波束图如图 20.11 所示。

观察图 20.11 可以发现，利用训练后的神经网络所得到的波束图和 Olen 算法、SLC 算法所得到的波束图旁瓣级都得到了有效的控制，而 MVDR 波束形成器的波束图旁瓣级明显更高。

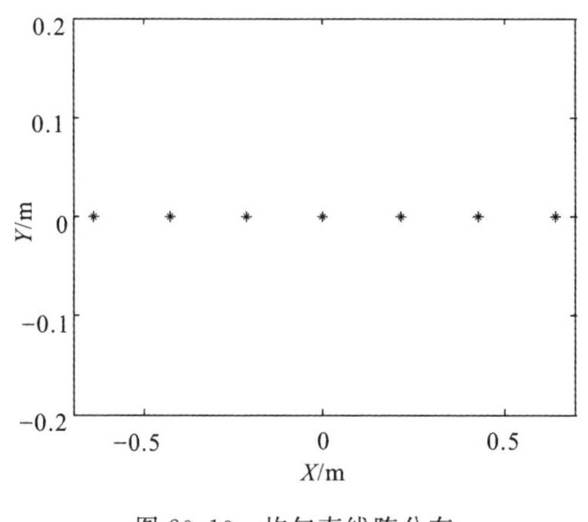

图 20.10　均匀直线阵分布

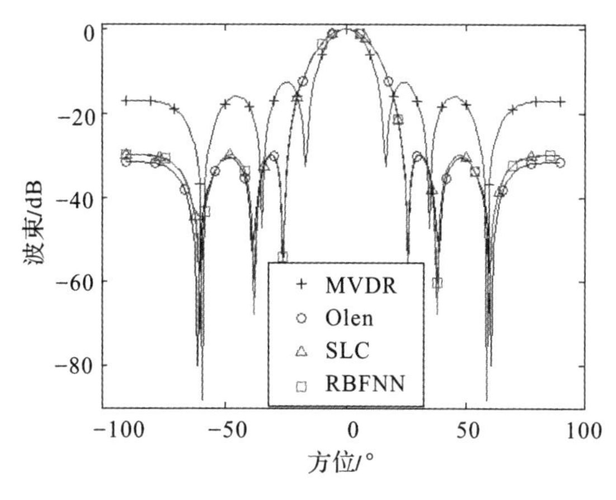

图 20.11　均匀直线阵波束图

2. 非均匀线阵

在实际应用环境中，因受到洋流等的影响，均匀直线拖曳阵通常会出现阵形畸变的问题，故针对非均匀线阵开展了实验。假设一个非均匀线阵各个阵元在空间中的位置如图 20.12 所示。训练样本数为 414，扩展速度为 1，训练后的神经网络有 209 个隐含层神经元。不同算法的波束图如图 20.13 所示。

从图 20.13 中可以看出，Olen 算法、SLC 算法和 RBFNN 算法都有效控制了波束图的旁瓣级。

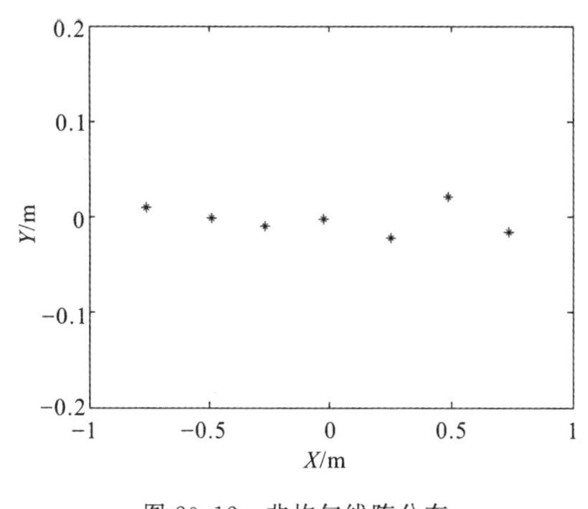

图 20.12　非均匀线阵分布

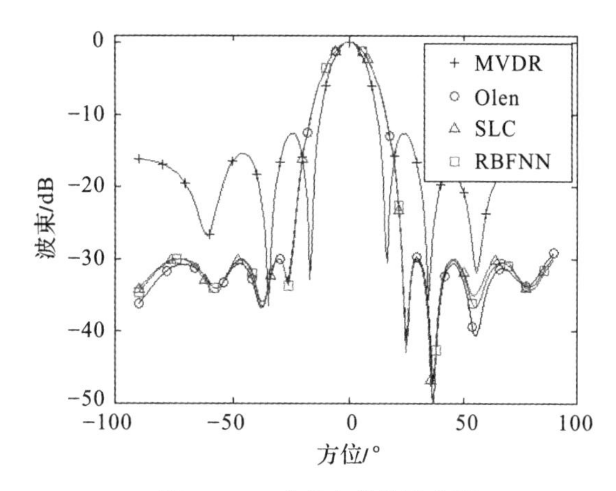

图 20.13　非均匀线阵波束图

3. 均匀圆环阵

相对于均匀线阵，均匀圆环阵可以实现全平面观测，是一种非常实用的阵形。假设一个均匀单圆环阵的半径是 0.40 m，阵元数是 12，以该圆环阵的几何中心为原点，各个阵元在空间中的位置如图 20.14 所示。训练样本数 283，扩展速度 0.8，训练后的神经网络有 152 个隐含层神经元。不同算法对应的波束图在图 20.15 中进行对比。

图 20.15 中 MVDR 的波束图旁瓣级很高，Olen 算法、SLC 算法和 RBFNN 算法都有效控制了波束图旁瓣级。

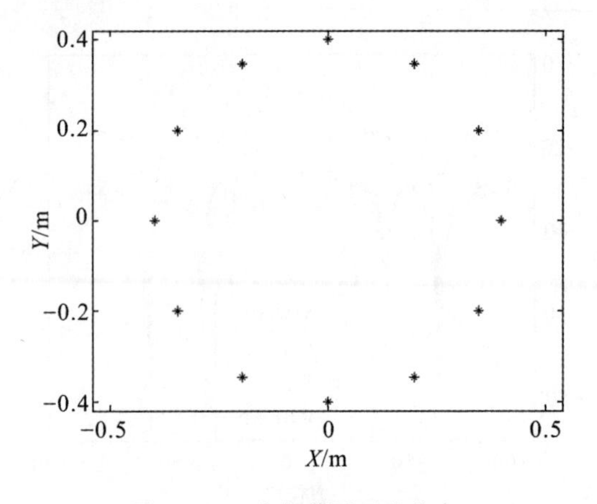

图 20.14　均匀单圆环阵分布

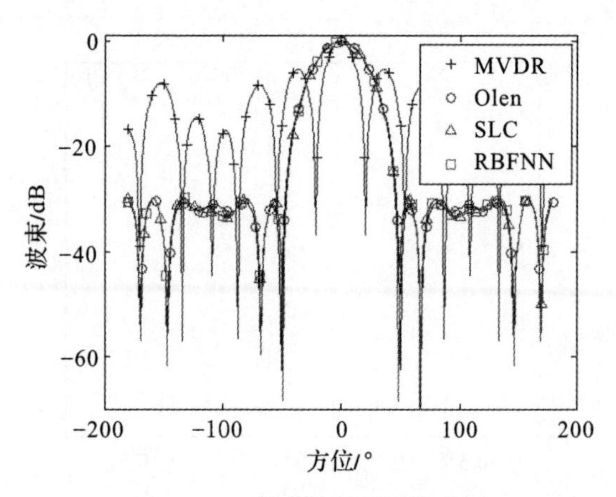

图 20.15　均匀单圆环阵波束图

4. 非均匀圆环阵

在实际应用环境中，由于受到制造工艺、测量精度等的影响，均匀圆环阵通常会出现阵形畸变的问题，因此对非均匀圆环阵开展了实验。假设有一个非均匀分布的单圆环阵，各个阵元在空间中的位置如图 20.16 所示。训练样本数是 272，扩展速度为 0.5，训练后的神经元数是 103。不同算法形成的波束图在图 20.17 中进行对比。

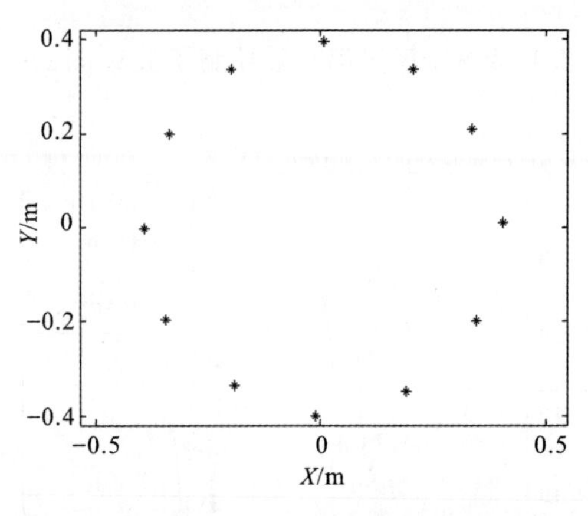

图 20.16　非均匀单圆环阵分布

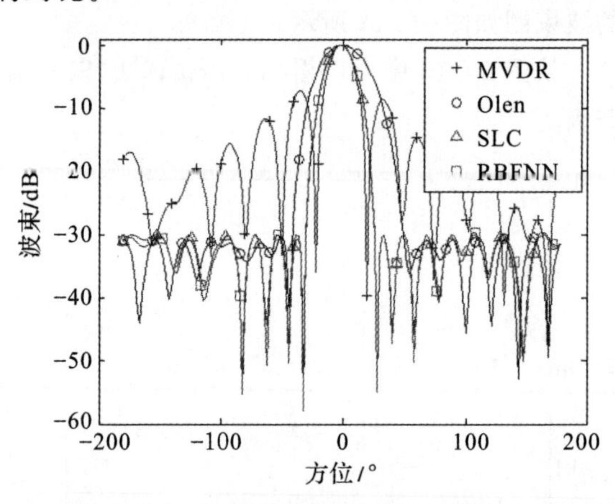

图 20.17　非均匀单圆环阵波束图

可以看到，RBFNN 算法和 SLC 算法的波束图之间差异很小，Olen 算法、SLC 算法和 RBFNN 算法都能有效控制波束图的旁瓣级。

综合考虑以上仿真结果发现，针对不同几何形状的阵列，利用 RBFNN 算法训练后的神经网络都可以得到与 SLC 算法相当的波束效果。Olen 算法虽然也能有效控制旁瓣级，但是引起了主瓣宽度的快速增大。因此也可以说，所提算法和 SLC 算法效果相当，且优于 MVDR 算法和 Olen 算法。SLC 算法利用最优化理论实现波束形成，可以达到兼顾主瓣宽度和旁瓣级的效果，但是该算法需要对这两个参数进行合理设置，这就要求波束设计人员拥有足够丰富的经验，否则会导致 SLC 算法出现无法收敛的问题。本章的 RBFNN 算法对波束设计人员的经验要求不高，利用固定参数，通过循环操作选出符合设计指标的阵元位置和阵列加权即可，极大降低了波束设计指标的实现难度。

参考文献

[1] 张春美. 差分进化算法理论与应用[M]. 北京：北京理工大学出版社，2014.

[2] 孙红兵，夏琛海，潘宇虎，等. 基于差分进化算法的阵列天线二维波束展宽研究[J]. 现代雷达，2017，39(1)：56－59.

[3] 李蕊，史小卫，徐乐，等. 竞争差分进化算法及其在共形阵综合中的应用[J]. 西安电子科技大学学报，2012，39(3)：114－119.

[4] BU X，MEI S，YANG F，et al. A precise method to calibrate dynamic integration errors in shallow-and deep-water multibeam bathymetric data[J]. IEEE Transactions on Geoscience and Remote Sensing，2022，60：1－14.

[5] CAO Y，SHI W，SUN L，et al. Frequency-diversity-based underwater acoustic passive Localization[J]. IEEE Internet of Things Journal，2022，9(14)：12 641－12 655.

[6] 李士勇，陈永强，李研. 蚁群算法及其应用[M]. 哈尔滨：哈尔滨工业大学出版社，2004.

[7] 王会昕. 基于改进蚁群算法的 AUV 实时路径规划研究[D]. 哈尔滨：哈尔滨工程大学，2021.

[8] 尚冠宇. 基于蚁群算法的水下无人平台航路规划[J]. 舰船科学技术，2020，42(4)：61－63.

[9] 周荣基，邹强，宋佳明，等. 基于改进蚁群算法的航空反潜鱼雷特殊场景路径规划[J]. 航空兵器，2020，27(4)：64－68.

[10] 王晓燕，杨乐，张宇，等. 基于改进势场蚁群算法的机器人路径规划[J]. 控制与决策，2018，33(10)：1 775－1 781.

[11] 马天男，彭丽霖，杜英，等. 区块链技术下局域多微电网市场竞争博弈模型及求解算法[J]. 电力自动化设备，2018，38(5)：191－203.

[12] HE J，WANG H，LIU C，et al. UUV path planning for collision avoidance based on ant colony algorithm[C]//Shenyang：39th Chinese Control Conference (CCC)，2020：5 528－5 533.

[13] 李丽，牛奔. 粒子群优化算法[M]. 北京：冶金工业出版社，2009.

[14] 王国强. 前视声呐水下目标跟踪技术研究[D]. 哈尔滨：哈尔滨工程大学，2019.

[15] 王晓. 侧扫声呐图像精处理及目标识别方法研究[D]. 武汉：武汉大学，2017.

[16] 胡鹏鹏. 水下单目标分布式协同定位技术研究[D]. 哈尔滨：哈尔滨工程大学，2021.

[17] WANG H，YUAN J，LV H，et al. Task allocation and online path planning for AUV swarm cooperation[C]//Aberdeen：Oceans Aberdeen Conference/IEEE，2017：1－6.

[18] YAN Z，LI J，ZOU J，et al. A hybrid PSO-WG algorithm for AUV path planning in unknown oceanic environment[C]//Wuhan：IEEE 8th International Conference on Underwater System Technology-Theory and Applications (USYS)，2018：1－6.

[19] RAJESHWARI P M，KAVITHA G，SUJATHA C M，et al. Swarm intelligence based segmentation for buried object scanning SONAR images[C]//Chennai：2015 IEEE Underwater Technology (UT)，2015：1－4.

[20] 温正，孙华克. MATLAB 智能算法[M]. 北京：清华大学出版社，2017.

[21] 季明江. 基于侧线感知原理的水下近场目标定位关键技术研究[D]. 长沙：国防科技大学，2019.

[22] 张宇，江鹏，郭文飞，等. 一种利用两阶段学习模型的水下阵列定位方法[J]. 武汉大学学报(信息科学版)，2021，46(12)：1 889 - 1 899.

[23] 刘罡，杨云川. 海底混响非瑞利特性研究及神经网络应用[J]. 舰船科学技术，2020，42(5)：123 - 126.

[24] 张 阿斯顿，李沐，立顿 扎卡里 C，等. 动手学深度学习[M]. 北京：人民邮电出版社，2019.

[25] LECUN Y，BOTTOU L，BENGIO Y，et al. Gradient-based learning applied to document recognition[J]. Proceedings of the IEEE，1998，86(11)：2 278 - 2 324.

[26] KRIZHEVSKY A，SUTSKEVER I，HINTON G E. Imagenet classification with deep convolutional neural networks[J]. Communications of the Acm，2017，60(6)：84 - 90.

[27] HINTON G E，OSINDERO S，TEH Y W. A fast learning algorithm for deep belief nets[J]. Neural Computation，2006，18(7)：1527 - 1554.

[28] 王全东，郭良浩，闫超. 基于深度神经网络的水声信号恢复方法研究[J]. 应用声学，2019，38(6)：1 004 - 1 014.

[29] LIU L，CAI L，MA L，et al. Channel state information prediction for adaptive underwater acoustic downlink OFDMA system：deep neural networks based approach[J]. IEEE Transactions on Vehicular Technology，2021，70(9)：9 063 - 9 076.

[30] 王文博，苏林，贾雨晴，等. 深海直达波区卷积神经网络测距方法[J]. 声学学报，2021，46(6)：1 081 - 1 092.

[31] 胡磊. 基于启发神经网络强化学习的 AUV 路径规划方法研究[D]. 哈尔滨：哈尔滨工程大学，2019.

[32] 王念滨，何鸣，王红滨，等. 基于卷积神经网络的水下目标特征提取方法[J]. 系统工程与电子技术，2018，40(6)：1 197 - 1 203.

[33] 王念滨，何鸣，王红滨，等. 适用于水下目标识别的快速降维卷积模型[J]. 哈尔滨工程大学学报，2019，40(7)：1 327 - 1 333.

[34] HE M，WANG N，WANG H，et al. Negative correlation incremental integration classification method for underwater target recognition[J]. International Journal of Performability Engineering，2018，14(5)：1 040 - 1 049.

[35] MIAO Y，ZAKHAROV Y V，SUN H，et al. Underwater acoustic signal classification based on sparse time-frequency representation and deep learning[J]. IEEE Journal of Oceanic Engineering，2021，46(3)：952 - 962.

[36] HU J，JIANG Q，CONG R，et al. Two-branch deep neural network for underwater image enhancement in HSV color space[J]. IEEE Signal Processing Letters，2021，28：2 152 - 2 156.

[37] MA Y, MAO Z Y, QIN J, et al. A quick deployment method for sonar buoy detection under the overview situation of underwater cluster targets[J]. IEEE Access, 2020, 8: 11-25.

[38] 刘泽威. 水下自组网多阵列声呐系统协调控制技术研究[D]. 哈尔滨：哈尔滨工程大学，2017.

[39] 唐烨. 多波束成像声呐半圆阵列稀疏算法研究[D]. 南京：南京航空航天大学，2019.

[40] 张明星. 基于改进智能优化算法的 MEMS 矢量水听器的 DOA 估计[D]. 太原：中北大学，2020.

[41] BATAINEH A A, KAUR D, JALALI S M J. Multi-layer perceptron training optimization using nature inspired computing[J]. IEEE Access, 2022, 10: 36 963-36 977.

[42] 任笑莹，王英民，王奇. 基于径向基神经网络的波束优化方法[J]. 电子与信息学报，2021, 43(12): 8.

[43] YAN S F, MA Y L. Robust supergain beamforming for circular array via second-order cone programming[J]. Applied Acoustics, 2005, 66(9): 1 018-1 032.

第 21 章　短基线定位优化算法在烷基苯介质中定位的应用

本章主要介绍短基线定位算法及其应用于烷基苯介质中时所采取的优化方法，根据应用场合的特殊性，结合对定位阵型及精度的要求，设计相应的优化算法，达到最大程度上提高定位精度的目的。

文中首先介绍了水下定位的基本方法及研究现状，然后给出了一种特殊的烷基苯中定位应用场景及其采用的定位方法和定位阵型，之后介绍了几种定位优化方法，最后给出了一个应用实例，通过实验结果展示了定位优化方法的有效性和实用性。

21.1　水下定位基本方法及现状

水下定位是建设海洋工程、开发海洋资源、维护国家海洋领土权益及安全的重要技术手段，通过水声定位系统可以实现对水下目标的探测定位[1]。根据定位基线(组成水声定位系统的各基元之间连线)尺寸可将水声定位系统分为长基线 (Long BaseLine，LBL) 系统、短基线 (Short BaseLine，SBL) 系统及超短基线 (Ultra Short BaseLine ，USBL) 系统[2]。通过主动信标发射信号，对阵元接收到的声信号进行处理，估计主动信标的方位和距离，从而得到主动信标的位置信息。[3]

其中，LBL 至少需要 3 个应答器组成的阵列部署在海底的已知点上，水面舰只安装 1 个换能器，换能器通过测量到海底应答器的斜距计算出自身坐标；SBL 在舰船上至少安装 3 个换能器阵，安装于船体底部，位于海面近表层。换能器之间的位置关系已知(距离通常为数十米)，在需要定位的目标上安装应答器，一般位于中下层至近底层。舰船上的多个换能器测量出到该应答器的距离，从而实现定位；USBL 采用的是水声换能基阵，即有多个接收探头的水声换能器，安装于船体底部(距离通常为几厘米到几十厘米)，相当于位于海面近表层，水下收发装置应答器，一般位于深海，即中下层至近底层。

国外对水下定位系统的研究较早，且技术较为先进，最早将定位系统产品化、系列化的是挪威的 Kongsberg Simrad 公司，该公司新近推出的 Hipar 700 型长程声学定位系统，最大作用距离为 8 000 m，最大工作水深为 6 000 m，定位精度为作用距离的 0.5%。英国 Nautronix 公司的 Nas Drill-RS925 型短基线定位系统开创性地将扩频信号用于水声定位领域，其测距精度可达 0.15%。美国 ORE 公司的 Trackpoint 3P 水声定位系统是一套高精度商业化的小型化系统，通过选择不同的声学应答器，该系统可将定位量程控制在 1 000～2 000 m 范围内，其航向角分辨率可达 0.1°，可同时动态跟踪 4 个目标，距离分辨率可达 0.3 m，距离精度可达 0.75%。法国 Oceano Technologies 公司推出的 Posidonia－6000 水声定位系统是一款便携式的系统，其将线性多频调制编码信号与数字信号处理技术相结合，可对位于水下 6 000 m 的目标进行定深测量，同时具有 8 000 m 的超长距离定位范围，测距精度高达斜距的 0.5%～1.0%[4]。

国内对于水下定位系统的研制起步较晚，但技术发展的较为迅速。中海达公司推出了 iTrack-UB 系列小型水声定位系统，其具备高精度的时钟同步率，并使用了水声宽带扩频技术，同时其还应用了惯导技术，并与声学定位技术相融合，通过载波相位差分定位技术，可同时对多个水下目标(包括水下航行器、蛙人等小目标)精准定位，并实时持续性地提供目标姿态及其航向角等数据。该系列的代表性产品如 UB1000，其最大测量范围为 1 000 m，测距精度为 0.5 m+1.2%倍距离。哈尔滨工程大学研制出的水下定位装置在浅海的作用距离可达 3 000 m，能同时对 3 个水下小目标实现定位和追踪，具有对近岸浅海小目标的动态定位能力强的显著优势，同时对位于极小俯仰角方向上的目标的定位精度仍能控制在 3%斜距以内[5]。

随着舰船、潜艇、水下武器的演变及进步，对水下定位技术的要求必然越来越高。智能融合长基线、短基线、超短基线、惯导、GPS、多普勒声呐、声成像等多种信息的水下定位导航方式将是水下定位技术发展的必然趋势。

21.2　基于短基线定位的应用

1. 应用背景及意义

在江门地下中微子观测 (Jiangmen Underground Neutrino Observation，JUNO)实验中用到一个直径为 35.4 m 的有机玻璃材质的球体容器(大球)，容器内装有质量约为 20 000 t 的含 99.7% 的烷基苯的液态闪烁体，容器厚 12.8 cm，有 15 000 个直径为 0.5 m 的光电倍增管安装在大球外部用来探测中微子，如图 21.1 所示[6-8]。

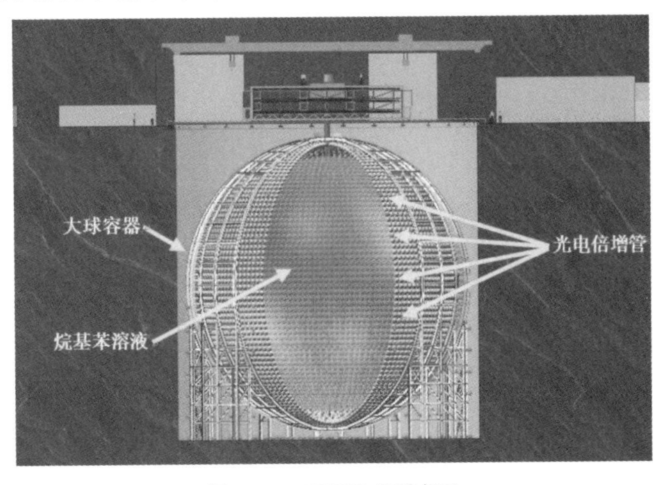

图 21.1　JUNO 实验场地

探测中微子前需要对光电倍增管进行刻度标定，具体的标定过程是：辐射源在中微子探测器内部指定的位置点进行遍历运动，通过光电倍增管探测运动过程中的辐射源位置，将探测位置与准确位置进行对比。因此，获取遍历运动过程中辐射源在中微子探测器内的准确位置十分必要。在 JUNO 的大球容器内充满了烷基苯液态闪烁体，由于环境的特殊性，使用光或者电磁波等手段的标定方法会影响光电倍增管的正常工作，同时声波在大部分液体介质中都具有良好的传播特性，故对中微子探测器内辐射源的准确定位采用声学定位的方式完成，可以实现一套高精度刻度系统。

在水文环境稳定、范围较小的JUNO场景下，实现全水域对声源的精确定位属于短基线定位系统的范畴[9-12]，该方法类似于水下分布式传感器节点网络定位[13-14]，可以充分利用信道的空间自由度，因而其可行性高且稳健性强。

2. 定位算法

烷基苯介质中小范围精确定位采用TOA的定位方法，使用3个及以上的阵元，通过接收来自声源发射的信号测距信息进行间接定位，获取发射源的三维坐标。

对于短基线系统，若有 M 个水听器阵元，第 i 个阵元的位置坐标为 (x_i, y_i, z_i)，发射声源的坐标为 (x, y, z)，则可以得到一组三维空间球面方程组：

$$\left.\begin{aligned} \sqrt{(x-x_1)^2+(y-y_1)^2+(z-z_1)^2} &= \hat{s}_1 = \hat{c}\cdot\hat{\tau}_1 \\ \sqrt{(x-x_2)^2+(y-y_2)^2+(z-z_2)^2} &= \hat{s}_2 = \hat{c}\cdot\hat{\tau}_2 \\ &\cdots\cdots \\ \sqrt{(x-x_M)^2+(y-y_M)^2+(z-z_M)^2} &= \hat{s}_M = \hat{c}\cdot\hat{\tau}_M \end{aligned}\right\} \tag{21.1}$$

其中，$\hat{s}_i$ 和 $\hat{\tau}_i$ 为所测得的收、发换能器距离及时延观测值；$\hat{c}$ 为介质中的声速分布值。

对于式(21.1)，常规的求解方法为将方程组中每一组方程在等式两侧求二次方，通过运算消去其中的二次项得到 $M-1$ 元的线性方程组。

$$\left.\begin{aligned} &(x_2-x_1)x+(y_2-y_1)y+(z_2-z_1)z=\frac{\hat{s}_1^2-\hat{s}_2^2+r_1^2-r_2^2}{2} \\ &(x_3-x_2)x+(y_3-y_2)y+(z_3-z_2)z=\frac{\hat{s}_2^2-\hat{s}_3^2+r_2^2-r_3^2}{2} \\ &\cdots\cdots \\ &(x_M-x_{M-1})x+(y_M-y_{M-1})y+(z_M-z_{M-1})z=\frac{\hat{s}_{M-1}^2-\hat{s}_M^2+r_{M-1}^2-r_M^2}{2} \end{aligned}\right\} \tag{21.2}$$

其中，$r_i=\sqrt{x_i^2+y_i^2+z_i^2}$ 为第 i 个阵元的三维坐标向量的二范数。

定义矩阵 $\boldsymbol{A}$ 与矩阵 $\boldsymbol{C}$，使式(21.2)转换为 $\boldsymbol{AX}=\boldsymbol{C}$，

$$\boldsymbol{A}=\begin{bmatrix} x_2-x_1 & y_2-y_1 & z_2-z_1 \\ x_3-x_2 & y_3-y_2 & z_3-z_2 \\ \vdots & & \vdots \\ x_M-x_{M-1} & y_M-y_{M-1} & z_M-z_{M-1} \end{bmatrix},\quad \boldsymbol{C}=\begin{bmatrix} \hat{s}_1^2-\hat{s}_2^2+r_1^2-r_2^2/2 \\ \hat{s}_2^2-\hat{s}_3^2+r_2^2-r_3^2/2 \\ \vdots \\ \hat{s}_{M-1}^2-\hat{s}_M^2+r_{M-1}^2-r_M^2/2 \end{bmatrix} \tag{21.3}$$

当方程的决定性算子 $\det(\boldsymbol{A})\neq 0$，则可以反解出声源处坐标的唯一解：

$$\hat{\boldsymbol{X}}=[\hat{x}\quad \hat{y}\quad \hat{z}]=\boldsymbol{A}^{-1}\boldsymbol{C}$$

对于矩阵 $\boldsymbol{A}_{(M-1)\times 3}$，若接收节点数 M 大于4，则无法对其进行矩阵的逆运算。式(21.1)所述的定位问题属于最优化问题类型中的曲线拟合问题，该式由若干个函数的二次方和构成，可以表示成如下形式：

$$F(\boldsymbol{X})=\sum_{i=1}^{M} f_i^2(\boldsymbol{X}) \tag{21.4}$$

对函数 $F(\boldsymbol{X})$，求解矩阵 $\boldsymbol{X}=[x, y, z]^{\mathrm{T}}$ 即可得到定位结果。将该问题转为极小化求解问题：

$$\min F(\boldsymbol{X}) \overset{\text{def}}{=} \sum_{i=1}^{M-1} f_i^2(\boldsymbol{X}) \tag{21.5}$$

其中,每个 $f_i(\boldsymbol{X})$ 都是关于未知数 $\boldsymbol{X}$ 的函数。式(21.5) 也被称为最小二乘问题。最小二乘定位算法的原理与式(21.2) 的实现方式相似,由于目标函数 $F(\boldsymbol{X})$ 是有多个函数二次方和的二次项形式,将测量方程进行一定的数学变换,消去二次项,得到与变量有关的一次项的线性方程组,反解该线性方程组的解从而实现对目标的位置估计。

对式(21.4) 中的方程组未知数相减,可得到关于 $\boldsymbol{X}$ 的一次函数:

$$f_i(\boldsymbol{X}) = \boldsymbol{p}_i\boldsymbol{X} - c_i, \quad i = 1,2,\cdots,M-1 \tag{21.6}$$

其中,$\boldsymbol{p}_i = [x_{i+1} - x_i \quad y_{i+1} - y_i \quad z_{i+1} - z_i]$, $c_i = \hat{s}_i^2 - \hat{s}_{i+1}^2 + r_i^2 - r_{i+1}^2/2$。

最小二乘定位问题方程组改写为

$$\hat{F}(\boldsymbol{X}) = \sum_{i-1}^{M-1} \hat{f}_i^2(\boldsymbol{X}) = [\hat{f}_1(\boldsymbol{X}), \hat{f}_2(\boldsymbol{X}), \cdots, \hat{f}_{M-1}(\boldsymbol{X})] \begin{bmatrix} \hat{f}_1(\boldsymbol{X}) \\ \hat{f}_2(\boldsymbol{X}) \\ \vdots \\ \dot{f}_{M-1}(\boldsymbol{X}) \end{bmatrix} = \tag{21.7}$$

$$(\boldsymbol{AX} - \boldsymbol{C})^{\mathrm{T}}(\boldsymbol{AX} - \boldsymbol{C}) = \boldsymbol{X}^{\mathrm{T}}\boldsymbol{A}^{\mathrm{T}}\boldsymbol{AX} - 2\boldsymbol{C}^{\mathrm{T}}\boldsymbol{AX} + \boldsymbol{C}^{\mathrm{T}}\boldsymbol{C}$$

式中,矩阵 $\boldsymbol{A}$ 与矩阵 $\boldsymbol{C}$ 的定义式与式(21.3) 相同。

求解 $\min F(\hat{\boldsymbol{X}})$,也是求解凸函数 $F(\boldsymbol{X})$ 的极小值点,即解算方程:

$$\begin{aligned} \min F(\boldsymbol{X}) &= \boldsymbol{X}^{\mathrm{T}}\boldsymbol{A}^{\mathrm{T}}\boldsymbol{AX} - 2\boldsymbol{C}^{\mathrm{T}}\boldsymbol{AX} + \boldsymbol{C}^{\mathrm{T}}\boldsymbol{C} = 0 \\ \Rightarrow \nabla F(\boldsymbol{X}) &= 2\boldsymbol{A}^{\mathrm{T}}\boldsymbol{AX} - 2\boldsymbol{AC}^{\mathrm{T}} = 0 \end{aligned} \tag{21.8}$$

若 $\boldsymbol{A}$ 的列满秩,$\boldsymbol{A}^{\mathrm{T}}\boldsymbol{A}$ 为 3 阶正定矩阵,目标函数的极值即为未知数 $\boldsymbol{X}$ 的求解结果:

$$\hat{\boldsymbol{X}} = (\boldsymbol{A}^{\mathrm{T}}\boldsymbol{A})^{-1}\boldsymbol{A}^{\mathrm{T}}\boldsymbol{C} \tag{21.9}$$

3. 定位阵型

对于 JUNO 系统内烷基苯特殊环境下,已知最多在球形容器中布放 8 个的接收水听器阵元,需结合实际应用要求,设计最优定位阵型。

由式(21.3) 可以看出,当定位算子 $\boldsymbol{A}$ 的行列式值 $\det(\boldsymbol{A})$ 趋近于 0 时,线性方程组的解 $\hat{\boldsymbol{X}} = \boldsymbol{A}^{-1}\boldsymbol{C}$ 将趋近于无穷大。对于有限 JUNO 空间中的定位,在对接收水听器进行阵型布放设计时,应考虑尽可能的使定位算子远离 0。

若使用式(21.2) 消去方程组(21.1) 中的二次项,则对目标定位需要获取 4 个以上空间节点的测距信息。假设采用的是正六面体定位模型,从其中 8 个顶点上选取 4 个作为接收器阵元,各阵元和发射声源的坐标位置,以及各节点与目标的距离如图 21.2 所示。

根据式(21.3) 及(21.4) 可推得:

$$\boldsymbol{A} = \begin{bmatrix} L & & \\ & L & \\ & & L \end{bmatrix}, \quad \boldsymbol{C} = \begin{bmatrix} (s_1^2 - s_2^2 + r_1^2 - r_2^2)/2 \\ (s_2^2 - s_3^2 + r_2^2 - r_3^2)/2 \\ (s_3^2 - s_4^2 + r_3^2 - r_4^2)/2 \end{bmatrix} \tag{21.10}$$

$$\hat{\boldsymbol{X}} = \boldsymbol{A}^{-1}\boldsymbol{C} = \frac{s_1^2 - s_4^2 + r_1^2 - r_4^2}{L^3} \tag{21.11}$$

不考虑阵元的布放误差 $\mathrm{d}r_i$ 时,由测距误差 $\mathrm{d}\hat{s}_i = \mathrm{d}\hat{c} \cdot \hat{\tau}_i + \hat{c} \cdot \mathrm{d}\hat{\tau}_i$ 可以推算出声源位置解算误差 $\mathrm{d}\hat{\boldsymbol{X}}$ 的表达式为

$$\mathrm{d}\hat{\boldsymbol{X}} = \frac{2s_1 \cdot ds_1 - 2s_4 \cdot ds_4}{L^3} \tag{21.12}$$

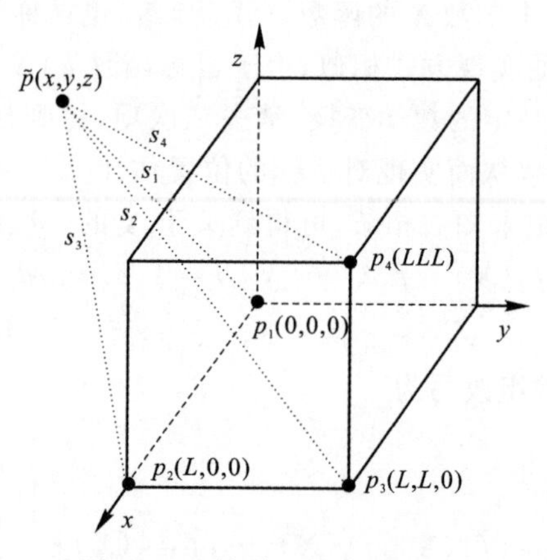

图 21.2　简单 4 元阵模型

由式(21.11) 可知：

(1) 基于式(21.2) 的定位算法，其声源位置解算误差与基线长度的 $M-1$ 次方成反比，同时随定位节点数目 M 的增多而减小；

(2) 在各接收阵元节点处的测距误差独立同分布的条件下，误差随目标与接收节点的距离增大而减小。

根据以上分析，结合对辐射性的要求，适用于 JUNO 环境下的最优接收阵型为：内接于球形容器内壁的八元正立方体阵，如图 21.3 所示。此时，接收阵中包含了 8 个接收阵元，接收节点数目达到最多；阵型孔径在 3 个维度上都达到最大，各个接收节点的距离最大化。

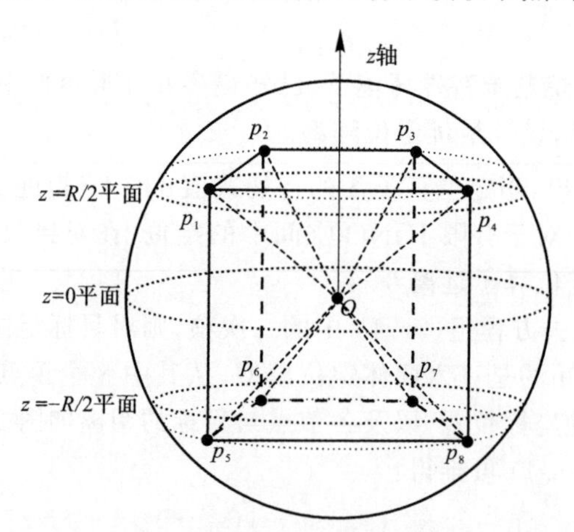

图 21.3　内接 8 元正立方体阵

21.3　定位算法优化

对于基于测距信息的定位方法，最小二乘方法计算方式简单、运算速度快，只需通过各阵元到声源的距离信息及各阵元坐标即可解算声源目标的坐标。然而，最小二乘算法求解式(21.3) 中的线性方程组时，对于测距产生的随机干扰其扰动较大，导致其定位误差随扰动量的增大而急速增大。因此，考虑对传统最小二乘方法进行优化改进。

1. 加权最小二乘定位算法

加权最小二乘(Weighted Least Square, WLS) 方法是一种二次估值的算法，该方法利用了观测数据的统计特性，通过改变观测信息的权重比例，从而更合理地估计出求解方程的结果。相对于传统的最小二乘方法，其求解的精度相对较高。

在使用 WLS方法进行定位的实现过程中，其对最小二乘算法的改进在于统计大量的数据观测量的误差分布特性，利用误差的协方差矩阵 $\boldsymbol{W}$，构建各阵元关于测距信息的加权系数矩阵。

假设 JUNO 环境下的 M 个接收水听器中第 i 个节点的测距误差方差为 $\sigma_i, i \in \{1,2,\cdots,M\}$，则加权系数矩阵 $\boldsymbol{W}$ 为 σ_i 组成的对角矩阵：

$$\boldsymbol{W}_{M\times M} = \mathrm{diag}\left(\frac{1}{\sigma_1},\frac{1}{\sigma_2},\ldots,\frac{1}{\sigma_M}\right) \tag{21.13}$$

对于均值为 0，在 $\pm a$ 区间服从均匀分布的测距误差 $\Delta s_i \sim U(-a,a)$，方差 $\sigma_i = a^2/3$。

将误差的协方差矩阵 $\boldsymbol{W}$ 代入原始定位求解方程 $\boldsymbol{AX}=\boldsymbol{C}$，方程改写为

$$\boldsymbol{WAX} = \boldsymbol{WC} \tag{21.14}$$

将式(21.9) 改写为

$$\hat{\boldsymbol{X}} = (\boldsymbol{A}^{\mathrm{T}}\boldsymbol{WA})^{-1}\boldsymbol{A}^{\mathrm{T}}\boldsymbol{WC} \tag{21.15}$$

2. 基于泰勒级数展开的定位算法

泰勒(Taylor) 级数展开法是一种迭代递归求解回归参数的非线性最小二乘算法，也被称为牛顿迭代法(Newton's Method)。基于该方法的定位算法需要对声源目标设置合理的初值位置，根据声源的坐标初值 $\hat{\boldsymbol{X}}_0 = [\hat{x}_0\ \hat{y}_0\ \hat{z}_0]$，计算每次迭代后的目标位置偏差 $\Delta\delta = [\Delta\hat{x}\ \ \Delta\hat{y}\ \ \Delta\hat{z}]^{\mathrm{T}}$，并改进下一次迭代运算中的初值 $\hat{\boldsymbol{X}}_1 = \hat{\boldsymbol{X}}_0 + \Delta\delta$，往复计算下一轮迭代过程中的目标位置偏差及声源目标的坐标初值，直到最后第 N 次迭代后计算的偏差向量的二阶矩小于设定的最小波动起伏精度 ε，即 $\|\Delta\delta_N\|_2 = \sqrt{\Delta\hat{x}_N^2 + \Delta\hat{y}_N^2 + \Delta\hat{z}_N^2} < \varepsilon$ 时迭代终止。

算法实现过程中对 $\boldsymbol{AX}=\boldsymbol{C}$ 进行泰勒展开，并滤除二阶以上的分量从而转换 TOA 的定位公式：

$$\Delta\xi = \boldsymbol{C} - \boldsymbol{A}\hat{\boldsymbol{X}} \Rightarrow \Delta\xi_j = \boldsymbol{H}_j - \boldsymbol{G}_j\Delta\delta_j \tag{21.16}$$

式中，

$$\boldsymbol{H}_j = [(\hat{s}_{1,j} - \hat{s}_{2,j}) - (r_1 - r_2), (\hat{s}_{2,j} - \hat{s}_{3,j}) - (r_2 - r_3), \cdots, (\hat{s}_{M-1,j} - \hat{s}_{M,j}) - (r_{M-1} - r_M)]^{\mathrm{T}} \tag{21.17}$$

$$\boldsymbol{G}_j = \begin{bmatrix} \frac{x_2-\hat{x}_j}{\hat{s}_{2,j}} - \frac{x_1-\hat{x}_j}{\hat{s}_{1,j}} & \frac{y_2-\hat{y}_j}{\hat{s}_{2,j}} - \frac{y_1-\hat{y}_j}{\hat{s}_{1,j}} & \frac{z_2-\hat{z}_j}{\hat{s}_{2,j}} - \frac{z_1-\hat{z}_j}{\hat{s}_{1,j}} \\ \frac{x_3-\hat{x}_j}{\hat{s}_{3,j}} - \frac{x_2-\hat{x}_j}{\hat{s}_{2,j}} & \frac{y_3-\hat{y}_j}{\hat{s}_{3,j}} - \frac{y_2-\hat{y}_j}{\hat{s}_{2,j}} & \frac{z_3-\hat{z}_j}{\hat{s}_{3,j}} - \frac{z_2-\hat{z}_j}{\hat{s}_{2,j}} \\ \vdots & & \vdots \\ \frac{x_M-\hat{x}_j}{\hat{s}_{M,j}} - \frac{x_{M-1}-\hat{x}_j}{\hat{s}_{M-1,j}} & \frac{y_M-\hat{y}_j}{\hat{s}_{M,j}} - \frac{y_{M-1}-\hat{y}_j}{\hat{s}_{M-1,j}} & \frac{z_M-\hat{z}_j}{\hat{s}_{M,j}} - \frac{z_{M-1}-\hat{z}_j}{\hat{s}_{M-1,j}} \end{bmatrix}_{(M-1)\times 3} \tag{21.18}$$

式(21.17)和式(21.18)，s_i，$i \in \{1,2,\cdots,M\}$ 为第 i 个水听器阵元的测距信息，$\hat{s}_{i,j}$ 表示第 i 个水听器阵元到第 j 次迭代后的声源的估计坐标 $\hat{\boldsymbol{X}}_j$，$j \in \{1,2,\cdots,N\}$，$r_i = \sqrt{x_i^2 + y_i^2 + z_i^2}$ 为第 i 个阵元的三维坐标向量的二范数。通过计算可得

$$\Delta\delta_j = [\Delta\hat{x}_j \quad \Delta\hat{y}_j \quad \Delta\hat{z}_j]^{\mathrm{T}} = (\boldsymbol{G}_j^{\mathrm{T}}\boldsymbol{G}_j)^{-1}\boldsymbol{G}_j^{\mathrm{T}}\boldsymbol{H}_j \tag{21.19}$$

3. Chan 氏定位算法

Chan 氏定位算法的定位原理是基于 WLS 的定位结果并对其进行二次加权。根据式(21.15)中 WLS 计算的定位结果 $\hat{\boldsymbol{X}}^0 = [\hat{x}^0 \ \hat{y}^0 \ \hat{z}^0]$，以此结果的误差作为 Chan 算法的第一组误差方程组，从而对定位结果进行二次估值，求解定位结果 $\hat{\boldsymbol{X}}^1 = [\hat{x}^1 \ \hat{y}^1 \ \hat{z}^1]$：

$$\begin{cases} \hat{x}^1 = \hat{x}^0 + \Delta e_1 \\ \hat{y}^1 = \hat{y}^0 + \Delta e_2 \\ \hat{z}^1 = \hat{z}^0 + \Delta e_3 \end{cases} \tag{21.20}$$

在计算过程中，需要对式(21.2)中的方程组进行改写，将每一组方程与第 1 组方程相减，得到：

$$\Delta\hat{s}_{i,1}^{2+2}\Delta\hat{s}_{i,1}s_0 = r_i^2 - 2(\Delta x_{i,1}x + \Delta y_{i,1}y + \Delta z_{i,1}z) - r_1^2, i \in \{2,3,\cdots,M\} \tag{21.21}$$

其中，$\Delta\hat{s}_{i,1} = \hat{s}_i - \hat{s}_1$，$\Delta x_{i,1} = x_i - x_1$。

定义 $\boldsymbol{Z}' = [(\hat{x}^0 - x_1)^2(\hat{y}^0 - y_1)^2(\hat{z}^0 - z_1)^2]^{\mathrm{T}}$ 为 Chan 算法最终的定位结果 $\hat{\boldsymbol{X}}^1$ 与第 1 个接收水听器阵元的距离差。$\hat{\boldsymbol{X}}^1$ 利用作为参考的第 1 个阵元的三维坐标进行偏移量计算，其表达式为

$$\hat{\boldsymbol{X}}^1 = \left[\sqrt{\boldsymbol{Z}'} + \hat{\boldsymbol{X}}^0\right]^{\mathrm{T}} \tag{21.22}$$

其中，二级加权系数矩阵 $\boldsymbol{\Psi}$ 定义式如下：

$$\boldsymbol{Z}' \approx (\boldsymbol{A}''^{\mathrm{T}}\boldsymbol{\Psi}^{-1}\boldsymbol{A}'')^{-1}\boldsymbol{A}''^{\mathrm{T}}\boldsymbol{\Psi}^{-1}\boldsymbol{h} \tag{21.23}$$

$$\boldsymbol{\Psi} = \boldsymbol{A}'(\boldsymbol{A}^{\mathrm{T}}\boldsymbol{W}\boldsymbol{A})^{-1}\boldsymbol{A}' \tag{21.24}$$

其中，$\boldsymbol{W}$ 为式(21.13)中的一级加权系数矩阵，由于改写了定位方程，矩阵 $\boldsymbol{A}$ 与 $\boldsymbol{C}$ 的定义与式(21.3)中的最小二乘算子略有不同：

$$\boldsymbol{A} = \begin{bmatrix} x_2 - x_1 & y_2 - y_1 & z_2 - z_1 \\ x_3 - x_1 & y_3 - y_1 & z_3 - z_1 \\ \vdots & & \vdots \\ x_M - x_1 & y_M - y_1 & z_M - z_1 \end{bmatrix}, \quad \boldsymbol{C} = \begin{bmatrix} \hat{s}_1^2 - \hat{s}_2^2 + r_1^2 - r_2^2/2 \\ \hat{s}_1^2 - \hat{s}_3^2 + r_1^2 - r_3^2/2 \\ \vdots \\ \hat{s}_1^2 - \hat{s}_M^2 + r_1^2 - r_M^2/2 \end{bmatrix} \tag{21.25}$$

$$\boldsymbol{A}'' = \begin{bmatrix} 1 & 0 & 0 \\ 0 & 1 & 0 \\ 0 & 0 & 1 \\ 1 & 1 & 1 \end{bmatrix}, \quad \boldsymbol{A}' = \begin{bmatrix} \hat{x}^0 - x_1 & 0 & 0 & 0 \\ 0 & \hat{y}^0 - y_1 & 0 & 0 \\ 0 & 0 & \hat{z}^0 - z_1 & 0 \\ 0 & 0 & 0 & \hat{s}_1^0 \end{bmatrix} \tag{21.26}$$

$$\hat{s}_1^0 = \sqrt{(\hat{x}^0 - x_1)^2 + (\hat{y}^0 - y_1)^2 + (\hat{z}^0 - z_1)^2} \tag{21.27}$$

21.4　实验验证

为了对定位原理及方法的有效性进行验证，在消声水池中开展了实验。实验在一个长 20 m、宽 8 m、深 7 m 的消声水池中进行，水池 6 个面都布满消声尖劈。本次实验中对平面阵定位进行了实验，实验设备连接及布阵位置如图 21.4 所示。实验中共用到 4 个接收水听器和 1 个发射换能器，发射换能器可以随意更换位置，4 个接收水听器构成了一个基本位于同一平面的矩形接收阵，该接收阵的长约 7 m、宽约 6.7 m，各个阵元的布放位置如图 21.4 所示。参考原点如图 21.4 中“红点”所示，位于图中左上角。

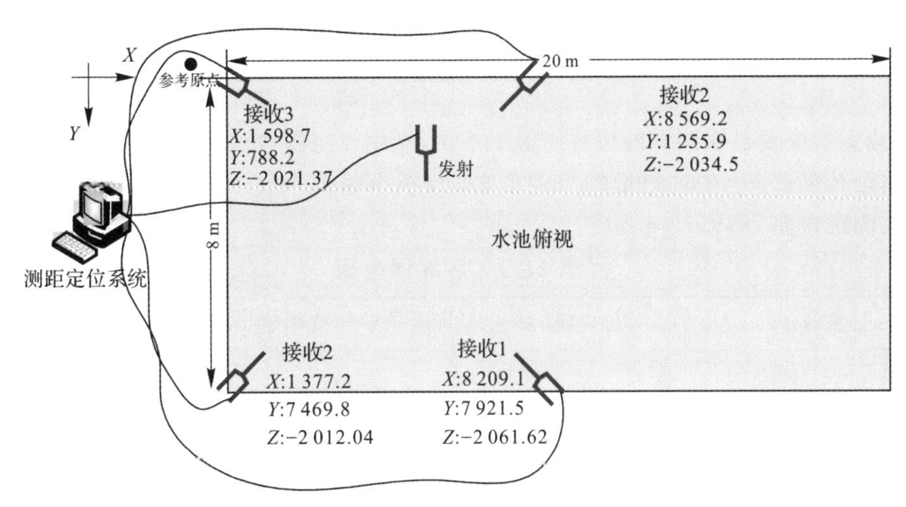

图 21.4　设备连接及布阵示意图

在水池中通过光学标定装置实现声源与 4 个水听器的精确位置布放，得到准确的声源与 4 个水听器的空间坐标（建立 x,y,z 坐标），通过定位系统实现对 4 组距离（声源至 4 个水听器）的测量。根据 4 组距离信息，结合水听器坐标，进行声源坐标的解算，并与光学标定声源坐标进行比对，获得定位误差信息。保持 4 个水听器的坐标不变，改变声源的坐标，进行多次定位实验，验证定位效果。实验所使用的设备及实验现场如图 21.5 所示。

光学定标装置

换能器布放架

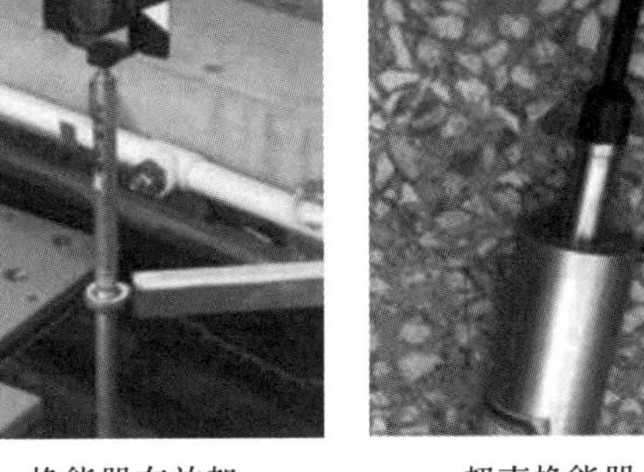

超声换能器

图 21.5　实验环境过程图

水池实验场地

测距定位系统

续图 21.5　实验环境过程图

在水池实验中发射换能器的位置更换了 6 次，利用 4 组接收水听器共得到了 24 组测距结果，每组测距结果都是 10 次测量的平均值，实验中声速值取 1 472.80 m/s，测距结果见表 21.1，最大测距误差为 19.72 mm。

表 21.1　测距误差表

位置	接收 1		接收 2		接收 3		接收 4	
	距离/mm	误差/mm	距离/mm	误差/mm	距离/mm	误差/mm	距离/mm	误差/mm
1	3 382.85	13.71	5 740.47	8.10	6 508.71	−12.30	4 293.24	−8.02
2	2 997.10	11.85	6 631.01	2.34	7 321.30	−13.93	4 016.06	−3.44
3	6 382.81	−4.02	3 043.69	−6.02	4 285.72	−1.66	6 885.45	9.26
4	8 033.74	−15.85	4 308.02	−14.41	2 681.04	12.10	7 152.47	7.86
5	5 445.99	2.03	8 560.11	11.36	6 895.10	−12.35	1 404.86	−5.85
6	3 144.83	−18.16	6 936.74	15.49	7 779.85	11.33	4 438.15	19.72

使用表 21.1 所示测距结果进行定位，结果及误差见表 21.2 和表 21.3。

表 21.2　定位结果

位置	光学定标发射换能器位置/mm			定位系统测量值/mm		
	x	y	z	x	y	z
1	5 404.60	6 042.40	−1 686.95	5 424.57	6 048.25	−1 780.72
2	5 354.30	7 047.70	−1 686.95	5 373.75	7 059.03	−1 856.66
3	5 668.00	2 083.20	−1 679.45	5 669.90	2 090.90	−1 712.08
4	4 288.20	927.90	−2 011.25	4 279.32	927.70	−2 021.37
5	2 772.60	7 570.10	−2 017.95	2 806.50	7 576.67	−2 003.09
6	5 545.60	7 321.10	−3 585.23	5 557.18	7 315.18	−3 523.02

表 21.3　定位误差

位置	x 误差/mm	y 误差/mm	z 误差/mm	(x,y) 总体误差/mm
1	19.97	5.85	−93.77	20.81
2	19.45	11.33	−169.71	22.51
3	1.90	7.70	−32.63	7.93
4	−8.88	−0.20	−10.12	8.89
5	33.90	6.57	14.86	34.53
6	11.58	−5.92	62.21	13.00

实验中采用平面阵孔径约为 6.5 m，从表 21.3 可以看出，$x-y$ 平面定位误差最大值为 34.53 mm。在垂直方向上，实验时发射声源与接收阵最大垂直孔径不超过 2 m，在垂直方向上误差较大，这符合孔径大小对定位结果的影响。

21.5　定位效果评价

本章介绍了在一个特殊的巨型球形探测器中，对液体中的声源进行精确定位的阵型及对应算法，在测距误差满足一定误差范围的条件下，定位的精度和超声定位系统的阵型分布以及接收阵与声源的相对位置有着很重要的关系。从水池实验结果可以看出，当最大测距误差小于 20 mm 且水平孔径达到一定的尺度时，使用短基线阵及定位优化算法，在水平面上的定位误差最大值仅为 34.53 mm。实际使用中当阵型孔径在水平、垂直两个方向都达到 12 m 以上时，应可以更好地减小定位误差。

参考文献

[1] CARIO GIANNI, CASAVOLA ALESSANDRO, GAGLIARDI GIANFRANCO, et al. Accurate localization in acoustic underwater localization systems[J]. Sensors, 2021, 21(3): 77-83.

[2] DIAMANT R, FRANCESCON R. A graph localization approach for underwater sensor networks to assist a diver in distress[J]. Sensors, 2021, 21(4): 18-30.

[3] LI S S, SUN H X, ESMAIEL H. Underwater TDOA acoustical location based on majorization-minimization optimization[J]. Sensors, 2020, 20(16): 10-19.

[4] 孙宗鑫. 分布式远程水声定位关键技术研究[D]. 哈尔滨：哈尔滨工程大学, 2015.

[5] PAUL L, SAEEDI S, SETO M, et al. AUV navigation and localization: a review[J]. IEEE Journal of Oceanic Engineering, 2014, 39(1): 131-149.

[6] NICOLAI P. Neutrino mass: past, present, future[M]. Hauppauge: Nova Science Publishers, 2021.

[7] 曹俊. 大亚湾与江门中微子实验[J]. 中国科学：物理学 力学 天文学，2014，44(10)：1025－1040.

[8] WANG Z M. JUNO central detector and its prototyping[C]//14th International Conference on topics in Astroparticle and Underground Physics，2016，718(6)：1－7.

[9] 田坦. 水下定位与导航技术[M]. 北京：国防工业出版社，2007.

[10] WANG J F，ZOU N，AND JIN F. Research on integrated positioning approach based on long/ultra-short baseline[J]. Acoustical Society of America Journal，2018，(3) 143：1958－1958.

[11] 葛亮. 水声定位技术在海洋工程中的应用研究初探[D]. 青岛：中国海洋大学，2006.

[12] 孙大军，郑翠娥. 水声导航、定位技术发展趋势探讨[J]. 海洋技术学报，2015，34(3)：64－68.

[13] 孙微. 分布式水下定位网中的时延差定位算法研究与实现[D]. 哈尔滨：哈尔滨工程大学，2014.

[14] 毕京学，郭英，甄杰，等. 水下无线传感器网络定位技术研究进展[J]. 导航定位学报，2014，2(1)：41－45.

第22章　绞车自动控制系统研究进展

海洋面积辽阔，资源丰富，随着科技的不断进步，世界各国的焦点越来越多地开始投向海洋，这也使得各国海洋争端日渐增多，局部不安全性增加。潜艇作为一种隐秘性的战争武器，可以侦查和掩护一些特殊行动，其威胁也越来越大。

吊放声呐是已知较为灵活的探测装备，具有尺寸小、质量轻、使用灵活、搜索周期短的优点，可以对海底的潜艇进行探测、定向、定位、跟踪，而液压绞车系统是吊放声呐的重要组成部分，性能优良的液压绞车控制系统可以最大限度地发挥吊放声呐的探测性能，高效率地完成探测任务。

液压绞车是吊放声呐系统的重要组成部分，其主要任务是由操作员通过控制系统，控制水下分机的收放。液压绞车系统主要由液压绞车和控制系统组成，控制系统是核心部分，为保证液压绞车的运行控制，需要控制系统满足安全性、稳定性的要求。通常对吊放声呐的液压绞车控制系统的研究都是针对在静水中或者静态环境中进行的，但在实际应用中，在静水中工作性能良好的绞车控制系统在海洋动态环境下其工作性能不一定良好。由于海洋动态环境的复杂多变，对绞车控制系统的正常工作提出了更高的要求，因此需要研究海洋动态环境对水下吊放声呐的影响，针对海洋动态环境，提出新的应用算法，用改进的控制算法实现在海洋动态环境下液压绞车对水下分机的稳定收放控制。

22.1　研究现状

在国外，许多公司都非常重视对控制算法的研究，注重通过控制算法改进控制系统的性能。其中著名厂商包括德国 Wirth 公司、Bentec 公司以及美国 Varco 公司[1]。美国的 Varco 公司研制的绞车控制系统具有数据监测和记录输出功能，同时该公司也对控制算法进行了更加深入的研究，采用数字式 PID 控制代替模拟 PID 控制。美国 NOV 公司的单轴绞车同时具有手动控制功能和自动控制功能，控制精度高，控制性能更加可靠。

在国内，越来越多的学者开始从事控制系统算法研究，对控制算法的研究不断深入。唐金元等专家在 2008 年提出了基于数字 PID 控制的吊放声呐液压绞车控制系统，其研究并设计出了一种基于 PID 算法的航空吊放声呐液压绞车控制系统[2]。

中国科学院沈阳自动化研究所针对水下机器人姿态易受波浪影响、稳定性差的情况，发明了一种升沉补偿系统。该系统使有缆水下机器人得以平稳回收，避免了在恶劣海况水下机器人在回收或释放的过程中与中继器的碰撞问题。

沈阳工业大学的林守利，针对船上设备在海洋动态环境中工作性能不理想的情况，提出了一种在随机海浪中使船上物体保持水平的预测控制方法。

综合上面的讨论，国内外的绞车控制系统多采用闭环控制，并且提出了在海洋动态环境中的预测方法，但针对动态环境的控制算法还未深入研究。

22.2 液压绞车控制系统的基本组成

液压绞车控制系统工作原理是首先采集并传输拉力传感器、状态开关等数据信息，接着控制系统接收数据，根据算法对数据进行分析处理，然后通过输出 PWM 脉冲波信号控制电液伺服阀，进而通过带动绞车鼓轮收放电缆，从而控制吊放声呐完成升降、就位、接近等功能，同时输出的数据又会反馈给控制系统。图 22.1 是绞车控制的基本组成框图。

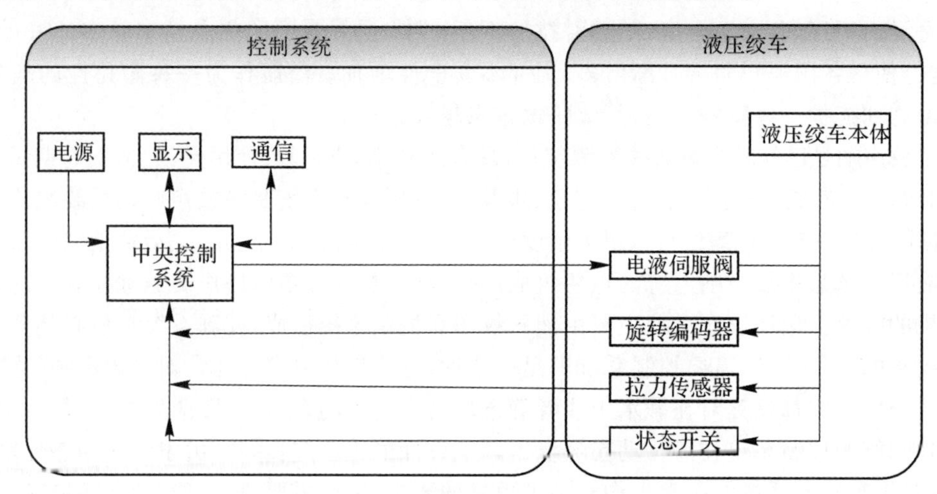

图 22.1　绞车控制基本组成框图

在图 22.1 中，绞车控制系统主要由中央控制系统、电源模块、显示系统和通信系统组成。其中，中央控制系统由数据输入模块、中央控制数据处理模块、数据输出模块组成。

数据输入模块主要是采集拉力传感器、旋转编码器、状态开关等数据，传输到中央控制系统等待数据处理；数据处理模块主要是根据传输收到的数据，进行算法处理分析，然后输出需要执行的数据信息；数据输出模块是根据控制系统算法输出结果，将数据输出到液压绞车执行机构，实现对绞车的控制。

其中，控制算法是在数据处理模块中进行的，而本章的重点是控制算法研究，所以其他部分功能在本章中不展开介绍，本章后面部分内容重点介绍控制系统中的闭拉力环控制以及所采用的控制算法。

22.3 闭环拉力控制

本章所研究的控制系统算法的目标是减少海洋环境变化引起的升沉运动对工作中的水下吊放声呐的影响。海浪的升沉运动会带动电缆和吊放声呐一起运动，这同时会引起电缆所受的拉力大小变化，因为波高与拉力的关系近似呈线性关系，所以可以通过对电缆的拉力的控制，保持电缆所受拉力恒定或者在一定范围内，这样会使得水下吊放声呐不会有较大幅度的运动。因此针对液压绞车特殊的应用环境，引入拉力反馈，图 22.2 为闭环拉力控制方案图。

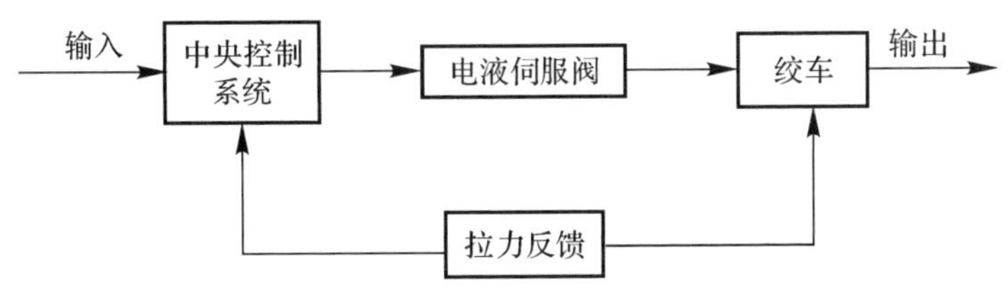

图 22.2　闭环拉力方案图

闭环拉力的控制原理是水下吊放声呐在受到海浪的影响下，电缆拉力会实时变化，当拉力增大时，这说明海浪的升沉运动通过电缆带动了水下吊放声呐进行上升运动，所以可以释放部分电缆使吊放声呐不跟随上升；当拉力减小时，这说明海浪的升沉运动通过电缆带动了水下吊放声呐进行下沉运动，所以可以收紧部分电缆使吊放声呐不跟随下沉。闭环拉力控制是根据电缆拉力变化的数据，绞车控制系统进行算法处理，输出控制信号释放或收紧缆长量，保证电缆拉力在一定范围之内，这样就保证了水下吊放声呐的姿态稳定。通过闭环拉力控制可以保持电缆所受拉力控制在合适范围之内，这样相当于对电缆进行保护，可以延长电缆的使用寿命，同时又可以防止水下吊放声呐过度“自由”。

拉力反馈的实现具有可能性：

(1)电缆所受拉力可以通过拉力传感器测量得到。现在市场上拉力传感器种类比较丰富，功耗低，集成度高，应用广泛，使用非常方便，这为本章使用拉力反馈的实现提供了可能。

(2)通过拉力反馈控制实现水下吊放声呐的控制具有合理性。通过前面的讨论，海浪对水下吊放声呐的影响具有不规律性，只能通过参数进行实时监控控制，所以引入拉力反馈是合理的。

(3)可以满足实际应用要求。升沉运动导致电缆拉力发生变化，根据拉力变化收紧或释放部分电缆，这样既保护了电缆，又防止了吊放声呐的过度“自由”，实现在动态环境中吊放声呐正常工作的要求。

同时闭环拉力控制具有保持电缆张紧状态的优点，这样可以延长电缆的使用寿命，同时保证吊放声呐探测数据安全回传到上位机。拉力反馈的引入可以保证吊放声呐系统即使在恶劣的海洋动态环境下，依然可以执行探测任务，可以为海军设备全天作战提供可能。

22.4　PID 控制算法研究

PID 控制就是比例、积分、微分三者控制的简称，其控制器结构简单，控制过程稳定，控制效果良好，控制适用范围广泛。PID 的使用已经超过了一个世纪，尤其在电气传动、过程控制等方面。它被广泛应用于工业生产控制系统中，在机械设备、气动设备、电子设备中都可以看到它的身影。PID 算法的鲁棒性强、实现简单等优点，使其受到广泛应用。

1. PID 控制原理

PID 是指比例(Proportional)、积分(Integral)、微分(Derivative)，这是构成 PID 的三项基本要素。每一项完成不同任务，对系统功能产生不同的影响[3]。图 22.3 为 PID 控制算法原理图。

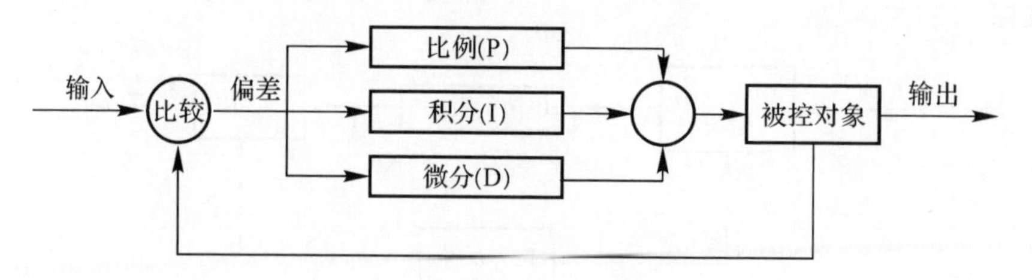

图 22.3　PID 控制算法原理图

2. 典型的数字 PID 控制算法

离散系统的数字 PID 控制器的输入、输出数学表达式为[4]

$$u(k)=K_{\mathrm{P}}e(k)+K_{\mathrm{I}}\sum_{i=0}^{k}e(i)+K_{\mathrm{D}}e(k)-e(k-1) \tag{22.1}$$

式中，K_{P} 为比例增益；K_{I} 为积分系数；K_{D} 为微分系数。

22.5　基于 PID 的模糊控制器

前面讨论的基于 PID 闭环拉力控制算法的控制精度，需要知道被控对象数学模型的特点，但模糊控制不需要知道准确的被控系统的数学模型，所以提出基于 PID 的模糊自适应控制算法。

1. 模糊控制基本原理

在工程实践中，经常遇到参数未知的复杂系统，很难确定其数学模型。使用常规的 PID 控制很难对该复杂系统提供高精确度的控制，然而又需要对该系统有精确的控制。因此在复杂而高精度的系统中，可以采用模糊自适应 PID 控制器实现理想的控制效果。

模糊控制最初是由查德(L. A. Zadeh)教授在 1956 年提出的。模糊控制是以模糊语言变量、模糊集合论及模糊逻辑推理为基础的一种智能控制[4]，其中模糊控制的核心部分就是模糊控制器的设计。模糊控制的基本原理如图 22.4 所示。

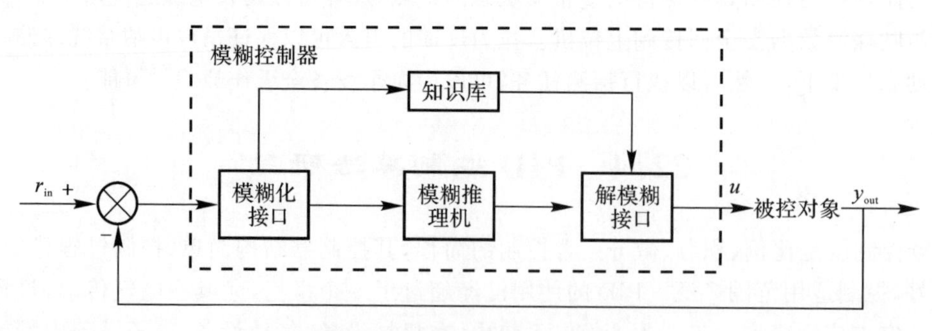

图 22.4　模糊控制的基本原理

图 22.4 中虚线框就是模糊控制器的结构，从图中可以知道模糊控制算法的整个工作过程：

(1) 控制系统采集被控制量信号，同时将采集的信号与给定值进行比较得到偏差 e，把偏差 e 作为模糊控制器的一个输入量。

(2) 进行模糊化，就是把偏差 e 的精确值变成模糊量，模糊化是将系统的输入值对应为语言值，需要提前确定输入值对应的语言变量的隶属度。

(3) 由模糊控制规则（模糊算子）根据推理规则输出模糊量，可以用工程经验制定模糊推理规则，推理出系统输出的模糊量。

(4) 进行解模糊，将输出的模糊量进行模糊决策，解模糊是指模糊量到精确量的转化，在解模糊接口输出的就是精确的控制信号。

(5) 得到精确的输出 u，作用于被控对象，完成控制目标。

2. 模糊自适应 PID 控制器的结构设计

模糊自适应 PID 控制器设计主要完成两个任务：

(1)根据输入量，通过模糊自适应 PID 控制器设定的模糊推理规则，得出 PID 的修正参数 ΔK_P，ΔK_I，ΔK_D；

(2) 利用工程整定方法求得传统 PID 算法的 K'_P，K'_I，K'_D；最后利用其得到的 PID 参数 K'_P，K'_I，K'_D 和 PID 参数的修正量 ΔK_P，ΔK_I，ΔK_D，可以得到输出量[5]：

$$K_P = K'_P + \Delta K_P \tag{22.2}$$

$$K_I = K'_I + \Delta K_I \tag{22.3}$$

$$K_D = K'_D + \Delta K_D \tag{22.4}$$

理论上说，采用的模糊自适应 PID 控制器反馈信息越丰富，控制效果也越好。但是在工程中，高维数的模糊控制器增加了系统的复杂性，同时对处理器的计算速度要求更高。二维模糊控制器是以偏差和偏差变化率作为输入变量的控制器，这种控制器具有比例和微分控制作用，在控制系统中应用广泛。因此可以将二维模糊控制器与 PID 控制器结合起来，这样既可以获得较高的稳态精度，又可以实现较快的动态响应。因此本节的控制系统以基于 PID 的二维模糊自适应控制器展开讨论[6]。图 22.5 为不同维度的模糊 PID 控制器图。

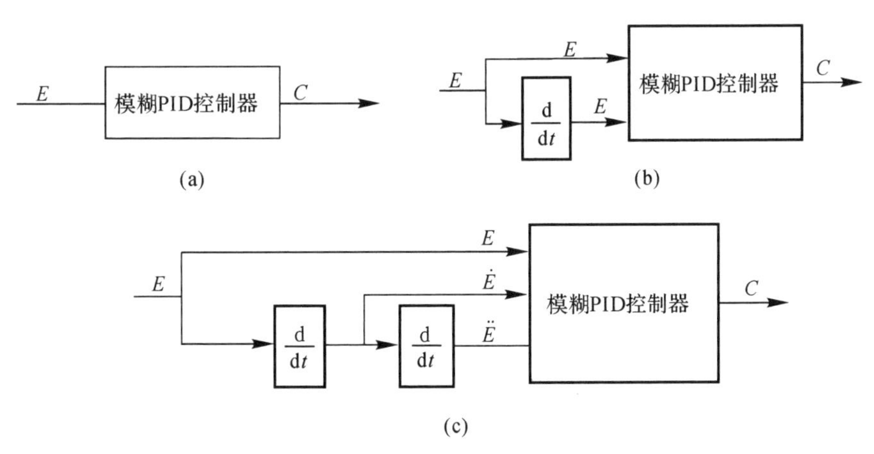

图 22.5　不同维度的模糊 PID 控制器

(a)一维模糊 PID 控制器；(b)二维模糊 PID 控制器；(c)三维模糊 PID 控制器

确定了模糊自适应 PID 控制器的结构，就需要对控制器的偏差和偏差变化率进行模糊化。模糊化是将精确的数值转化为模糊的语言值表示的论域。论域的模糊子集是由其模糊函数(隶属度函数)来定义的。对于一个输入值，它必定能与某一个模糊子集的隶属度相对应。

图 22.6 给出了常见的模糊化函数。

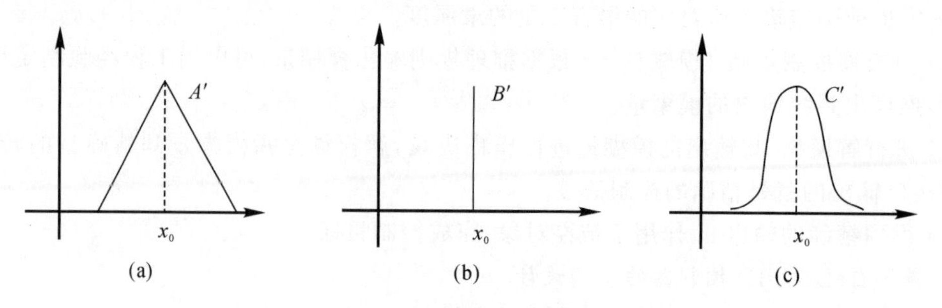

图 22.6　模糊化函数曲线

图 22.6(a) 中的模糊函数为一个三角函数。图 22.6(b) 中的模糊函数只在 x_0 点处的隶属度为1,其他的输入值对应的隶属度都为0。图 22.6(c) 中的隶属度函数曲线为类高斯曲线,它是一条连续函数。模糊控制系统的性能受模糊化函数影响较大,所以在选择模糊化函数时要根据实际应用情况,不断验证。在完成模糊化函数后,要确定模糊函数的定义域,模糊函数的定义域必须使所有的输入量都有与其对应的模糊函数[7]。

模糊控制规则的设计是模糊自适应 PID 控制器的核心部分,由四个步骤组成:

(1) 选择模糊化函数。选择模糊化函数是确定模糊子集隶属度函数曲线的形状。将确定的隶属度函数曲线进行离散化,可以得到离散点的隶属度。由离散点的隶属度构成了一个相应模糊子集。如图 22.7 所示,图中纵坐标 y 表示论域 X 中的元素 x 对模糊变量 A 的隶属程度,设定:$X=\{0,1,2,3,4,5,6\}$,则有 $u_A(2)-u_A(6)=0.15$,$u_A(3)=u_A(5)=0.6$,$u_A(4)=1$。

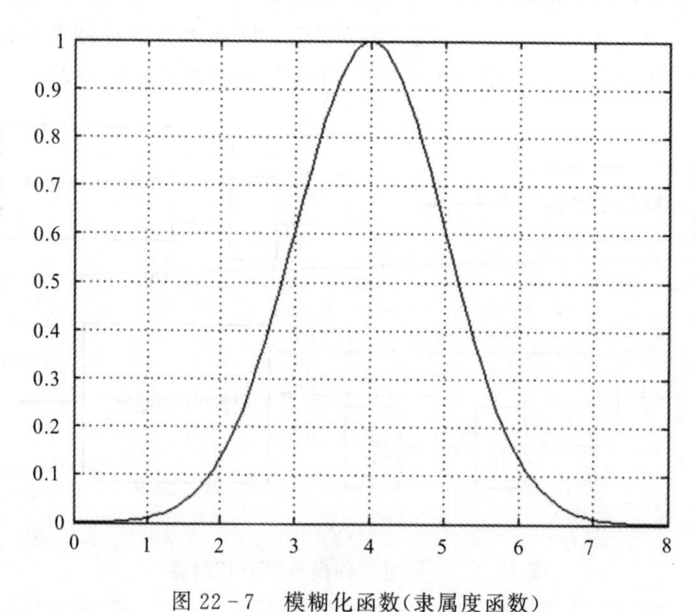

图 22-7　模糊化函数(隶属度函数)

离散后的论域 X 内除了{2、3、4、5、6} 外各点的隶属度均取为零。

(2)选择描述输入和输出变量的词集。将“正大”“正小”等词汇描述输入、输出变量状态的集合,称为这些变量的词集(也称为变量的模糊状态)。变量的词集的设计与通常人们采用日常生活中的语言描述有关。将“大”“中”“小”三个词结合“正”“负”两个方向来描述模糊自适应PID控制器的输入、输出变量的状态，加上变量的零状态，共有 7 个词汇，词集即为{负大、负中、负小、零、正小、正中、正大}，为了方便描述简写为{NB，NM，NS，Z0，PS，PM，PB}。

(3)建立模糊自适应 PID 控制器的模糊推理规则。模糊自适应 PID 控制的模糊推理规则是模糊控制的核心。因此模糊推理规则的设计就成了模糊自适应 PID 控制器设计的核心问题。现在广泛使用的模糊推理规则的设计方法有，基于操作人员的实际操作过程、基于专家的经验和控制工程知识、基于过程的模糊模型。设计完成模糊自适应 PID 控制器的模糊推理规则后，要对其进行模糊表示。对于二维模糊自适应 PID 控制器，其规则具有如下形式：

$$R=\{R_{\mathrm{MIMO}}^{1}\quad R_{\mathrm{MIMO}}^{2}\quad \cdots\quad R_{\mathrm{MIMO}}^{N}\} \tag{22.5}$$

式(22.5)中，R_{MIMO}^{i} 表示($x=A_i$ and $y=B_i$)，则($Z_1=C_i,\cdots,Z_3=E_i$)，即

$$R_{\mathrm{MIMO}}^{i}:(A_i\times\cdots\times C_i)\rightarrow(D_i+\cdots+E_i) \tag{22.6}$$

$$R=\{\bigcup_{i=1}^{n}R_{\mathrm{MIMO}}^{i}\} \tag{22.7}$$

根据本章的需要，考虑如下的两输入三输出的模糊关系，本章二维模糊自适应PID控制器规则为 ΔK_{P}，ΔK_{I}，ΔK_{D}：

1)if(e is NB)and(e_c is NB)then(ΔK_{P} is PB)and(ΔK_{I} is NB)and (ΔK_{D} dis PS)；

2)if(e is NB)and(e_c is NM)then(ΔK_{P} is PB)and(ΔK_{I} is NB)and(ΔK_{D} dis NS)；

3)if(e is NB)and(e_c is NS)then(ΔK_{P} is PM)and(ΔK_{I} is NM)and(ΔK_{D} is NB)。

(4)模糊量的模糊判决。通过模糊控制规则得到的输出为模糊量，而对于实际工程中，系统的控制参数必须为精确的数值，因此需要将 ΔK_{P}，ΔK_{I}，ΔK_{D} 对应的模糊量转化成精确值，这个过程就称为去模糊化或者称为模糊判决。去模糊化常用的方法有：

1)最大隶属度函数法。若输出量模糊子集的隶属度函数只有一个或几个峰值，则取隶属度最大值对应的参数的平均值为精确值，即

$$u_c(z_0)\geqslant u_c(z) \tag{22.8}$$

其中，z_0 表示模糊判决后的精确值

2) 所谓中位数法就是取 $u_c(z)$ 的中位数作为 z 的精确值，即 $z_0=\mathrm{d}\int(z)=u_c(z)$ 的中位数，它满足$\int_a^{z_0}u_c(z)\mathrm{d}z=\int_{z_0}^{b}u_c(z)\mathrm{d}z$，也就是说，以 z_0 为分界，分界线两边图形的面积相等。

3) 重心法。这种方法取 $u_c(z)$ 的加权平均值为 z 的精确值，即：

$$z_0=\mathrm{d}\int(z)=\frac{\int_a^b zu_c(z)\mathrm{d}z}{\int_a^b u_c(z)\mathrm{d}z} \tag{22.9}$$

对于论域为离散的情况，可以做如下处理：

$$z_0=\frac{\sum_{i=1}^{n}z_iu_c(z_i)}{\sum_{i=1}^{n}u_c(z_i)} \tag{22.10}$$

在得到清晰化之后的 ΔK_{P}，ΔK_{I}，ΔK_{D} 后，就可以通过式(22.8)、式(22.9)、式(22.10) 计算出整个模糊自适应 PID 控制器的控制输出了。

22.6 基于PID的模糊自适应控制算法仿真

为了使控制系统的电缆拉力输出稳定，从而控制水下吊放声呐的稳定工作，对模糊推理规则进行设计时，把拉力误差信号 e 及误差的变化量 e_c 分别划分为7个范围，因此其模糊推理规则的数目为 $7\times7=49$ 条，ΔK_P，ΔK_I，ΔK_D 也划分为{NB，NM，NS，ZE，PS，PM，PB}7个范围。这样，整个模糊系统构成了一个两输入三输出的系统。使用MATLAB模糊推理系统编辑器，其系统的结构图如图22.8所示。

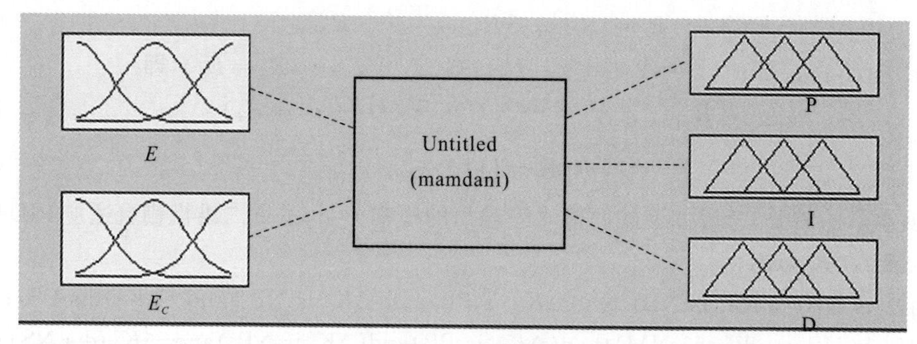

图22.8　二输入三输出的模糊控制系统

以模糊化函数将实时的精确值转换为模糊变量，本章中采用三角函数作为模糊化函数（隶属度函数）。模糊推理系统编辑器中模糊化函数的设计界面如图22.9所示。

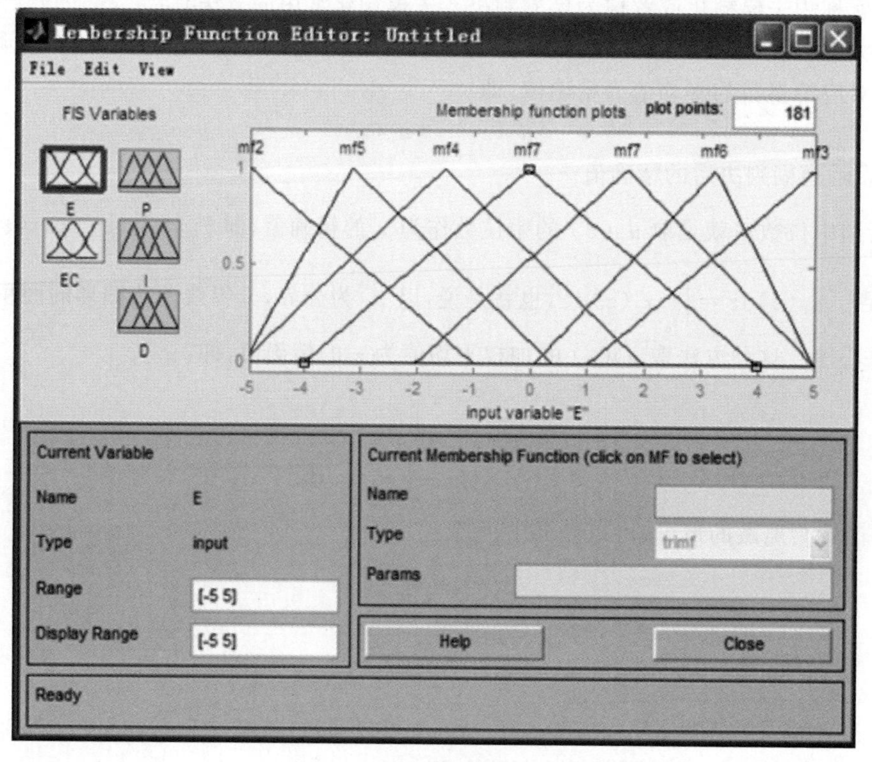

图22.9　模糊化函数设计界面

将 e, e_c, K_P, K_I, K_D 设置完之后，通过 Simulink 自带的模糊推理规则编辑器来设计和修改模糊推理规则。

根据以上的工作，在 MATLAB 中进行仿真，可以得到控制系统的基于 PID 的模糊自适应控制器响应曲线图，如图 22.10 所示。

图 22.10、图 22.11 分别是在浪级 4 级、浪级 5 级情况下，基于 PID 的模糊自适应控制的拉力输入、输出对比图，横坐标表示时间，纵坐标表示输出电缆所受拉力变化的大小。图中曲线 1 表示控制系统作用前电缆拉力变化曲线，曲线 2 表示经过模糊自适应控制算法处理后输出的电缆拉力变化曲线。分析仿真结果可以得到：

(1)从图中可以看出，经过模糊自适应控制算法控制后的电缆拉力几乎没有较大变化，控制精度相对于闭环拉力控制较高。

(2)对比两幅图，可以看出在不同浪级下，模糊自适应控制算法的控制效果比较理想，在海况恶劣的浪级 5 级情况下，控制输出仍然可以有效地减小海浪引起的拉力变化，保证水下吊放声呐的稳定工作。

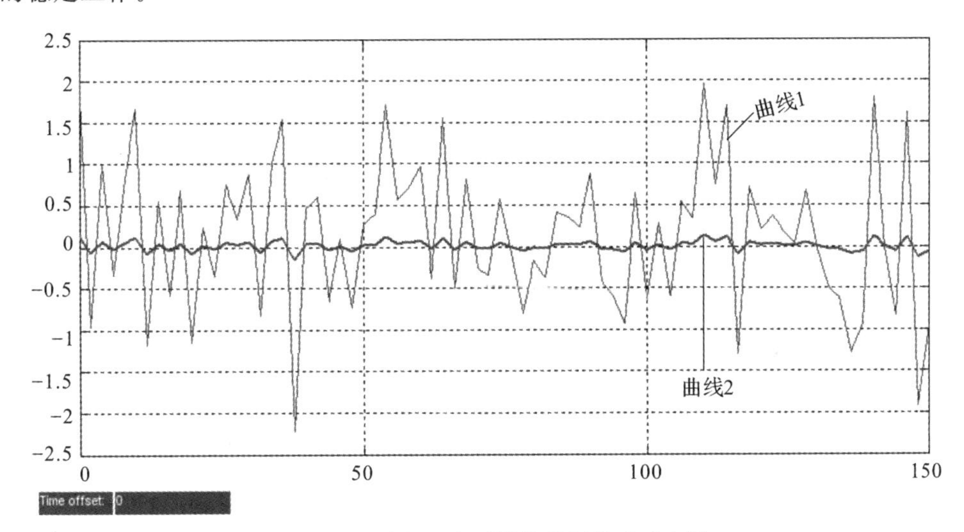

图 22.10　浪级 4 级时模糊控制前后对比图

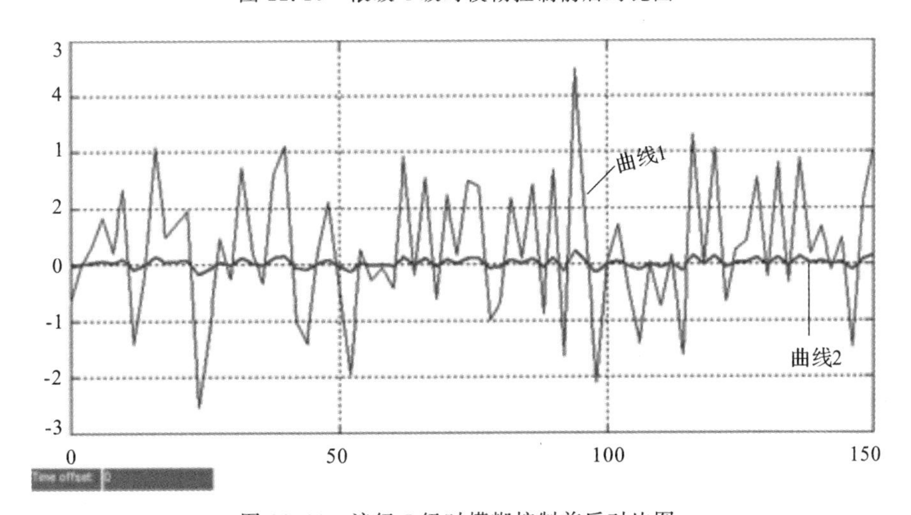

图 22.11　浪级 5 级时模糊控制前后对比图

22.7 两种控制算法的性能分析

拉力控制效果仿真实验分析。

在浪级3级、浪级4级、浪级5级的条件下，其对应的有义波高分别为1 m，2 m，3 m，分别对基于PID的闭环拉力控制算法和模糊控制算法各进行100次算法仿真，统计不同浪级下的仿真拉力输出值，进行算数平均，按照有效控制率计算方法进行计算与分析，有效控制率计算方法如下：

$$\text{有效控制率}=\frac{\text{控制前电缆平均拉力大小}-\text{控制后电缆平均拉力大小}}{\text{控制前电缆平均拉力大小}}\times 100\%$$

对仿真数据进行分析，可以得到两种控制算法的有效控制率对比，如表22.1所示。

表22.1 有效控制率对比表

浪级	3级	4级	5级
闭环拉力控制	80.22%	81.89%	81.56%
模糊控制	92.61%	92.08%	91.82%

分析表22.1可以得到如下结论：

(1)在相同浪级下，模糊控制拉力输出比闭环拉力控制拉力输出值小，模糊控制效果较好。

(2)在不同浪级下，闭环拉力控制效果不稳定，当浪级增大时，控制拉力输出也在增大，这说明闭环拉力控制在低海况下控制效果较好，在高海况下控制效果会变差。

(3)在不同浪级下，模糊拉力控制效果稳定，当浪级增大时，控制拉力输出较稳定，不会有较大的跃变，这说明模糊拉力控制可以在恶劣海洋环境中正常工作，可以满足实际需求。

(4)总体来看，模糊控制性能高于闭环拉力控制，模糊控制可以实现高精度控制的目标。

参考文献

[1] 张树凯，刘正江，张显库，等. 无人艇的发展与展望[J]. 航海技术，2009，38(9)：29-36.

[2] 敖沛. 国外绞车控制系统[J]. 石油机械，2003，31(3)：52-53.

[3] 唐金元，王翠珍，于潞. 基于数字PID控制的吊放声呐液压绞车控制系统[J]. 青岛大学学报(工程技术版)，2008，23(1)：40-45.

[4] KANG C N，JEONG J H，KIM Y B. A study on the control system design for ship mooring winch system[J]. Journal of Power Systern Engineering，2013，17(3)：89-98.

[5] SHARMA R，RANA K P S，KUMAR V. Performance analysis of fractional order fuzzy PID controllers applied to a robotic manipulator[J]. Expert Systems With Applications，2014，41(9)：4 274-4 289.

[6] KUMBASAR T，HAGRAS H. Big Bang-Big Crunch optimization based interval type-2 fuzzy PID cascade controller design strategy[J]. Information Sciences，2014，282：277-295.

附录　英汉对照专用术语表

共轭梯度法	Conjugate Gradient Method
最速下降法	Steepest Descent Method
牛顿法和伪牛顿法	Newton and Quasi-Newton Method
代价函数方法	Penalty Function Method
海瑟矩阵	Hessian Matrix
动态编程技术	Dynamic Programming
随机编程技术	Stochastic Programming
几何编程	Geometric Programming
关键路线法	CPM-Critical Path Method
项目评估修正技术	PERT-Programme Evaluation Review Techniques
归一化 GA 算法	NGA-Normalized Generic Algorithm
反卷积处理	Deconvolution
等效网络法	Equivalent Circuit Method
传输矩阵法	Cascade Matrix Method
有限元法	Finite Element Method
边界元法	Boundary Element Method
水声换能器	Underwater Acoustic Transducer
溢流环嵌镶圆管溢流式换能器	Free-Flooded Segmented Ring Transducer
弯张换能器	Flextensional Transducer
最优化	Optimization
代价函数	Cost Function
目标函数	Object Function

约束条件	Constrained Condition
凸面空间	Convex Space
凸函数	Convex Functions
凹面空间	Concave Space
凹函数	Concave Function
马鞍点问题	Saddle Point
线性规划问题容许解	Feasible Solution
基础解	Basic Solution
基本容许解	Basic Feasible Solution
单纯形法	Simplex Algorithm
退化解	Degenerated Solution
非线性编程	Nonlinear Programming
单峰值函数	Unimodal Function
排除法	Elimination Method
穷举法	Exhaustive Search
二分法	Dichotomous Search
黄金分割	Golden Section
内插方法	Interpolation Method
立方内插法	Cub Interpolation
直接内插法	Direct Interpolation
随机交叉方法	Random Walk
随机跳变法	Random Political Reform
随机搜寻法	Random Search Method
定向随机交叉法	Directed by Random Intersection
变量循环变化法	Univariate Method
模态搜寻法	Pattern Search
梯度法	Gradient Method
下降法	Descent Method
最速下降法	Steepest Descent Method

共轭梯度法	Conjugate Gradient Method
启发迭代方法	Heuristic Iterative Method
约束最优化方法	Constrained Optimization
容许方向迭代法	Feasible Iteration
代价函数方法	Penaltyor Cost Function Method
内部代价函数法	Internal CostFunction
几何编程方法	Geometric Programming
编程方法动态编程技术	Dynamic Programming
随机编程技术	Stochastic Programming
概率约束方法	Probabilistic Constrained Programming
模拟韧化	Simulated Annealing
遗传算法	Genetic Algorithm
局部最小点	Local Minima
组合优化问题	Combinatorial Optimization
接受概率	Acceptance Probability
SA 算法	CSA-Classical Simulated Annealing
快速 SA 算法 FSA	Fast Simulated Annealing
多操作结构 SA 算法	Multiple Structure Simulated Annealing Algorithm
复制	Reproduction
选择	Selection
交换	Crossover
异化	Mutation
相似群	Schema
归一化	Normalized
归一化遗传算法	Normalized Generic Algorithm
病态或病态条件	Ill-Conditioned
波束设计	Beam Pattern Design
二阶锥规划方法	Second-Order Cone Programming
模态分解聚焦变换	Mode Decomposition

恒定束宽	Constant Beam Width
训练序列	Training Sequence
盲均衡技术	Blind Equalization Techniques
自恢复均衡	Self-recovering Equalization
常数模算法	Constant Modulus Algorithm
匹配场处理技术	Matched Field Processing Techniques
匹配模式处理	Matched Mode Processing
模波束形成	Modal Beam Forming
模式滤波	Mode Filter
最小二乘	Least Squares
环境参数失配	Environmental Parameters Mismatching
双基地声呐	Bi-Static Sonar
多基地声呐系统	Multi-Static Sonar